计 算 机 科 学 丛 书

原书第7版

计算机科学概论

[美] 内尔·黛尔（**Nell Dale**）　约翰·路易斯（**John Lewis**）　著
得克萨斯大学奥斯汀分校　　　弗吉尼亚理工大学

吕云翔 杨洪洋 曾洪立 等译

U0191353

Computer Science Illuminated
Seventh Edition

机械工业出版社
China Machine Press

图书在版编目（CIP）数据

计算机科学概论（原书第 7 版）/（美）内尔·黛尔（Nell Dale），（美）约翰·路易斯（John Lewis）著；吕云翔等译 . 一北京：机械工业出版社，2020.5（2024.7 重印）
（计算机科学丛书）

书名原文：Computer Science Illuminated, Seventh Edition

ISBN 978-7-111-65462-9

I. 计… II. ①内… ②约… ③吕… III. 计算机科学 - 高等学校 - 教材 IV. TP3

中国版本图书馆 CIP 数据核字（2020）第 071140 号

北京市版权局著作权合同登记 图字：01-2019-6624 号。

本书由两位知名的计算机科学教育家编写，全面而细致地介绍了计算机科学的各个方面。书中从信息层开始，历经硬件层、程序设计层、操作系统层、应用层和通信层，深入剖析了计算系统的每个分层，最后讨论了计算的限制。此外，正文中插入了大量的名人传记、历史点评、道德问题和新的技术发展信息，有助于读者进一步了解计算机科学。每章后面都附带有大量的练习，可以帮助读者即时重温并掌握这一章所讲述的内容。

本书是计算机科学导论课程的理想教材，对于想要了解计算机科学概况的非专业人员，本书也是一个很好的选择。

出版发行：机械工业出版社（北京市西城区百万庄大街 22 号 邮政编码：100037）

责任编辑：朱秀英	责任校对：李秋荣
印 刷：三河市国英印务有限公司	版 次：2024 年 7 月第 1 版第 8 次印刷
开 本：185mm×260mm 1/16	印 张：29.75
书 号：ISBN 978-7-111-65462-9	定 价：99.00 元

客服电话：（010）88361066 68326294

本书由当今计算机领域备受赞誉的教育家 Nell Dale 和 John Lewis 共同编写，全面地介绍了计算机科学领域的基础知识，对计算机专业的学生来说是一本非常合适的计算机导论课程教材。

第 1 章是基础篇，介绍了硬件、软件的历史。作者将计算机系统比作洋葱，之后的章节就使用这种结构，分别介绍了计算机系统的信息层、硬件层、程序设计层、操作系统层、应用层、通信层，最后总结性地讨论了计算机硬件和软件固有的局限性，以及计算机能够解决和不能解决的问题。

除了详细地介绍计算机系统之外，本书还有五个亮点。第一，每一章都有一篇简短的名人传记，介绍了对计算机发展做出杰出贡献的人。第二，每章中穿插着"你知道吗"板块（以方框形式给出），讲述了计算机发展过程中的一些逸闻趣事，这些小故事来自历史记录、报纸以及作者的见闻，相信这些小插曲一定可以激发读者学习的兴趣。第三，每章最后有一个"道德问题"小节，经过改版，这一部分的主题更为一致，从道德责任的定义和专业计算机人士的道德责任开始，对涉及计算机的各个社会问题进行了讨论，再辅以每章最后的思考题，可以让读者对这些道德问题有更深入的理解。第四，每章结尾处附有大量的练习，可以帮助读者更好地吸收每个章节的知识。第五，对于每个关键术语，书中都在相应部分给出其定义，方便读者快速了解其含义。

本书内容翔实全面，贯穿了计算机科学的各个方面，生动地向读者展现了计算机科学的全貌。这本书可以说是每一个学习计算机科学的人都应该读的第一本书，能够让读者对计算机科学有一个整体的认识。而对于非计算机专业的学生，如果想了解计算机的相关知识，这本书也是一个不错的选择。

本书的主要译者为吕云翔、杨洪洋和曾洪立，高峻逸、张扬、索宇澄、李熙和唐思渊也参与了部分内容的翻译。

在翻译过程中，我们力求忠实、准确地把握原著的内容，但由于译者水平有限，书中难免有错误和不准确之处，敬请广大读者批评指正（Email：yunxianglu@hotmail.com）。

译者

2019 年 10 月

论题选择

为了制定这本 CS0 教材的论题大纲，我们利用了许多资源，包括课程目录、教材大纲，并进行了问卷调查。设计调查问卷的目的在于了解我们的同事对这门课程内容的想法。我要求大家（包括自己）列出下列三种清单：

- 如果 CS0 这门课是学生在大学阶段学习的唯一一门计算机科学的课程，请列出四种你认为他们应该掌握的论题。
- 请列出四种你想要学生在进入 CS1 这门课之前掌握的论题。
- 请补充四种你想要学习 CS1 的学生熟悉的论题。

这些资源的交集反映出的大多数人的意见，也就构成了本书的大纲。本书作为核心的 CS0 教材，对计算领域进行了广泛的介绍，适合作为计算机科学原理先修课程的教材，也可以用于程序设计语言的导论书或参考书。

结构说明

本书从介绍硬件和软件的历史开始，并且用洋葱的结构来类比计算机系统的结构。处理器和它的机器语言构成了洋葱的芯，软件层和更复杂的硬件一层层地裹住了这个芯。下一层是高级语言，包括 FORTRAN、Lisp、Pascal、C、C++ 和 Java。在介绍这些语言的同时，还介绍了利用它们进行程序设计的过程，包括自顶向下的设计和面向对象的设计。我们已经深刻地理解了抽象数据类型所扮演的角色及其实现。操作系统及其资源管理技术（包括更大、更快的二级存储介质上的文件）包围着这些程序，并对它们进行管理。

接下来的一层由更复杂的通用或专用软件系统构成，它们覆盖了操作系统。这些功能强大的程序开发由计算机科学中的理论推动。最后一层由网络和网络软件构成，网络软件包括计算机之间通信必需的所有工具。Internet 和万维网给这一层画上了最后一笔，而这些章节也会将关于影响我们在线交流的信息安全话题的讨论推向高潮。

当这些层随着时间的推移逐渐出现时，用户对计算机系统的硬件接触得越来越少。每个层都是它下面的计算机系统的抽象。随着每个层的发展，新层的用户和内部层的用户联合起来构成了经济领域高科技部门的生产力。本书的目的是提供各个层的概述，介绍基本的硬件和软件技术，使学生了解和欣赏计算系统的方方面面。

在介绍这种洋葱式结构时，我们有两种选择，一种是从内向外逐层介绍，另一种是从外向内进行介绍。从外向内的方法看起来非常吸引人。我们可以从最抽象的层开始介绍，一次剥掉一个层，直至具体的机器层。但是，研究表明，比起抽象的例子，学生们更容易理解具体的例子。因此，我们选择从具体的机器层开始，按照层的创建顺序进行分析，当学生完全理解了一个层之后，再转移到下一个层就比较容易了。

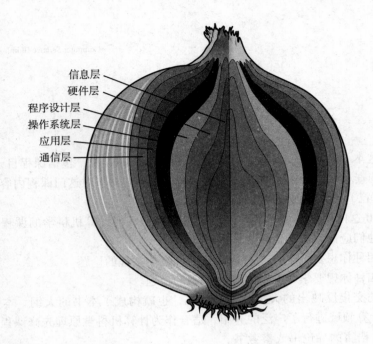

信息层
硬件层
程序设计层
操作系统层
应用层
通信层

第 7 版中的变化

在计划这次改版时，我们咨询了同事以及本书之前版本的一些读者，请求他们给予一些反馈。非常感谢这些有见解的回应。

第 7 版对全书进行了很多修改，其中之一是我们有意识地加入对特定主题的讨论，这些特定主题会在计算机原理课程的先修课中进行介绍。本书适合和先修课教材一起使用，但是针对更新的内容提出了很多见解。除此之外，在第 1 章中添加了计算领域的基本思想，这些思想组成了原理课程中的高级框架。

其他的重大改变是，本版加强了对云计算的介绍，并更新了第 5 章关于计算机描述的案例。第 12 章讨论了电子表格可视化，并添加了大数据的介绍。第 13 章添加了对智能语音助手（例如 Amazon Echo 和 Google Home）的讨论。第 15 章引入了区块链，并且在第 17 章更新了对信息安全的讨论。

第 7 版的另一个大的变化是第 6 章中使用的虚拟机从 Pep/8 升级到了 Pep/9，并对基本系统进行了改进，从而在机器语言和汇编层次对程序设计进行描述。

除了新的章节，本书的特色板块也进行了全面的修订和更新。现在每章结尾部分的"道德问题"都进行了更新。新增了若干个"你知道吗"板块，并且对一些板块进行了更新。除此之外，"名人传记"部分也进行了更新。

对于每一版，我们都力求提高覆盖面，改进措辞和使用的案例，以帮助读者理清楚主题。

摘要

第 1 章是我们探索计算机科学的基础，描述了本书的组织结构。第 2 章和第 3 章则分析包含在物理硬件中的层。这个层称为信息层，它反映了如何在计算机上表示信息。第 2 章介绍二进制数制以及它与其他数制（如人们日常用的十进制系统）的关系。第 3 章研究如何获取多种类型（如数字、文本、图像、音频和视频）的信息以及如何用二进制格式表示它们。

第4章和第5章介绍硬件层。计算机硬件包括的设备有晶体管、门和电路，它们都按照基本原理控制电流。正是这些核心电路使专门的硬件部件（如计算机的中央处理器（CPU）和存储器）得以运转。第4章介绍门和电路。第5章介绍计算机的元件，以及在冯·诺伊曼体系结构中这些元件是如何交互的。

第6～9章介绍程序设计层。第6章使用模拟计算机Pep/9介绍机器语言和汇编语言的概念。该章引入了用伪代码编写算法的功能，介绍了循环与选择的概念，并在Pep/9中以伪代码的方式实现。

第7章分析问题求解过程，同时涉及人类和计算机的问题求解方法。引导这个论题的是George Polya的人类问题求解策略。该章介绍了自顶向下的方法来设计简单算法，并在讨论算法时选择经典的搜索和排序算法。因为算法是对数据进行操作，所以在此研究数据的结构，以便更有效地处理数据。该章也介绍了子算法（子程序）语句。

第8章介绍抽象数据类型和容器，容器是只知道其属性或行为的复合结构。该章介绍了列表、有序列表、栈、队列、二叉检索树和图，扩展讨论了子算法，包括引用参数与值参、参数传递。

第9章介绍高级程序设计语言的概念。许多杰出的高级语言包含与面向对象编程相关的功能，我们绕过它们，而是先介绍了设计过程，讨论了语言范型以及编译过程。我们用四种编程语言设计了一些小例子来说明伪代码的概念，即Python、VB.NET、Java和C++。

第10章和第11章介绍操作系统层。第10章讨论操作系统的资源管理任务，介绍一些用于实现这些任务的基本算法。第11章介绍文件系统，包括什么是文件系统，以及操作系统如何管理它们。

第12～14章介绍应用层。这一层由人们用来解决问题的通用应用程序和专用应用程序构成。我们根据这些程序，把这一层分到了计算机科学的几个子学科中。第12章分析信息系统，第13章分析人工智能，第14章分析模拟、图形学、游戏和其他应用。

第15～17章介绍通信层。第15章说明计算机之间通信的理论和应用。第16章介绍万维网和它涉及的各种技术。第17章讨论计算机安全，涵盖了当今信息时代与保护信息安全相关的各个方面。

第2～17章都是说明计算机可以做什么以及它是如何做的。第18章进行总结，讨论计算机硬件和软件的固有局限性，以及计算机能够解决和不能解决的问题。在讨论算法的有效性时，采用了大O符号，以便讨论算法的分类。此外还介绍了停机问题，以说明某些不能解决的问题。

本书的第1章和最后一章就像一对书档，第1章说明了计算系统是什么，第18章告诫我们计算系统不能做什么。其余章节则深入探讨了构成计算系统的各个层。

为何不使用特定的语言

本书中并没有使用特定的程序设计语言（例如，Java、C++或其他语言），而是将选择语言的权利交给了读者。导论章节与本书的设计相一致，它们的代码可以使用Java、C++、JavaScript、Visual Basic .NET、Python、SQL、Ruby、Perl、Alice和Pascal进行编写。

如果学生对于一种编程语言的语义和基本语法有充足的知识，并且掌握了本书背景材料中的内容，那么仅需要对必要的章节进行学习即可。这些章节可以用来丰富那些具有较强知识背景的读者的学习。

特色板块

名人传记

本书具有三个特色板块，用于强调计算的历史、广度以及新技术带来的道德义务。

第一个特色板块是每章都有的简短名人传记，介绍对计算做出杰出贡献的人。这些人包括对数据层做出贡献的 George Boole 和 Ada Lovelace，以及对通信层做出贡献的 Doug Engelbart 和 Tim Berners-Lee。这些传记的目的是让学生了解计算界的历史以及那些对计算界做出贡献的人。

你知道吗

第二个特色板块为"你知道吗"。这部分显示在方框中，是过去、现在和未来的一些逸闻趣事，它们来自历史记录、当今的报纸和作者的见闻。这些小插曲的目的是使学生开心，鼓舞他们，激发他们的兴趣，当然也为了教育他们。

道德问题

第三个特色板块是每章中的"道德问题"小节。这些小节的目的是说明在利用计算的好处时要承担的义务。隐私权、黑客、病毒和言论自由都属于我们的论题。在每章练习的结尾处有一节叫"思考题"，涉及这些道德问题和这一章的内容。

致谢

对于这一版来说，读者是最有用的信息和建议来源。衷心感谢受调查者花时间填写了我们的网络调查问卷。还要感谢前几版的审校者，他们是：

Warren W. Sheaffer，圣保罗学院

Tim Bower，堪萨斯州立大学

Terri Grote，圣路易斯社区学院

Susan Glenn，戈登州立大学

Simon Sultana，弗雷斯诺太平洋大学

Shruti Nagpal，伍斯特州立大学

Sandy Keeter，佛罗里达塞米诺尔州立学院

S. Monisha Pulimood，新泽西学院

Roy Thelin，岭角中学

Robert Yacobellis，芝加哥洛约拉大学

Richard Croft，东俄勒冈州立大学

Raymond J. Curts，乔治梅森大学

Mia Moore，克拉克亚特兰大大学

Melissa Stange，费尔法克斯勋爵社区学院

Matthew Hayes，路易斯安那泽维尔大学

Marie Arvi，索尔兹伯里大学

Linda Ehley，艾维诺学院

Keson Khieu，塞瑞亚学院

Keith Coates，杜瑞大学

Joon Kim，布伦特伍德学校

Joe Melanson，康宁—佩恩提德波斯特

Joan Lucas，纽约州立大学布罗克波特学院

Jeffrey L. Lehman，亨廷顿大学

Janet Helwig，加州多明尼克大学

James Thomas Davis，A. 克劳福德莫斯利中学

James Hicks，洛杉矶西南学院

Jacquilin Porter，亨利福特学院和贝克学院

Homer Sharafi，北弗吉尼亚社区学院

Gil Eckert，蒙莫斯大学

Gary Monnard，圣安布鲁斯大学

David Klein，霍夫斯特拉大学

David Adams，格罗夫城市学院

Christopher League，长岛大学布鲁克林分校

Carol Sweeney，维拉学院

Brian Bradshaw，特尔学院

Bill Cole，赛瑞亚学院（洛克林）

Aparna Mahadev，伍斯特州立大学

Anna Ursyn，北卡罗来纳州

Ann Wojnar，博蒙特学校

特别感谢凯尼休斯学院的 Jeffrey McConnell，他编写了第 14 章中的图形学部分；感谢里韦学院的 Herman Tavani，他参与了修改"道德问题"的工作；感谢波士顿学院的 Richard Spinello，他撰写了关于博客的道德问题一文；感谢得克萨斯大学奥斯汀分校游戏开发副主任 Paul Toprac 对于计算机游戏部分的贡献。

感谢审稿人与同事对第 7 版的内容给出了意见与建议，他们是：

Tim Bower，堪萨斯州立大学

Brian Bradshaw，特尔学院

Keith Coates，杜瑞大学

Raymond J. Curts，乔治梅森大学

James Thomas Davis，A. 克劳福德莫斯利中学

Gil Eckert，蒙莫斯大学

Susan Glenn，戈登州立学院

Terri Grote，圣路易斯社区学院

Matthew Hayes，路易斯安那泽维尔大学

Sandy Keeter，佛罗里达塞米诺尔州立学院

Keson Khieu，塞瑞亚学院

Joon Kim，布伦特伍德学校

David Klein，霍夫斯特拉大学

Christopher League，长岛大学布鲁克林分校

Jeffrey L. Lehman，亨廷顿大学

Joan Lucas，纽约州立大学布罗克波特学院

Joe Melanson，康宁—佩恩提德波斯特

Gary Monnard，圣安布鲁斯大学

Shruti Nagpal，伍斯特州立大学

Jacquilin Porter，亨利福特学院和贝克学院

Homer Sharafi，北弗吉尼亚社区学院

Melissa Stange，费尔法克斯勋爵社区学院

Simon Sultana，弗雷斯诺太平洋大学

Carol Sweeney，维拉学院

Roy Thelin，岭角中学

Anna Ursyn，北卡罗来纳大学科罗拉多分校

Ann Wojnar，博蒙特学校

还要感谢 Jones & Bartlett Learning 的许多人，尤其是 Laura Pagluica（产品管理总监）、Loren-Marie Durr（产品助理）、Alex Schab（项目专家）。

我还必须感谢我的网球朋友使我有一个健康的体魄，感谢我的桥牌朋友使我的头脑十分机敏，感谢我的家人做我的坚强后盾。

——ND

我要感谢我的家人对我的支持。

——JL

基 础 篇

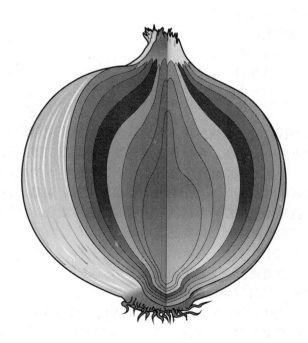

全 景 图

这本书将带你游历计算世界，采用自底向上、由内到外的方式探讨计算机如何运作——它们可以做什么以及如何做。计算机系统就像一个交响乐团，把许多不同的元素组织在一起，构成了一个整体，但这个整体的功能却远远大于各个部件功能的总和。本章综述了我们要在书中慢慢剖析的各个部件，从历史的角度来观察它们，提供了一幅计算机系统的全景图。

硬件、软件、程序设计、网上冲浪和电子邮件这些术语可能是你耳熟能详的。有些人能够精确地定义这些与计算机相关的术语，而有些人则对它们只有一个模糊的、直觉的概念。本章通过列出通用的计算机术语将读者置于相对平等的水平，并且为即将深入探讨的计算领域搭建平台。

目标

学完本章之后，你应该能够：
- 描述计算机系统的分层；
- 描述抽象的概念以及它与计算的关系；
- 描述计算机硬件和软件的历史；
- 描述计算机用户转换的角色；
- 区分系统程序员和应用程序员；
- 区分计算工具和计算学科。

1.1 计算系统

在本书中，我们将探讨计算系统的方方面面。注意，我们使用的术语是计算系统，而不仅仅是计算机。计算机是一种设备，而**计算系统**则是一种动态实体，用于解决问题以及与它所处的环境进行交互。计算系统由硬件、软件和它们管理的数据构成。**计算机硬件**是构成机器及其附件（包括机箱、电路板、芯片、电线、硬盘驱动器、键盘、显示器、打印机等）的物理元件集合。**计算机软件**是提供计算机执行的指令的程序集合。计算机系统的核心是它管理的信息。如果没有数据，硬件和软件都毫无用处。

本书的基本目标有三个：
- 让你扎实、概括地理解计算系统是如何运作的；
- 让你欣赏与理解现代计算系统的进化；
- 提供给你足够的关于计算的信息，以决定是否深入探讨这个主题。

本节剩余的部分解释如何把计算机系统分成几个抽象层以及每一层扮演的角色。1.2 节把计算硬件和软件的开发置于历史背景中。本章的结尾讨论了计算工具和计算学科。

> **计算系统**（computing system）：通过交互解决问题的计算机硬件、软件和数据。
> **计算机硬件**（computer hardware）：计算系统的物理元件。
> **计算机软件**（computer software）：提供计算机执行的指令的程序。

1.1.1 计算系统的分层

计算系统就像一个洋葱，由许多层构成，每个分层在整个系统设计中都扮演一个特定的角色。计算系统的分层如图 1-1 所示，它们构成了本书的基本结构。在探讨计算系统的各个方面时，我们将不时地回顾这个"全景图"。

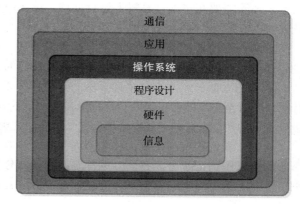

图 1-1 计算系统的分层

你可能不会像咬苹果那样咬洋葱，但是可以把它分割成同心环。同样，在本书中，我们把计算分层逐个从计算系统中剥离出来，每次只探讨一个分层，这样，每个分层自身就不那么复杂了。事实上，计算机真正所做的只是非常简单的任务，它盲目、快速地执行这些任务，而许多简单的任务组织成较大的复杂任务。当把各个计算机分层组织在一起时，让它们各自扮演自己的角色，这种简单组合产生的结果却是惊人的。

让我们简单地讨论一下每个分层，并且说明在本书的什么地方会详细讨论它们。我们讨论的顺序是从内到外，也称为自底向上方法。

最内层的信息层反映了在计算机上表示信息的方式，它是一个纯概念层。计算机上的信息采用二进制数字 1 和 0 管理。所以，要理解计算机处理技术，首先必须理解二进制数制以及它与其他数制（如人们日常使用的十进制数制）的关系。然后，我们关注的重点就转向了如何获取多种类型（如数字、文本、图像、音频和视频）的信息以及如何用二进制格式表示它们。第 2 章和第 3 章探讨这些问题。

接下来的硬件层由计算机系统的物理硬件组成。计算机硬件包括的设备有门和电路，它们都按照基本原理控制电流。正是这些核心电路使专用的硬件元件（如计算机的中央处理器（CPU）和存储器）得以运转。第 4 章和第 5 章详细讨论这些主题。

程序设计层负责处理软件、用于实现计算的指令以及管理数据。程序有多种形式，可以在许多层面上执行，由各种语言实现。尽管程序设计问题多种多样，但是它们的目的是相同的，即解决问题。第 6 ～ 9 章探讨许多与程序设计和数据管理相关的问题。

每台计算机都用操作系统（OS）管理计算机的资源。诸如 Windows、Linux 或 Mac OS 这样的操作系统可以使我们与计算机系统进行交互，管理硬件设备、程序和数据间的交互方式。了解操作系统为我们做了什么通常是理解计算机的关键。第 10 章和第 11 章讨论这些问题。

之前（内部）的分层重点在于使计算机系统运转，而应用层的重点则是用计算机解决真

5　实世界的问题。我们通过运行应用程序在其他领域利用计算机的能力，例如设计一个建筑或打游戏。领域专用的计算机软件工具范围广大，涉及计算学的几个特定子学科，如信息系统、人工智能和仿真。第 12 ～ 14 章讨论应用程序系统。

当然，计算机不再只是某个人桌面上的孤立系统。我们使用计算机技术进行通信，通信层是计算系统操作的基础层。计算机被连接到网络上，以共享信息和资源。因特网逐渐演化成了全球性的网络，所以利用计算技术，可以与地球上的任何地方通信。万维网（World Wide Web）使通信变得相对容易，它从根本上改变了计算机的使用价值，且一般大众也能使用它。云计算的理念是：我们的计算需求可以通过因特网上（在云上）不同地方的资源进行处理，而不需要在本地计算机上进行处理。第 15 章和第 16 章讨论这些有关计算通信的重要论题。

计算技术的使用可能会导致安全隐患的增加。目前来说，计算机系统对一些安全问题的处理还处于较低水平，而这些问题大多涉及我们的个人信息安全。第 17 章将讨论这些问题。

本书的大部分章节会介绍计算机能够做什么以及如何做。我们最终讨论了计算机不能做什么，或者至少不能做得很好。计算机在表示信息方面有固有的缺陷，而且它们只能完成程序设计要求的功能。此外，还有一些问题是根本不能解决的。第 18 章分析计算机的这些缺陷。

有时，我们很容易过度关注细节而失去全局观念。在阅读本书的过程中，请努力将计算系统的全景图铭记于心。各部分的标题都会提醒你目前处于计算系统的哪一个分层。所有的细节都只是为了给大整体贡献一个特定的部分。每前进一步，你都会为它们如此精妙而吃惊不已。

1.1.2　抽象

我们刚才分析的计算系统的层次是抽象的一种例子。所谓**抽象**，是一种心理模型，是一种思考事情的方式，它删除或隐藏了复杂的细节。抽象只保留实现目标所必需的信息，而不
6　去考虑那些使问题复杂化的不必要的信息。当我们与计算机的一个分层打交道时，没有必要考虑其他分层的细节。例如，在编写程序时，我们不必关心硬件是如何执行指令的。同样，在运行应用程序时，我们也不必关心程序是如何编写的。

抽象（abstraction）：删除了复杂细节的心理模型。

大量的实验表明，人在短期记忆中可以同时管理大约 7 条（根据个人情况，增加或减少 2 条）信息，这称为 Miller 定律，是 Miller 这位心理学家第一个研究的 [1]。当我们需要其他信息时，可以得到它，但当我们集中于一条新信息时，其他信息就会退到次要的地位。

这个概念与变戏法的人能够同时在空中保持的球数是相似的。从智力上来讲，人只能同时玩 7 个球，当拾起一个新球时，必须抛掉另一个球。虽然 7 看起来是个小数字，但关键在于每个球可以表示一种抽象，或者一大块信息。也就是说，如果将抛出的球看作一种想法，那么我们抛的每个球都可以代表一个复杂的论题。

我们每天都在依赖抽象。例如，要把一辆车开到商

注：经由 Dan Piraro 允许转载。

详情访问 https://bizarro.com/

店，我们不需要知道车是如何运转的。也就是说，我们根本不必详细地知道引擎是如何工作的，只需要知道一些有关于如何和汽车进行交互的基础知识，例如如何操作踏板、手柄和方向盘，甚至不必同时考虑这几个方面，请参阅图 1-2。

注：©aospan/Shutterstock; ©Syda Productions/Shutterstock

图 1-2　汽车引擎和它的抽象

7

即使我们知道引擎是如何工作的，在开车时也不必考虑它。请想象一下，如果在开车时，我们不断想着火花塞是如何点燃燃料来驱动活塞推动曲柄轴的，那么就哪儿也去不了。一辆汽车太复杂，我们不能同时关注它的所有方面。所有这些技术细节就像变戏法时抛起的球，同时抛起它们就太多了。但是，如果能够把汽车抽象成较小的规模，使我们能与之交互，那么就可以将它视为一个整体来对待。此时，无关的细节将被忽略。

信息隐藏是和抽象相关的概念。为了获取程序中其他部分的信息，计算机程序员通常会尽可能降低对程序中某一部分的需求或减少这一部分的功能。这种技术将程序段各自分离，也就减少了错误，并使得每一块程序段更易理解。抽象更关注于外部视图——机器的运作方式以及我们与这些机器的交互形式。信息隐藏是一种设计特征，它源自抽象，从而使程序段之间更容易运作。信息隐藏和抽象就像同一枚硬币的两面，尽管看似不同，却密不可分。

> **信息隐藏**（information hiding）：一种使程序段独立的技术，通过削减一个代码段的功能来获取其他代码段的信息。

顾名思义，抽象艺术是抽象的另一个例子。一幅抽象画确实表示某些东西，但绝不会陷于事实细节的泥淖。请看图 1-3 所示的抽象画，名为《下楼梯的裸女》（*Nude Descending a Staircase*）。你只能看到一个女人或楼梯的痕迹，因为画家并不关注女人和楼梯具体是什么样子的，这些细节与画家的创作意图无关。事实上，真实的细节反而会妨碍画家表达那些他们认为重要的问题。

注：©CBS/Landov

抽象是计算的关键。计算系统的分层体现了抽象的概念。此外，抽象还以各种形式出现在各个分层中。事实上，在我们接下来要探讨的计算系统的整个进化过程中，都有抽象的影子。

图 1-3　Marcel Duchamp 和他人讨论他的抽象画《下楼梯的裸女》

8

1.2 计算的历史

计算的历史十分悠久，也因此可以解释为何计算系统如今被设计成这个样子。学习本节时可以将其中的内容当作故事，故事中的人物和事件为我们开创了现在的天地，并为开启激动人心的未来奠定了基础。本节分别介绍了计算硬件和软件的历史，因为它们对计算系统如何演变成本书中所用的层次模型有着不同的影响。

本节采用叙述性的方式来介绍历史，因此没有正式地定义任何概念。在接下来的几章中，我们将定义这些概念，并且详细地研究它们。

1.2.1 计算硬件简史

辅助人们进行各种计算的设备自古就有，并且至今它们还在不断进化中。让我们来简单浏览一下计算硬件的历史。

1. 早期历史

许多人都相信位于英国的 Stonehenge 石群是早期的日历或星象观测台。公元前 16 世纪出现了算盘（abacus）这种记录数值的工具，人们可以用它进行基本的数学运算。

17 世纪中叶，法国数学家 Blaise Pascal 建造并出售一种齿轮驱动的机械机器，它可以执行整数的加法和减法运算。17 世纪末，德国数学家 Gottfried Wilhelm von Leibniz 建造了第一台能够进行 4 种整数运算（加法、减法、乘法和除法）的机械设备。遗憾的是，当时的机械齿轮和操作杆的水平有限，这使 Leibniz 机的结果不那么可信。

18 世纪晚期，Joseph Jacquard 发明了 Jacquard 织布机。这种织布机利用一套穿孔卡片来说明需要什么颜色的线，从而控制了纺织图案。尽管 Jacquard 织布机不是一种计算设备，但是它第一次使用了穿孔卡片，该方式后来成为一种重要的输入形式。

未知的梦想

"谁能预见这种发明的重要性？分析机编织的代数模式就像 Jacquard 织布机织出的花朵与树叶一样。这种机器也许还可以编写复杂精美的音乐片段，音乐的复杂度和音域都毫无限制呢！"

——Ada，Lovelace 伯爵夫人，1843 年 [2]

Stonehenge 石群仍然是一个谜

注：本图摘自 vencacolrab/iStock/Thinkstock

英国 Salisbury 平原附近庄严耸立的石群 Stonehenge 数个世纪以来一直吸引着人们的注意。很多人相信 Stonehenge 从公元前 2180 年就开始修建了，历时几个世纪，才形成现在的规模。尽管存在大量的理论基础，但是它的目的仍然是个谜。在夏至这天，朝阳被一块突出的巨石遮挡，这使人们猜想阳光在被这块石头吸收了，也就出现了关于 Stonehenge 的早期理论，即它是一个神庙。另一种理论出现在 20 世纪中期，认为 Stonehenge 可能是一种天文历法，使月亮和太阳排成了一条直线。第三种理论则认为 Stonehenge 用于预言日食。最新的研究显示 Stonehenge 的建造目的和实际用途都是墓地 [3]。当第一块巨石被抬起后，人们发现了在大约公元前 3000 年到公元前 2500 年的人类遗骸。无论为什么建造了 Stonehenge，它所处位置的神秘特质足以挑战任何解释。

计算硬件的下一步重大进展直到 19 世纪才出现，这一次是由英国数学家 Charles Babbage 发明的，他称之为分析机（analytical engine）。他的设计太过复杂，以至于当时的技术水平不能建造那样的机器，所以他的发明根本就没有实现。但是，在他构想的设计中，却包括许多现代计算机的重要部件。他的设计中第一次出现了内存，这使中间值不必再重新输入。此外，他的设计还包括数字输入和机械输入法，采用了与 Jacquard 织布机使用的穿孔卡片相同的方式。

Lovelace 伯爵夫人 Ada Augusta 是计算历史上的传奇人物。Ada 是英国诗人 Lord Byron 的女儿，是一位杰出的数学家。她对 Babbage 的分析机非常感兴趣，并扩充了他的想法（同时修改了他的一些错误）。Ada 以第一位程序员著称，循环的概念（即一系列重复执行的指令）也归功于她。美国国防部广泛使用的 Ada 程序设计语言即是以她的名字命名的。

19 世纪晚期和 20 世纪初，计算系统迅速发展起来。William Burroughs 制造并销售了一台机械加法机。Herman Hollerith 博士发明了第一台机电式制表机，从穿孔卡片读取信息。他的设备从根本上改变了美国每十年举行一次的人口普查。后来，Hollerith 博士创建了当今著名的 IBM 公司。

1936 年，一种理论得以发展，本质上它与硬件毫无关系，但它对计算机科学领域产生了深远的影响。英国数学家 Alan M. Turing 发明了一种抽象数学模型，即图灵机（Turing machine），为计算理论的主要领域奠定了基础。计算机科学这一领域荣誉最高的奖就是图灵奖（相当于数学领域的菲尔丁奖章或其他科学领域的诺贝尔奖），以 Alan Turing 的名字命名。2014 年上映的《模拟游戏》（The Imitation Game）就基于他的一生。分析图灵机的功能是所有学习计算机科学的学生理论学习的一部分。

在 20 世纪 30 年代中晚期，世界各地继续研究如何构建计算机器。1937 年，George Stibitz 建造了 1 位二进制加法器，这是一种使用继电器（见第 4 章）的用于加二进制数字的设备。那一年末，Claude E. Shannon 发表了关于使用继电器实现符号逻辑的论文。1938 年，Konrad Zuse 制造出了世界上第一台机械二进制可编程计算机。第 6 章将会对 Konrad Zuse 的生平进行介绍。

到第二次世界大战爆发时，一些通用计算机正在被设计和建造。1943 年，Thomas Flowers 在伦敦建造了 Colossus，如图 1-4 所示。Colossus 被许多人认为是第一台全可编程电子数字计算机。1944 年，IBM 自动化序列控制计算器被其发明者捐给了哈佛，它后来以 Harvard Mark I 为人所知。图 1-5 所示的是 ENIAC，它于 1946 年公之于众。John von Neumann 是 ENIAC 这个项目的顾问，之后他开始致力于

注：©Pictorial Press Ltd/Alamy Stock Photo Images

图 1-4　Colossus，世界上第一台全可编程数字计算机

另一台著名机器 EDVAC 的建造，这台机器完成于 1950 年。1951 年，美国人口普查局收到了第一台商业计算机 UNIVAC I。UNIVAC I 是第一台用于统计美国总统大选结果的计算机[4]。

UNIVAC I 的出现结束了以算盘为开端的计算的早期历史。UNIVAC I 的建造实现了拥有快速操作数字的设备的梦想。在那个年代，许多专家预言只有少数计算机能够满足人类的计算需求，但他们没有意识到，快速运算大量数据的能力可以从根本上改变数学、物理、工程和经济这些领域的本质。也就是说，计算机使这些专家对"需要计算什么"的看法变成了无稽之谈。[5]

1951 年后，计算机被越来越广泛地用来解决各个领域中的问题。从那时起，探索的重点不仅在于建造更快、更大的计算设备，而且在于开发能让我们更有效地使用这些设备的工具。从那时开始，计算硬件的历史基于它们所采用的技术被划分为几个时代。

注：本图由美国军方提供

图 1-5　ENIAC，二战时期的计算机

文字之前的记数法

在人类使用书写符号之前，人们使用不同类型的三维代币。这个过程可以追溯至公元前 7500 年，当时农夫利用很多块形状各异的土块作为计数器，帮助自己计算资产。例如，圆锥形的土块表示少量的谷物，球形的土块表示大量的谷物，圆柱形的土块表示一只动物。四块圆锥形的土块表示四份少量的谷物。在巴基斯坦、小亚细亚半岛、叙利亚、美索不达米亚和伊朗发现了大约 8000 块这样的代币。

约公元前 3500 年，古希腊城邦兴起后，执政者开始使用土球作为封套盛放代币，有些土球被盖上了印章，标识了它们盛放的代币。下一次变化发生在公元前 3300 年到公元前 3200 年间，记录员开始只用土球上的印章进行计量，而忽略了代币本身。因此，把三维的代币简化成书写符号用了将近 4000 年的时间。

大约公元前 3100 年，人们开始使用铁笔绘制代币，而不再把代币符号盖在桌子上。这一变化打破了符号与对象之间的一一对应关系。10 坛油用 1 坛油和一个代表 10 的符号表示。虽然没有创建新的符号表示抽象数字，但旧的符号有了新的含义。例如，圆锥形符号最初表示的是少量的谷物，当时变成了代表"1"的符号；球形（大量谷物）变成了"10"的代表。这样，33 坛油就可以用"10 + 10 + 10 + 1 + 1 + 1"和油的代表符号来表示。

一旦创建了抽象数字，资产的符号和数字的符号就会发展成另一种形式。所以，文字是从记数法演化来的[6]。

---

2. 第一代（1951～1959）

第一代商用计算机（从约 1951～1959 年）使用真空管存储信息。图 1-6 展示了一个真空管，它会大量生热，不是非常可靠。使用真空管的机器需要重型空气调节装置以及不断地维修。此外，它们还需要巨大的专用房间。

第一代计算机的主存储器是在读 / 写头下旋转的磁鼓。当被访问的存储器单元旋转到读 / 写头之下时，数据将被写入这个单元或从这个单元中读出。

输入设备是一台读卡机，可以阅读 IBM 卡（由 Hollerith 卡演化而来）上的孔。输出设备是穿孔卡片或行式打印机。在这一代将要结束时，出现了磁带驱动器，它比读卡机快得多。磁带是顺序存储设备，也就是说，必须按照线性顺序访问磁带上的数据。

计算机存储器外部的存储设备叫作辅助存储设备。磁带是第一种辅助存储设备。输入设备、输出设备和辅助存储设备一起构成了外围设备。

3. 第二代（1959～1965）

晶体管（John Bardeen、Walter H. Brattain 和 William B. Shockley 为此获得了诺贝尔奖）的出现标志着第二代商用计算机的诞生。晶体管代替真空管成为计算机硬件的主要部件。图 1-7 展示了一个晶体管，它比真空管更小、更可靠、更快、寿命更长，也更便宜。

第二代计算机中还出现了即时存取存储器。访问磁鼓上的信息时，CPU 必须等待读 / 写头旋转到正确的位置。第二代计算机使用磁芯作为存储器，这是一种微小的环形设备，每个磁芯可以存储一位信息。这些磁芯由电线排成一列，构成存储单元，存储单元组合在一起构成了存储单位。由于设备是静止不动的，而且是用电力访问的，所以能够即时访问信息。

磁盘是一种新的辅助存储设备，也出现在第二代计算机硬件中。磁盘比磁带快，因为使用数据项在磁盘上的位置就可以直接访问它。访问磁带上的一个数据项时，必须先访问这个数据项之前的所有数据，而磁盘上的数据都有位置标识符，我们称之为地址。磁盘的读 / 写头可以被直接送到磁盘上存储所需信息的特定位置。

注：©SPbPhoto/Shutterstock

图 1-6　真空管

注：本图由 Andrew Wylie 提供

图 1-7　晶体管，它取代了真空管

第一位程序设计员 Ada Lovelace[7]

1815 年 12 月 10 日，Anna Isabella（Annabella）Byron 和 George Gordon（即 Byron 伯爵）的女儿 Augusta Ada Byron 出生了。当时，Byron 以他的诗歌和疯狂的、离经叛道的行为闻名于英国。Byron 夫妇的婚姻关系从开始就很紧张，Ada 出生后不久，Annabella 就离开了 Byron。两人于 1816 年 4 月签署了离婚协议。Byron 离开了英国，从此再没有回来。因为不能见到自己的女儿，他的余生充满了深深的遗憾。他 36 岁时死于希腊，在去世之前，他大喊：

噢，我可怜可亲的孩子！我亲爱的 Ada！

上帝啊，我能见到她吗？！

最初，Annabella 自己指导 Ada 学习数学，但是，Ada 的数学天赋很快显露出来，她需要更广博的辅导。Augustus DeMorgan 这位布尔算术基本定理的发现者之一对 Ada 进行了进一步训练。8 岁时，Ada 表现出对机械设备的浓厚兴趣，并建造了复杂的模型船。

当 Ada 18 岁时，她拜访了 Mechanics Institute，聆听了一场 Dionysius Lardner 博士关于差分机的讲座，差分机是 Charles Babbage 建造的一种机械计算机。Ada 对这个机器抱有很高的兴趣，并被安排和 Babbage 见面。据说，在见到 Babbage 的机器之前，Ada 是教室中唯一一个立刻理解了这种机器的工作原理并且认识到它的价值的人。Ada 和 Charles Babbage 从此成了终生的朋友。她与 Babbage 一起工作，帮助他记录设计方案，翻译他的工作记录，并且为他的机器开发程序。事实上，现在普遍认为 Ada 是历史上第一位计算机程序设计员。

当 Babbage 设计他的分析机时，Ada 预见到这种机器的能力将远远超过算术计算，它将成为一种通用的符号操作装置。她甚至提出这种设备最终可以把和声与乐曲编写成程序，从而制作出"科学"之声。实际上，Ada 是在 150 年前预见了人工智能这一领域。

1842 年，Babbage 在意大利的都灵举办了一系列有关分析机的讲座。一位参与者 Luigi Menabrea 被 Babbage 的讲座深深地打动了，于是编写了一份讲座记录。Ada 于 27 岁时决定把这份记录翻译成英文，并且加入几点自己对这部机器的注释。最后，她的注释相当于原材料的两倍长，这份文献"分析机概要"成为这一领域的权威著作。

从 Ada 的信件中可以看出，这些"注释"完全出自 Ada 之手，Babbage 有时志愿当她的编辑，但 Ada 并不领情。在 Ada 给 Babbage 的一封信中写道：

> 你更改了我的笔记，这让我非常生气。我愿意自己对它进行必要的修改，但是我不能忍受其他人乱动我的文句。

当 Ada 嫁给了 William Lovelace 男爵后，她得到了 Lovelace 伯爵夫人的头衔。这对夫妇有三个孩子，都由 Ada 的母亲抚养，Ada 则继续她的数学工作。尽管她的丈夫支持她的事业，但在那个年代，从事这种工作的妇女被看作是可耻的，就像她的父亲那样惹人厌烦。

Ada 死于 1852 年，仅比按照 Babbage 的设计在瑞典建造出第一台可以运行的差分机早一年。和她的父亲一样，Ada 只活了 36 岁，尽管他们的生活是完全不同的，毫无疑问，Ada 钦佩她的父亲，从他那些惊世骇俗和桀骜不驯的天性中汲取了灵感。最后，Ada 要求把自己安葬在家族庄园中父亲的坟墓旁。

4. 第三代（1965～1971）

在第二代计算机中，晶体管和其他计算机元件都被手工集成在印刷电路板上。第三代计算机的特征是集成电路（IC），这是一种具有晶体管和其他元件以及它们的连线的硅片。集成电路比印刷电路小，它更便宜、更快并且更可靠。Intel 公司的奠基人之一 Gordon Moore 注意到从发明 IC 起，一个集成电路板上能够容纳的电路的数量每年增长一倍，这就是著名的摩尔定律。[8]

晶体管也被应用在存储器构造中，每个晶体管表示一位信息。集成电路技术允许用晶体管建造存储板。辅助存储设备仍然是必需的，因为晶体管存储器不稳定，也就是说，断电之后，所有的信息都将消失。

[15]

终端（带有键盘和屏幕的输入 / 输出设备）便是在这一代计算机中出现的。键盘使用户可以直接访问计算机，屏幕则可以提供立即响应。

5. 第四代（1971 年至今）

大规模集成化是第四代计算机的特征。20 世纪 70 年代早期，一个硅片上可以集成几千个晶体管，而 20 世纪 70 年代中期，一个硅片则可以容纳整个微型计算机。主存储设备仍然依赖芯片技术。在过去的 40 多年中，每一代计算机硬件的功能都变得越来越强大，体积则越来越小，花费也越来越少。摩尔定律被改为芯片的集成度每 18 个月增长一倍。

20 世纪 70 年代末，词汇表中出现了个人计算机（PC）这个词。微型计算机已经变得非常便宜，几乎每个人都可以有一个，孩子们也是玩吃豆人游戏长大的。

第四代计算机进入商业市场后出现了一些全新的名字，Apple、Tandy/Radio Shack、Atari、Commodore 和 Sun 公司加入了早期计算机公司的行列。这些早期的计算机公司包括 IBM、Remington Rand、NCR、DEC（Digital Equipment Corporation）、Hewlett-Packard、Control Data 和 Burroughs。在个人计算机革命的浪潮中，最为人称道的成功故事是关于 Apple 公司的。工程师 Steve Wozniak（史蒂夫·沃兹尼亚克）和中学生 Steve Jobs（史蒂夫·乔布斯）共同创建了一个个人计算机工具包，而且把它从车库推向了市场，这就是 Apple Computer 这个拥有数十亿资产的公司的起源。

从车库到财富 500 强

Steve Jobs 和 Steve Wozniak 是少年时代的朋友，他们分别卖掉了自己的大众汽车和可编程的计算器，为他们的新计算机公司筹集资金。他们的第一单生意是销售 50 个 Apple 1s，即他们在车库中设计和建造的计算机。在短短的 6 年时间中，Apple 公司跻身于世界财富 500 强。

IBM PC 于 1981 年面世，之后，其他公司迅速制造了许多与之兼容的机器。例如，Dell 和 Compaq 公司在制造与 IBM PC 兼容的 PC 方面取得了巨大的成功。Apple 公司在 1984 年创建了非常受欢迎的 Macintosh 微型计算机的生产线。

20 世纪 80 年代中期，出现了更大型、功能更强大的机器工作站，它们通常用于商业用途，而不适用于个人。创建工作站的理念是为了把雇主自己的工作站放在一个桌面上。这些工作站由线缆连接在一起，或者说被连网了，以便它们彼此能够交互。引入了 RISC（精简指令集计算机，Reduced-Instruction-Set Computer）体系结构后，工作站变得更加强大了。每台计算机都能理解一套指令，我们称这套指令为机器语言。传统机器（如 IBM 370/168）的指令集有 200 多条指令。指令执行得非常快，但访问内存的速度却很慢，因此，特殊的指令更加有用。随着内存访问的速度越来越快，使用精简的指令集变得越来越诱人。Sun 微系统公司于 1987 年制造出了采用 RISC 芯片的工作站。这种工作站的受欢迎程度说明了 RISC 芯片的可行性。我们通常称这些工作站为 UNIX 工作站，因为它们使用的是 UNIX 操作系统。

[16]

科学家建造出第一台纳米管计算机

科学家们正在探寻使用碳纳米管和超纯碳无缝圆柱来建造未来计算机的可能性。随着传统意义上的硅晶体管的电传导速度逐渐到达该技术的极限，研究逐渐转移到寻找比硅晶体管更快的替代材料上。

由于计算机仍在使用电路板，所以我们不能为这一代计算机画上休止符。但是，一些新事物已经出现了，对如何使用计算机造成了强烈的影响，它们必将开创一个新时代。摩尔定律被再次改写为下列说法："每 18 个月，计算机的功率会在同样的价格水平下增长一倍，或者以一半的价格可以购买同样的计算机功率。"[9]

6. 并行计算

20 世纪 80 年代末，尽管使用单处理器的计算机仍然盛行，但是新的机器体系结构出现了。使用并行体系结构的计算机依靠的是一套互相连接的中央处理器。

一种并行机器的组织结构是所有处理器共享同一个存储单元。另一种组织结构是每个中央处理器具有自己的本地存储，与其他处理器通过高速内部网进行通信。

并行体系结构提供了几种加快执行速度的方法。例如，把程序中的一步操作分成多个片段，在几个独立的处理器上同时执行这些程序片段。这种机器被称为 SIMD（单指令多数据流，Single-Instruction，Multiple-Data-stream）计算机。第二种机器可以同时运行程序的不同部分。这种机器被称为 MIMD（多指令多数据流，Multiple-Instruction, Multiple-Data-stream）计算机。

虽然把上百甚至上千个处理器组织在一台机器中有巨大的潜能，但是为这种机器进行程序设计的难度也很高。并行计算机的软件设计不同于一个计算机序列的软件设计。程序员必须重新思考利用并行性进行程序设计和解决问题的方法。

7. 连网

20 世纪 80 年代，多用户大型机的概念被小型机器连接成的网络代替，这些小型机器通过连网共享打印机、软件和数据等资源。1973 年由 Robert Metcalfe 和 David Boggs 发明的以太网使用廉价的同轴电缆和一套能够让机器互相通信的协议。1979 年，DEC、Intel 和 Xerox 公司都参与到以太网标准的制定中。

工作站的设计是为了连网，但是，直到 1985 年生产出了更高级的 Intel 芯片，才能够对个人计算机进行连网。到 1989 年，Novell Netware 用文件服务器把 PC 连接在一起。文件服务器是一台具有大容量的存储器以及强劲输入 / 输出能力的 PC。把数据和办公自动化软件放在服务器上，而不是在每个 PC 上放置一个副本，这样既达到了集中控制的目的，又给予了每台 PC 自主权。把工作站或 PC 连接成网络，就形成了 LAN（局域网，Local Area Network）。

我们知道，因特网（Internet）是从 ARPANET 演化来的，ARPANET 是美国政府从 20 世纪 60 年代末开始资助的网络，由 11 个节点构成，集中分布在 Los Angeles 和 Boston 地区。与 ARPANET 和 LAN 一样，Internet 使用包交换的方法共享信息。但是，Internet 由分布在世界各地的不同网络组成，这些网络之间采用通用的 TCP/IP（传输控制协议 / 网际协议，Transmission-Control Protocol/Internet Protocol）协议通信。

在 *A History of Modern Computing* 一书中，Paul E. Ceruzzi 对以太网和 Internet 的关系做了下列注解：

"如果 20 世纪 90 年代的 Internet 是信息高速公路，那么以太网就是支持它的慢车道，两者同等重要。Internet 是由 ARPA 研究演化来的全球网络，在 Xerox 公司发明本地以太网前，Internet 已经存在了。但是，在 Internet 盛行之前，以太网改变了办公室计算和个人计算的本性。"[11]

Jobs 和 Wozniak 不能放弃

"我们去了 Atari 公司说，'嘿，我们开发了一些有趣的东西，甚至在构建时用了一些你们的部分，你来资助我们怎么样？或者我们将它给你。我们只是想做这件事。付给我们工资，我们会为你工作。'他们说，'不行。'然后我们去了 Hewlett-Packard，他们说，'嘿，我们不需要你们，你们大学还没毕业呢。'"[10]

---

8. 云计算

对于计算机硬件的管理和使用，最近的一些改变基于可靠性不断提高的云计算。这种技术依赖因特网上的计算机资源的使用，而不依赖于物理位置意义上的设备。计算硬件在"云"上，而非在计算机或建筑物中。

硬件问题使计算变得困难，尤其是对于商业和其他大规模计算。尝试解决问题的人们并不想有其他多余的问题。这些问题包括计算机维护，以及当可以获得先进技术时必要的升级。

随着网络越来越容易获取，企业越来越依赖数据中心以支持他们进行计算。数据中心通常是第三方解决方案，它是独立的企业，用来提供其他公司可能会使用的计算硬件。数据中心的职员安装并配置企业需要的机器。

数据中心的使用解决了管理必要计算基础设施的挑战的很大一部分，但是这个过程仍然不容易，因为企业和数据中心之间需要进行通信。安装企业所需要的新的计算机（服务器）通常需要耗费几天时间。

后来，数据中心的概念演化成了云计算的概念，通过云计算，企业可以在网页交互页面通过使用一些命令，在几分钟内运作一个新的服务器。这个过程如今变得越发流水线，许多企业甚至不需要考虑拥有和管理他们自己的计算硬件。

第 15 章将会更详细地讨论云计算。

1.2.2　计算软件简史

虽然计算机硬件可以启动，但是如果没有构成计算机软件的程序的指引，它们什么也做不了。了解软件进化的方式对理解软件在现代计算系统中是如何运行的至关重要。

1. 第一代软件（1951～1959）

第一代程序是用机器语言编写的。所谓机器语言，即内置在计算机电路中的指令。即使是对两个数字求和这样的小任务也要动用 3 条二进制指令（0 和 1），程序员必须记住每种二进制数字的组合表示什么。使用机器语言的程序员一定要对数字非常敏感，而且要非常细心，所以第一代程序员都是数学家和工程师毫不令人感到惊奇。然而，用机器语言进行程序设计不仅耗时，而且容易出错。

由于编写机器代码非常乏味，有些程序员就开发了一些工具辅助程序设计。因此，第一代人工程序设计语言出现了。这些语言被称为汇编语言，它们使用助记忆码表示每条机器语言指令。

由于每个程序在计算机上执行时采用的最终形式都是机器语言，所以汇编语言的开发者还创建了一种翻译程序，把用汇编语言编写的程序翻译成机器代码。一种称为汇编器的程序读取每条用助记忆码编写的程序指令，把它翻译成等价的机器语言。这些助记忆码都是缩写码，有时难以理解，但用起来它们比二进制数字串容易得多。

计算机历史博物馆

　世界上第一家计算机博物馆于 1979 年在位于马萨诸塞州马尔堡的数字设备公司（DEC）总部开馆。几经周转，计算机历史博物馆于 2005 年搬到了加利福尼亚州硅谷中心的一间永久性山景房屋。

---

[19]

　那些编写辅助工具的程序员简化了他人的程序设计，他们是最初的系统程序员。因此，即使在第一代计算机软件中，也存在编写工具的程序员和使用工具的程序员这样的区分。汇编语言是程序员和机器硬件之间的缓冲器。请参阅图 1-8。即使是现在，如果需要高效代码，还是会使用汇编语言编写程序。第 6 章详细探讨一个机器代码和它对应的汇编语言的例子。

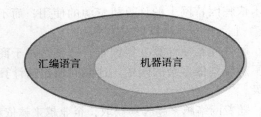

图 1-8　第一代软件的语言层次

2. 第二代软件（1959 ～ 1965）

　当硬件变得更强大时，就需要更强大的工具有效地使用它们。当然，汇编语言是向正确的方向前进了一步，但是程序员还是必须记住单独的机器指令。第二代软件见证了更强大的语言开发。使用高级语言，程序员就能够用类似于英语的语句编写指令。

　第二代软件时期开发的两种语言目前仍然在使用，它们是 FORTRAN（为数字应用程序设计的语言）和 COBOL（为商业应用程序设计的语言）。FORTRAN 和 COBOL 的开发过程完全不同。FORTRAN 最初是一种简单语言，经过几年增加附加特性后才形成一种高级语言。而 COBOL 则是先设计然后再开发的，形成之后就很少改动。

　这一时期设计的另一种语言是 Lisp，目前仍然在使用。Lisp 与 FORTRAN 和 COBOL 有极大的不同，而且没有被广泛接受，主要用于人工智能的应用程序和研究。Lisp 的专用语是当今人工智能可用的语言之一，Scheme 就是一种 Lisp 专用语，有些学校用它作为启蒙性的程序设计语言。

　高级语言的出现为在多台计算机上运行同一个程序提供工具。每种高级语言都有配套的翻译程序，这种程序可以把高级语言编写的语句翻译成等价的机器码指令。这样的翻译程序被称作编译器，它还用来检查高级语言的语法是否被正确执行。只要一台机器具有编译器这种翻译程序，就能够运行用 FORTRAN 或 COBOL 编写的程序。

[20]

　在第二代软件末期，系统程序员的角色变得更加明显。系统程序员编写诸如汇编器和编译器这样的工具，使用这些工具编写程序的人被称为应用程序员。随着包围硬件的软件变得越来越复杂，应用程序员离计算机硬件越来越远了。请参见图 1-9。

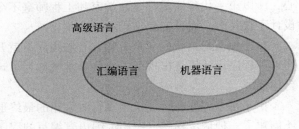

图 1-9　第二代软件的语言层次

3. 第三代软件（1965～1971）

在第三代商用计算机时期，很显然，人们使计算的处理速度放慢了。计算机在等待运算器准备下一个作业时，无所事事。解决方法是使所有计算机资源处于计算机的控制中，也就是说，要编写一种程序来决定何时运行什么程序。这种程序被称为操作系统。

在前两代软件时期，实用程序用于处理频繁执行的任务。装入器把程序载入内存，连接器则把大型程序连接在一起。第三代软件改进了这些实用程序，使它们处于操作系统的引导之下。实用程序、操作系统和语言翻译程序（汇编器和编译器）构成了系统软件。

用作输入/输出设备的计算机终端的出现使用户能够访问计算机，而高级的系统软件则使机器运转得更快。但是，从键盘和屏幕输入输出数据是个很慢的过程，比在内存中执行指令慢得多。这就导致了如何利用机器越来越强大的能力和速度的问题。解决方法就是分时，即许多用户用各自的终端同时与一台计算机进行通信（输入和输出）。控制这一进程的是操作系统，它负责组织和安排各个作业。

对于用户来说，分时好像使他们有了自己的机器。每个用户都会被分配到一小段中央处理时间，在中央处理器服务于一个用户时，其他用户将处于等待状态。用户通常不会察觉还有其他用户。但是，如果同时使用系统的用户太多，那么等待一个作业完成的时间就会变得很明显。

在第三代软件中，出现了多用途的应用程序，用 FORTRAN 语言编写的社会科学统计程序包（Statistical Package for the Social Science, SPSS）就是这样的程序。SPSS 具有一种专用的语言，用户使用这种语言编写指令作为程序的输入。使用这种专用语言，即使不是经验丰富的程序员也可以描述数据，并且对这些数据进行统计计算。

起初，计算机用户和程序员是一体的。在第一代软件末期，为其他程序员编写工具的程序员的出现带来了系统程序员和应用程序员的区分。但是，程序员仍然是用户。在第三代软件中，系统程序员为其他人编写软件工具。计算机用户的概念骤然出现了，他们不再是传统意义上的程序员。

用户与硬件的距离逐渐加大。硬件已演化成整个系统的一小部分。由硬件、软件和它们管理的数据构成的计算机系统出现了，如图 1-10 所示。虽然程序员们有时仍然需要使用低级计算机，但是可以获得的高级工具极大地改变了形势。

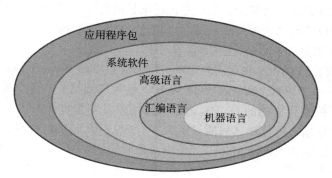

图 1-10　包围硬件的软件分层仍然在增长

4. 第四代软件（1971～1989）

20 世纪 70 年代出现了更好的程序设计技术，即结构化程序设计方法，这是一种有逻辑、有规则的程序设计方法。Pascal 语言和 Modula-2 都是采用结构化程序设计的规则制定的。BASIC 这种为第三代机器设计的语言也被升级成了更具有结构性的版本。此外还出现了 C 语言，使用这种语言，用户可以在高级程序中使用一些汇编语句。C++ 也是一种允许用户使用低级语句的结构化语言，它成为业界的选择。

更好、更强大的操作系统也被开发出来了。AT&T 公司作为研究工具而开发的 UNIX 系统成了许多大学的标准设置。为 IBM PC 开发的 PC-DOS 系统和为了兼容而开发的 MS-DOS 系统都成了个人计算机的标准系统。Apple 公司使用了施乐帕克研究中心（Xerox PARC）的研究成果，在 Macintosh 机的操作系统中引入了鼠标的概念和点击式的图形界面，从而带来了计算机人机交互的重大变革。

即使在附近的小店，都可以买到高品质的、价格合理的应用程序软件包。这些程序可以让一个没有计算机经验的用户实现一项特定的任务。三种典型的应用程序包是电子制表软件、文字处理软件和数据库管理系统。Lotus 1-2-3 是第一个商用电子制表软件，即使是一个新手，也可以用它输入数据，对数据进行各种分析。WordPerfect 是第一个文字处理软件，dBase IV 是让用户存储、组织和提取数据的系统。

从计算机到书本

前微软执行官 John Wood 离开计算机转向教育行业，他离开以前的工作转而成立了一个在发展中国家建立学校和图书馆的非营利组织。他说，"教育是摆脱贫困的门票，它能带来更好的家庭健康，能使妇女得到更好的待遇。每天，世界上 2.5 亿儿童无学可上，其中三分之二是女孩。"截至 2018 年，该组织（Room to Read）已经分发了 2060 万本书籍并培训了 10 000 多名教师。[13-14,26]

---

5. 第五代软件（1990 年至今）

第五代中有三个著名事件，即在计算机软件业具有主导地位的 Microsoft 公司的崛起、面向对象的设计和编程方法的出现以及万维网（World Wide Web）的普及。

在这一时期，Microsoft 公司的 Windows 操作系统在 PC 市场占有显著优势。尽管 WordPerfect 仍在继续改进，但是 Microsoft 公司的 Word 成了最常用的文字处理软件。20 世纪 90 年代中期，文字处理软件、电子制表软件、数据库程序和其他应用程序都被绑定在一个超集程序包中，这个程序包称为办公套件。

面向对象的程序设计方法成为大型程序设计项目的首选。结构化设计基于任务的层次划分，而面向对象的设计则基于数据对象的层次划分。Sun Microsystems 公司为面向对象的编程方法设计的 Java 语言成为 C++ 语言的竞争对手。

1990 年，日内瓦的 CERN 物理实验室的英国研究员 Tim Berners-Lee 希望创建一个全球 Internet 文档中心——万维网（World Wide Web），他为之创建了一套技术规则。除了这套规则外，他还创建了格式化文档的 HTML 语言和让用户访问全世界站点上的信息的程序——浏览器，此时的浏览器还不成熟，只能显示文本。1993 年，Marc Andreesen 和 Eric Bina 发布了第一个能显示图形的浏览器 Mosaic。美国《新闻周刊》的报道称，"Mosaic 将成为最重要的计算机应用程序。"[16]

目前的浏览器市场存在两大浏览器巨头，即（由 Mosaic 衍生的）Netscape Navigator 和 Microsoft 公司的 Internet Explorer（IE）。Microsoft 公司把 Internet Explorer 与 Windows 操作系统绑定在一起，这使 IE 成为浏览器大战中的赢家。这种捆绑导致美国政府提出了垄断的法律诉讼，2001 年的解决方案中要求微软公司对其竞争对手更加开放。在 1998 年，美国在线公司将其收购之后，Netscape 的未来变得十分不确定。美国在线公司在 10 年之后停止了对 Netscape 产品的支持。Microsoft 最终用 Edge 取代了原有的 IE 浏览器。

保持了一些 Mosaic 味道的火狐（Firefox）浏览器于 2004 年 11 月发布。几乎在同时，Apple 发布了 Safari 浏览器。2008 年，Google 发布了 Chrome 浏览器。所有这些浏览器共同抢占市场份额。

虽然 Internet 已经存在几十年了，但是万维网的出现让使用 Internet 在世界范围内共享信息变得容易了。用户创建和用户编辑成为主流。在线博客也将每个人都变成了作家和社会评论家。社交网络不断进化，为人与人之间的交流方式带来变革。例如，维基百科是一个在线的百科全书，任何人都可以输入或编辑内容。

第五代软件最重要的特征是用户概念的改变。首先出现的用户是程序员，他们编写程序来解决自己或他人的问题。接下来出现的用户是系统程序员，他们为其他程序员编写越来越复杂的工具。到 20 世纪 70 年代早期，应用程序员使用这些复杂的工具为非程序员编写应用程序。随着个人计算机、计算机游戏、教育程序和用户友好的软件包的出现，许多人成为计算机用户。万维网的出现使网上冲浪成了一种娱乐方式，所以更多的人成了计算机用户。计算机用户可以是在学习阅读的一年级小学生，可以是在下载音乐的青少年，可以是在写论文的大学生，可以是在制定预算的家庭主妇，可以是在查找客户信贷记录的银行职员。我们所有的人都是计算机用户。

在硬件和软件的简史中，我们把重点放在传统的计算机和计算系统上。与这些历史并驾齐驱的是使用集成电路（或芯片）来运行或控制烤面包机、汽车、重病特别护理监控器和卫星的历史。这种计算技术称为嵌入式系统。虽然芯片不是我们要在本书中研究的真正意义上的计算机，但它们确实是过去 55 年中技术革命的产物。

1.2.3　预言

我们用几个没有实现的关于计算机的预言来结束这段计算历史的简介[16-18]：

"我认为存在大概 5 台计算机的世界市场。"——Thomas Watson，IBM 公司主席，1943

"ENIAC 有 18 000 个真空管，重达 30 吨。未来的计算机将只有 1000 个真空管，重量只有 1.5 吨。"——*Popular Mechanics*，1949

"我已经走遍了这个国家并和最优秀的人交流，我可以向你保证，数据处理只是一种时尚，持续不了几年。"——Prentice Hall 中负责商业书籍的编辑，1957

"这……有什么用吗？"——IBM 高级计算系统部门的工程师对微芯片的评论，1968

"没理由人人都想在家摆一台计算机。"——Ken Olsen，DEC 公司总裁、主席及创始人，1977：

"把 1 亿交给 Microsoft 太多了。"——IBM，1982

"我预测 Internet 将成为一颗惊人的超新星，1996 年则会彻底失败。"——Bob Metcalfe，3Com 公司的创始人和发明家，1995

"朋友们，Mac 平台将完全占领市场。"——John C. Dvorak，*PC Magazine*，1998

1.3　计算工具与计算学科

在 1.2.2 节中，我们指出了用户角色的不断改变。在第一代软件末期，用户被划分为两组，即开发使程序设计更简单的工具的系统程序员和使用这些工具的应用程序员。此后，应用程序员利用传统的语言工具开发出大量专用的应用程序，如统计包、文字处理程序、电子制表软件、智能浏览器、虚拟环境和医疗诊断应用程序，而这些应用程序又由没有计算机背景的从业人员使用。

因此，到底谁在把计算机用作工具？除了为其他人创建工具的程序员之外，所有人都在使用计算机这个工具。对于那些工具制作者来说，计算是一种学科（低级工具），或者计算这种学科使他们的工具可以使用（将一种应用程序构建在另一种应用程序之上）。

学科（discipline）被定义为一种学习领域。Peter Denning 把计算机科学学科定义为"计算机专家在工作中使用的知识和实践的主体……这一学科也称为计算机科学和工程学、计算学或信息学"。[19] 他继续说道，"计算知识的主体经常被描述为对算法过程的系统研究，包括算法的理论、分析、设计、有效性、实现和应用。隐藏在所有计算问题之下的基本问题是'什么可以被有效地自动操作？'"

Denning 认为每个从业人员需要 4 个领域的技巧：
- 算法思想，即能够用按部就班的过程表示问题，从而解决它们。
- 表示法，即用能被有效处理的方式存储数据。
- 程序设计，即把算法思想和表示法组织在计算机软件中。
- 设计，使软件满足一种用途。

|26|

关于计算学是一种数学学科还是一种科学学科或工程学科，存在着长期的争论。事实上，计算学包含了这三个方面。它当然来源于数学逻辑，图灵定理告诉我们，有些问题是不能解决的；布尔代数描述了计算机电路；数字分析在科学计算中扮演着重要的角色。科学学科采用严格的分析过程来验证假设。自然科学（例如生物学、物理学和化学）的存在是为了"填写上帝忘记给我们的说明书"。[20] 但是，科学方法适用于任何有组织的研究，计算机科学家使用和计算相关的各个方面来测试他们的假设。在设计和构建越来越大的计算系统时，我们采用的则是工程学的技术。

计算的基本思想

计算机科学原理先修课程列出了 7 个对于理解计算非常重要的思想 [21]，如表 1-1 所示。

表 1-1　计算的思想

创造力	计算改变了人们发明的方式，包括视频、动画、信息图形和音频的发明
抽象	抽象是用来对世界建模并且方便人与机器之间交流的方式
数据和信息	对于数据和信息的管理和解释对计算来讲非常重要，可以产生知识
算法	算法允许人们想出并表达问题的解决方法
编程	当然，计算涉及编程，它允许我们实现问题的解决方法
因特网	因特网不仅提供人与机器之间交流和共享资源的方式，而且它还成了计算在多种场合下实现的渠道
全球影响	计算允许创新，而创新在各种程度上都有潜在的有益或有害影响

|27|

当提起创造力，你可能会想到艺术家而不会想到作为一种设备来推进创造力的计算机，但是事实上计算机确实推进了创造力。计算机所使用的器件仍然是人类智慧的结晶。表示法、图像、音频、视频、网页和计算机程序都源于人们的创造力。我们使用软件工具来实现它们，就像雕刻家使用凿子一样，但是最终的成果是通过人们的努力获得的，而不是通过工具。

尽管编写程序的过程经常被视作核心的计算活动，但是它也被视作创造性的努力。程序的目的基于程序员和终端用户（使用程序的人）的目的。程序可能为了满足人们求解改变世界的问题的好奇心而存在，或是被用来发掘数据而存在。通常情况下，运行程序的结果可能对许多人都有影响，可能会改变组织甚至整个社会。

尽管程序设计的过程的根源十分过时，但是编程过程和最终产品并不是仅仅为了处理数据而产生的陈腐无聊的东西。程序可能会使用各种各样的输入和输出，包括视觉（文本、图形）、听觉（音效、音乐、人们的演讲），或是触觉（可触摸屏、震动控制器和虚拟现实手套）。

使用计算机进行创造的过程涉及许多技术和工具，其中许多将在本文中讨论。有一些对你来讲可能已经非常熟悉，而另一些可能是全新的东西。它们中有许多都是使用新的方式实现原先旧的思想。

计算机走进大学

1962 年普渡大学和斯坦福大学设立第一个计算机科学系，1965 年宾夕法尼亚大学授出第一个计算机科学博士学位，1968 年 ACM 发布第一个计算机科学课程设置。[22]

本书以绪论的方式，从不同的程度上解释了计算学科的基本思想。尽管本书有助于你成为更好的计算机用户，但这不是它存在的目的。我们的意图在于让你全面地了解计算机系统是如何工作的、它们现在处于什么阶段以及将来会向什么方向发展这些基础知识。

小结

本书对计算机系统进行了概括性的研究，计算机系统由构成设备的硬件、机器执行的软件程序及由前两者管理和操作的数据组成。计算系统可以分为多个层次，本书将按照从内到外的顺序逐一介绍这些分层。

计算的历史使我们了解了现代计算系统的来源。计算的历史被划分为四个时代，每个时代都以用于构建硬件的元件和为了让用户更好地利用这些硬件而开发的软件工具为特征。这些工具构成了包围硬件的软件层。

在本书剩余的部分中，我们将分析构成计算系统的各个分层，从信息层开始，到通信层结束。我们的目标是让你理解和欣赏计算系统的方方面面。

你可能会继续对计算机科学做深度的研究，为计算系统的将来做出贡献。你也可能把计算机作为工具，成为其他学科的应用专家。无论你拥有什么样的未来，只要计算系统仍然盛行，对它们是如何运作的有一个基本了解都是必要的。

道德问题：数字鸿沟

术语数字鸿沟（ditigal divide）被用来形容信息时代的不一致。ICT 发展指数（IDI）基于一组指标，其用来衡量与信息通信技术相关的问题。和其他指标相比，这类指标使得国家可以通过其普及计算机和互联网的人口来进行衡量。在这类指标下，2017 年美国排在前 30 的国家的中等位置，而冰岛、韩国和瑞士排在榜首。[23]

尽管差距在不断缩小，但它仍然是一个社会问题。以团体而言，乡村城镇、少数家庭、低等收入家庭以及残疾人并没有和大多处境有利的人一样的访问因特网的水平。在教育配置上，互联网连接以及计算机的数量和质量在地域上相差非常大。类似联邦支持的 E-Rate 程序于 1996 年建立。这些程序由提供州内或国际通信服务的公司提供资金。为了应对这些不平衡，它们为需要的学校和图书馆提供经济上的折扣。

在 2005 年，Nicholas Negroponte 和 MIT 进行了合作，他们共同发起了"人人计算机"（OLPC）

组织。组织的建立思想为：每一个孩子——甚至是那些世界边缘地区的孩子——都应该有一台计算机。OLPC 着手为不能付得起一台计算机钱的孩子们制造了低成本的笔记本电脑。在市面上最便宜的笔记本电脑卖超过 1000 美元的时候，OLPC 设计了一款基础款笔记本电脑，它的价格只有不到 200 美元。在 2015 年，超过 300 万的 XO 笔记本电脑已经被分发给世界各地需要的人们。[24]

数字鸿沟包含了发展中国家必须面临的额外的挑战。没有用来支持互联网访问的必要的通信基础架构，发展中国家处于非常不利的地位，这些从全球互联网不同获取方式程度的数据统计就可以看出来。ICT 发展指数在非洲和中亚地区的国家中最低。

随着手机的出现，计算机使用和因特网的获取不再同步。如果想成为一个互联网用户，你不再需要有一台计算机。

有一个值得深思的问题：对于那些未能获取到网络的人们来讲，他们是不知道世界发生了什么变化的，而世界也无法了解他们是如何想的。他们对于世界上其他的人来讲像是透明人一般不可见，而他们也无法和世界上的其他人取得联系。

30

关键术语

抽象（abstraction） 计算机软件（computer software）

计算机硬件（computer hardware） 计算系统（computing System）

练习

从下列人名中选择练习 1 ～ 10 的答案。

A. Leibniz   B. Pascal

C. Babbage   D. Lovelace

E. Hollerith   F. Byron

G. Turing   H. Jacquard

1. 哪位法国数学家制造并出售了第一台齿轮传动的、能够计算加法和减法的机械机器？

2. 谁制造了第一台能够计算加法、减法、乘法和除法的机械机器？

3. 谁设计了第一台具有存储器的机械机器？

4. 谁是第一位程序设计员？

31 5. 谁提出了用穿孔卡片进行人口普查？

6. 谁编辑了 Babbage 的著作？

7. Ada Lovelace 的父亲是谁？

8. *Code Breakers* 这本书中提到了谁？

9. 谁提出了用于织布的穿孔的概念？

10. 谁与 IBM 相关？

在下列清单中，为练习 11 ～ 23 的硬件选出匹配的一代。

A. 第一代   B. 第二代

C. 第三代   D. 第四代

E. 第五代

11. 电路板

12. 晶体管

13. 磁芯存储器

14. 卡片输入 / 输出

15. 并行计算

16. 磁鼓

17. 磁带驱动器

18. 集成电路

19. 个人计算机

20. 真空管

21. 大规模集成电路

22. 磁盘

23. 连网

在下列清单中，为练习 24 ～ 38 的软件或软件概念选出匹配的一代。

A. 第一代   B. 第二代

C. 第三代   D. 第四代

E. 第五代

24. 汇编器

25. FORTRAN

26. 操作系统

27. 结构化程序设计

28. 分时

29. HTML（用于 Web）

30. 装入器

31. 电子制表软件

32. 文字处理软件

33. Lisp

34. PC-DOS

35. 绑定在操作系统中的装入器和连接器

36. Java

37. SPSS

38. C++

为练习 39 ～ 59 中的问题提供简短的答案。

39. 如何理解"20 世纪 80 年代和 20 世纪 90 年代的特征是用户概念的改变"这句话？

40. 请解释 Mosaic 浏览器的重要性。

41. 请讨论浏览器战争。

42. 请描述 2002 年之后 Web 的变化。

43. 请结合 1.2.3 节中列出的预言，说一说这之中你认为哪一条预言存在最大的判断错误，并解释。

44. 请列举出每个从业人员都需要的四个领域的

技巧。

45. 请区分计算工具和计算学科。

46. 计算是数学学科、科学学科还是工程学学科？请解释。

47. 在计算学科中，请区分系统领域和应用程序领域。

48. 定义术语抽象，并将其与图 1-2 中的图关联。

49. 云计算是什么？

50. 请定义术语协议，并解释在计算中如何使用它。

51. 请区分机器语言和汇编语言。

52. 请区分汇编语言和高级语言。

53. FORTRAN 和 COBOL 是在第二代计算机软件中定义的高级语言。比较这两种语言的历史和用途。

54. 请区分汇编器和编译器。

55. 请区分系统程序员和应用程序员。

56. 操作系统开发的基本原理是什么？

57. 什么构成了系统软件？

58. 下列软件的用途是什么？

    a）装入器   b）连接器   c）编辑器

59. SPSS 与它之前的程序有什么区别？

思考题

1. 请识别学校环境中的 5 种抽象，说明它们隐藏了什么细节，以及抽象如何有助于管理复杂度。

2. 请讨论抽象在计算机软件史上的角色。

3. 表 1-1 中所列出的思想中，你认为哪一项最重要？为什么？

4. 你是否知道如今仍无法连上因特网的人呢？

信　息　层

二进制数值与记数系统

我们在第 1 章中介绍了一些历史和常用术语，现在可以真正地开始探讨这些计算技术了。本章叙述了计算机硬件用来表示和管理信息的方式——二进制数值。此外，这一章还把二进制数值置于各种记数系统中，帮助我们回忆这些初中学过的概念。虽然你可能已经知道了很多关于二进制数的概念，但是你也许从来没有意识到自己知道这些。所有记数系统的规则都一样，我们只不过是回顾那些基本概念，并把它们应用到新的基数上。理解了二进制数值，就为理解计算系统如何使用二进制记数系统实现它们的任务做好了准备。

目标

学完本章之后，你应该能够：

- 区分数字分类。
- 描述位置记数法。
- 把其他基数的数字转换成十进制数。
- 把十进制数转换成其他基数的数字。
- 描述基数 2、8 和 16 之间的关系。
- 解释以 2 的幂为基数的计算的重要性。

2.1 数字与计算

数字对计算至关重要。除了使用计算机执行数字运算以外，所有使用计算机存储和管理的信息类型最终都是以数字形式存储的。在计算机的最底层，所有信息都只是用数字 0 和 1 存储的。因此，在开始研究计算机之前，首先需要探讨一下数字。

首先，回忆一下数字的分类，数字包括自然数、负数、有理数、无理数等，它们在数学上很重要，但对理解计算却没有什么用。下面简短浏览一下相关的分类定义。

先定义一个总括的概念——数字。**数字**（number）是属于抽象数学系统的一个单位，服从特定的顺序法则、加法法则和乘法法则。也就是说，数字表示一个值，可以对这些值施加某些算术运算。

现在，我们对数字进行分类。**自然数**（natural number）是 0 和通过在 0 上重复加 1 得到的任何数，用于计数。**负数**（negative number）是小于 0 的数，在相应的正数前加上负号即为负数。**整数**（integer）是所有自然数和它们的负数。**有理数**（rational number）包括整数和两个整数的商，也就是说，任何有理数都可以被表示为一个分数。

> **数字**（number）：抽象数学系统的一个单位，服从算术法则。
>
> **自然数**（natural number）：0 或通过在 0 上重复加 1 得到的任何数。
>
> **负数**（negative number）：小于 0 的数，是在相应的正数前加上负号得到的数。
>
> **整数**（integer）：自然数、自然数的负数或 0。
>
> **有理数**（rational number）：整数或两个整数的商（不包括除以 0 的情况）。

这一章的重点是自然数以及在各种记数系统中如何表示它们。在讨论中，我们介绍了所有记数系统之间的关系。在第 3 章中，我们将分析负数和有理数的计算机表示法以及如何用数字表示其他形式的数据，如字符和图像。

本章中的部分资料可能是你所熟悉的。当然，一些基本概念是你应该知道的。一些基本的记数和运算规则是你经常使用的，所以你可能已经掌握了。本章的目标之一是让你回忆起这些基本规则，向你展示它们是如何应用到各个记数系统中的。这样，计算机使用二进制数值 1 和 0 来表示信息的思想就不那么难理解了。

2.2　位置记数法

943 这个数中有多少实体？也就是说，943 这个数表示多少件实物？用小学术语来说，943 是 9 个 100 加 4 个 10 加 3 个 1，或者说，是 900 个 1 加 40 个 1 加 3 个 1。那么，754 中又有多少实体？700 个 1 加 50 个 1 加 4 个 1。对吗？也许正确，答案是由你使用的记数系统的基数（base）决定的。如果这些数字是以 10 为基数的，或者说是十进制数，也就是人们日常使用的数制，那么上述答案是正确的。但在其他记数系统中，上述答案就错了。

记数系统的**基数**规定了这个系统中使用的数字量。这些数字都是从 0 开始，到比基数小 1 的数字结束。例如，在以 2 为基数的系统中，有两个数字 0 和 1。在以 8 为基数的系统中，有 8 个数字，从 0 到 7。在以 10 为基数的系统中，有 10 个数字，从 0 到 9。基数还决定了数位位置的含义。当给记数系统中的最后一个数加 1 后，必须执行数位位置左移。

> **基数**（base）：记数系统的基本数值，规定了这个系统中使用的数字量和数位位置的值。

数字是用**位置记数法**编写的。最右边的数位表示它的值乘以基数的 0 次幂，紧挨着这个数位的左边的数位表示它的值乘以基数的 1 次幂，接下来的数位表示它的值乘以基数的 2 次幂，再接下来的数位表示它的值乘以基数的 3 次幂，依此类推。也许你不知道自己对位置记数法如此熟悉。我们用它来计算 943 中的 1 的个数。

$$9 * 10^2 = 9 * 100 = 900$$
$$+ 4 * 10^1 = 4 * 10 = 40$$
$$+ 3 * 10^0 = 3 * 1 = \underline{3}$$
$$943$$

> **位置记数法**（positional notation）：一种表达数字的系统，数位按顺序排列，每个数位有一个位值，数字的值是每个数位和位值的乘积之和。[1]

位置记数法更正式的定义是用记数系统的基数的多项式表示值。但什么是多项式呢？多项式是两个或多个代数项的和，每个代数项由一个常量乘以一个或多个变量的非负整数幂构成。在定义位置记数法时，变量指的是记数系统的基数。943 可以表示为下列多项式，其中 x 表示基数：

$$9 * x^2 + 4 * x^1 + 3 * x^0$$

> **0 的重要性**
>
> 位置记数法之所以能存在，完全是因为 0 这个概念。我们通常认为，0 是所有现代数学分支的交集中的基本概念。Georges Ifrah 在他的著作 *The Universal History of Computing* 中说道："总而言

36

之，0 的发现给了人类思想无限的潜力。没有其他的人类创新可以给人类智能的发展带来如此深远的影响。" [2]

让我们来正式表述这一概念。如果一个数字采用的是以 R 为基数的记数系统，具有 n 个数位，那么可以用下列多项式表示它，其中，d_i 表示数字中第 i 位的数值：

$$d_n * R^{n-1} + d_{n-1} * R^{n-2} + \cdots + d_2 * R + d_1$$

[37] 是不是看起来很复杂？我们看一个实例：以 10 为基数的数字 63578。n 等于 5（该数字有 5 个数位），R 等于 10（基数）。根据公式，第 5 个数位（最左边的数位）乘以基数的 4 次方，第 4 个数位乘以基数的 3 次方，第 3 个数位乘以基数的 2 次方，第 2 个数位乘以基数的 1 次方，第一个数位什么都不乘。

$$6 * 10^4 + 3 * 10^3 + 5 * 10^2 + 7 * 10^1 + 8$$

在前面的计算中，我们都假设基数是 10。这是一种逻辑假设，因为我们的记数系统是以 10 为基数的。但是，这并非意味着 943 表示的不会是一个以 13 为基数的值。如果是这样，要确定 1 的个数，必须先把 943 转换成以 10 为基数的数字。

$$9 * 13^2 = 9 * 169 = 1521$$
$$+ 4 * 13^1 = 4 * 13 = 52$$
$$+ 3 * 13^0 = 3 * 1 = \underline{3}$$
$$1576$$

因此，以 13 为基数的数 943 等于以 10 为基数的数 1576。记住，这两个数是等值的。也就是说，它们表示的是同等数量的实体。如果一个包中有（以 13 为基数）943 个豆子，另一个包中有（以 10 为基数）1576 个豆子，那么两个包中的豆子数是完全一样的。记数系统使我们能用多种方式表示数值。

注意，以 10 为基数，最右边的数字是"1"数位；以 13 为基数，最右边的数字也是"1"数位。事实上，以任何数字为基数，最右边的数字都是"1"数位，因为任何数字的 0 次幂都是 1。

为什么有人要把数值表示为以 13 为基数呢？虽然以 13 为基数的数并不常见，但是有时它对理解记数系统的运作还是很有帮助的。例如，有一种计算技术称为散列法，就是将数字打乱，方法之一就是用另一种基数表示这个数字。

其他基数（如 2）在计算机处理中更加重要。我们来详细探讨一下这些基数。

2.2.1 二进制、八进制和十六进制

以 2 为基数（二进制）的记数系统在计算中尤其重要。了解以 2 的幂为基数的记数系统（如以 8 为基数的八进制和以 16 为基数的十六进制）也很有用。记住，基数规定了记数系统中数字的个数。以 10 为基数的记数系统具有 10 个数字（0～9），以 2 为基数的记数系统具 [38] 有 2 个数字（0、1），以 8 为基数的记数系统具有 8 个数字（0～7）。因此，数字 943 不可能表示一个基数小于 10 的值，因为在这样的记数系统中，根本不存在数字 9。它是一个以 10 或大于 10 的数为基数的有效数字。同样，2074 是一个以 8 或大于 8 的数为基数的有效数字，不存在于以小于 8 的数字为基数的记数系统中（因为它使用了 7）。

那么在基数大于 10 的记数系统中有哪些数字呢？我们用符号表示相当于十进制中大于等于 10 的值的数字。在以比 10 大的数为基数的记数系统中，我们把字母用作数字。字母 A

表示数字 10，字母 B 表示 11，C 表示 12，依此类推。因此，以 16 为基数的记数系统中的
16 个数字如下所示：

$$0 、 1 、 2 、 3 、 4 、 5 、 6 、 7 、 8 、 9 、 A 、 B 、 C 、 D 、 E 、 F$$

让我们看一些八进制、十六进制和二进制的数，看看它们表示的十进制数是什么。例
如，计算与八进制数（以 8 为基数）754 等值的十进制数。如前所示，我们把这个数字展开
成多项式的形式，然后求和。

$$
\begin{aligned}
7 * 8^2 &= 7 * 64 = 448 \\
+ 5 * 8^1 &= 5 * 8 = 40 \\
+ 4 * 8^0 &= 4 * 1 = \underline{4} \\
& 492
\end{aligned}
$$

把十六进制数 ABC 转换成十进制数：

$$
\begin{aligned}
A * 16^2 &= 10 * 256 = 2560 \\
+ B * 16^1 &= 11 * 16 = 176 \\
+ C * 16^0 &= 12 * 1 = \underline{12} \\
& 2748
\end{aligned}
$$

注意，把数字转换成十进制数所执行的操作完全一样，只不过这次使用的基数是 16，
我们必须记住字母数字表示的数值。多加练习，你就不会觉得把字母用作数字很奇怪了。

最后，我们来把二进制（以 2 为基数的）数 1010110 转换成十进制数，执行的步骤仍然
相同，只是基数改变了：

$$
\begin{aligned}
1 * 2^6 &= 1 * 64 = 64 \\
+ 0 * 2^5 &= 0 * 32 = 0 \\
+ 1 * 2^4 &= 1 * 16 = 16 \\
+ 0 * 2^3 &= 0 * 8 = 0 \\
+ 1 * 2^2 &= 1 * 4 = 4 \\
+ 1 * 2^1 &= 1 * 2 = 2 \\
+ 0 * 2^0 &= 0 * 1 = \underline{0} \\
& 86
\end{aligned}
$$

最大的素数

迄今为止发现的最大素数（截至 2018 年 6 月）比 2 的 77 232 917 次方小 1。它有 23 249 425
个数字。[7]

这个最新的素数是在大互联网寻找梅森素数（GIMPS）项目中发现的，该项目由志愿者合作完
成，他们使用免费软件进行搜索。

欧几里得证明了不存在最大的素数，所以搜索仍在继续。

请牢记，任何记数系统中的最大数字比基数小 1。要用任何基数表示基数值，只需要两
个数字。0 位于最右边，1 在 0 的左边，这个数字表示基数值本身。因此，10 是以 10 为基
数的记数系统中的 10，10 是以 8 为基数的记数系统中的 8，10 是以 16 为基数的记数系统中
的 16。仔细考虑一下。记数系统的一致性是非常好的。

采用其他基数的数字的加法和减法运算与十进制数中的运算完全一样。

算盘

在第 1 章的计算简史中,我们提到了算盘这种早期的计算设备。更确切地说,算盘是使用位置记数法表示十进制数的设备。每一列中的算珠表示那一列的数字,所有列组合在一起表示一个完整的数字。

注:Theresa DiDonato 提供

中部横木以上的算珠表示 5 个单位,以下的算珠表示 1 个单位。没有挨着中部横木的算珠与得到的数字无关。下面的图显示了用算盘表示的数字 27091。

注:Theresa DiDonato 提供

用户通过以特定的方式移动算珠来执行计算,反映了基本的算术运算,即加法、减法、乘法和除法。

尽管很古老,但是现在在许多亚洲文化中还是能见到算盘。在商店里,收银员使用的可能是算盘,而不是电子收银机。虽然没有电子设备的优点,但算盘能更有效地满足基本商务需要的计算。算盘能手能在速度和正确度上与使用计算器的用户一比高下。

亚洲国家的孩子会学习算盘的机械化操作,和你反复背诵乘法表非常相似。要对一个数字执行运算,用户只需要用一只手的拇指、食指和中指执行一系列算珠移动即可。这些移动对应于单独的数位,由执行的运算决定。例如,算盘上已有数字 5,要把 7 加到 5 上,用户需要清除表示 5 的算珠(把它移到算盘顶部),把这一列中下面的两个算珠向上推到横木处,在这一列左边的列中推上一个算珠。虽然这些移动操作与我们在纸上所做的基本加法运算一样,但是算盘的用户并没有考虑数学,他们习惯于在特定的数字遇到特定的运算时,执行特定的移动操作。当计算完成后,用户将读取算盘上显示的结果。

双五进制表示法

IBM 650 控制台是 20 世纪 50 年代末期流行的商用计算机,它允许运算符读取使用双五进制系统的内存内容。这种数字表示系统使用 7 个灯表示 10 个十进制数。

每个数字由两个灯表示,一个灯属于上部的两个灯,另一个灯属于下部的 5 个灯。如果左上部的

注:IBM 公司档案提供,© IBM

灯亮了，其他 5 个灯从上到下分别表示 0、1、2、3 和 4。如果右上部的灯亮了，其他 5 个灯从上到下分别表示 5、6、7、8 和 9。下图表示的是数字 7：

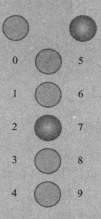

IBM 650 被称为计算机的 Ford Tri-Motor，因为像 Ford Tri-Motor 一样，IBM 650 被运载到拉丁美洲，在那里延长了它的寿命。

2.2.2　其他记数系统中的运算

回忆一下十进制数运算的基本思想：0 + 1 等于 1，1 + 1 等于 2，2 + 1 等于 3，依此类推。当要相加的两个数的和大于基数时，情况就变得比较有趣了。例如，1 + 9。因为没有表示 10 的符号，所以只能重复使用已有的数字，并且利用它们的位置。最右边的值将回 0，它左边的位置上发生进位。因此，在以 10 为基数的记数系统中，1 + 9 等于 10。

二进制运算的规则与十进制运算的类似，不过可用的数字更少。0 + 1 等于 1，1 + 1 等于 0 加一个进位。同样的规则适用于较大数中的每一个数位，这一操作将持续到没有需要相加的数字为止。下面的例子将求二进制数 101110 和 11011 的和。每个数位之上的值标识了进位。

$$
\begin{array}{r}
1\ 1\ 1\ 1\ 1 \quad \leftarrow 进位 \\
1\ 0\ 1\ 1\ 1\ 0 \\
+ \quad 1\ 1\ 0\ 1\ 1 \\
\hline
1\ 0\ 0\ 1\ 0\ 0\ 1
\end{array}
$$

可以通过把两个运算数都转换成十进制数并用它们的和与上面的值比较来确认这个答案是否正确。101110 等于十进制的 46，11011 等于 27，它们的和是 73。1001001 等于十进制的 73。

在小学学过的减法法则是 9−1 等于 8，8−1 等于 7，依此类推，直到要用一个较小的数减一个较大的数，例如 0−1。要实现这样的减法，必须从减数数字中的下一个左边数位上"借 1"。更确切地说，借的是基数的一次幂。因此，在十进制中，借位时借到的是 10。同样的逻辑适用于二进制减法。在二进制减法中，每次借位借到的是 2。下面的两个例子中标识出了借位。

40
~
41

$$
\begin{array}{r}
1 \qquad \leftarrow \text{借位} \\
0\ \not{2}\ 2 \\
111001 \\
-\quad\quad 110 \\
\hline
110011
\end{array}
$$

$$
\begin{array}{r}
0\ 2 \qquad \leftarrow \text{借位} \\
\not{0}\ 2 \\
111101 \\
-\quad\quad 110 \\
\hline
110111
\end{array}
$$

　　同样，可以通过把所有值转换成十进制的值并进行减法运算后与上面的结果进行比较，看答案是不是正确的。

2.2.3　以 2 的幂为基数的记数系统

　　二进制数和八进制数有种非常特殊的关系：给定一个二进制数，可以很快读出它对应的八进制数；给定一个八进制数，也可以很快读出它对应的二进制数。以八进制数 754 为例，如果把每个数位都替换成这个数位的二进制表示，就可以得到 754 对应的二进制数。也就是说，八进制的 7 等于二进制的 111，八进制的 5 等于二进制的 101，八进制的 4 等于二进制的 100，所以八进制的 754 等于二进制的 111101100。

42

　　为了便于转换，下表列出了从 0 到 10 的十进制数和它们对应的二进制数及八进制数。

二进制	八进制	十进制	二进制	八进制	十进制
0	0	0	110	6	6
1	1	1	111	7	7
10	2	2	1000	10	8
11	3	3	1001	11	9
100	4	4	1010	12	10
101	5	5			

　　把二进制数转换成八进制数，要从最右边的二进制数位开始，每三个数位一组，把每组数字转换成相应的八进制数。

$$
\underline{111}\quad \underline{101}\quad \underline{100}
$$
$$
\ \ 7\qquad\ \ 5\qquad\ \ 4
$$

　　下面把二进制数 1010110 转换成八进制的，然后把这个八进制数转换成十进制的。答案应该是 1010110 对应的十进制数 86。

$$
\underline{1}\qquad \underline{010}\qquad \underline{110}
$$
$$
1\qquad\ \ 2\qquad\quad 6
$$

$$
\begin{array}{rcl}
1 * 8^2 = 1 * & 64 & = 64 \\
+ 2 * 8^1 = 2 * & 8 & = 16 \\
+ 6 * 8^0 = 6 * & 1 & = \underline{\ 6} \\
& & 86
\end{array}
$$

可以数到三吗？
认知心理学家已经证明学龄前儿童所能识别的集合不超过三个，即一个对象的集合、两个对

象的集合和三个或多于三个（又称为多个）对象的集合。人类学家和语言学家也确认了两个多世纪前，许多语言都只有两个或三个表示数字的单词，即"一个""一对"和"许多"。英语中仍有一些反映三个或多个的单词，如"gang""pile""bunch""flock""herd""school""fleet""pride""pack"和"gaggle"。[3]

二进制数和八进制数之间可以快速转换的原因在于 8 是 2 的幂。在二进制和十六进制之间也存在类似的关系。每个十六进制数都可以用 4 位二进制数表示。让我们把二进制数 1010110 转换成十六进制数，方法是从右到左，把每四个数位分成一组。

$$\underline{101} \quad \underline{0110}$$
$$\quad 5 \qquad\quad 6$$

$$5 * 16^1 = 5 * 16 = 80$$
$$+\, 6 * 16^0 = 6 * 1 = \underline{\quad 6}$$
$$\qquad\qquad\qquad\qquad 86$$

现在，我们来把十六进制数 ABC 转换成二进制的。表示一位十六进制数需要四位二进制数。十六进制中的 A 等于十进制中的 10，因此，等于二进制的 1010。同样，十六进制的 B 等于二进制 1011，十六进制的 C 等于二进制的 1100。因此，十六进制数 ABC 等于二进制数 101010111100。

我们不直接把 101010111100 转换成十进制的 2748，而是把它划分成八进制数位并转换成八进制数。

$$\underline{101} \qquad \underline{010} \qquad \underline{111} \qquad \underline{100}$$
$$\quad 5 \qquad\qquad 2 \qquad\qquad 7 \qquad\qquad 4$$

因此，八进制的 5274 等于十进制的 2748。

在下一节中，我们将说明如何把十进制数转换成其他记数系统中的等值数字。

2.2.4　将十进制数转换成其他数制的数

转换十进制数的规则涉及新基数的除法。由这个除法可以得到一个商和一个余数。余数将成为新数字中的（从右到左）下一位数，商将代替要转换的数字。这一过程将持续到商为 0 为止。让我们用另一种形式来描述这些规则。

> While（商不是 0）
> 　　用新基数除这个十进制数
> 　　把余数作为答案左边的下一个数字
> 　　用商代替这个十进制数

这些规则构成了把十进制数转换成其他数制的算法（algorithm）。算法是解决问题的步骤的逻辑序列，后面的章节中将有大量关于算法的介绍。这里我们只是介绍一种描述算法的方式，并说明如何用它来执行转换。

算法的第一行告诉我们，在除法的商成为 0 之前，要重复执行下面的三行操作。让我们来把十进制数 2748 转换成十六进制数。我们在前面的例子中看到了，答案应该是 ABC。

```
                              171   ← 商
                       16 ⟌ 2748
                              16
                              114
                              112
                               28
                               16
                               12   ← 余数
```

余数（12）是十六进制数中的第一位数，由数字 C 表示。迄今为止，答案是 C。由于商不是 0，所以要用新基数除它（171）。

```
                               10   ← 商
                       16 ⟌ 171
                              16
                              11   ← 余数
```

余数（11）是答案中左边的下一位数，由数字 B 表示。迄今为止，答案是 BC。由于商不是 0，所以要用新基数除它（10）。

```
                                0   ← 商
                       16 ⟌ 10
                               0
                              10   ← 余数
```

余数（10）是答案中左边的下一位数，由数字 A 表示。现在，答案是 ABC。由于商是 0，所以整个过程结束了，最后的答案是 ABC。

2.2.5　二进制数值与计算机

虽然有些早期计算机是十进制机器，但是现代计算机都是二进制机器。也就是说，计算机中的数字都是用二进制形式表示的。事实上，所有信息都是用二进制数值表示的，原因在于计算机中的每个存储位只有高电平和低电平两种信号。由于每个存储位的状态只能是这两者之一，所以用 0 和 1 表示这两种状态很符合逻辑。低电平信号等同于 0，高电平信号等同于 1。事实上，你可以忘记电平，认为每个存储位存放的值是 0 或 1。注意，存储位不能是空的，必须存放 0 或 1。

每个存储单元称为一个**二进制数字**（binary digit），或简称为**位**（bit）。把位集合在一起就构成了**字节**（byte，8 位），字节集合在一起构成了**字**（word）。字中的位数称为计算机的字长。例如，20 世纪 70 年代晚期的 IBM 370 体系结构中有半字（2 字节或 16 位）、全字（4字节）和双字（8 字节）。现代计算机通常是 32 位的机器或 64 位的机器。

> **二进制数字**（binary digit）：二进制记数系统中的一位数字，可以是 0 或 1。
>
> **位**（bit）：二进制数字的简称。
>
> **字节**（byte）：8 个二进制位。
>
> **字**（word）：一个或多个字节，字中的位数称为计算机的字长。

Grace Murray Hopper

美国海军少将 Grace Murray Hopper 从 1943 年到 1992 年元旦去世，生活与计算密不可分。1991 年，由于在计算机程序设计语言开发方面的杰出贡献，她被授予美国国家科技奖章。这一贡献简化了计算机技术，为广大用户打开了一扇大门。

海军少将 Hopper 于 1906 年 12 月 9 日出生在纽约市的 Grace Brewster Murray 家。她曾就读于 Vassar 大学，并从耶鲁大学获得了数学博士学位。之后的 10 年中，她在 Vassar 大学教授数学。

1943 年，Hopper 加入了美国海军，被分配到哈佛大学的军械计算项目处，担任 Mark I 的程序员。战争过后，她仍留在哈佛大学担任教员，并继续从事有关海军的 Mark II 和 Mark III 计算机的工作。在从事 Mark II 工作期间，她发现了第一个计算机 "bug"，即在一个继电器中捉到一只蛾子。1949 年，她加入了 Eckert-Mauchly Computer 公司，从事有关 UNIVAC I 的工作。

注：© Cynthia Johnson/Getty Images

1952 年，Hopper 得到了一台能够运行的编译器，当时普遍认为计算机只能进行算术运算。虽然 Hopper 并不属于设计计算机语言 COBOL 的委员会，但她也积极参与了这种语言的设计、实现和使用。COBOL（面向商业的通用语言，Common Business-Oriented Language）是在 20 世纪 60 年代早期开发的，目前仍广泛应用于商业数据处理中。

1966 年，Hopper 从海军退休了，但同年即被招回，负责指导海军维护程序设计语言的一致性。海军少将 Hopper 是美国海军计算机化的数据自动化之母。直到 1986 年再次退休，她一直服务于海军数据自动化司令部，军衔为海军少将。

Hopper 喜爱年轻人，喜欢在学院和大学校园中进行讲座。她常常分发彩色的电线，她称之为 "1 毫微秒"，因为这些电线的长度是 1 英尺（1 英尺 =0.3048 米），即光速运行 1 毫微秒（十亿分之一秒）的距离。她对年轻人的教诲是："你掌管着一切，领导着人们。我们要极度热衷于管理，而忘记自己的领导身份。"

在 Hopper 的一生中，曾收到过来自 40 多所学院和大学的荣誉学位。此外，她还获得过多种奖励，包括计算机科学教育特别兴趣小组（Special Interest Group for Computer Science Education，SIGCSE）（隶属于 ACM，Association for Computing Machinery）授予的计算机科学教育贡献奖。当被问道在她的诸多成就中她最为自豪的是什么时，她答道："我多年来培养出的所有年轻人。"

关于计算机和二进制数之间的关系还有很多是值得探讨的。在下一章中，我们将分析各种类型的数据，看看它们在计算机中是如何表示的。在第 4 章中，我们将介绍如何控制表示二进制数值的电信号。第 6 章将介绍如何用二进制数表示计算机执行的程序命令。

46 ~ 47

小结

数是用位置记数法编写的，其中数字按顺序排列，每个数字具有一个位值，数值等于每个数字与它的位值的乘积之和。位值是记数系统的基数的幂。因此，在十进制记数系统中，位值是 10 的幂；在二进制记数系统中，位值是 2 的幂。

任何用位置记数法表示的数都可以进行算术运算。十进制数的运算规则也适用于其他记数系统。给记数系统中的最大数字加 1 将引发进位。

二进制数、八进制数和十六进制数是相关的，因为它们的基数都是 2 的幂。这种关系为它们之间的数值转换提供了快捷方式。计算机硬件采用的是二进制数。低电平信号相当于 0，高电平信号相当于 1。

48

道德问题：FISA 法庭

美国外国情报监视法庭（FISA 法庭）是美国的联邦法庭，它根据 1978 年通过的外国情报法建立。该法庭负责处理联邦执法机构对在美国境内活动的可疑外国情报人员进行监视的请求。

在 2013 年之前，Edward Snowden 透露，法庭已经要求 Verizon 的子公司向美国国家安全局（NSA）提供一份完整详细的通话记录，而大多数人当时并不知道 FISA 法庭。

FISA 法庭由 11 名法官组成，每名法官的任期为 7 年。最高法院的首席大法官任命 FISA 法庭的法官。在一名法官面前申请电子监视令。法庭可在批准该监视令前修订该申请。如果申请被拒，那么政府不得向其他法官提出相同的请求。如果美国司法部长认为存在突发事件，那么他可以授权电子监视，但是必须在授权过后的 72 小时内告知其中一名法官。2001 年出台的美国《爱国者法案》延长了监视令的授权周期。

2012 年 12 月，奥巴马总统签署了《2012 年 FISA 修正案再授权法案》。这项法案对 FISA 的第七条进行了扩展，有效期延长至 2017 年 12 月 31 日。2018 年 1 月，总统特朗普对其又进行了修订，这次修订有效期延长至 2023 年。

2008 年 FISA 修正法案增加了 FISA 第七条，其中规定了针对可疑外国情报人员的单独程序。这些人员包括被认为背叛美国的非美国公民和美国公民。[6]

请注意，FISA 法庭声称，它们的目的是为了保护美国以及美国公民的合法权益。

关键术语

基数（base）

二进制数字（binary digit）

位（bit）

字节（byte）

整数（integer）

49 自然数（natural number）

负数（negative number）

数字（number）

位置记数法（positional notation）

有理数（pational number）

字（word）

练习

为练习 1 ~ 5 选择与它们匹配的定义。

A. 数字   B. 自然数

C. 整数   D. 负数

E. 有理数

1. 抽象数学系统的一个单位，服从算术法则。

2. 自然数、自然数的负数或 0。

3. 0 和通过在 0 上重复加 1 得到的任何数。

4. 整数或两个整数的商（不包括除以 0 的情况）。

5. 小于 0 的数，是在相应的正数前加上负号。

为练习 6 ~ 11 选择与问题匹配的答案。

A. 10001100   B. 10011110

C. 1101010   D. 1100000

E. 1010001   F. 1111000

6. 1110011 + 11001（二进制加法）

7. 1010101 + 10101（二进制加法）

8. 1111111 + 11111（二进制加法）

9. 1111111 − 111（二进制减法）

10. 1100111 − 111（二进制减法）

11. 1010110 − 101（二进制减法）

判断练习 12 ～ 17 中陈述的对错：

A. 对　　　　　　B. 错

12. 二进制数在计算中很重要，因为二进制数可以被转换成以任何数为基数的数。

13. 可以迅速地读出一个二进制数对应的十六进制数，但是不能迅速地读出它对应的八进制数。

14. 从左到右，每四个二进制数字可以被转换成一个十六进制数字。

15. 一个字节由 6 个二进制数字构成。

16. 一个字节中不能存储两个十六进制数字。

17. 无论从左到右还是从右到左，把一个八进制数转换成二进制数得到的结果相同。

练习 18 ～ 45 是问题或简答题。

18. 请区分自然数和负数。

19. 请区分自然数和有理数。

20. 把下列数标识为自然数、负数或有理数。

    a）1.333 333　　b）−1/3

    c）1066　　d）2/5

    e）6.2　　f）π（pi）

21. 采用下列基数时，891 中有多少个 1 ？

    a）以 10 为基数　　　b）以 8 为基数

    c）以 12 为基数　　　d）以 13 为基数

    e）以 16 为基数

22. 用练习 21 中的各种基数把 891 表示为多项式的形式。

23. 把下列数转换成十进制数。

    a）111（以 2 为基数）

    b）777（以 8 为基数）

    c）FEC（以 16 为基数）

    d）777（以 16 为基数）

    e）111（以 8 为基数）

24. 请解释基数 2 和基数 8 之间的关系。

25. 请解释基数 8 和基数 16 之间的关系。

26. 请扩展 2.2.3 节中的表，加入数 11 ～ 16。

27. 请扩展练习 26 中的表，加上十六进制的数。

28. 请把下列二进制数转换成八进制的。

    a）111110110　　b）1000001

    c）10000010　　d）1100010

29. 请把下列二进制数转换成十六进制的。

    a）10101001　　b）11100111

    c）01101110　　d）01111111

30. 请把下列十六进制数转换成八进制的。

    a）A9　　　　b）E7

    c）6E

31. 请把下列八进制数转换成十六进制的。

    a）777　　　　b）605

    c）443　　　　d）521

    e）1

32. 请把下列十进制数转换成八进制的。

    a）901　　　　b）321

    c）1492　　　　d）1066

    e）2001

33. 请把下列十进制数转换成二进制的。

    a）45　　　　b）69

    c）1066　　　　d）99

    e）1

34. 请把下列十进制数转换成十六进制的。

    a）1066　　　　b）1939

    c）1　　　　d）998

    e）43

35. 如果你要表示十八进制记数系统中的数，那么除了字母外，用什么符号表示十进制数 16 ～ 17 ？

36. 用你在练习 35 中设计的符号把下列十进制数转换成十八进制的。

    a）1066　　　　b）99099

    c）1

37. 执行下列八进制加法运算。

    a）770 + 665　　　　b）101 + 707

    c）202 + 667

38. 执行下列十六进制加法运算。

    a）19AB6 + 43　　　　b）AE9 + F

    c）1066 + ABCD

39. 执行下列八进制减法运算。

a）1066-776   b）1234-765

c）7766-5544

40. 执行下列十六进制减法运算。

a）ABC-111   b）9988-AB

c）A9F8-1492

41. 为什么二进制数在计算学中很重要？

42. 一字节包含多少位？

43. 在 64 位机器中，有多少字节？

44. 为什么像寻呼机这样的微处理器的字长只有 8 位？

45. 为什么学习如何操作定长数字很重要？

46. 十三进制数字 AB98 中有多少个 1？

47. 请描述双五进制的工作原理。

思考题

1. 练习 20 要求指出 π 所属的类别。π 并不属于任何指定的分类，它和 e 是超越数。在字典或旧数学书中查找超越数，用你自己的话定义它。

2. 复数是另一类本章没有讨论的数。在字典或旧数学书中查找复数，用你自己的话定义它。

3. 许多每天发生的事都可以用二进制数位表示。例如，门是打开的还是关闭的，炉子是开着的还是关着的，狗是睡着了还是醒着的。那么关系可以被表示为二进制值吗？请举例回答。

4. 在学习本章节之前，你听说过 FISA 法庭吗？现在你是否对它有更好的理解呢？

数据表示法

在旅行时，你可能需要一张地图，可能是老式地图、折叠地图，抑或是由导航系统提供的电子地图。不论什么样子，地图并不是你游历的地点，而是这些地点的一种表示（representation），它具有从一个地点到另一个地点所必需的信息。

同样，我们需要一种方法来表示计算机存储和管理的数据，这种方法要能够捕捉信息的要素，而且必须采用便于计算机处理的形式。第 2 章介绍了二进制记数系统的基本概念，这一章将探讨如何表示和存储计算机管理的各种类型的数据。

目标

学完本章之后，你应该能够：

- 区分模拟数据和数字数据。
- 解释数据压缩和计算压缩率。
- 解释负数和浮点数的二进制格式。
- 描述 ASCII 和 Unicode 字符集的特征。
- 执行各种类型的文本压缩。
- 解释声音的本质和它的表示法。
- 解释 RGB 值如何定义颜色。
- 区分光栅图形和矢量图形。
- 解释时间和空间视频压缩。

54
~
55

3.1　数据与计算机

没有数据，计算机就毫无用处。计算机执行的每个任务都是在以某种方式管理数据。因此，用适当的方式表示和组织数据是非常重要的。

首先，我们来区别一下术语数据（data）和信息（information）。虽然这两个术语通常可以互换使用，但分清它们还是有用的，尤其对计算来说更是如此。**数据**是基本值或事实，而**信息**则是用某种能够有效解决问题的方式组织或处理过的数据。数据是未组织过的，缺少上下文。信息则可以帮助我们回答问题（即"告知"）。当然，这种区别是相对于用户的需求而言的，但它正是计算机在协助我们解决问题时所扮演的角色的本质。

> **数据**（data）：基本值或事实。
>
> **信息**（information）：用有效的方式组织或处理过的数据。

本章的重点是各种类型的数据的表示法。在后面的几章中，将讨论各种组织数据来解决特定类型问题的方法。

不久以前，计算机处理的几乎都是数字和文本数据，但现在它已经成为真正的**多媒体**设备，可以处理各种各样的信息。计算机可以存储、表示和帮助我们修改各种类型的数据，包括：

- 数字
- 文本
- 音频
- 图像和图形
- 视频

这些数据最终都被存储为二进制数字。每个文档、图像和音频都将被表示为由 0 和 1 组成的字符串。这一章将依次探讨每种数据类型，介绍在计算机上表示这些数据类型的方式的基本思想。

如果不讨论数据压缩，就不能讨论数据表示法。所谓**数据压缩**，就是减少存储一段数据所需的空间。过去，由于存储的局限性，我们需要使数据尽可能地小。现在，计算机存储变得比较便宜了，但是我们有更迫切的理由来缩短数据，因为我们要与其他人共享数据。网站和它底层的网络具有固有的**带宽**限制，带宽定义了在固定时间内从一个地点传输到另一个地点的最大位数或字节数。值得一提的是，如今对于流式视频（从互联网上下载时就可以播放的视频）的关注推动了高效数据表示的需求。

56

压缩率（compression ratio）说明了压缩的程度，是压缩后的数据大小除以原始数据大小的值。压缩率的值可以是位数、字符数或其他各种适用的单位，只要这两个值采用的单位相同即可。压缩率是一个 0 到 1 之间的数。压缩率越接近 0，压缩程度越高。

数据压缩技术可以是**无损**的，即提取的数据没有丢失任何原始信息。数据压缩也可以是**有损**的，即在压缩过程中将丢失一些信息。尽管我们从来都不想丢失信息，但在某些情况下，损失是可以接受的。在处理数据表示法和压缩时，我们总要在精确度和数据大小之间做出权衡。

多媒体（multimedia）：几种不同的媒体类型。

数据压缩（data compression）：减少存储一段数据所需的空间。

带宽（bandwidth）：在固定时间内从一个地点传输到另一个地点的最大位数或字节数。

压缩率（compression ratio）：压缩后的数据大小除以原始数据大小的值。

无损压缩（lossless compression）：不会丢失信息的数据压缩技术。

有损压缩（lossy compression）：会丢失信息的数据压缩技术。

3.1.1 模拟数据与数字数据

自然界的大部分都是连续的和无限的。实数直线图像是连续的，直线中的数值可以是无限大或无限小的。也就是说，给定任意的数，总可以找到比它大或比它小的数。两个整数之间的数字空间是无限的。例如，任何数都可以被均分。但是，世界并非只是数学意义上的无限。色谱是无限种色度的连续排列。现实世界中的对象在连续的无限空间中移动。理论上说，可以给出你和墙之间的距离，但你却绝对无法真正到达那堵墙。

相反，计算机则是有限的。计算机内存和其他硬件设备用来存储和操作一定量数据的空间只有那么多。用有限的机器表示无限的世界，我们从来都没有成功过。然而我们的目标是使表示的世界满足我们的计算需要和视觉及听觉官能。我们想使自己的表示法能够满足所有作业。

表示数据的方法有两种，即模拟法和数字法。**模拟数据**（analog data）是一种连续表示法，模拟它表示的真实信息。**数字数据**（digital data）是一种离散表示法，把信息分割成了独立的元素。

模拟数据（analog data）：用连续形式表示的信息。 数字数据（digital data）：用离散形式表示的信息。

水银温度计是一种模拟设备。水银柱按温度的正比例在管子中升高。我们校准这个管子，给它标上刻度，以便能够阅读当前的温度，通常是一个整数，如华氏 75 度。但是，水银温度计升温时实际采用的是连续的方式。有时，实际温度是华氏 74.568 度，水银柱的确指在相应的位置，但即使我们的标记再详细，也不足以反映出这么细微的改变。请参阅图 3-1。

模拟数据完全对应于我们周围连续无限的世界。因此，计算机不能很好地处理模拟数据。我们需要**数字化**（digitize）数据，把信息分割成片段并单独表示每个片段。这一章中讨论的每种表示法都是把一个连续的实体分割成离散的元素，然后用二进制数字单独表示每个离散元素。

57

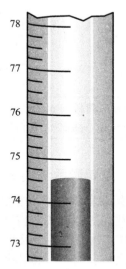

图 3-1　水银温度计随着温度升高而持续上升

数字化（digitize）：把信息分割成离散的片段。

但为什么使用二进制呢？从第 2 章可以了解到，二进制只是众多等价的记数系统中的一员。那么能使用我们所熟悉的十进制吗？可以。事实上，采用十进制的计算机早就出现了。计算机曾经基于其他的数字系统构建过。但是，现代计算机使用和管理的都是二进制数值，因为如果存储和管理数据的设备只需要表示两种数值之一，那么费用要小得多，而且也可靠得多。

此外，如果电信号只传输二进制数据，也易于维护。表示模拟信号的电平持续地上下波动，但是数字信号却只有高低两种状态，对应两个二进制数字。请参阅图 3-2。

图 3-2　模拟信号和数字信号

在沿线下降时，所有电信号（包括模拟信号和数字信号）都会降级。也就是说，由于环境影响，信号的电平会波动。问题是，当模拟信号降级时，信息就会丢失。由于任何电平都是有效的，所以不可能知道原始的信号状态，甚至不能知道该信号是否改变过。

另一方面，数字信号只在两个极端之间跳跃，被称为**脉冲编码调制**（PCM）。数字信号在信息丢失之前可以降级相当多，因为大于某个阈值的电平值都被看作高电平，小于这个阈

58 值的电压值都被看作低电平。数字信号会被周期性地**重新计时**（relock），以恢复到它的原始状态。只要在信号降级太多之前重新计时，就不会丢失信息。图3-3展示了模拟信号和数字信号的降级效应。

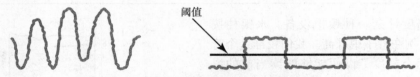

阈值

图3-3　模拟信号和数字信号的降级效应

> **脉冲编码调制**（Pulse-Code Modulation，PCM）：在两个极端之间跳跃的信号的变化。
>
> **重新计时**（relock）：在信号降级太多之前重新插入原数字信号的行为。

3.1.2　二进制表示法

在开始单独介绍各种数据类型的表示法之前，要记住二进制的固有特性。一个位只能是0或1，没有其他的可能，因此，一个位只能表示两种状态之一。例如，如果我们要把食物分成甜的和酸的两类，那么只用一位二进制数字即可。可以规定0表示食物是甜的，1表示食物是酸的。但是，如果要表示更多的分类（如辣的），一位二进制数字就不能胜任了。

要表示多于两种的状态，需要多个位。两个位可以表示四种状态，因为两个位可以构成四种0和1的组合，即00、01、10和11。例如，如果要表示一辆汽车采用的是四种挡（停车、发动、倒车和空挡）中的哪一种，只需要两位二进制数字即可。停车由00表示，发动由01表示，倒车由10表示，空挡由11表示。位组合与它们表示的状态之间的实际映射有时是无关的（如果你愿意，可以用00表示倒车挡），然而有时这种映射是有意义且很重要的，我们将在本章后面讨论这一点。

如果要表示的状态多于四种，就需要两个以上的位。例如，三位二进制数字可以表示8种状态，因为三位数字可以构成8种0和1的组合。同样，四位二进制数字可以表示16种状态，五位可以表示32种，依此类推。请参阅图3-4。注意，每列中的位组合都是二进制的。

一般说来，n位二进制数字能表示2^n种状态，

1位	2位	3位	4位	5位
0	00	000	0000	00000
1	01	001	0001	000001
	10	010	0010	00010
	11	011	0011	00011
		100	0100	00100
		101	0101	00101
		110	0110	00110
		111	0111	00111
			1000	01000
			1001	01001
			1010	01010
			1011	01011
			1100	01100
			1101	01101
			1110	01110
			1111	01111
				10000
				10001
				10010
				10011
				10100
				10101
				10110
				10111
				11000
				11001
				11010
				11011
				11100
				11101
				11110
				11111

图3-4　位组合

因为 n 位数字可以构成 2^n 种 0 和 1 的组合。请注意，每当可用的位数增加一位，可以表示的状态的数量就会多一倍。

让我们把这个问题反过来。要表示 25 种状态，需要多少位？四位二进制数字是不够的，因为四位数字只能表示 16 种状态。至少需要五位二进制数字，它们可以表示 32 种状态。由于我们只需要表示 25 种状态，所以有些位组合没有有效的解释。

记住，即使技术上只需要最少的位数来表示一组状态，而我们也可能会多分配一些位数。计算机体系结构一次能够寻址和移动的位数有一个最小值，通常是 2 的幂，如 8、16 或 32 位。因此，分配给任何类型的数据的最小存储量通常是 2 的幂的倍数。

3.2 数字数据表示法

数值是计算机系统最常用的数据类型。与其他数据类型不同的是，不必把数字数据映射到二进制代码。因为二进制也是一种记数系统，所以在数字数据和计算机存储的表示它们的二进制数值之间有一种自然对应的关系。通常对正整数来说都是这样的。在第 2 章关于二进制系统和其他等价记数系统的讨论中，我们介绍了整数转换的问题。但是，还有其他关于数字数据表示法的问题需要考虑，整数不过是数字数据的一部分。这一节将讨论负数和非整数数值的表示法。

3.2.1 负数表示法

负数只是前面带有负号的数吗？也许吧。这当然是看待负数的有效方式之一。让我们来探讨关于负数的问题，讨论在计算机上表示负数的适当方式。

1. 符号数值表示法

从初次在中学学习负数开始，你就使用过数的 **符号数值表示法**（signed-magnitude representation）。在传统的十进制系统中，数值之前带有符号（+ 或 −），只不过正号通常被省略。符号表示了数所属的分类，数字表示了它的量值。标准的实数直线图如下，其中负号表示该数位于 0 的左侧，正数位于 0 的右侧：

$$-6 \quad -5 \quad -4 \quad -3 \quad -2 \quad -1 \quad 0 \quad 1 \quad 2 \quad 3 \quad 4 \quad 5 \quad 6$$

− 负数　　　　　　+ 正数（符号通常省略）

> **符号数值表示法**（signed-magnitude representation）：符号表示数所属的分类（正数或负数）、值表示数的量值的数字表示法。

对带符号的整数执行加法和减法操作可以被描述为向一个方向或另一个方向移动一定的数字单位。要求两个数的和，即找到第一个数的刻度，然后向第二个数的符号所示的方向移动指定的数字单位。执行减法的方式一样，即按照符号所示的方向沿着实数直线图移动指定的单位。在中学，即使不使用实数直线图，你也能够很快掌握加法和减法运算。

符号数值表示法有一个问题，即表示 0 的方法有两种：一种是 +0，一种是 −0。我们不会对 −0 感到迷惑，忽略它即可。但是，在计算机中，0 的两种表示法却会引起不必要的麻烦，所以还有其他表示负数的方法。让我们来分析另一种负数表示法。

2. 定长量数

如果只允许用定量的数值，那么可以用一半数表示正数，另一半数表示负数，符号由数的量值决定。例如，假定能够表示的最大十进制数是 99，那么可以用 1 ～ 49 表示正数 1 ～ 49，用 50 ～ 99 表示负数 −50 ～ −1。这种表示法的实数直线图如下所示，它标示了上面的数对应的负数：

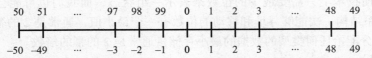

在这种模式下执行加法，只需要对两个数求和，然后舍弃进位即可。求两个正数的和应该没有什么问题，让我们来尝试求一个正数加一个负数、一个负数加一个正数以及两个负数相加。下表分别列出了符号数值表示法和用这种模式执行的加法运算（注意，进位被舍弃了）：

符号数值表示法	新模式
5	5
+ − 6	+ 94
−1	99
−4	96
+ 6	+ 6
2	2
−2	98
+ − 4	+ 96
−6	94

用这种模式表示的负数的减法运算又如何呢？关键是加法和减法之间的关系，即 A−B=A+(−B)。从一个数中减去另一个数，等价于给第一个数加上第二个数的负数。

符号数值表示法	新模式		加负数
− 5	95		95
− 3	− 3	⟹	+ 97
− 8			92

在这个例子中，我们假定只有 100 个数值，这个数量非常小，使我们能够用实数直线图来计算一个数的负数（negative）表示法。不过，要计算负数表示法，可以采用下列公式。

$$\text{Negative }(I) = 10^k - I，\text{其中 } k \text{ 是数字个数}$$

在两位数字表示法中，求 −3 的表示法的公式如下：

$$-(3) = 10^2 - 3 = 97$$

在三位数字表示法中，求 −3 的表示法的公式如下：

$$-(3) = 10^3 - 3 = 997$$

这种负数表示法称为**十进制补码**（ten's complement）。虽然人类以符号和量值表示数字，但在电子计算中，补码在某些方面更方便。由于现代计算机存储任何数据采用的都是二进制，所以我们采用与十进制补码等价的二进制补码（two's complement）。

十进制补码（ten's complement）：一种负数表示法，负数 I 用 10 的 k 次幂减 I 表示。 63

3. 二进制补码

假定数字只能用八位表示，七位表示数值，一位表示符号。为了便于查看长的二进制数，我们把实数直线图绘制成垂直的。

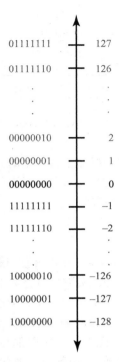

如果将十进制替换为二进制，那么补码公式还会有效吗？也就是说，我们能不能用公式"Negative(I) = 2^k-I"来计算用负二进制表示的数值呢？让我们尝试看看：

$$-(2) = 2^8 - 2 = 256 - 2 = 254$$

十进制数 254 用二进制表示是 11111110，这和上图中的 −2 的值相等。最左边的位数叫作符号位（sign bit），表示了这个数字是负数还是正数。如果最左边一位是 0，那么说明这个数字是正数；如果是 1 说明这个数字是负数。因此 −2 表示为 11111110。

有一个更简单的方法来计算二进制补码：将每一位取反再加一。也就是说，取数字的正值，将所有 1 变成 0，将所有 0 变成 1，再加 1。

+2 =	00000010
取反	11111101
加 1	00000001
−2 =	11111110

使用十进制补码计算加法和减法的方式与二进制补码是一样的： 64

−127 =	10000001
+ 1	00000001
−126	10000010

使用这种表示法，负数的最左边一位总是 1。因此，在二进制补码中，你可以立刻识别出一个数是正数还是负数。

4. 数字溢出

当我们分配给结果的位数存不下计算出的值时，将发生**溢出**（overflow）。例如，如果使用八位来存储每个值，那么 127 加 3 的结果将溢出：

$$01111111$$
$$+\ 00000011$$
$$\overline{10000010}$$

> **溢出**（overflow）：给结果预留的位数存不下计算出的值的状况。

在我们的模式中，10000010 表示 −126，而不是 +130。但是，如果表示的不是负数，这个结果将是正确的。

溢出是把无限的世界映射到有限的机器上会发生的典型问题。无论给一个数字分配多少位，总有潜在的表示这些位不能满足的数的需要。对于如何解决溢出问题，不同的计算机硬件和不同的程序设计语言有自己独特的方法。

3.2.2 实数表示法

在计算中，我们把非整数的值称为实（real）值。根据实数在计算机中的用途，把它定义为可能具有小数部分的值。也就是说，实数具有整数部分和小数部分，每个部分都可能是 0。例如，104.32、0.999 999、357.0 和 3.141 59 都是十进制实数。

我们在第 2 章中介绍过，用数字的位置表示数值，位值是由基数决定的。在十进制中，小数点左侧的位值有 1、10、100，依此类推。它们都是基数的幂，从小数点开始向左，每一位升高一次幂（从小数点向左边移动）。小数点右侧的位值也是这样得到的，只不过幂是负数。所以，小数点右侧的位置是十分位（10^{-1} 或十分之一）、百分位（10^{-2} 或百分之一），依此类推。

二进制采用的是同样的规则，只是基数为 2。由于处理的不是十进制数，所以使用 radix point 来命名**小数点**，任何记数系统都可以使用这个术语。在二进制中，小数点右侧的位置是二分位（2^{-1} 或二分之一）、四分位（2^{-2} 或四分之一），依此类推。

那么如何在计算机中表示一个实值呢？我们把实数存储为一个整数加指示小数点位置的信息。也就是说，任何实值都可以由三个属性描述，即符号（正号或负号）、尾数和指数，尾数由该数值中的数字构成，假定小数点在其右边，而指数确定了小数点相对于尾数的位移。十进制的实值可以用下列公式定义：

$$符号 \times 尾数 \times 10^{exp}$$

这种表示法称为**浮点表示法**（floating point），因为数字的个数是固定的，但是小数点却是浮动的。在用浮点形式表示的数值中，正指数将把小数点向右移，负指数将把小数点向左移。

> **小数点**（radix point）：在记数系统中，把一个实数分割成整数部分和小数部分的点。
> **浮点表示法**（floating point）：标明了符号、尾数和指数的实数表示法。

让我们来看看如何把实数常用的十进制表示法转换成浮点表示法。例如，考虑实数 148.69，符号是正号，小数点右边有两位数字，因此，指数是 −2，浮点表示法即 14869×10^{-2}。表 3-1 给出了其他例子。为了便于讨论，假设只能表示五位数字。

表 3-1　十进制表示法和浮点表示法表示的（五位数字）值

实值	浮点值	实值	浮点值
12001.00	$12001 * 10^{0}$	−123.10	$-12310 * 10^{-2}$
−120.01	$-12001 * 10^{-2}$	155555000.00	$15555 * 10^{4}$
0.12000	$12000 * 10^{-5}$		

如何把浮点数转换回十进制表示法呢？基数上面的指数说明了小数点要移动多少位。如果指数是负数，小数点要向左移；如果指数是正数，小数点要向右移。对表 3-1 中的浮点数应用这个规则。

注意表 3-1 中的最后一个例子，它丢失了信息。因为我们只保存五位数字来表示有效数字（尾数），所以这个值的整数部分在浮点表示法中没有被精确地表示出来。

同样，下面的公式定义了一个二进制浮点值：

$$符号 \times 尾数 \times 2^{exp}$$

注意，只有基数改变了。当然，尾数只能包含二进制数字。要在计算机上存储二进制的浮点数，可以保存定义它的三个值。例如，根据一条通用准则，如果用 64 位存储一个浮点值，那么其中 1 位存储符号，11 位存储指数，52 位存储尾数。当一个值用于计算或显示时，都会采用这种格式。

如果一个数不完整，那么如何才能得到尾数的正确值呢？在第 2 章中，我们讨论过如何把自然数从一种记数系统转换到另一种记数系统。这里，我们用十进制的例子说明了在计算机中如何表示实数。我们知道，计算机中的所有数值都是用二进制表示的。那么如何把十进制数的小数部分转换成二进制的呢？

把一个整数从十进制转换成其他数制，需要用新基数除这个数，余数是结果左边的下一位数字，商是新的被除数，整个过程直到商为 0 终止。转换小数部分的操作是类似的，只不过不是用新基数除这个数，而是用新基数乘（multiply）它。乘法的进位将成为答案右边的下一位数字，乘法结果中的小数部分将成为新的被乘数，整个过程直到乘法结果中的小数部分为 0 截止。让我们把 0.75 转换成二进制的。

$$0.75 * 2 = 1.50$$
$$0.50 * 2 = 1.00$$

因此，十进制中的 0.75 是二进制中的 0.11。让我们再做一个转换。

$$0.435 * 2 = 0.870$$
$$0.870 * 2 = 1.740$$
$$0.740 * 2 = 1.480$$
$$0.480 * 2 = 0.960$$
$$0.960 * 2 = 1.920$$
$$0.920 * 2 = 1.840$$
$$...$$

因此，十进制中的 0.435 是二进制中的 011011…。小数部分会变成 0 吗？继续乘下去，

[67] 看看结果如何。

下面让我们看一个完整的转换过程：把十进制的 20.25 转换成二进制的。首先，转换 20。

$$
\begin{array}{r}
10 \\
2\ \overline{)20} \\
\underline{20} \\
0
\end{array}
$$

$$
\begin{array}{r}
5 \\
2\ \overline{)10} \\
\underline{10} \\
0
\end{array}
$$

$$
\begin{array}{r}
2 \\
2\ \overline{)5} \\
\underline{4} \\
1
\end{array}
$$

$$
\begin{array}{r}
1 \\
2\ \overline{)2} \\
\underline{2} \\
0
\end{array}
$$

$$
\begin{array}{r}
0 \\
2\ \overline{)1} \\
\underline{0} \\
1
\end{array}
$$

20 在二进制中等价于 10100。现在我们来转换小数部分：

$$0.25 * 2 = 0.50$$

$$0.50 * 2 = 1.00$$

因此，十进制的 20.25 在二进制中是 10100.01。

科学记数法可能是你已经熟悉的术语，所以我们在这里只简要介绍一下。科学记数法是浮点表示法的一种形式，其中，小数点总在最左边数字的右侧。也就是说，整数部分只有一位。在许多程序设计语言中，如果在输出一个大的实数值时没有指定输出格式，那么这个值将以科学记数法输出。因为早期的机器不能输出指数，所以用字母“E”代替。例如，在科学记数法中，12001.32708 将被写为 1.200132708E + 4。

> **科学记数法**（scientific notation）：另一种浮点表示法。

3.3 文本表示法

[68] 　　一个文本文档可以被分解为段落、句子、词和最终的单个字符。要用数字形式表示文本文档，只需要表示每个可能出现的字符。文档是连续（模拟）的实体，独立的字符则是离散的元素，它们才是我们要表示并存储在计算机内存中的。

　　现在，我们应该区分文本表示法的基本想法和文字处理的概念。当用 Microsoft Word 这样的字处理程序创建文档时，可以设置各种格式，包括字体、页边距、制表位、颜色等。许多字处理程序还允许在文档中加入自选图形、公式和其他元素。这些额外信息与文本存储在一起，以便文档能够正确地显示和打印出来。但核心问题是如何表示字符本身，因此，目前我们把重点放在表示字符的方法上。

要表示的字符数是有限的。一种表示字符的普通方法是列出所有字符，然后赋予每个字符一个二进制字符串。例如，要存储一个特定的字母，我们将保存它对应的位串。

那么需要表示哪些字符呢？在英语中，有 26 个字母，但必须有区别地处理大写字母和小写字母，所以实际上有 52 个字母。与数字（0、1 到 9）一样，各种标点符号也需要表示。即使是空格，也需要有自己的表示法。那么对于非英语的语言又如何呢？一旦你考虑到这一点，那么我们想表示的字符数就会迅速增长。记住，我们在本章的前面讨论过，要表示的状态数决定了需要多少位来表示一种状态。

字符集（character set）只是字符和表示它们的代码的清单。这些年来，出现了多种字符集，但只有少数几种处于主导地位。在计算机制造商就关于使用哪种字符集达成一致后，文本数据的处理变得容易多了。在接下来的小节中，我们将介绍两种字符集，即 ASCII 字符集和 Unicode 字符集。

> 字符集（character set）：字符和表示它们的代码的清单。

3.3.1　ASCII 字符集

ASCII 是美国信息交换标准代码（American Standard Code for Information Interchange）的缩写。最初，ASCII 字符集用 7 位表示每个字符，可以表示 128 个不同的字符。每个字节中的第八位最初被用作校验位，协助确保数据传输正确。之后，ASCII 字符集进化了，用 8 位表示每个字符。这个 8 位版本的正式名字是 Latin-1 扩展 ASCII 字符集。该扩展字符集可以表示 256 个字符，包括一些重点字符和几个补充的特殊符号。图 3-5 展示了完整的 ASCII 字符集。 69

左边的数字	右边的数字									
	0	1	2	3	4	5	6	7	8	9
0	NUL	SOH	STX	ETX	EOT	ENQ	ACK	BEL	BS	HT
1	LF	VT	FF	CR	SO	SI	DLE	DC1	DC2	DC3
2	DC4	NAK	SYN	ETB	CAN	EM	SUB	ESC	FS	GS
3	RS	US	□	!	"	#	$	%	&	'
4	(	)	*	+	,	–	.	/	0	1
5	2	3	4	5	6	7	8	9	:	;
6	<	=	>	?	@	A	B	C	D	E
7	F	G	H	I	J	K	L	M	N	O
8	P	Q	R	S	T	U	V	W	X	Y
9	Z	[	\	]	^	_	`	a	b	c
10	d	e	f	g	h	i	j	k	l	m
11	n	o	p	q	r	s	t	u	v	w
12	x	y	z	{			}	~	DEL	

图 3-5　ASCII 字符集

字符集迷宫

1960 年，《ACM 通信》上的一篇文章报道了字符集使用的调查，描述了 60 个不同的字符集。仅仅 IBM 公司的计算机生产线中，就存在 9 个内容和顺序都不同的字符集。[1]

图 3-5 中的代码是用十进制数表示的，但计算机存储这些代码时，将把它们转换成相应的二进制数。注意，每个 ASCII 字符都有自己的顺序，这是由存储它们所用的代码决定的。每个字符都有一个相对于其他字符的位置（在其他字符之前或之后）。这个属性在许多方面都很有用。例如，可以利用大小写字母之间的有序性，对一组单词按照字母顺序排序。

这个图中的前 32 个 ASCII 字符没有简单的字符表示法，不能输出到屏幕上。这些字符是为特殊用途保留的，如回车符和制表符，处理数据的程序会用特定的方式解释它们。

3.3.2　Unicode 字符集

ASCII 字符集的扩展版本提供了 256 个字符，虽然足够表示英语，但是却无法满足国际需要。这种局限性导致了 Unicode 字符集的出现，这种字符集具有更强大的国际影响。

70

Unicode 的创建者的目标是表示世界上使用的所有语言中的所有字符，包括亚洲的表意符号。此外，它还表示了许多补充的专用字符，如科学符号。

现在，Unicode 字符集被许多程序设计语言和计算机系统采用。一般情况下，每个字符的编码都为 16 位，但也是十分灵活的，如果需要的话每个字符可以使用更多空间，以便表示额外的字符。图 3-6 展示了 Unicode 字符集中非 ASCII 部分的几个字符。

为了保持一致，Unicode 字符集被设计为 ASCII 的超集。也就是说，Unicode 字符集中的前 256 个字符与扩展 ASCII 字符集中的完全一样，表示这些字符的代码也一样。因此，即使底层系统采用的是 Unicode 字符集，采用 ASCII 值的程序也不会受到影响。

编码（十六进制）	字符	来源
0041	A	English (Latin)
042F	Я	Russian (Cyrillic)
0E09	ฉ	Thai
13EA	Ꮺ	Cherokee
211E	℞	Letterlike symbols
21CC	⇌	Arrows
282F	⠯	Braille
345F	低	Chinese/Japanese/Korean（常见）

图 3-6　Unicode 字符集的一些字符

血型的困惑

据说 O 型血最初被命名为 0 型血，是因为它的红细胞中缺少糖蛋白。在早期，它被误读了，此后它都被称为 Oh 型血。所以本质上你可以称之为打字错误！

字母 O 和数字 0 之间的区别，以及字母 1（小写 l）和数字 1 之间的区别，一直是计算中的挑战，特别是对于程序员来说。有些字体比其他字体更清楚地区分这些字符，这有助于减少混淆。

3.3.3　文本压缩

字母信息（文本）是一种基本数据类型。因此，找到存储这种信息以及有效地在两台计算机之间传递它们的方法是很重要的。下面的小节将分析三种文本压缩类型：

- 关键字编码
- 行程长度编码
- 赫夫曼编码

在本章后面的小节中我们还会谈到，这些文本压缩方法的基本思想也适用于其他类型的数据。

1. 关键字编码

想想你在英语中使用"the""and""which""that"和"what"的频率。如果这些单词占用更少的空间（即用更少的字符表示），文档就会减小。即使每个单词节省的空间都很少，但因它们在典型的文档中太常用，所以节省出的总空间还是很可观的。

一种相当直接的文本压缩方法是**关键字编码**（keyword encoding），它用单个字符代替了常用的单词。要解压这种文档，需要采用压缩的逆过程，即用相应的完整单词替换单个字符。

> **关键字编码**（keyword encoding）：用单个字符代替常用的单词。

例如，假设我们用下列图表对几个单词编码：

单词	符号	单词	符号
as	^	must	&
the	~	well	%
and	+	these	#
that	$		

让我们对下列段落编码：

The human body is composed of many independent systems, such as the circulatory system, the respiratory system, and the reproductive system. Not only must all systems work independently, but they must interact and cooperate as well. Overall health is a function of the well-being of separate systems, as well as how these separate systems work in concert.

编码后的段落如下：

The human body is composed of many independent systems, such ^ ~ circulatory system, ~ respiratory system, + ~ reproductive system. Not only & each system work independently, but they & interact + cooperate ^ %. Overall health is a function of ~ %-being of separate systems, ^ % ^ how # separate systems work in concert.

原始段落总共有 352 个字符，包括空格和标点。编码后的段落包括 317 个字符，节省了 35 个字符。这个例子的压缩率是 317/352，或约为 0.9。

关键字编码有几点局限性。首先，用来对关键字编码的字符不能出现在原始文本中。例如，如果原始段落中包括"$"，那么生成的编码就会有歧义。我们不知道"$"表示的是单词"that"还是真正的美元符号。这限制了能够编码的单词数和要编码的文本的特性。

> **昂贵的一晚**
>
> 如果你曾入住假日酒店、假日快捷酒店或者皇冠假日酒店并在 2002 年 10 月 24 日到 10 月 26 日之间结账离开，那么你就很可能是被多收 100 倍价钱的 26 000 人中的一个，有些地方收费达到了每晚 6500 到 21 000 美元，小数点的删除导致了信用卡处理的错误。

此外，示例中的单词"The"没有被编码为字符"~"，因为"The"与"the"不是同一个单词。记住，在计算机上存储的字母的大写版本和小写版本是不同的字符。如果想对"The"编码，就必须使用另一个符号，或者采用更加复杂的替换模式。

最后，不要对"a"和"I"这样的单词编码，因为那不过是用一个字符替换另一个字符。单词越长，每个单词的压缩率就越高。遗憾的是，常用的单词通常都比较短。另一方面，有些文档使用某些单词比使用其他单词频繁，这是由文档的主题决定的。例如，在我们的示例中，如果对单词"system"编码，将节省很多空间，但在通常情况下，并不值得对它编码。

关键字编码的一种扩展是用特殊字符替换文本中的特定模式。被编码的模式通常不是完整的单词，而是单词的一部分，如通用的前缀和后缀"ex""ing"和"tion"。这种方法的一个优点是被编码的模式通常比整个单词出现的频率更高，但缺点同前，即被编码的通常是比较短的模式，对每个单词来说，替换它们节省的空间比较少。

Bob Bemer

从1945年起，Bob Bemer就常出现在计算圈中。他的供职履历读起来就像20世纪后半期最具影响力的计算技术公司的清单。他曾经在Douglas Aircraft、RKO Radio Pictures、the Rand Corporation、Lockheed Aircraft、Marquardt Aircraft、Lockheed Missiles and Space、IBM、Univac Division of Sperry Rand、Bull General Electric（Paris）、GTE、Honeywell工作过，最后成立了自己的软件公司Bob Bemer Software。

在Bemer的简历上出现过很多飞机制造商，这一点都不奇怪，因为他的专业是数学，而且从Curtiss-Wright技术学院获得了航空工程学的毕业证书（1941）。在计算历史的早期，飞机制造商是工业界使用计算机的先驱。

在职业生涯中，Bemer致力于程序设计语言的开发。他开发了早期的FORTRAN编译器FORTRANSIT，还积极参与COBOL语言和CODASYL语言（一种早期的数据库建模和管理方法）的开发。此外，他还负责SIMULA语言开发基金的授权工作，这是一种引入了多个面向对象特性的模拟语言。

但是，Bemer最著名的工作是关于ASCII编码这种8位PC的标准内部码。当初，Bemer认识到如果一台计算机要与另一台计算机通信，它们需要传送文本信息的标准代码。Bemer发布了关于60多种计算机代码的调查报告，从而说明了对标准代码的需要。他拟订了标准委员会的工作计划，促使美国标准代码与国际代码相对应，编写了大量关于编码的文献，为ASCII的备用符号和适用其他语言的控制集争取到了正式的注册。

也许Bemer最重要的贡献是提出了转义符这种概念。转义符将通知系统转义符后的字符不再使用它的标准含义。

1991年10月发布了16位编码的第一个版本Unicode。促使这种扩大的编码出现的原因有两个，一是16位计算机体系结构越来越流行了，二是Internet和万维网的盛行需要一种能直接包含全世界各种字母的编码。但是，ASCII并没有退出历史舞台，它是Unicode的一个子集。

2003年5月，Bemer得到了IEEE Computer Society颁发的计算机先驱奖（Computer Pioneer Award），以表彰他"通过ASCII、ASCII备用字符集和转义序列来满足世界对各种字符集和符号的需要"所做出的贡献。

　　Bob Bemer 于 2004 年 6 月 22 日在位于得克萨斯州 Possum Kingdom Lake 的家中逝世。[2]

2. 行程长度编码

　　在某些情况下，一个字符可能在一个长序列中反复出现。在英语文本中，这种重复不常见，但在大的数据流（如 DNA 序列）中，这种情况则经常出现。一种名为**行程长度编码**（run-length encoding）的文本压缩技术利用了这种情况。行程长度编码有时又称为迭代编码（recurrence coding）。

　　在行程长度编码中，重复字符的序列将被替换为标志字符（flag character），后面加重复字符和说明字符重复次数的数字。例如，下面的字符串由 7 个 A 构成：

AAAAAAA

　　如果用 * 作为标志字符，这个字符串可以被编码为：

*A7

行程长度编码（run-length encoding）：把一系列重复字符替换为它们重复出现的次数。

72
〜
74

　　标志字符说明这三个字符的序列应该被解码为相应的重复字符串，其他文本则按照常规处理。因此，下面的编码字符串

*n5*x9ccc*h6 some other text *k8eee

将被解码为如下的原始文本：

nnnnnxxxxxxxxxcccchhhhhh some other text kkkkkkkkeee

原始文本包括 51 个字符，编码串包括 35 个字符，所以这个示例的压缩率为 35/51，或约为 0.68。

　　注意，这个例子中有三个重复的 c 和三个重复的 e 都没有编码。因为需要用三个字符对这样的重复序列编码，所以对长度为 2 或 3 的字符串进行编码是不值得的。事实上，如果对长度为 2 的重复字符串编码，反而会使结果串更长。

　　因为我们用一个字符记录重复的次数，所以看来不能对重复次数大于 9 的序列编码。但是，在某些字符集中，一个字符是由多个位表示的。例如，字符 '5' 在 ASCII 字符集中表示为 53，这是一个八位的二进制字符串 00110101。因此，我们将次数字符解释为一个二进制数，而不是解释为一个 ASCII 数字。这样一来，能够编码的重复字符的重复次数可以是 0 到 255 的任何数，甚至可以是 4 到 259 的任何数，因为长度为 2 或 3 的序列不会被编码。

3. 赫夫曼编码

　　另一种文本压缩技术是**赫夫曼编码**（Huffman encoding），以它的创建者 David Huffman 博士的名字命名。文本中很少使用字母"X"，那么为什么要让它占用的位数与常用空格字符一样呢？赫夫曼编码使用不同长度的位串表示每个字符，从而解决了这个问题。也就是说，一些字符由 5 位编码表示，一些字符由 6 位编码表示，还有一些字符由 7 位编码表示，等等。这种方法与字符集的概念相反，在字符集中，每个字符都由定长（如 8 位或 16 位）的位串表示。

这种方法的基本思想是用较少的位表示经常出现的字符，而将较长的位串留给不经常出现的字符，这样表示的文档的整体大小将比较小。

> **赫夫曼编码**（Huffman encoding）：用变长的二进制串表示字符，使常用的字符具有较短的编码。

例如，假设用下列赫夫曼编码来表示一些字符：

赫夫曼编码	字符	赫夫曼编码	字符
00	A	111	R
01	E	1010	B
100	L	1011	D
110	O		

那么单词 DOORBELL 的二进制编码如下：

1011110110111101001100100

如果使用定长位串（如 8 位）表示每个字符，那么原始字符串的二进制形式应该是 8 个字符 ×8 位 = 64 位。而这个字符串的赫夫曼编码的长度是 25 位，从而压缩率为 25/64，或约为 0.39。

那么解码过程是怎样的呢？在使用字符集时，只要把二进制串分割成 8 位或 16 位的片段，然后查看每个片段表示的字符即可。在赫夫曼编码中，由于编码是变长的，我们不知道每个字符对应多少位编码，所以看似很难将一个字符串解码。其实，创建编码的方式已经消除了这种潜在的困惑。

赫夫曼编码的一个重要特征是用于表示一个字符的位串不会是表示另一个字符的位串的前缀。因此，在从左到右扫描一个位串时，每当发现一个位串对应于一个字符，那么这个位串就一定表示这个字符，该位串不可能是更长位串的前缀。

例如，如果下列位串是用上面的表创建的：

1010110001111011

那么它只会被解码为单词 BOARD，没有其他的可能性。

那么，赫夫曼编码是如何创建的呢？虽然创建赫夫曼编码的详细过程不属于本书的介绍范围，但是我们可以讨论一下要点。由于赫夫曼编码用最短的位串表示最常用的字符，所以首先需要列出要编码的字符的出现频率。出现频率可以是字符在某个特定文档中出现的次数（如 352 个 E、248 个 S 等），也可以是字符在来自特定领域的示例文本中出现的次数。频率表则列出了字母在一种特定语言（如英语）中出现的频率。使用这些频率，可以构建一种二进制代码的结构。创建这种结构的方法确保了最常用的字符对应于最短的位串。

3.4 音频数据表示法

当一系列空气压缩震动我们的耳膜时，会给我们的大脑发送一些信号，我们就感觉到了声音。因此，声音实际上是由与我们的耳膜交互的声波定义的。请参阅图 3-7。要表示声音，必须正确地表示声波。

一个立体声系统通过把电信号发送到一个扬声器来制造声音。这种信号是声波的模拟表示法。信号中的电压按声波的正比例变化。扬声器接收到信号后，将引起膜震动，依次引起空气震动（创建了声波），从而引起耳膜震动。创建的声波有可能与扬声器初始接收到的完全一样，或者至少能让听众满意。

要在计算机上表示音频数据，必须数字化声波，把它分割成离散的、便于管理的片段。方法之一是真正数字化声音的模拟表示法。也就是说，采集表示声波的电信号，并用一系列离散的数值表示它。

模拟信号是随电压连续变化的。要数字化这种信号，需要周期性地测量信号的电压，并记录合适的数值，这一过程称为采样（sampling），最后得到的不是连续的信号，而是表示不同电平的一系列数字。

用存储的电压值创建一个新的连续电信号，可以使声音再生。这里有一个假设，即原始信号中的电平是均匀地从一个存储的电压值变化到下一个电压值的。如果在短时期内采到了足够多的样本，那么这种假设是合理的。但毫无疑问，采样过程会丢失信息，如图 3-8 所示。

一般说来，采样率在每秒 40 000 次左右就足够创建合理的声音复制品。如果采样率低于这个值，人耳听到的声音就会失真。较高的采样率生成的声音质量较好，但到达某种程度后，额外的数据都是无关的，因为人耳分辨不出其中的差别。声音的整体效果是受很多因素影响的，包括设备的质量、声音的类型和人的听力等。

塑胶唱片是声波的模拟表示法。电唱机（唱机转盘）的唱针在唱片的螺旋形凹槽中上下伸缩，凹槽的边并不是平坦的，它们对其想要表达的声波进行模拟，唱针的上下伸缩模拟了表示声音的信号的电压变化。

另一方面，激光唱盘（CD）则存储了数字化的音频信息。CD 的表面是用显微镜可见的凹点，表示二进制数字。低强度的激光将指向唱盘。如果唱盘表面是光滑的，激光的反射强烈，如果唱盘表面有凹痕，激光的反射就比较少。接收器将分析反射的强度，生成适当的二进制数字串，这是信号被数字化后存储的数字电压值。该信号将被重现，并发送给扬声器。图 3-9 展示了这一过程。

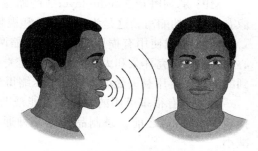

图 3-7 引起我们耳膜震动的声波

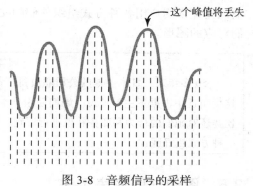

这个峰值将丢失

77
~
78

图 3-8 音频信号的采样

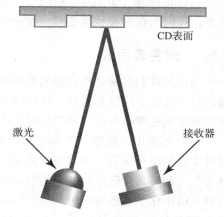

CD表面

激光　　　　　接收器

图 3-9 读取二进制信息的 CD 播放器

3.4.1 音频格式

在过去几年中，出现了多种流行的音频数据格式，包括 WAV、AU、AIFF、VQF 和 MP3

等。尽管所有格式都是基于从模拟信号采样得到的电压值，但是它们格式化信息细节的方式不同，采用的压缩技术也不同。

当前，处于统治地位的压缩音频数据的格式是 MP3。MP3 的盛行主要源于它的压缩率比同时期的其他格式的压缩率高。即使将来能证明其他格式更有效，但现在 MP3 是大众的最爱。在 1999 年中期，"MP3"这个词的检索频率远远高于其他词，而且现在还在盛行。让我们看看 MP3 格式的细节。

3.4.2 MP3 音频格式

MP3 是 MPEG-2 audio layer 3 的缩写，MPEG 是 Moving Picture Experts Group（运动图像专家组）的缩写，这是为数字音频和视频开发压缩标准的国际委员会。

MP3 格式使用有损压缩和无损压缩两种压缩方法。首先，它将分析频率展开，与人类心理声学（研究耳朵和大脑之间的相互关系）的数学模型进行比较，然后舍弃那些人类听不到的信息，再用赫夫曼编码进一步压缩得到的位流。

网络上有很多可用的软件工具能帮助你创建 MP3 文件。这些工具通常要求在把数据转换成 MP3 格式之前，录制品是以某种通用格式（如 WAV）存储的，这样可以使文件大大减小。

解释和播放 MP3 文件的播放器有很多。MP3 播放器既可以是纯粹的计算机软件，也可以像流行的苹果产品 iPod 一样是专用的硬件设备，能够存储和播放 MP3 文件。大多数 MP3 播放器允许用户用各种方式组织他们的文件，并能在回放时显示特定文件的各种信息以及它们对应的图形。

日本电话应答竞赛

50 多年来，日本各地的公司职员每年都会聚在一起，争夺日本最优秀话务员的称号。女性在这场角逐中占据了主导地位，她们使用日本商人几十年来一直喜欢的高亢嗓音。除了她们的声音，比赛还对她们的行为和商务礼仪进行评判。如果现代的计算机合成声音被用作电话传呼，你认为哪一种方式更好呢？

3.5 图像与图形表示法

在讨论图像（如照片）和图形（如线条画）的表示法及压缩方法时，它们有些共同点。首先，我们来看看表示颜色的一般方法，然后再介绍各种数字化和表示视频信息的技术。

3.5.1 颜色表示法

颜色是我们对到达视网膜的各种频率的光的感觉。我们的视网膜有三种颜色感光视锥细胞，负责接收不同频率的光。这些感光器分类分别对应于红、绿和蓝三种颜色。人眼可以觉察的其他颜色都能由这三种颜色混合而成。

在计算机中，颜色通常用 RGB（red-green-blue）值表示，这其实是三个数字，说明了每种原色的相对份额。如果用 0 到 255 的数字表示一种元素的份额，那么 0 表示这种颜色没有参与，255 表示它完全参与其中。例如，RGB 值（255，255，0）最大化了红色和绿色的份额，最小化了蓝色的份额，结果生成的是嫩黄色。

RGB 值的概念引出了三维色空间（color space）。图 3-10 展示了一种显示色空间的方法。

　　用于表示颜色的数据量称为色深度（color depth），通常用表示颜色的位数来表示色深度。增强彩色（high color）指色深度为 16 位的颜色，RGB 值中的每个数字由 5 位表示，剩下的一位有时用于表示透明度。真彩色（true color）指色深度为 24 位的颜色，RGB 值中的每个数字由 8 位表示，即每个数所属的范围是 0 ～ 255，这样能够生成 1670 万种以上的颜色。

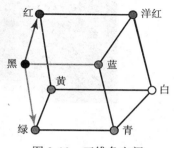

图 3-10　三维色空间

　　下表展示了一些真彩色的 RGB 值和它们表示的颜色：

RGB 值			
红色	绿色	蓝色	颜色
0	0	0	黑色
255	255	255	白色
255	255	0	黄色
255	130	255	粉色
146	81	0	棕色
157	95	82	紫色
140	0	0	栗色

　　24 位真彩色提供的颜色比人眼能够分辨的颜色多。此外，显示器能显示的颜色也受限于特定的色深度。为了使显示器显示的颜色减少到 256 色，程序指定的任何颜色都会被映射到硬件能够显示的调色板中与之最接近的一种颜色。图 3-11 显示了这种受限制的调色板。当想要显示的颜色与硬件能够显示的颜色之间差别太大时，显示的结果通常都不令人满意。令人欣慰的是，大多数现代的显示器都提供了足够大的颜色范围，因而大大减少了这种问题。

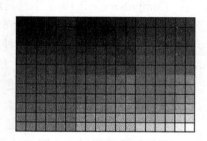

图 3-11　受限制的调色板

3.5.2　数字化图像与图形

　　照片是图像的模拟表示。它的表面是连续的，一种颜色的色度与另一种颜色的混合在一起。数字化一幅图像是把它表示为一个独立的点集，这些点称为**像素**（pixel），代表图像的元素（picture element）。每个像素由一种颜色构成。表示一幅图像使用的像素个数称为**分辨率**（resolution）。如果使用了足够多的像素（高分辨率），把它们按正确的顺序并排排列，就可以瞒过人眼，使人们认为看到的是连续的图像。图 3-12 展示了一个数字化的图像，它的一小部分被放大，显示出了独立的像素。

注：Amy Rose 提供

图 3-12 由许多独立像素构成的数字化图像

逐个像素存储图像信息的方法称为**光栅图形格式**（raster-graphics format）。目前流行的几种光栅图形文件格式有位图（BMP）、GIF 和 JPEG。

> **像素**（pixel）：用于表示图像的独立点，代表图像的元素。
>
> **分辨率**（resolution）：用于表示图像的像素个数。
>
> **光栅图形格式**（raster-graphics format）：逐个像素存储图像信息的格式。

位图文件（bitmap file）是最直接的图形表示之一。除了一些管理细节外，位图文件只包括图像的像素颜色值，按照从左到右、从上到下的顺序存放。虽然位图文件支持 24 位的真彩色，但是通常会指定色深度，以减小文件。可以使用本章前面介绍过的行程长度编码来压缩位图文件。

CompuServe 于 1987 年开发的 GIF（图形交换格式，Graphics Interchange Format）把图像中可用的颜色数量限制在 256 种。也就是说，GIF 图像只能由 256 种颜色构成，不过不同的 GIF 图像可以由包含 256 种颜色的不同颜色集构成。这种技术叫作**索引颜色**（indexed color），由于要引用的颜色少，所以生成的结果文件就比较小。如果需要使用更少的颜色，那么可以采用需要更少位数的色深度。GIF 文件最适合用于颜色较少的图形和图像，因此，它是存放线条图像的首选格式。有一种 GIF 格式版本还可以通过存储一系列能在浏览器这样的程序中连续显示的图像来定义动画。

JPEG 格式利用了人眼的特性。人眼对亮度和颜色的渐变比对它们的迅速改变敏感。因此，JPEG 格式保存了短距离内色调的平均值。JPEG 格式被看作存储照片颜色图像的首选格式。它采用的压缩模式相当复杂，有效地减小了生成的文件大小。

PNG 是 Portable Network Graphics（可移植的网络图像文件格式）的缩写。PNG 格式的设计者是想用 PNG 格式来改进当前的 GIF 格式，从而最终取代它。PNG 图像的压缩效果通常比 GIF 图像的更好，同时提供的色深度范围也更广。对于 PNG 格式的扩展（APNG）支持动画，和动画 GIF 格式相似。

表示图像的文件可能包含对于图像的**元数据**（metadata），通常情况下，元数据是有关于数据的数据，也就是说，元数据描述了其他数据的目的和结构，可能会帮助使用者管理数据。

> **元数据**（metadata）：有关数据的数据。
>
> **矢量图形**（vector graphic）：用线段和几何形表示图像的方法。

如果是图像，那么元数据可能包含图像被创建的日期和时间，以及图像的尺寸细节和解析度。如果图像是照片，它可能包含拍照的地点（经度和纬度），它还可能包含图像创建者的信息以及该图像是否拥有版权。

3.5.3 图形的矢量表示法

矢量图形（vector graphic）是另一种表示图像的方法。矢量图形格式不像光栅图形那样把颜色赋予像素，而是用线段和几何形状描述图像。矢量图形是一系列描述线段的方向、线宽和颜色的命令。由于不必记录所有的像素，所以采用这种格式的文件一般比较小。图像的复杂度（如图像中的项目个数）决定了文件的大小。

> **爱因斯坦对电报的描述**
>
> "你看，有线电报就像一只体形非常非常长的猫，"阿尔伯特·爱因斯坦（Albert Einstein）这样解释道，"你在纽约拉住了它的尾巴，却听到它的脑袋在洛杉矶叫……无线电收发报机也是这样，你在这里发出了信号，他们可以在那里收到。唯一的区别是没有猫。"
>
> 你认为他会怎样描述网络呢？

光栅图形（如 GIF 图形）要获得不同的大小和比例必须进行多次编码，矢量图形则可以通过数学计算调整大小，这些改变可以根据需要动态地计算。

但是，矢量图形不适用于表示真实世界的图像。JPEG 图像是表示真实世界图像的首选，矢量图形则适用于艺术线条和卡通绘画。

如今有两种主流的矢量图形格式：Adobe Flash 和 SVG（Scalable Vector Graphics，可缩放矢量图形）。Flash 图像存储为二进制格式，创建 Flash 图像需要专用的编辑器。SVG 图像是用纯文本表示的，因此可以向使用一般的文本编辑器（如画图程序）一样被创建和修改。SVG 由万维网协会（World Wide Web Consortium，W3C）开发，被主流浏览器所支持。

3.6 视频表示法

视频信息的捕捉和压缩，以及让它对于人眼有意义使它成了最复杂的信息类型之一。视频片段包含许多压缩的静态图像。网络上充满了质量不等的视频片段。随着视频压缩技术（即视频编译码器（video codec））的发展，一些质量问题在未来的几年中可能会得到改善。

视频编译码器

编译码器（codec）表示压缩器 / 解压缩器（COmpressor/DECompressor）。**视频编译码器**（video codec）指用于缩减电影大小的方法，使电影能够在计算机或网络上播放。几乎所有的视频编译码器都采用有损压缩，以最小化与视频相关的数据量，因此，压缩的目标不是舍弃影响观众视觉的信息。

> **视频编译码器**（video codec）：用于缩减电影大小的方法。

大多数编译码器是面向块的，也就是说，视频的每个帧将被分成一组矩形块。各个编译码器的不同之处在于如何对这些块编码。有些视频编译码器完全是由软件实现的，而有的则需要专用的硬件。

视频编译码器采用的压缩方式有两种，即时间压缩和空间压缩。**时间压缩**（temporal compression）将查找连续帧之间的差别。如果两个帧中的图像大部分都没有改变，那么何必浪费空间来复制所有近似的信息呢？关键帧（key frame）是比较帧之间差别的参照物，它的完整图像都会被保存。对于连续的图像，只保存改变的部分（增量帧）。对于帧与帧之间变化不大的视频片段（如几乎没有活动实体的场景），时间压缩是一种有效的方法。

空间压缩（spatial compression）将删除一个帧中的冗余信息。空间压缩的基本问题与压缩静态图像时遇到的问题一样。空间视频压缩常把颜色相同的像素（如湛蓝的天空）聚集在块（矩形区域）中，存储的不是每个像素的信息，而是块的颜色和坐标。这种思想与前面介绍的行程长度编码的思想近似。

> **时间压缩**（temporal compression）：根据连续帧之间的差别压缩电影的技术。
>
> **空间压缩**（spatial compression）：基于静态图像的压缩技术的电影压缩技术。

当今流行的视频编译码器有 Sorenson、Cinepak、MPEG 和 Real Video。关于这些编译码器如何表示和压缩视频不属于本书介绍的范围。

小结

计算机是多媒体设备，操作的数据从数字到图形，再到视频，无所不包。由于计算机只能操作二进制数值，所以所有类型的数据都必须表示为二进制形式。数据可以分为两类：连续的（模拟的）和离散的（数字的）。

整数值由它们对应的二进制值表示，负数的表示方法有符号数值表示法和补码表示法。实数由三部分构成，即符号、尾数和指定小数点位置的指数。

字符集是字母与数字字符以及表示它们的代码的清单。最常用的字符集是 Unicode（每个字符由 16 位表示），ASCII 是它的子集。使用 8 位字符集 ASCII 足够表示英语，但却不足以表示其他语言。压缩文本的方法有很多，可以减小存储文本的空间或减少在机器之间传递文本的时间。

音频信息被表示为数字化的声波。颜色由三个值表示，每个值说明了红色、蓝色或绿色的份额。表示图像的基本方法有两种，即位图和矢量图形。视频被分割成了一系列表示为图像的静态图像。

85

道德问题：Snowden 事件的影响

Edward Snowden 是美国中央情报局（CIA）的计算机专家，并且还是美国国家安全局（NSA）的合同工。2012 年 6 月，他向若干媒体泄露大批机密文件。这些文件揭露了一个全球监视项目的操作细节，而国家安全局也参与其中。这个监视项目收集了来自互联网公司的海量的元数据（即关于数据的数据）。

James Clapper 是美国国家情报总监，他认为 George W. Bush 在 "9 · 11 事件" 之后首次允许了这一网络监视行为。这个项目从 2005 年被揭露，并且由外国情报监听法（FISA）进行补充和取代，该法允许 FISA 法庭批准收集大量数据（即元数据[3]）的授权。

在 Snowden 事件带来的群众抗议之后，成立了总统咨询委员会。这个委员会提交了 46 项建议来改变 NSA 的运作。2014 年年初，奥巴马总统宣布，美国政府将减少对外国领导人的监听并减少对美国人电话数据的大规模收集。每个美国人接电话数量和频次仍然会被收集，但是对于元数据的获取将受到更多限制。想要获取这些元数据，必须获得 FISA 法庭的批准。[5]

2013 年 8 月，Edward Snowden 获得了俄罗斯为期 1 年的临时避难申请，每年可以续签。2017

年，莫斯科官员宣布，Snowden 可以留在俄罗斯至少到 2020 年。人们把他称为罪犯、英雄、叛国者和爱国者。

关键术语

模拟数据（analog data）

带宽（bandwidth）

字符集（character set）

压缩率（compression ratio）

数据（data）

数据压缩（data compression）

数字数据（digital data）

多媒体（multimedia）

溢出（overflow）

像素（pixel）

脉冲编码调制（pulse-code modulation，PCM）

小数点（radix point）

光栅图形格式（raster-graphics format）

重新计时（relock）

分辨率（resolution）

数字化（digitize）

浮点表示法（floating point）

赫夫曼编码（Huffman encoding）

信息（information）

关键字编码（keyword encoding）

无损压缩（lossless compression）

有损压缩（lossy compression）

行程长度编码（run-length encoding）

科学记数法（scientific notation）

符号数值表示法（signed-magnitude representation）

空间压缩（spatial compression）

时间压缩（temporal compression）

十进制补码（ten's complement）

矢量图形（vector graphics）

视频编译码器（video codec）

86

练习

判断练习 1 ~ 20 中陈述的对错：

A. 对　　B. 错

1. 无损压缩意味着恢复的数据没有丢失任何原始信息。

2. 计算机用模拟形式表示信息。

3. 计算机必须使用二进制记数系统表示信息。

4. 数字信号表示任何时间点的两个值之一。

5. 4 个二进制位可以表示 32 种状态。

6. 数字的符号数值表示法有两种表示 0 的方法。

7. 当为结果分配的位容不下计算出的值时，将发生溢出。

8. 在 ASCII 字符集中，大写字母和小写字母没有区别。

9. Unicode 字符集包括 ASCII 字符集中的所有字符。

10. 关键字编码是用单个字符替代常用的单词。

11. 行程长度编码适用于压缩英语文本。

12. 赫夫曼编码使用变长的二进制串表示字符。

13. 音频信号的数字化是定期对它进行采样。

14. CD 是用二进制格式存储音频信息的。

15. MP3 音频格式舍弃了人耳听不到的声音。

16. RGB 值用三个数字值表示一种颜色。

17. 索引颜色增加了图像可以使用的颜色数，因此增加了文件的大小。

18. 光栅图形格式只有位图、GIF 和 JPEG 三种。

19. 矢量图形用线段和几何形状表示图像。

20. 时间压缩方法中采用关键帧表示连续帧之间的变化。

从下列清单中，为练习 21 ~ 26 选择正确的术语。

A. 符号数值表示法　　　　B. 小数点（radix point）

C. 使用频率　　　　　　　D. 采样

E. 模拟　　　　　　　　　F. 数字

21. _____数据是信息的连续表示法。

22. 从 中 学 时 就 开 始 使 用 的 数 字 表 示 法 是 _____。

23. 如果数字的基数不是 10，我们称小数点

（decimal point）为 _____ 。

24. _____ 数据是信息的离散表示法。

25. 赫夫曼编码是基于字符的 _____ 创建的。

26. 音频信号的数字化是定期对它进行 _____ 。

练习 27 ~ 79 是问题或简答题。

27. 为什么数据压缩是当前的重要课题？

28. 有损数据压缩和无损数据压缩的区别是什么？

29. 为什么计算机不易处理模拟信息？

30. 具有长秒针的时钟是模拟设备还是数字设备？请解释原因。

31. 将某物数字化是什么意思？

32. 什么是脉冲编码调制？

33. 用下列位数可以表示多少种状态：

   a）4 位　　　　　　　b）5 位

   c）6 位　　　　　　　d）7 位

34. 尽管从二年级开始你就会计算简单的算术运算，请做下列小测试，确定你是否完全理解了有符号整数的运算。计算下列表达式，其中 W 等于 17，X 等于 28，Y 等于 -29，Z 等于 -13。

   a）X + Y　　　　　　b）X + W

   c）Z + W　　　　　　d）Y + Z

   e）W − Z　　　　　　f）X − W

   g）Y − W　　　　　　h）Z − Y

35. 使用十进制实数直线图验证下列运算的解决方法，其中 A 等于 5，B 等于 -7。

   a）A+B　　　　　　　b）A−B

   c）B+A　　　　　　　d）B−A

36. 将 3.2.1 节提到过的十进制补码公式中的 k 为设为定长的数字 6，回答下列问题。

   a）可以表示多少正整数？

   b）可以表示多少负整数？

   c）绘制实数直线图，显示出三个最小的正数和三个最大的正数、三个最小的负数和三个最大的负数以及 0。

37. 使用练习 36（c）中绘制的实数直线图，计算下列表达式，其中 A 等于 -499999，B 等于 3。

   a）A+B　　　　　　　b）A−B

   c）B+A　　　　　　　d）B−A

38. 使用十进制补码的公式和 3.2.1 节中描述的模式，计算下列数字。

   a）35768　　　　　　b）−35768

   c）−444455　　　　　d）−123456

39. 在计算练习 38 中的十进制补码时，是不是遇到很多从 0 借位的问题？这种计算易于出错。有种窍门可以使这种计算变得容易，而且不会出错，即让被减数中的每一位都是 9，得到的结果再加 1。如果被减数的每一位都是 9，则得到的数字被称为数的九进制补码（nine's complement）。

   a）证明一个数的九进制补码加 1 等于这个数的十进制补码。

   b）用九进制补码加 1 的方法计算练习 38（b）、练习 38（c）和练习 38（d）中的值。

   c）你认为哪种方法简单一些，是直接计算十进制补码，还是用九进制补码加 1？请给出理由。

40. 使用二进制补码计算下列表达式，其中 A 等于 11111110，B 等于 00000010。

   a）A + B　　　　　　b）A − B

   c）B − A　　　　　　d）− B

   e）− (− A)

41. 一个数的二进制补码一定是负数吗？请解释。

42. 设计一个以 11 为基数的记数系统。

   a）绘制实数直线图。

   b）展示一个加法示例和一个减法示例。

   c）基于十一进制补码，设计一种负数的表示法。

43. 用算法形式表示符号数值系统中的减法法则。

44. 把下列实数转换成二进制的（5 个二进制位）。

   a）0.50　　　b）0.26　　　c）0.10

45. 把下列实数转换成八进制的（5 个八进制位）。

   a）0.50　　　b）0.26　　　c）0.10

46. 能够一眼看出八进制小数对应的二进制值或者看出二进制小数对应的八进制值吗？请解释。

47. 表示包含 45 个字符的字符集需要多少位？

48. 把十进制数 175.23 表示为符号、尾数和指数的形式。

49. ASCII 字符集和 Unicode 字符集间的主要区别是什么？

50. 为几个简单单词创建一个关键字编码表。选择一个段落，用这种编码模式重写这一段。计算压缩率。

51. 下列字符串的行程长度编码是什么？压缩率是多少？

AAAABBBCCCCCCCCDDDD

hi there EEEEEEEEEFF

52. 行程长度编码 *X5*A9 表示什么字符串？

53. 根据下列赫夫曼编码表，译解下列位串。

赫夫曼编码	字符
00	A
11	E
010	T
0110	C
0111	L
1000	S
1011	R
10010	O
10011	I
101000	N
101001	F
101010	H
101011	D

a）1101110001011

b）0110101010100101011111000

c）1010010010100001000100001010011 0110

d）101000100101010001000111 0100 0100011

思考题

1. 使用常用（标准）字符集的优点是什么？缺点又是什么？

2. 把整数从一种基数转换成另一种基数需要用新基数除这个数。把小数部分从一种基数转换成另一种基数则需要用新基数乘这个数。请用位

54. 人是如何接收声音的？

55. 立体声系统的扬声器是模拟设备还是数字设备？请解释。

56. 什么是 RGB 值？

57. 色深度指什么？

58. 像素分辨率如何影响图像的视觉效果？

59. 请解释时间视频压缩技术。

60. 请描述一种空间视频压缩技术适用的情况。

61. 请定义与数字化声波相关的采样（sampling）。

62. 高采样率制造的声音质量好还是低采样率制造的声音质量好？

63. 要再现合理的声音，至少需要多大的采样率？

64. 塑胶唱片和激光唱盘记录声音的方式一样吗？

65. RGB 值（130，0，255）是什么意思？

66. RGB 值（255，255，255）表示什么颜色？

67. 什么是分辨率？

68. GIF 格式采用的是什么技术？

69. GIF 文件最适用于什么图像？

70. 各种视频编译码器的相似之处是什么？

71. 各种视频编译码器的不同之处是什么？

72. 请列出两种视频压缩类型。

73. 我们对到达眼睛视网膜的各种频率的光的感觉叫作什么？

74. 表示照片颜色图像的最佳格式是什么？

75. 缩减电影大小的技术是什么？

76. 使应用程序只支持某些特定颜色的技术是什么？

77. 用线段和几何形状刻画图像的格式是什么？

78. 什么格式逐个像素地存储信息？

79. 增强彩色和真彩色之间的区别是什么？

置记数法解释这些算法。

3. 技术在飞快地发展。自从本书面世后，数据压缩技术又发生了哪些变化呢？

4. Edward Snowden 现在在何方？你认为在未来他的行为将会被如何定义呢？

硬 件 层

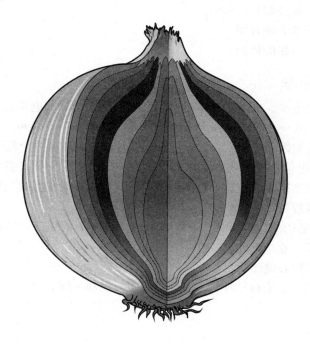

门 和 电 路

计算机是电子设备，它的大多数基础硬件元件控制着电流。在非常原始的意识中，人类能通过复杂的技术来利用电流的能量，再加上我们的意志，就可以进行计算并做出决定。这一章将在计算机科学和电子工程学之间切换，分析计算机中最基础的硬件元件。

在第 2 章中，我们概括地介绍了记数系统，特别说明了二进制记数系统。从第 3 章我们了解到，二进制记数系统之所以让人如此感兴趣，因为计算机是采用它表示数据的。在这一章中，我们将探讨计算机如何使用电信号来表示和操作这些二进制值。

目标

学完本章之后，你应该能够：

- 识别基础的门并描述每种门的行为。
- 描述如何用晶体管实现门。
- 用基础门组合成电路。
- 用布尔表达式、真值表和逻辑框图描述门或电路的行为。
- 比较半加器和全加器之间的异同点。
- 描述多路复用器是如何运作的。
- 解释如何操作 S-R 锁存器。
- 描述四代集成电路的特征。

4.1 计算机和电学

任何电信号都有电平。在上一章中提到过，我们根据信号的电平区分信号的值（二进制 0 或 1）。一般说来，0～2 伏的电压是低电平，由二进制数字 0 表示，2～5 伏范围内的电压是高电平，由二进制数字 1 表示。计算机中的信号被限制在这两个范围之内。

门（gate）是对电信号执行基本运算的设备。一个门接受一个或多个输入信号，生成一个输出信号。门的类型很多，在这一章中，我们将分析 6 种最基本的类型。每种类型的门执行一个特定的逻辑函数。

电路（circuit）是由门组合而成的，可以执行更加复杂的任务。例如，电路可以用来执行算术运算和存储值。在电路中，一个门的输出值通常会作为另一个门或多个门的输入值。电路中的电流由经过精心设计的相互关联的门逻辑控制。

描述门和电路的表示法有三种，它们互不相同，但却一样有效：

- 布尔表达式
- 逻辑框图
- 真值表

门（gate）：对电信号执行基本运算的设备，接受一个或多个输入信号，生成一个输出信号。

电路（circuit）：相互关联的门的组合，用于实现特定的逻辑函数。

在关于门和电路的讨论中，我们将分析这三种类型的表示法。

英国数学家 George Boole 发明了一种代数运算，其中变量和函数的值只是 0 或 1。这种代数称为**布尔代数**（boolean algebra），它的表达式是演示电路活动的极好方式。布尔代数特有的运算和属性使我们能够用数学符号定义和操作电路逻辑。我们在第 6～9 章讨论高级程序设计语言时还会涉及布尔表达式。

逻辑框图（logic diagram）是电路的图形化表示。每种类型的门由一个特定的图形符号表示。通过用不同方法把这些门连接在一起，就可以真实地表示出整个电路逻辑。

真值表（truth table）列出了一种门可能遇到的所有输入组合和相应的输出，从而定义了这种门的功能。我们可以设计更复杂的真值表，用足够多的行和列说明对任何一套输入值整个电路如何运作。

布尔代数（boolean algebra）：表示二值逻辑函数的数学表示法。

逻辑框图（logic diagram）：电路的图形化表示，每种类型的门有自己专用的符号。

真值表（truth table）：列出了所有可能的输入值和相关的输出值的表。

George Boole[1]

布尔代数是以它的发明者——英国数学家 George Boole 的名字命名的。Boole 生于 1815 年，他的父亲是个零售商，在他幼年时就开始教他数学。但最初 Boole 对古典文学、语言和宗教更感兴趣，这些也是其一生的兴趣所在。从 20 岁起，他开始自学法语、德语和意大利语。他精通 Aristotle、Spinoza、Cicero 和 Dante 的著作，而且自己也写了几篇哲学论文。

16 岁时，他在一所私立学校担任助教，以补贴家用。这份助教工作和另外一份教学工作使他几乎没有时间来学习。几年后，他开办了一所学校，并且开始自学高等数学。虽然缺乏正规的训练，但 24 岁时，他在 *Cambridge Mathematical Journal* 上发表了自己的第一篇学术论文。1849 年，他被爱尔兰 Cork 市的 Queen 学院聘为数学教师。在此，他成为数学教授，而且余下的职业生涯都是在此度过的。Boole 于 1864 年去世，此时正值他事业的顶峰，在此之前，他发表了 50 多篇论文并致力于自己的几项主要工作。

Boole 的著作 *The Mathematical Analysis of Logic* 发表于 1847 年，它最终为数字计算机的开发奠定了基础。在这本书中，Boole 阐述了正式的逻辑学公理（与几何学公理类似），建立了数理逻辑这一领域。Boole 提出了符号和代数运算来创建他的逻辑学系统。他把 1 关联到万有集（表示宇宙万物的集合），把 0 关联到空集，把自己的系统限制在这两个量上，然后定义了减法、加法和乘法的模拟运算。

1854 年，Boole 发表了 *An Investigation of the Laws of Thought, on Which Are Founded the Mathematical Theories of Logic and Probabilities* 一书。这本书记述了以他的逻辑学公理为依据的定理，扩展了代数来展示逻辑系统的计算能力。5 年后，Boole 发表了 *Treatise on Differential Equations* 一书，随后又发表了 *Treatise on the Calculus of Finite Differences*

一书，这本书是处理计算准确性的数值分析的基础著作之一。

Boole 的工作并没有为他带来太多的表彰和荣誉。考虑到布尔代数在现代科技中的重要地位，20 世纪之前 Boole 的逻辑系统居然没有受到重视实在令人难以置信。George Boole 是真正的计算机科学的奠基人之一。

95

4.2 门

计算机中的门有时又叫作逻辑门（logic gate），因为每个门都执行一种逻辑函数。每个门接收一个或多个输入值，生成一个输出值。由于我们处理的是二进制信息，所以每个输入和输出值只能是 0（对应低电平信号）或 1（对应高电平信号）。门的类型和输入值决定了输出值。

我们将分析下列 6 种类型的门。在分析完这些门之后，将说明如何把它们组合成电路来执行数学运算。

- 非（NOT）门
- 与（AND）门
- 或（OR）门
- 异或（XOR）门
- 与非（NAND）门
- 或非（NOR）门

什么是纳米科学？

纳米科学和纳米科技是对一种相当小的材料的研究和应用：

- 1 英寸有 25 400 000 纳米。
- 1 张报纸大约 100 000 纳米厚。
- 如果大理石是 1 纳米，1 米将是地球的大小。[2]

在本书中，我们用不同颜色的逻辑框图符号表示每种门，以帮助你理解它们。在分析完整的电路时，这些不同颜色的符号可以帮助你分辨不同的门。然而在现实生活中，逻辑框图通常是黑白的，而且往往只能通过门的形状来分辨它们。

4.2.1 非门

非门接受一个输入值，生成一个输出值。图 4-1 展示了非门的三种表示方法，即它的布尔表达式、逻辑框图符号和真值表。在这些表示法中，变量 A 表示输入信号，可以是 0 或 1。变量 X 表示输出信号，其值可以是 0 或 1，由 A 的值决定。

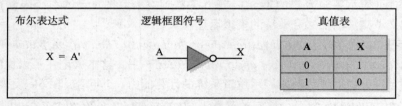

布尔表达式	逻辑框图符号	真值表

$X = A'$

A	X
0	1
1	0

图 4-1　非门的各种表示法

根据定义，如果非门的输入值是 0，那么输出值是 1；如果输入值是 1，则输出值是 0。非门有时又叫作逆变器（inverter），因为它对输入值求逆。

在布尔表达式中，非操作由求反的值之后的"'"标记表示。有时，也用求反的值上面的横杠表示这个运算。在图 4-1 中的布尔表达式中，X 的值是对输入值 A 进行求反操作得到的。这是赋值语句（assignment statement）的一个例子，在赋值语句中，等号左边的变量的值来自于等号右边的表达式。在第 6 章中将进一步讨论赋值语句。

非门的逻辑框图符号是一个末端具有小圆圈（叫作求逆泡（inversion bubble））的三角形。输入和输出由流入和流出门的连接线表示。有时，这些连接线上面有标记，但是并非总有标记。

图 4-1 中的真值表列出了非门所有可能的输入值和对应的输出值。由于非门只有一个输入信号，而且这个信号只能是 0 或 1，所以在真值表中 A 这一列只有两种可能。X 列显示的是非门的输出，即输入值的逆。注意，在这三种表示法中，只有真值表真正定义了非门在各种情况下的行为。

这三种表示方法只是同一事物的不同表示。例如，布尔表达式 0' 的值总是 1。布尔表达式 1' 的值总是 0。这种行为与真值表中所示的值一致。

4.2.2　与门

图 4-2 展示了与门。和非门不同的是，与门接受的输入信号不是一个，而是两个。这两个输入信号的值决定了输出信号。如果与门的两个输入信号都是 1，那么输出是 1；否则，输出是 0。

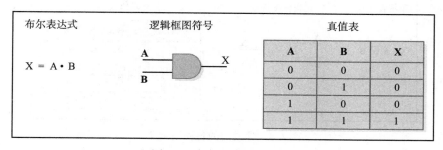

图 4-2　与门的各种表示法

在布尔代数中，与操作由点（·）表示，有时也表示为星号（*）。该运算符通常可以省略。例如，A·B 通常被写作 AB。

因为有两个输入，每个输入有两种可能的值，所以与门的输入可能有四种 0 和 1 的组合。因此，在布尔表达式中，用与运算符可能出现四种情况：

$$0 \cdot 0 = 0$$
$$0 \cdot 1 = 0$$
$$1 \cdot 0 = 0$$
$$1 \cdot 1 = 1$$

同样，列出与门行为的真值表中有四行，展示了四种可能的组合。真值表的输出列与布尔表达式的结果一致。

4.2.3　或门

图 4-3 展示了或门。和与门一样，或门也有两个输入。如果这两个输入值都是 0，那么输出是 0；否则，输出是 1。

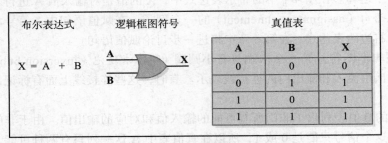

图 4-3　或门的各种表示法

在布尔代数中，或操作由加号（+）表示。或门有两个输入，每个输入有两种可能的值，所以，和与门一样，或门有四种输入组合，在真值表中有四行。

4.2.4　异或门

图 4-4 展示了异或门。如果异或门的两个输入相同，则输出为 0；否则，输出为 1。注意异或门与或门之间的区别，只有一种输入情况使它们的结果不同。当两个输入信号都是 1 时，或门生成 1，而异或门生成 0。

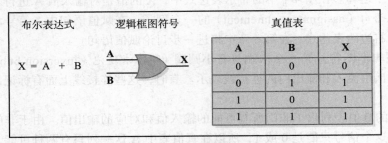

图 4-4　异或门的各种表示法

有时，正规的或门又叫作同或门，因为无论一个输入信号是 1，还是两个输入信号都是 1，它都生成 1。而只有当两个输入信号不同时，异或门才生成 1。异或门的俗语是"当我说或时，指的是这一个，或者另一个，而不是指它们两个"。

布尔代数符号⊕有时用来表示异或运算，但是也可以用其他运算符表示它，我们将此留作练习。

注意，异或门的逻辑框图符号和或门的相似，只是多了一条贯穿两个输入信号的连接线的曲线。

4.2.5　与非门和或非门

图 4-5 展示了与非门，图 4-6 展示了或非门。它们都接受两个输入值。与非门和或非门分别是与门和或门的对立门。也就是说，如果让与门的结果经过一个逆变器（非门），得到的输出和与非门的输出一样。

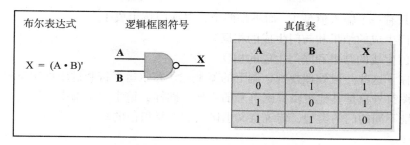

图 4-5 与非门的各种表示法

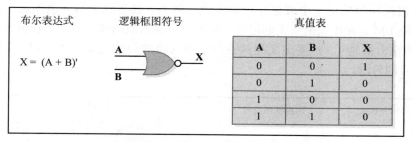

图 4-6 或非门的各种表示法

在布尔代数中，通常没有表示与非门和或非门的专用符号，而是根据它们的定义来表示这些概念。也就是说，与非门的布尔表达式是对与运算求逆。同样，或非门的布尔表达式是对或运算求逆。

与非门和或非门的逻辑框图符号和与门及或门的相似，只是多了一个求逆泡（说明是求逆运算）。比较与门和与非门的真值表中的输出列，它们每一行都是相反的。或门和或非门的真值表也是如此。

第 10 个领域

"Computing Curricula 1991"是由美国计算机协会（ACM）和电气与电子工程师学会联合发表的一份报告，报告给出了对于计算机科学本科学位课程的建议。这份报告有一部分叫作"社会和专业背景"，其中指出了学生需要"理解计算方面的基础文化、社会、法律和道德问题"，但是对于道德的研究并不在九个课题领域中。2001 年，社会和专业问题作为计算教育的一个主题领域被包含进来，因此也被称为"第 10 个领域"。

4.2.6 门处理回顾

我们已经看过了 6 种类型的门。要记住它们是如何运作的看来不是个轻松的任务，但是这其实取决于你如何考虑它们。我们绝对不鼓励你去记真值表。这些门的处理都可以用通用的术语简短地描述。如果你这样考虑它们，就可以在需要的时候生成适合的真值表。

让我们回顾一下每种门的处理。有些描述说明了什么样的输入值会生成 1 作为输出，在其他情况下会生成 0 作为输出。

- 非门将对它的唯一输入值求逆。
- 如果两个输入值都是 1，与门将生成 1。
- 如果一个输入值是 1，或者两个输入值都是 1，或门将生成 1。

- 如果只有一个输入值是 1，而不是两个，异或门将生成 1。
- 与非门生成的结果和与门生成的相反。
- 或非门生成的结果和或门生成的相反。

100
　　一旦记住了这些一般处理规则，剩下的就是记住布尔运算符和逻辑框图符号。记住，有几种逻辑框图符号只是其他逻辑框图符号的变异。同样，请牢记本书中对于门的颜色只是为了帮助你识别不同的门的类型，传统意义上讲它们都是黑白的图。

4.2.7   具有更多输入的门

　　门可以被设计为接受三个或更多个输入值。例如，具有三个输入值的与门，只有当三个输入值都是 1 时，才生成值为 1 的输出。具有三个输入值的或门，如果任何一个输入值为 1，则生成的输出都是 1。这些定义和具有两个输入值的门的定义一致。图 4-7 展示了具有三个输入信号的与门。

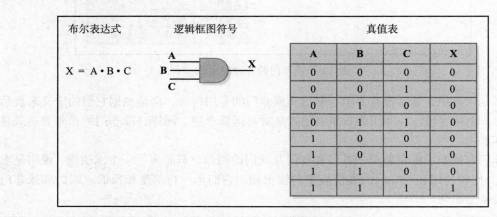

图 4-7   三输入与门的各种表示法

　　具有三个输入的门有 2^3 或 8 种可能的输入组合。回忆一下，第 3 章中介绍过，n 个不同的输入值有 2^n 种 0 和 1 的组合。这决定了真值表中的行数。

　　对于逻辑框图符号，只需要在原始符号上加入第三个输入信号即可。但对于布尔表达式，则需要重复一次与操作，以表示第三个值。

4.3   门的构造

　　在介绍如何把门连接成电路之前，让我们来介绍一些更基础的知识：如何构造门来控制
101
电流。

晶体管

　　门使用晶体管建立输入值和输出值之间的映射。**晶体管**（transistor）的角色有两种，一种是传导电流的电线，另一种是阻止电流的电阻器，输入信号的电平决定了晶体管的角色。虽然晶体管没有可移动的部分，但是却可以作为开关。晶体管是由**半导体**（semiconductor）材料制成的，半导体材料既不是像铜那样的良导体，也不是像橡胶一样的绝缘体。通常，使用硅来制造晶体管。

> **晶体管**（transistor）：作为导线或电阻器的设备，由输入信号的电平决定它的作用。
> **半导体**（semiconductor）：既不是良导体也不是绝缘体的材料，如硅。

在第 1 章中，我们提到过晶体管的发明（它于 1947 年诞生在 Bell 实验室）改变了科技的面貌，开创了计算机硬件的第二个时代。在晶体管之前，数字电路使用的是真空管，这种设备会大量发热，而且常出故障，需要更换。晶体管比真空管小得多，而且运行所需的能量也少。它们可以在几纳秒中转换状态。现在我们知道，计算的发展很大程度上源于晶体管的发明。

在分析晶体管的细节之前，我们来讨论一些基本的电学原理。每个电信号都是有源的，如电池或墙上的插座。如果电信号是接地的，那么它可以通过一条备选线路流入大地，在地上它是无害的。接地的电信号将被降低或减小到 0 伏。

晶体管具有三个接线端，即源极、基极和发射极。发射极通常被连接到地线，如图 4-8 所示。在计算机中，源极制造的是高电平，约为 5 伏。基极值控制的门决定了是否把源极接地。如果源极信号接地了，它将被降低到 0 伏。如果基极没有使源极信号接地，源极信号仍然是高电平。

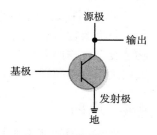

图 4-8　晶体管的连接

通常，源极连线上都有一条输出连线。如果源极信号被接地了，那么输出信号是低电平，表示二进制数字 0。如果源极信号仍为高电平，那么输出信号也是高电平，表示二进制数字 1。

晶体管只能是开（生成高电平输出信号）或关（生成低电平输出信号）两种状态，由基极电信号决定。如果基极信号是高电平（接近 + 5 伏），源极信号将被接地，从而关闭了晶体管。如果基极信号是低电平（接近 0 伏），则源极信号仍然是高电平，晶体管将被打开。

现在，让我们看看如何用晶体管制造各种类型的门。根据晶体管的工作方式，可以证明，最容易创建的门是非门、与非门和或非门。图 4-9 说明了如何用晶体管构造这些门。

102

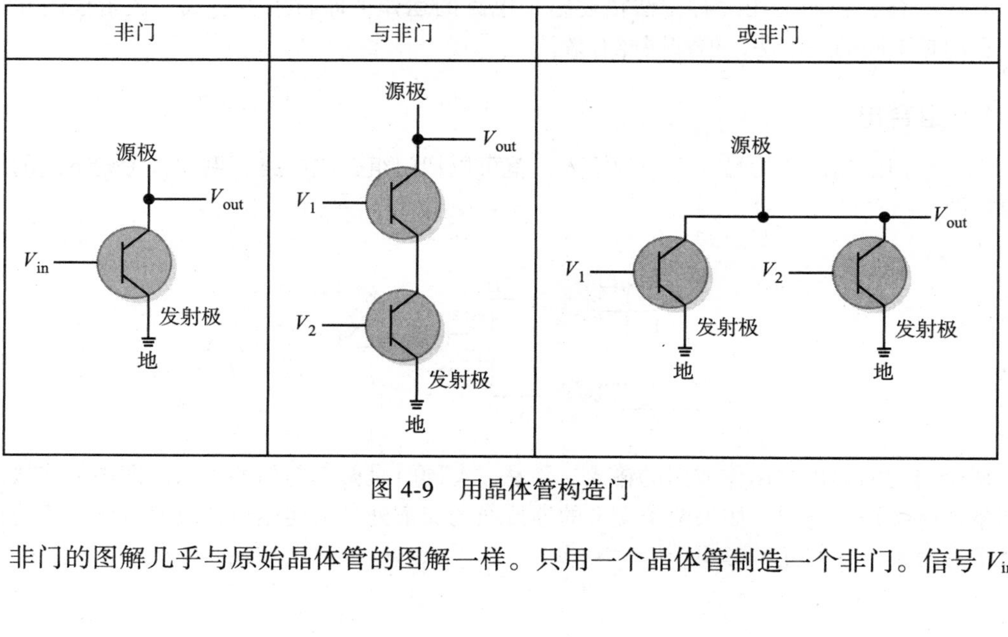

非门	与非门	或非门
V_{in} 源极 V_{out} 发射极 地	源极 V_{out} V_1 V_2 地	源极 V_{out} V_1 V_2 地 地

图 4-9　用晶体管构造门

非门的图解几乎与原始晶体管的图解一样。只用一个晶体管制造一个非门。信号 V_{in} 表示非门的输入信号。如果它是高电平，那么源极将被接地，输出信号 V_{out} 是低电平。如果 V_{in} 是低电平，那么源极不会被接地，V_{out} 是高电平。因此，输入信号被逆转了，这正是非门所做的操作。

与非门需要两个晶体管。输入信号 V_1 和 V_2 表示与非门的两个输入。如果这两个输入信号都是高电平，那么源极将被接地，输出 V_{out} 是低电平。但如果有一个输入信号是低电平，那么就会有一个晶体管不使源极信号接地，输出是高电平。因此，如果 V_1 或 V_2 或二者都是低电平（0），那么输出是 1。这和与非门的处理一致。

或非门的构造也需要两个晶体管。同样，V_1 和 V_2 表示门的输入。但这次晶体管不是串联的，源极分别与每个晶体管连接在一起。如果任何一个晶体管使源极接地了，输出便是 0。因此，只有当 V_1 和 V_2 都是低电平（0）时，输出才是高电平（1），这和从或非门得到的结果一致。

如我们在这一章的前面所述，与门生成的结果和与非门的完全相对。因此，要构造与门，只需要把与非门的结果传递给一个逆变器（非门）即可。这就是为什么与门比与非门的构造复杂：与门需要三个晶体管，其中两个用于构造与非门，一个用于构造非门。或非门和或门之间存在同样的关系。

[103]

4.4 电路

既然已经知道单独的门是如何工作的以及它们的真正构造，那么让我们来看看如何把门组合成电路。电路可以分为两大类。一类是**组合电路**（combinational circuit），输入值明确决定了输出。另一类是**时序电路**（sequential circuit），它的输出是输入值和电路现有状态的函数。因此，时序电路通常涉及信息存储。我们在本章中介绍的大多数电路都是组合电路，不过也会简短地介绍时序存储器电路。

> **组合电路**（combinational circuit）：输出仅由输入值决定的电路。
>
> **时序电路**（sequential circuit）：输出是输入值和电路当前状态的函数的电路。

和门一样，我们能用三种方法描述整个电路的运作，即布尔表达式、逻辑框图和真值表。它们是不同的表示法，但却同样有效。

4.4.1 组合电路

把一个门的输出作为另一个门的输入，就可以把门组合成电路。例如，考虑下面的电路逻辑框图：

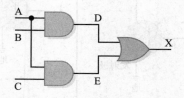

两个与门的输出被用作或门的输入。注意，A 同时是两个与门的输入。图中的连接点说明两条连接线是相连的。如果两条交叉的连接线的交汇处没有连接点，应该看作一条连接线跨过了另一条，它们互不影响。

这个逻辑框图的意思是什么呢？让我们倒着看看，对于一个特定的结果，它的输入是什么。如果最后的输出 X 是 1，那么 D 或者 E 中至少有一个是 1。如果 D 是 1，那么 A 和 B 必须都是 1。如果 E 是 1，那么 A 和 C 必须都是 1。D 和 E 可以同时为 1，但不是必需的。仔细分析这个逻辑框图，确保这种推理和你对门的理解一致。

现在，我们用真值表来表示整个电路的处理：

A	B	C	D	E	X
0	0	0	0	0	0
0	0	1	0	0	0
0	1	0	0	0	0
0	1	1	0	0	0
1	0	0	0	0	0
1	0	1	0	1	1
1	1	0	1	0	1
1	1	1	1	1	1

因为这个电路有三个输入，所以需要 8 行来描述所有可能的输入组合。中间列显示了电路的中间值（D 和 E）。

最后，让我们用布尔代数来表示这个电路。因为电路是一组互连的门，所以表示电路的布尔表达式是布尔运算的组合。只需要把这些运算组织成正确的形式，就可以创建一个有效的布尔代数表达式。在这个电路中，有两个与表达式。每个与运算的输出是或运算的输入。因此，下面的布尔表达式表示了这个电路（其中省略了与运算符）：

$$(AB + AC)$$

在编写真值表时，用这些布尔表达式标示列比用任意的变量（如 D、E 和 X）好，可以清楚地标示出这个列表示的是什么。其实，我们也可以用布尔表达式标示逻辑框图，取消图中的中间变量。

现在，让我们从另一个方向入手，从布尔表达式绘制对应的真值表和逻辑框图。考虑下面的布尔表达式：

$$A(B + C)$$

在这个表达式中，两个输入值 B 和 C 将进行或运算。这个运算的结果将和 A 一起作为与运算的输入，以生成最后的结果。因此，它对应的逻辑框图如下：

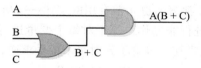

同样，让我们把这个电路表示为真值表。与前面的例子一样，因为这个电路有三个输入值，所以真值表中有 8 行：

A	B	C	B+C	A(B+C)
0	0	0	0	0
0	0	1	1	0
0	1	0	1	0

（续）

A	B	C	B+C	A（B+C）
0	1	1	1	0
1	0	0	0	0
1	0	1	1	1
1	1	0	1	1
1	1	1	1	1

从真值表中任选一行，用逻辑框图验证最后结果是一致的。多试验几行，以便熟悉跟踪电路逻辑的过程。

现在，比较这两个例子中的真值表的最后一列。它们是完全一样的。因此，我们刚才演示了**电路等价**（circuit equivalence）。也就是说，对每个输入值的组合，两个电路都生成完全相同的输出。

电路等价（circuit equivalence）：对应每个输入值组合，两个电路都生成完全相同的输出。

其实，这种现象证明了布尔代数的一个重要属性——分配律（distributive law）：

$$A (B + C) = AB + AC$$

这是布尔代数的一大优点，它允许我们利用可证明的数学法则来设计逻辑电路。下表列出了布尔代数的一些性质：

性质	与	或
交换律	$AB = BA$	$A + B = B + A$
结合律	$(AB)C = A(BC)$	$(A + B) + C = A + (B + C)$
分配律	$A(B + C) = (AB) + (AC)$	$A + (BC) = (A + B)(A + C)$
恒等	$A1 = A$	$A + 0 = A$
补	$A(A') = 0$	$A + (A') = 1$
德·摩根定律	$(AB)' = A'$ OR B'	$(A + B)' = A'B'$

这些性质与我们对门处理的理解、真值表和逻辑框图一致。例如，交换律性质用通俗的话说，就是输入信号的顺序并不重要。（用每个门的真值表来验证它。）补性质的意思是，如果把一个信号和它的逆作为与门的输入，那么得到的一定是 0，但如果把一个信号和它的逆作为或门的输入，那么得到的一定是 1。

在布尔代数中，有一个非常著名也非常有用的定律——德·摩根定律。这个定律声明，对两个变量的与操作的结果进行非操作，等于对每个变量进行非操作后再对它们进行或操作。也就是说，对与门的输出求逆，等价于先对每个信号求逆，然后再把它们传入或门：

$$(AB)' = A' \text{ OR } B'$$

这个定律的第二部分是，对两个变量的或操作的结果进行非操作，等于对每个变量进行非操作后再对它们进行与操作。用电路术语来说，就是对或门的输出求逆，等价于先对每个信号求逆，然后再把它们传入与门：

$$(A + B)' = A'B'$$

德·摩根定律和其他布尔代数性质为定义、管理和评估逻辑电路的设计提供了正规的机制。

以 Augustus DeMorgan 命名的德·摩根定律

与 George Boole 同时代的 DeMorgan 是 1828 年伦敦大学的第一位数学教授,他在此执教了 30 年。他编写了关于算术、代数、三角学和微积分学的基础课本,发表过关于建立逻辑计算的可能性和用符号表示想法的基本问题的论文。虽然 DeMorgan 不是德·摩根定律的发现者,但是他正式陈述了这一我们今天所见到的定律。[3]

107

4.4.2 加法器

计算机能执行的最基本运算可能就是把两个数相加。在数字逻辑层,加法是用二进制执行的。第 2 章讨论了这一过程。这些加法运算是由专用电路**加法器**(adder)执行的。

与所有记数系统中的加法一样,对两个二进制数求和的结果可能生成进位值(carry value)。例如,在二进制中,1 + 1 = 10。计算两个数位的和并生成正确进位的电路叫作**半加器**(half adder)。

加法器(adder):对二进制值执行加法运算的电路。

半加器(half adder):计算两个数位的和并生成正确进位的电路。

让我们看看求两个二进制数字 A 与 B 的和的所有可能。如果 A 和 B 都是 0,那么和为 0,进位为 0。如果 A 是 0,B 是 1,则和为 1,进位为 0。如果 A 是 1,B 是 0,则和为 1,进位为 0。如果 A 和 B 都是 1,那么和为 0,进位为 1。相应的真值表如下:

A	B	和	进位
0	0	0	0
0	1	1	0
1	0	1	0
1	1	0	1

实际上我们计算的是两个输出结果,即和与进位。所以电路有两条输出线。

如果把和与进位列同各种门的输出比较,你会发现,和对应的是异或门,进位对应的是与门。因此,下列逻辑框图表示了半加器:

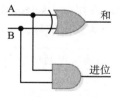

用各种输入值组合测试这个框图,确定它生成的两个输出值是什么。结果符合二进制算术的法则吗?它们应该是符合的。现在,拿你的结果与真值表比较,它们也应该是匹配的。

108

这个电路的布尔表达式是什么呢?因为这个电路生成两个输出值,所以我们用两个布尔表达式表示它:

$$和 = A \oplus B$$
$$进位 = AB$$

注意,半加器不会把进位(进位输入)考虑在计算之内,所以半加器只能计算两个数位的和，而不能计算两个多位二进制值的和。考虑进位输入值的电路叫作**全加器**（full adder）。

> **全加器**（full adder）：计算两个数位的和，并考虑进位输入的电路。

可以用两个半加器构造一个全加器。如何做呢？求和的输入必须是进位输入以及两个输入值的和。也就是说，把从半加器得到的和与进位输入相加。两个加法都具有进位输出。那么，有可能出现两个进位输出都是 1 而需要进一步进位的情况吗？幸运的是，不可能出现这种情况。看看半加器的真值表，没有和与进位都是 1 的情况。

图 4-10 展示了全加器的逻辑框图和真值表。这个电路有三个输入，即原始的数位 A 和 B 以及进位输入值。因此，真值表具有 8 行。我们将相应的布尔表达式留作练习。

要把两个 8 位值相加，需要复制 8 次全加器电路。一个位值的进位输出将用作下一个位值的进位输入。最右边的位的进位输入是 0，最左边的位的进位输出将被舍弃（通常会生成溢出错误）。

逻辑框图

| | | 真值表 | | |
A	B	进位	和	进位输出
0	0	0	0	0
0	0	1	1	0
0	1	0	1	0
0	1	1	0	1
1	0	0	1	0
1	0	1	0	1
1	1	0	0	1
1	1	1	1	1

图 4-10　全加器

109

改进这些加法器电路设计的方法有很多，但在本文中我们不再探讨它们的细节。

4.4.3　多路复用器

多路复用器（multiplexer）是生成单个输出信号的通用电路。输出值等于该电路的多个输入值之一。多路复用器根据称为选择信号（select signal）或选择控制线（select control line）的输入信号选择用哪个输入信号作为输出信号。

> **多路复用器**（multiplexer）：使用一些输入控制信号决定用哪条输入数据线发送输出信号的电路。

让我们看一个例子。图 4-11 是一个多路复用器的框图。控制线 S0、S1 和 S2 决定了用另外 8 条输入线（D0 到 D7）中的哪一条发送输出信号（F）。

三条控制线的值将被译为一个二进制数，决定了发送输出信号的输入线。回忆一下，第 2 章中介绍过，3 位二进制数字可以表示 8 个不同的值，即 000、001、

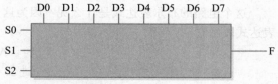

图 4-11　有三根选择控制线的多路复用器的框图

010、011、100、101、110 和 111。注意，这些值只能从 0 数到 7，对应了输出值 D0 到 D7。因此，如果 S0、S1 和 S2 都是 0，那么多路复用器的输出就是 D0。如果 S0 是 1，S1 是 0，S2 是 1，那么输出就是 D5。

下面的真值表列出了输入控制线如何决定这个多路复用器的输出：

S0	S1	S2	F
0	0	0	D0
0	0	1	D1
0	1	0	D2
0	1	1	D3
1	0	0	D4
1	0	1	D5
1	1	0	D6
1	1	1	D7

图 4-11 中的框图隐藏了执行多路复用器逻辑的复杂电路。用 8 个三输入与门和一个 8 输入或门可以表示这个电路。本书不再详述该电路。

多路复用器可以有任意多条输入线和相应的控制线。一般说来，n 条输入控制线的二进制值决定了选择 2^n 条数据线中的哪一条作为输出。

多路分配器（demultiplexer）是执行相反操作的电路。也就是说，它只有一个输入，根据 n 条控制线的值，这个输入信号将被发送到 2^n 个输出。

110

错误

1949 年，Maurice Wilkes 在开发他的第一个程序时说："我用了全部力量去实现，这之后我的生活的很大一部分将用于发现我自己程序的错误。"[4]

4.5 存储器电路

数字电路的另一个重要作用是可以用来存储信息。这些电路构成了时序电路，因为这种电路的输出信号也被用作电路的输入信号。也就是说，电路的下一个状态部分是由当前状态决定的。

存储器电路有很多种，本书只分析一种存储器电路——S-R 锁存器。一个 S-R 锁存器存储一个二进制数字（1 或 0）。用不同的门可以设计 S-R 锁存器。图 4-12 展示了一种用与非门设计的 S-R 锁存器。

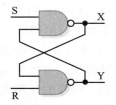

图 4-12　S-R 锁存器

这个电路的设计使两个输出 X 和 Y 总是互补的。也就是说，当 X 是 0 时，Y 是 1，反之亦然。X 在任意时间点的值都被看作电路的当前状态。因此，如果 X 是 1，电路存储的就是 1；如果 X 是 0，电路存储的就是 0。

回忆一下，只有当两个输入值都是 1 时，与非门才会输出 0。这个电路中的每个门都有一个外部输入（S 或 R）和一个来自其他门的输出的输入。假设电路的当前状态存储的是 1（也就是说，X 是 1），S 和 R 也都是 1，那么 Y 仍为 0，X 仍为 1。再假设电路的当前状态存储的是 0（X 是 0），R 和 S 还是 1，那么 Y 仍为 1，X 仍为 0。因此，无论当前存储的值是什么，如果 S 和 R 都是 1，电路就保持为当前状态。

这个解释说明，只要 S 和 R 都是 1，S-R 锁存器就保留它的值。那么最初如何把一个值存入 S-R 锁存器呢？暂时把 S 设置为 0，保持 R 为 1，可以把 S-R 锁存器设置为 1。如果 S 是 0，X 将变为 1。只要 S 立刻恢复为 1，S-R 锁存器将保持 1 的状态。暂时把 R 设置为 0，保持 S 为 1，可以把 S-R 锁存器设置为 0。如果 R 是 0，Y 将变为 0，因此 X 也变为 0。只要 R 立刻恢复为 1，电路将保持 0 的状态。

因此，小心控制 S 和 R 的值，电路就可以存储 0 或 1。把这个思想扩展至较大的电路，就可以设计出容量较大的存储器设备。

4.6　集成电路

集成电路（integrated circuit）（又称芯片）是嵌入了多个门的硅片。这些硅片被封装在塑料或陶瓷中，边缘有引脚，可以焊接在电路板上或插入适合的插座中。每个引脚连接着一个门的输入或输出，或者连接着电源，或者接地。

> **集成电路**（integrated circuit）：又称芯片（chip），是嵌入了多个门的硅片。

集成电路（IC）是根据它们包含的门数分类的。这些分类也反映了 IC 技术的发展历史。

缩写	名称	门数量
SSI	小规模集成	1 ~ 10
MSI	中规模集成	10 ~ 100
LSI	大规模集成	100 ~ 100 000
VLSI	超大规模集成	多于 100 000

一个 SSI 芯片只有几个独立的门，图 4-13 展示了一种 SSI 芯片。这个芯片有 14 个引脚，其中 8 个用作门的输入，4 个用作门的输出，1 个接地，1 个接电源。用不同的门可以制成类似的芯片。

一个芯片如何容纳多于 100 000 个的门呢？那样意味着需要 300 000 个引脚。答案是 VLSI 芯片上的门不像小规模集成电路中的门一样，它们不是独立的。VLSI 芯片上嵌入的电路具有很高的门 - 引脚比。也就是说，许多门被组合在一起，创建的复杂电路只需要很少的输入和输出值。多路复用器是这种电路的一个例子。

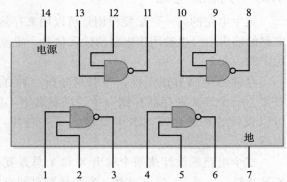

图 4-13　包含两个独立 NAND 门的 SSI 芯片

4.7　CPU 芯片

计算机中最重要的集成电路莫过于中央处理器（CPU）。下一章会讨论 CPU 的处理，此刻只要认识到，CPU 只是一种具有输入线和输出线的高级电路。

每个 CPU 芯片都有大量的引脚，计算机系统的所有通信都是通过这些引脚完成的。这些通信把 CPU 和本身也是高级电路的存储器与 I/O 设备连接在一起。

关于 CPU 的处理和它与其他设备之间的交互属于计算机处理的另一个分层，有时这个分层被称为构件体系结构（component architecture）。尽管计算机构件体系结构的重点仍然在硬件，但它也应用了抽象法则，使我们能够暂时忽略本章讨论的门和电路这些细节，从而向完整地理解计算机处理跨进了一步。

何为计算机道德?

请小心——计算机道德的概念是模糊的，在计算机科学课程的第 10 个领域中，这个术语被用于指代计算机专家在其专业内的一系列道德准则。计算机道德还指由当代哲学家对涉及计算机或计算机网络的事件做出的决断。

小结

这一章讨论了计算机如何通过控制最底层的电流进行运算。由于我们讨论的是使用二进制信息的数字计算机，所以只关注两个电平范围，它们分别表示为二进制数字 1 或 0。电流由称为门（gate）的电子设备操纵，门负责执行基本的逻辑运算，如非运算、与运算和或运算。门是由一个或多个晶体管创建的，晶体管的发明使计算学发生了翻天覆地的变化。

把一个门的输出作为另一个门的输入可以把门组合成电路。仔细设计这些电路，可以创建出能执行更复杂任务（如求和、多路复用和存储数据）的设备。门的集合（或者说完整的电路）常常被嵌入在一个集成电路（或芯片）中，这引出了中央处理器（CPU）的概念。

113

道德问题：道德规范 [5]

计算领域有两个很重要的组织：美国计算机学会（ACM）以及电气和电子工程师协会（IEEE）。IEEE 代表计算机的硬件方面，ACM 代表计算机的软件方面。然而在许多大学中，对这两个组织的界定是很模糊的。在这里我们列出这两个组织的道德规范以帮助你对它们进行区分和比较。

IEEE 道德规范

作为 IEEE 的成员，我们认识到技术的重要性，它影响着世界各地的生活质量，我们接受对于我们的职业、成员和我们所服务的社区的个人义务，特此我们致力于遵守最高的道德和职业操守，并同意：

- 把公众的安全、健康和福祉放在首位，努力遵守道德设计和可持续发展惯例，并及时披露可能危及公众或环境的因素；
- 尽可能避免真实的或能感知的利益冲突，并在冲突确实存在时向受影响的各方披露这些冲突；
- 诚实并真实地基于现有数据索赔或评估；
- 拒绝一切形式的贿赂；
- 提高个人和社会对传统和新兴技术（包括智能系统的能力和社会影响）的理解；
- 保持和提高我们的技术水平，并且仅在培训合格、经验充分或完全了解相关限制后，才能接受为他人进行的技术任务；
- 寻求、接受和诚恳地批评技术工作，承认并改正错误，适当地赞扬他人的贡献；
- 公平对待所有人，不从事基于种族、宗教、性别、残疾、年龄、国籍、性取向、性别认同或性别表达的歧视行为；

● 避免以虚假或恶意行为伤害他人及其财产、名誉或工作；

● 协助同行和同事的职业发展，支持他们遵守道德规范。

ACM 道德规范（精简版）

本书写作期间（2018 年），ACM 正在修订其道德规范。下面是对 ACM 之前道德规范的总结清单：

THE CODE represents ACM's commitment to promoting the highest professional and ethical standards, and makes it incumbent on all **ACM Members** to:

◆ Contribute to society and human well-being.

◆ Avoid harm to others.

◆ Be honest and trustworthy.

◆ Be fair and take action not to discriminate.

◆ Honor property rights including copyrights and patent.

◆ Give proper credit for intellectual property.

◆ Respect the privacy of others.

◆ Honor confidentiality.

And as computing professionals, every ACM Member is also expected to:

◆ Strive to achieve the highest quality, effectiveness, and dignity in both the process and products of professional work.

◆ Acquire and maintain professional competence.

◆ Know and respect existing laws pertaining to professional work.

◆ Accept and provide appropriate professional review.

◆ Give comprehensive and thorough evaluations of computer systems and their impacts, including analysis of possible risks.

◆ Honor contracts, agreements, and assigned responsibilities.

◆ Improve public understanding of computing and its consequences.

◆ Access computing and communication resources only when authorized to do so.

This flyer shows an abridged version of the ACM Code of Ethics. The complete version can be viewed at: www.acm.org/constitution/code

Association for Computing Machinery

关键术语

加法器（adder）

布尔代数（boolean algebra）

电路（circuit）

电路等价（circuit equivalence）

组合电路（combinational circuit）

全加器（full adder）

门（gate）

半加器（half adder）

集成电路（integrated circuit）（也叫作芯片（chip））

逻辑框图（logic diagram）

多路复用器（multiplexer）

半导体（semiconductor）

时序电路（sequential circuit）

晶体管（transistor）

真值表（truth table）

练习

判断练习 1～17 中陈述的对错：

A. 对　　　　　　　B. 错

1. 逻辑框图和真值表在表达门和电路的处理方面同样有效。

2. 在表达门和电路的处理方面，布尔表达式比逻辑框图更有效。

3. 非门接受两个输入。

4. 当两个输入都是 1 时，与门的输出值为 1。

5. 对于相同的输入，与门和或门生成的结果相反。

6. 当两个输入都是 1 时，或门的输出值为 1。

7. 当一个输入是 0，另一个输入是 1 时，或门的输出是 0。

8. 只有当两个输入都是 1 时，异或门的输出值才是 0。

9. 或非门生成的结果与异或门的结果相反。

10. 一个门可以被设计为接受多个输入。

11. 晶体管是由半导体材料制成的。

12. 对与门的结果求逆，等价于先分别对输入信号求逆，然后再把它们传递给或门。

13. 两个二进制数字的和（忽略进位）是由与门表示的。

14. 全加器会把进位输入的值考虑在内。

15. 多路复用器是把输入线中的所有位相加生成输出的。

16. 集成电路是根据它们包含的门数分类的。

17. CPU 是一种集成电路。

为练习 18 ～ 29 中的运算描述或框图选择匹配的门。

A. 与门　　　　　B. 与非门　　　C. 异或门
D. 或门　　　　　E. 或非门　　　F. 非门

18. 对输入求逆。

19. 只有当所有输入都是 1 时才生成 1，否则生成 0。

20. 只有当所有输入都是 0 时才生成 0，否则生成 1。

21. 只有当输入相同时才生成 0，否则生成 1。

22. 如果所有输入都是 1，生成 0，否则生成 1。

23. 如果所有输入都是 0，生成 1，否则生成 0。

24.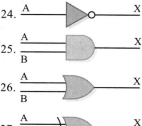

25.

26.

27.

28.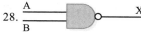

29.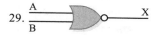

练习 30 ～ 73 是简答题或设计题。

30. 如何用电平区分表示电压的二进制数字？

31. 请区分门和电路。

32. 描述门和电路行为的三种表示法是什么？

33. 请分别描述练习 32 提到的表示法。

34. 一个门可以接受多少个输入信号，可以生成多少个输出信号？

35. 请分别描述 6 种类型的门。

36. 给出非门的三种表示法，简单明了地说出非的意思。

37. 给出与门的三种表示法，简单明了地说出与的意思。

38. 给出或门的三种表示法，简单明了地说出或的意思。

39. 给出异或门的三种表示法，简单明了地说出异或的意思。

40. 给出与非门的三种表示法，简单明了地说出与非的意思。

41. 给出或非门的三种表示法，简单明了地说出或非的意思。

42. 比较和对比与门和与非门的异同。

43. 给出三输入的与门的布尔表达式，然后列出它的真值表。

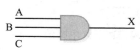

44. 给出三输入的或门的布尔表达式，然后列出它的真值表。

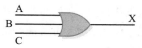

45. 门用什么建立输入值和输出值之间的映射。

46. 晶体管的行为是什么？

47. 晶体管是什么制成的？

48. 当电信号接地后会出现什么情况？

49. 晶体管的三个接线端是什么？它们是如何操作的？

116

50. 下列每种门需要多少个晶体管?

    a) 非门   b) 与门

    c) 或非门   d) 或门

    e) 异或门

51. 绘制与门的晶体管框图,并解释它的处理。

52. 绘制或门的晶体管框图,并解释它的处理。

53. 如何把门组合成电路?

54. 电路的两大分类是什么?它们有什么不同?

55. 绘制与下列布尔表达式对应的电路图:

$$(A + B)(B + C)$$

56. 绘制与下列布尔表达式对应的电路图:

$$(AB + C)D$$

57. 绘制与下列布尔表达式对应的电路图:

$$A'B + (B + C)'$$

58. 绘制与下列布尔表达式对应的电路图:

$$(AB)' + (CD)'$$

59. 用真值表描述下列电路的行为:

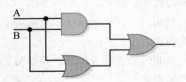

60. 用真值表描述下列电路的行为:

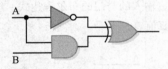

61. 用真值表描述下列电路的行为:

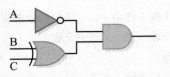

62. 用真值表描述下列电路的行为:

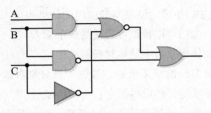

63. 什么是电路等价?

64. 描述布尔代数的 6 种性质,并解释每种性质的含义。

65. 请区分半加器和全加器。

66. 全加器的布尔表达式是什么?

67. 什么是多路复用器?

68. a) 存储器使用的是什么类型的电路?

    b) S-R 锁存器可以存储多少位?

    c) 图 4-12 中的 S-R 锁存器设计得到的输出 X 和 Y 是什么?

69. 什么是集成电路或芯片?

70. 定义缩写 SSI、MSI、LSI 和 VLSI。

71. 在图 4-13 所示的芯片中,引脚的作用是什么?

72. 绘制一个电路,用两个全加器求两个两位二进制数值的和。列出它对应的真值表。

73. 用其他运算符如何表示异或运算?

思考题

1. 本章用布尔表达式、真值表和逻辑框图表示同样的门或电路行为。你清楚这三种表示法之间的关系吗?你认为哪种方法最直观?哪种方法最不直观?

2. 有许多情况都可以用本章中的思想描述,例如,单个电灯开关的操作或具有两个开关的电灯的操作。你可以想出日常生活中有哪些情况可以用本章中的方法表示吗?

3. 本章最后展示的两种道德规范之间的不同点在哪里?它们的相同点又在哪里呢?

4. 你曾经遇到过这些情况吗?比如,给某人发送了电子邮件之后立刻就后悔了,或者在电子邮件中写出了自己从来都不会讲的话。请思考这种假定:"电子邮件降低了个人言论的礼貌程度",你同意这种观点吗?

5. 如果某人从一台学校的计算机或商业计算机上发送了一封电子邮件,那么这条消息应该被看作隐私吗?拥有这台计算机的组织或个人有权利审查这条消息吗?

计 算 部 件

第 2 章介绍了计算机表示所有信息采用的二进制记数系统。第 4 章介绍了如何控制底层电流来管理二进制数值。接下来我们将介绍这些技术利用的主要计算机部件。这些部件就像乐高拼装玩具的组件，乐高的组件能够构造出各种各样的建筑，计算机部件则可以组合成各种各样的计算机。

尽管这些部件（如内存和 CPU）常被看作计算机最基本的组成部分，但是我们明白，它们是更加基本的概念的抽象。

目标

学完本章之后，你应该能够：

- 读懂一则计算机广告，明白其中的行话。
- 列出冯·诺伊曼机的部件和它们的功能。
- 描述冯·诺伊曼机的读取 – 译解 – 执行周期。
- 描述如何组织和访问计算机内存。
- 命名并描述不同的辅助存储设备。
- 定义三种并行计算机的配置。
- 解释嵌入式系统的概念，并利用你的家进行举例说明。

5.1 独立的计算机部件

计算学的专用术语和缩写比大多数领域都多。我们通过翻译一则笔记本电脑的广告开始本章的介绍。然后，在详细研究每个部件之前，我们将整体介绍一下计算机的部件。

请看下面一则笔记本电脑的广告。

戴尔 灵越 5000

- 2.5GHz Intel i5（1066MHz FSB / 6 MB SDRAM）
- 15.6 英寸 全高清 LED 触摸屏（1920 × 1080）
- Intel HD Graphics 520
- 8GB SDRAM DDR3
- 1TB 硬盘 5400 RPM
- DVD +/- RW 驱动器
- 802.11A, 802.11bgn, 无线蓝牙
- Intel 实感 3D 照相机
- 锂电池, 7 小时平均寿命
- 端口: 1 个 USB 3.0, 2 个 USB 2.0, 1 个 HDMI, LAN 10/100, 音频输入 / 输出
- 15 × 10.2 × 0.9 英寸, 5.36 磅
- Windows 10 操作系统

这则广告有两点既重要，又有趣。首先，一般人看了它，会顿觉迷惑，完全不知所云。再者，其中介绍的机型早已过时。这一章将尽可能地解释这些元素和各种缩写。

在抽象地介绍计算机部件之前，让我们先来仔细看看这则广告，解释一下其中的缩写。之后，我们将重新深入地介绍前面提到过的各种资料，因此，如果某些术语有些费解，不必

担心，它们都将被重新定义。

第一行描述了笔记本电脑的中央处理单元。Core™ i5（酷睿 i5）是一种处理器，运行速度为 2.5 GHz。GHz 中的 G 是 giga 的简写，它是表示十亿的公制前缀。Hz 代表赫兹（hertz），是衡量每秒周期数的单位，以 Heinrich R. Hertz 的名字命名。在计算机中，会有一个称为时钟（clock）的部件集中生成一系列电脉冲，它用来保证所有动作的协调。你可以将时钟看成管弦乐队指挥的指挥棒，它能让全部音乐家以一个特定的拍子演奏。这一处理器中的时钟脉冲是每秒 25 亿次。

在时钟速度之后我们读到：1066 MHz FSB。如果你知道 M 在公制系统中代表百万，那么你大概能猜到这个叫作 FSB 的东西的脉冲是每秒 10.66 亿次，比 10 亿多一点。什么是 FSB 呢？一个处理器需要访问内存和输入、输出设备，这是通过被称为总线（bus）的一组电线实现的。一台计算机有许多不同总线，但是处理器和外界的主要连接线称为前端总线（FSB）。这样，这些处理器就能够以每秒 10.66 亿次的速度与外界通信。但是如果每个处理器每秒执行 25 亿次操作，前端总线如何能够以每秒 10 亿次的速度跟上处理器呢？

答案与 6 MB cache（缓存）有关。MB 代表兆字节。一个字节是存储的一个单元，一兆字节是 2^{20}（比 100 万多一点）字节。所以 6 MB 代表 6 兆字节的缓存单元。缓存是通常集成在处理器芯片内部的小型、快速的存储介质。因此，两个处理器能直接访问 6 MB 的缓存空间而不需要使用前端总线。处理器的许多准备从内存读取的请求内容都能从缓存中找到。仅当缓存中没有所需数据时才使用前端总线。正是如此，前端总线的处理速度才可以比处理器慢而不会影响处理器的处理速度。

一般来说，更快的时钟、更快的前端总线和更大的缓存空间似乎能使计算机更加强大。但是如同所有的工程领域一样，需要进行折中。如果处理器运行得越快，那么消耗的电能也越多，这会导致电路过热并关机。更快的前端总线需要更快的外界设备的支持，这意味着制造它们的电路会产生更大的花销。缓存空间越大，对其数据的访问就越慢，这会导致处理器速度的降低。

广告的下一部分描述了显示器。数字 15.6 指的是显示区域对角线的长度。High Definition（HD）（高清）说明它与高清电视标准兼容。LED 代表发光二极管（light-emitting diode），就像在一些手电中使用的一样。LED 具有的优势是，它的寿命更长，而不会越来越暗，并且它不含有毒金属汞。最后，数字 1920 × 1080 指的是屏幕的像素（pixel）分辨率，说明这一屏幕有 1920 个像素宽、1080 个像素高。

广告中的笔记本电脑有一台独立的图形处理器（GPU），即 Intel HD Graphics 520。GPU 是一个独立的计算机，它甚至比主流的处理器更强大。游戏和其他图形软件向 GPU 发送指令，这些指令使 GPU 很快地操纵屏幕上的图像，这样就能减轻中央处理器在这一工作中承受的负载。GPU 在它自己的内存中记录屏幕图像的数据，它的内存容量越大，越能更好地完成复杂图像处理、支持外部显示设备等工作。

接下来广告列出了计算机的随机访问存储器（RAM），也被称为主存储器（main memory）。更确切地说，SDRAM 指的是同步动态随机存储器（synchronous, dynamic RAM）。随机访问（random access）意味着内存的每一字节都能被直接访问，而不必从最开始的字节开始访问，依次访问每个字节直到得到你想要的那个字节。8 GB 意味着存储空间有 8×2^{30} 字节（2^{30} 比 10 亿多一点）。共享意味着两个处理器都能访问这个存储器。DDR3 是存储器的一种。通过更巧妙地使用电路，内存设计者已将早期设计的内存能处理的数据量翻了一倍，他们的成就已被世人认可。

这个笔记本电脑包含了一个硬盘驱动器，它是计算机二级存储器（也称为辅助存储器）的通俗名称。在列表中显示为该硬盘驱动器有 1 TB（兆兆字节，1 万亿（2^{40}）字节）的存储空间。广告也提到了 5400 RPM（转 / 分），这是硬盘旋转的速度。笔记本电脑中的硬盘以一个相对来说更低的速度旋转以节省电池电量。也有每分钟 7200 转和每分钟 15 000 转的硬盘，高转速能使它们以更快的速度传输数据。硬盘正逐渐被电子辅助存储器取代，这种存储器叫作固态硬盘（Solid-State Disk，SSD）。固态硬盘所使用的技术类似于内存，但是当切断电源时固态硬盘中的数据不会丢失。由于没有运动部件，固态硬盘比普通硬盘具有更快的速度和更低的电能消耗。在这个早期的过渡阶段，固态硬盘价格更加昂贵且存储容量比较小，但是这些因素将会随着技术的进步而发生改变。

电脑自带一个 DVD 驱动器，紧跟着 DVD 的是 +/- RW 符号，R 表明驱动器能够在一种特殊的可写的 DVD 上读取数据。关于这种 DVD 的制作实际上有两种标准，称为 -R 和 +R，因此 +/- 表明两种标准制作的 DVD 这种驱动器都能读取。一个 +/- R 类型的 DVD 只能进行一次数据写入，之后能够读取任意次。还有一种类型的 DVD 叫作 RW（可重写的）型 DVD，这种 DVD 可以写入很多次。这台笔记本电脑同样支持 RW 型 DVD，虽然 DVD 驱动器仍然是最流行的，但笔记本电脑正在开始转向一种更新型的蓝光格式，这种格式具有更高的存储容量，目前很多高分辨率的电影都采用这种格式存储。

在下一行广告中描述了笔记本电脑对无线网络的支持。802.11 是由专业的工程协会——电气和电子工程师协会（IEEE）定义的一个标准的代号。这一标准目前有四种被接受的版本，分别是 a、b、g 和 n。最初的版本是 802.11a。802.11b 对原版本进行了变动。802.11g 版本支持更长距离的通信，但是速度稍慢。802.11n 版本同时实现了更长的距离和更快的速度。这台笔记本电脑兼容全部四个标准。蓝牙是另一种形式的无线网络，它适合于更近的范围，信号也要相对弱一些。蓝牙的典型用途是连接无线键盘、鼠标、耳机或者与手机互相传输数据。蓝牙有多个版本的标准，每一个都增加了许多特性。 |124|

广告的下一行描述了内置数字照相机，它安装在屏幕上方，直面用户。这种照相机可以用来进行因特网视频会议，或记录静止图像和视频。它也叫作 3D 照相机（3D camera），这就意味着除了标准的 2D 透镜技术，它还有红外线技术，这种技术可以分辨出物体之间的距离，也就可以更好地进行面部和手势识别。

当然，笔记本电脑是使用电池运行的，即便如此，它们仍然会消耗相当多的电能。当笔记本电脑闲置、屏幕关闭时，它的耗电仅仅几瓦。但是当玩游戏时会大量使用处理器和 GPU，耗电能到 50 瓦，这比普通的可充电电池能提供的要高多了，所以使用了基于金属锂的特殊技术的电池来提供高电能存储容量。根据笔记本电脑的用途不同，这种电池平均供电 7 小时。更高的电池容量意味着电脑能在不充电的情况下使用更长时间，但是也会使笔记本电脑的体积和重量增加。

接下来广告列出了一个外部接口（通常称为端口（port））的列表。USB 即通用串行总线，使用有线传输数据。正如它的名字所表明的，它能够连接到几乎所有东西上，包括外部硬盘、数码相机、打印机、扫描仪、音乐播放器等。这一笔记本电脑有两个第二代 USB 端口和一个第三代 USB 端口，它们都涉及数据传输的速度。这种笔记本电脑还有一个 HDMI 端口。HDMI 代表高清晰度多媒体接口（high-definition multimedia interface），能够向诸如家庭影院系统发送或从外部接收数字视频和音频信号。以太网（Ethernet）（LAN 10/100）电缆能访问有线网络。最后，这种笔记本电脑还可以连接模拟音频的输入和输出，比如耳麦以及外部麦克风。

物理尺寸和重量是日常携带的笔记本电脑的两个重要参数。这是一个中等尺寸、中等重量的型号，它重 5.36 磅（1 磅 ≈ 0.454 千克），大约是两本书的重量。一个轻量的笔记本电脑的重量大致和一本书的重量相同，而重量大的笔记本电脑有时被称为台式机替代品（desktop replacement），它们能达到 8 磅重。一般来说，要减轻重量，尺寸也要相应缩小，我们必须放弃一些功能，电池的寿命也会相应缩短。然而，通过用塑料代替铝也可以实现减重，但是成本会更高。

最后，广告列出了笔记本电脑上预装的软件。这种笔记本电脑可以运行 Windows 10 操作系统。计算机可能还会包含文字处理软件、表格处理软件以及恶意软件检测包。

在这则广告中，使用了多种尺寸计量方式。让我们总结一下经常在计算机中使用的前缀。

10 的幂	2 的幂	2 的幂的值	前缀	缩写	词源
10^{-12}			pico-	p	意大利语中的很少的
10^{-9}			nano-	n	希腊语中的矮小的
10^{-6}			micro-	μ	希腊语中的小的
10^{-3}			milli-	m	拉丁语中的第一千的
10^{3}	2^{10}	1024	kilo-	K	希腊语中的一千
10^{6}	2^{20}	1 048 576	mega-	M	希腊语中的大的
10^{9}	2^{30}	1 073 741 824	giga-	G	希腊语中的巨大的
10^{12}	2^{40}	空间不够	tera-	T	希腊语中的庞然大物
10^{15}	2^{50}	空间不够	peta-	P	希腊语中 5 的前缀

使用适合的尺寸

Admiral Grace Murray Hopper 用一卷 1000 英尺长的线、一小段相当于前臂长短的线和一袋胡椒粒来比喻计算机行话中的相对大小。她指出，线卷是一个电子在一微秒内传输的距离，一小段线是电子在一纳秒内传输的距离，胡椒粒表示电子在一皮秒内传输的距离。

你注意到在引用存储量时使用了 2 的幂而引用存储时间时使用了 10 的幂吗？时间是用秒表示的，因此可以用我们所熟悉的十进制表示。存储量总是以二进制表示法的字节表示的。如果记住这个区别，就会很清楚，表示速度时，K 等于 1000，表示存储量时，K 等于 1024。

现在，我们从特例转到一般。下一节介绍的不再是某个特定计算机的配置，而是介绍从逻辑层构成计算机的各个硬件。

5.2 存储程序的概念

1944 年至 1945 年实现了数据和操作数据的指令的逻辑一致性，而且它们能存储在一起，这是计算历史上的一个主要定义点。这个原理就是著名的冯·诺伊曼体系结构（von Neumann architecture），基于这个原理的计算机设计仍然是当前计算机的基础。尽管这个名字把荣誉给了从事原子弹制造的天才数学家冯·诺伊曼（John von Neumann），但是这种思想可能源自 J. Presper Eckert 和 John Mauchly，他们是与冯·诺伊曼同时期的两位先驱，在宾夕法尼亚大学的 Moore 学院致力于 ENIAC 的开发。

深远的发现

莫里斯·威尔克斯已经开始编程 6 周了，他发现了一个在计算机时代影响最广泛的事情：把程序写对比看上去困难多了。[1]

126

John Vincent Atanasoff

John Vincent Atanasoff 于 1903 年 10 月 4 日出生在纽约的 Hamilton，他是家中的 9 个孩子之一。在大约 10 岁时，他的父亲买了一把计算尺。读完说明书后，John Vincent 对其爱不释手，并对其涉及的数学知识产生了浓厚的兴趣。John Vincent 于 1925 年获得了佛罗里达大学的电气工程学位，一年之后，他获得了艾奥瓦州立大学的数学硕士学位。1930 年，在获得理论物理的博士学位后，他返回艾奥瓦州立大学，开始担任数学和物理的助理教授。

Atanasoff 博士和他的研究生们当时需要进行复杂的数学运算，于是他对发明一种能够进行这些运算的机器产生了兴趣。他研究了当时已有的计算设备，包括 Monroe 计算器和 IBM 的制表机，得出这些机器太慢且不精确的结论，并陷入了寻找解决方案的迷惘中。据他所述，某个夜晚，当在一个小酒馆喝过一杯威士忌后，他得到了如何构造这种计算

注：ISU Photo Service 提供

设备的灵感。这是一种电子设备，能够直接进行逻辑运算，而不是像模拟设备那样需要枚举。它使用的是二进制数而不是十进制数，内存使用电容器，用再生处理避免漏电造成的失误。

1939 年，Atanasoff 博士从学校获得了一笔 650 美元的科研经费，在新的助教 Clifford Berry 的帮助下，他开始在物理大楼的地下室研制 Atanasoff-Berry 计算机（ABC）的第一个样机并在当年研发成功。

1941 年，Ursinus 学院的物理学家 John Mauchly 来艾奥瓦州立大学拜访 Atanasoff，他是 Atanasoff 博士在一个会议上结识的。在参观过 ABC 的样机后，他们进行了长时间的讨论，Mauchly 离开时带走了一些介绍 ABC 设计的论文。此后，Mauchly 和 J. Presper Eckert 在宾夕法尼亚大学的 Moore 电气工程学院继续从事计算设备的研发工作。他们于 1945 年完成的 ENIAC 样机成了著名的第一台计算机。

1942 年，Atanasoff 博士去了华盛顿，把申请 ABC 计算机专利的问题交给了艾奥瓦州的律师们。这些律师根本没有提交这项专利申请，最后，在没有通知 Atanasoff 和 Berry 的情况下，ABC 被拆除了。

1952 年，Atanasoff 博士创建了 Ordnance Engineering 公司，这是一个研究和工程公司，之后被 Aerojet General 公司收购了。Atanasoff 在 Aerojet 公司继续工作，直到 1961 年退休。

其间，Mauchly 和 Eckert 于 1947 年申请了 ENIAC 计算机的专利。Sperry Rand 买

下了这个专利，开始收取版税。随之而来的就是持续了 135 个工作日收集 77 个证人（包括 Atanasoff 博士）的证词编订成两万多页的记录的一次审判。法官 Larson 裁决 Mauchly 和 Eckert "不是第一个发明自动电子数字计算机的人，他们的机器是从 John Vincent Atanasoff 博士的机器派生出来的"。

1990 年，美国总统 George Bush 授予 Atanasoff 博士国家科技奖章，以感谢他的先驱性工作。Atanasoff 博士于 1995 年 6 月 15 日去世。

5.2.1　冯・诺伊曼体系结构

冯・诺伊曼体系结构的另一个主要特征是处理信息的部件独立于存储信息的部件。这一特征导致了下列 5 个冯・诺伊曼体系结构的部件，如图 5-1 所示。

- 存放数据和指令的内存单元。
- 对数据执行算术和逻辑运算的算术 / 逻辑单元。
- 把数据从外部世界转移到计算机中的输入单元。
- 把结果从计算机内部转移到外部世界的输出单元。
- 担当舞台监督，确保其他部件都参与了表演的控制单元。

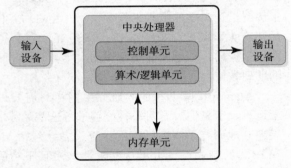

图 5-1　冯・诺伊曼体系结构

1. 内存

回忆一下关于数制系统的讨论，每个存储单元（称为位）能存放 1 或 0，这些位被组合成字节（8 位），字节被组合成字。内存是存储单元的集合，每个存储单元有一个唯一的物理地址。这里用通称单元（cell），而不是字节或字，是因为不同机器中每个可编址的位置的位数（称为**可编址性**（addressability））不同。目前大多数计算机都是字节可编址的。

> **可编址性**（addressability）：内存中每个可编址位置存储的位数。

前面的笔记本电脑广告中描述了内存有 4×2^{30} 字节，这意味着 4 GB 中的每一字节都是可以单独寻址的。因此，机器的可寻址能力是 8 位。内存中的每个单元是从 0 开始连续进行编号的。例如，如果可寻址能力是 8 位，内存中有 256 个单元，那么这些单元会按以下方式进行编址：

地址	内容
00000000	11100011
00000001	10101001
⋮	⋮
11111100	00000000
11111101	11111111
11111110	10101010
11111111	00110011

地址为 11111110 的存储单元中的内容是什么？存储在这个位置的位组合是 10101010。这是什么意思呢？我们不能抽象地回答这个问题。11111110 这个存储单元中存放的是指令、符号、二进制补码，还是图像的一部分？由于不知道这个内容表示的是什么，我们不能确定它的意思：它只是一个位组合。要确定位组合表示的信息，必须给它们一个解释。

在提到字节或字中的位时，位都是从 0 开始并从右到左进行编号的。上述地址 11111110 中的位是如下编号的：

```
7 6 5 4 3 2 1 0   ← 位位置
1 0 1 0 1 0 1 0   ← 内容
```

2. 算术/逻辑单元

算术/逻辑单元（ALU）能执行基本的算术运算，如两个数的加法、减法、乘法和除法。该单元还能执行逻辑运算，如与运算、或运算和非运算。ALU 操作的是字，即与特定计算机设计相关联的数据的自然单位。从历史来看，计算机的字长是算术/逻辑单元一次能处理的位数。然而，现在的英特尔处理器流水线将字长定义为 16 位，这使字长的定义变得模糊起来。处理器能处理单字长（16 位）、双字长（32 位）、四字长（64 位）。在下面的讨论中，我们将继续按以往历史的定义使用"字"。

> **算术/逻辑单元**（Arithmetic/Logic Unit，ALU）：执行算术运算（加法、减法、乘法和除法）和逻辑运算（两个值的比较）的计算机部件。

大多数现代 ALU 都有少量的特殊存储单元，称为**寄存器**（register）。寄存器能容纳一个字，用于存放立刻会被再次用到的信息。例如，在计算表达式

$$One * (Two + Three)$$

时，Two 首先被加到 Three 上，然后将生成的结果乘以 One。与其把 Two 和 Three 相加的结果存储到内存，然后再检索它并与 One 相乘，不如把结果放在寄存器中，用寄存器的内容乘以 One。访问寄存器比访问内存快得多。

> **寄存器**（register）：CPU 中的一小块存储区域，用于存储中间值或特殊数据。

Herman Hollerith 是谁？

1889 年，美国人口调查局认识到，除非找到更好的方法进行 1890 年的人口普查，否则在 1900 年进行下一次人口普查时，将不能用表格列出人口普查的结果。Herman Hollerith 基于穿孔卡片设计了一种记数方法。这种方法用于把人口普查的结果列成表，这种卡片被称为 Hollerith 卡。Hollerith 的电子制表系统导致了当今著名的 IBM 公司的诞生。

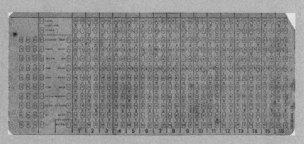

注：©iStockphoto/Thinkstock

3. 输入 / 输出单元

如果不能把计算中的值从外界输入，或者不能把计算的结果报告给外界，那么任何计算能力都是无用的。输入 / 输出单元是计算机与外部世界沟通的渠道。

输入单元（input unit）是使外界数据和程序进入计算机的设备。第一个输入单元所做的是解释纸带或卡片上穿的孔。现代的输入设备包括键盘、鼠标和超市使用的扫描设备。

输出单元（output unit）是使外界使用存储在计算机上的结果的设备。最常用的输出设备是打印机和显示器。

> **输入单元**（input unit）：接收要存储在内存中的数据的设备。
>
> **输出单元**（output unit）：一种设备，用于把存储在内存中的数据打印或显示出来，或者把存储在内存或其他设备中的信息制成一个永久副本。

4. 控制单元

130 **控制单元**（control unit）掌管着读取 – 执行周期（将在下一节中讨论），因此是计算机中的组织力量。在控制单元中有两种特殊寄存器。**指令寄存器**（Instruction Register，IR）存放的是正在执行的指令，**程序计数器**（Program Counter，PC）存放的是下一条要执行的指令的地址。由于 ALU 和控制单元的协作非常紧密，所以它们常被看作一个单元，被称为**中央处理器**（Central Processing Unit，CPU）。

> **控制单元**（Control unit）：控制其他部件的动作，从而执行指令序列的计算机部件。
>
> **指令寄存器**（Instruction Register，IR）：存放当前正在执行的指令的寄存器。
>
> **程序计数器**（Program Counter，PC）：存放下一条要执行的指令的地址的寄存器。
>
> **中央处理器**（CPU）：算术 / 逻辑单元和控制单元的组合，是计算机用于解释和执行指令的"大脑"。

图 5-2 展示了冯·诺伊曼机中各个部分的信息流。这些组成部分由一组电线连接在一起，这组电线被称为**总线**（bus），数据通过总线在计算机中传递。每条总线携带三种信息：地址、数据和控制信息。地址用来选择内存位置或设备以决定数据的流向或数据的来源。接下来数据在处理器、内存和 I/O 设备之间的总线上传递。控制信息用来管理地址和数据的流向。例如，典型的控制信号会被用来决定数据传送的方向，或者传送到处理器，或者从处理器中取出。**总线宽度**（bus width）是同时能传输的位数。总线越宽，一次能传送的地址和数据位越多。

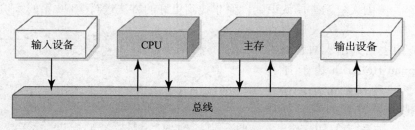

图 5-2　冯·诺伊曼机上的数据流

> **总线宽度**（bus width）：可以在总线上并行传输的位数。

因为访问内存的速度相比处理器的运算速度要慢得多，所以许多架构提供了**缓存**（cache memory）。缓存是用来存储经常使用的数据的小容量内存，它的访问速度很快。在访问主内存之前，中央处理器会检查缓存中是否存储了相应的数据。**流水线**（pipelining）是一种加速读取－执行周期的技术。这一技术将一条指令分解成更小的步骤，这些小步骤可以重叠执行。

在个人计算机中，冯·诺伊曼机的部件物理驻留在一个印刷电路板上，这个电路板被称为**主板**（motherboard）。此外，主板上还有其他设备（如鼠标、键盘或附加存储设备）与总线的接线。（参见本章后面的二级存储设备部分。）

我们称一个机器为 n 位处理器是什么意思呢？变量 n 通常指的是中央处理器一般寄存器中的位数：两个 n 位的数字能通过一条指令相加。它同样也能表示总线的地址宽度，也就是可寻址的内存大小，但并非总是如此。此外，n 也能表示数据总线的宽度，但也并非总是如此。

> **缓存**（cache memory）：一种用于存储常用数据的小型高速存储器。
>
> **流水线**（pipelining）：一种将指令分解为可以重叠执行的小步骤的技术。
>
> **主板**（motherboard）：个人计算机的主电路板。

131

5.2.2 读取－执行周期

在仔细研究计算机如何工作之前，让我们先看看它能做些什么。计算机的定义概述了它的能力：计算机是一种能够存储、检索和处理数据的设备。因此，给予计算机的指令都与存储、检索和处理数据有关。第 6 ～ 9 章将介绍各种用于向计算机发出指令的语言。本章的例子只使用简单的类似英语的指令。

请回忆一下冯·诺伊曼机的原理，即数据和指令都存储在内存中，以同样的方式处理。也就是说，数据和指令都是可以编址的。指令存储在连续的内存区域中，它们操作的数据存储在另一块内存区域中。要启动读取－执行周期，第一条指令的地址将被装入程序计数器。

处理周期中的四个步骤如下：

- 读取下一条指令
- 译解指令
- 如果需要，获取数据
- 执行指令

让我们更详细地看看每个步骤。整个过程从存储在程序计数器中的第一条指令在内存中的地址开始。

2013 年圣诞节被偷窃了

在 2013 年 11 月 27 日到 12 月 15 日期间，约 7000 万借记卡和信用卡用户因为 Target（美国第二大零售商用户）的数据盗取而遭受了损害。线上交易并未受到影响，但是允许使用信用卡的线下交易数据遭到了偷窃。卡号、有效期限、信用卡用户姓名以及信用验证码等数据被偷取。借记卡中的加密 PIN 数据也在这次数据盗窃中受到了影响。[2]

---

1. 读取下一条指令

程序计数器存放的是下一条要执行的指令的地址，因此控制单元将访问程序计数器中指定的内存地址，复制其中的内容，把副本放入指令寄存器中。此时，指令寄存器存放的是将要执行的指令。在进入周期中的下一步之前，必须更新程序计数器，使它存放当前指令完成时要执行的下一条指令的地址。由于指令连续存储在内存中，所以给程序计数器加 1 就可以把下一条指令的地址存入程序计数器。因此，控制单元将把程序计数器加 1。也可能在指令执行完之后才更改程序计数器。

132 在一条指令必须从内存读取额外指令才能执行的情况下，算术 / 逻辑单元将一个地址送往内存总线，内存会进行响应并将特定位置的值返回。在一些计算机中，从内存获取的数据会立即参与到一个算术或逻辑运算中。另一类计算机只是将内存返回的数据保存在寄存器中，这是由一个后续指令完成的。在指令执行完毕后，执行的结果被保存在寄存器中或内存中。

2. 译解指令

为了执行指令寄存器中的指令，控制单元必须确定它是什么指令。可能是访问来自输入设备的数据的指令，也可能是把数据发送给输出设备的指令，还可能是对数值执行某种运算的指令。在这一阶段，指令将被译解成控制信号。也就是说，CPU 中的电路逻辑将决定执行什么操作。这一步解释了为什么一台计算机只能执行用它自己的语言表示的指令。指令本身被逐字地嵌入了电路。

3. 如果需要，获取数据

被执行的指令要完成它的任务，可能需要额外的内存访问。例如，如果一条指令要把某个内存单元中的内容装入寄存器，控制单元就必须得到这个内存单元的内容。

物联网

通过因特网传递数据的设备如今十分流行，它们被称作**物联网**（Internet of Things，IoT）。这其中包含移动设备、交通工具、家用电器、照相机、心脏监视器、动物身上的发射机应答器——任何嵌入式的电子器件或软件。它们可以通过网络共享数据。

2016 年和 2017 年，投入使用的 IoT 设备的数量增长了 31%，达到了 84 亿。专家估计其数量将会在 2020 年增长到 300 亿。

---

4. 执行指令

一旦译解了指令并且读取了操作数（数据），控制单元就为执行指令做好了准备。执行指令要把信号发送给算术 / 逻辑单元以执行处理。在把一个数加到一个寄存器中内容的情况下，操作数将被发送给 ALU，加到寄存器中的内容上。

当执行完成时，下一个周期开始。如果上一条指令是把一个值加到寄存器中的内容上，那么下一条指令可能是把结果存储在内存中的某处。但是，下一条指令也可能是一条控制指令，询问一个关于上条指令的结果的问题，而且可能会改变程序计数器的内容。

图 5-3 总结了读取 – 执行周期。

133 在过去的半个世纪中，硬件已经发生了翻天覆地的变化，然而冯·诺伊曼机仍然是当今大多数计算机的基础。如著名的计算机科学家 Alan Perlis 在 1981 年所说的，"有时，我认为计算领域内的唯一通则就是读取 – 执行周期。"[3] 即使在 30 多年后的今天，这句话仍然是正确的。

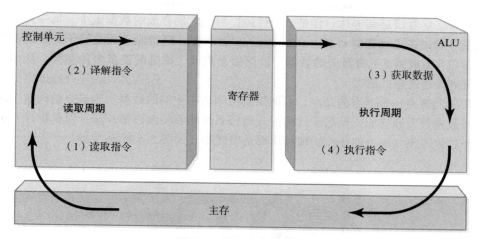

图 5-3 读取 – 执行周期

5.2.3 RAM 和 ROM

前面介绍过，RAM 是 Random-Access Memory（随机存取存储器）的缩写，这是一种每个存储单元（通常是 1 字节）都能被直接访问的内存。访问每个存储单元的本质是改写这个存储单元的内容。也就是说，把其他数据存入这个单元可改变其中的位组合。

除了 RAM，大多数计算机中还包含另一种内存，即 ROM。ROM 是 Read Only Memory（只读存储器）的缩写。ROM 中的内容不能更改，是永久的，存储操作不能改变它们。把位组合放在 ROM 中称为烧入（burning）。只有在制造 ROM 或装配计算机时才能烧入位组合。

还有一个非常基本的性质可以用来区分 RAM 和 ROM。RAM 具有易失性，而 ROM 则没有。也就是说，关闭电源后，RAM 不再保留它的位配置，但是 ROM 仍然保留这些配置。ROM 中的位组合是永久性的。由于 ROM 稳定，不能更改，所以用它存储计算机启动自身需要的指令。经常使用的软件也存储在 ROM 中，以免每次开机都要读取软件。主存通常包含一些 ROM 和通用的 RAM。

134

5.2.4 二级存储设备

如前所述，输入设备是数据和程序进入计算机并存储在内存中的途径。输出设备则是把结果发送给用户的途径。由于大部分主存都是易失的、有限的，所以还需要其他类型的存储设备，当不再处理程序和数据或关机时，可把程序和数据保存起来。这些类型的存储设备（除了主存）称为二级存储设备或辅助存储设备。由于必须从这些存储设备中读取数据并把数据写回，所以每个二级存储设备也是一种输入和输出设备。

二级存储设备可以在工厂时就安装到机箱中，也可以需要时再添加。因为这些存储设备可以存放大量的数据，所以它们又被称为大容量存储设备（mass storage device）。例如，广告中的计算机附带的硬盘驱动器能够存储 1000×2^{30} 个字节，相比之下，主存的 4×2^{30} 字节就显得很少了。

接下来我们介绍几种二级存储设备。

1. 磁带

读卡器和卡片穿孔机是最早的输入和输出设备之一。纸带读出穿孔器是下一代的输入和输出设备。尽管纸带和卡片一样是永久性的，但是它们存放的数据太少。第一种真正的大容量辅助存储设备是磁带驱动器（magnetic tape drive）。磁带驱动器类似于磁带录音机，通常用于备份（生成副本）磁盘上的数据，以防磁盘损毁。磁带的类型多种多样，从小型的流式录音带到大型的盘式磁带。

磁带驱动器有一个严重的缺点，即如果要访问磁带中间的数据，则必须访问这个数据之前的所有数据并丢弃它们。虽然现代的流式磁带系统能够跳读磁带片段，但从物理上讲磁带仍然要经过读写头。磁带的任何物理移动都是费时的，如图 5-4 所示。

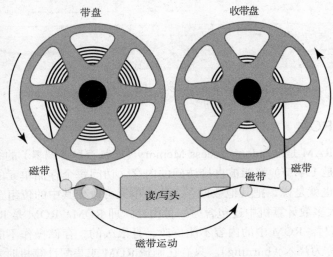

图 5-4　磁带驱动器

135

2. 磁盘

磁盘驱动器（disk drive）是 CD 播放器和磁带录音机的混合物。读 / 写头（相当于磁带录音机中的录音 / 回放头）通过在高速旋转的磁盘上移动来检索或记录数据。与 CD 一样，读写头能直接访问想得到的信息，此外，与磁带一样，信息是被磁化存储的。

尽管磁盘种类不一，但是它们使用的都是由磁质材料制成的薄磁盘。每个磁盘的表面都被逻辑划分为**磁道**（track）和**扇区**（sector）。磁道是磁盘表面的同心圆。每个磁道被分为几个扇区。每个扇区存放一个信息**块**（block），这些信息块是连续的位序列，如图 5-5a 所示，这张图反映了磁盘上数据的原本布局。每个磁道中的扇区数是相同的，每个扇区中的位数也是相同的。越靠近圆心的数据块数据排放得越密集。如今的磁盘靠近圆心的扇区越来越少，反而外围越来越多。每个磁盘表面的磁道数和每个磁道中的扇区数可能不同，通常使用的是512 字节或 1024 字节（同样是 2 的幂）。在格式化磁盘时，将用磁性标示磁道和扇区中的区域，从物理上来说，它们不属于磁盘。

> **磁道**（track）：磁盘表面的同心圆。
>
> **扇区**（sector）：磁道的一个区。
>
> **块**（block）：存储在扇区中的信息。

磁盘驱动器中的读 / 写头固定在一个机械臂上，机械臂可以从一个磁道移动到另一个磁道（如图 5-5b 所示）。输入 / 输出指令将指定磁道和扇区。当读 / 写头经过正确的磁道时，将等待正确的扇区转动到读 / 写头下，然后访问该扇区中的信息块。这一过程产生了四种衡量磁盘驱动器效率的方法：**寻道时间**（seek time）、**等待时间**（latency）、**存取时间**（access time）和**传送速率**（transfer rate）。寻道时间是读 / 写头定位到指定的磁道所花费的时间。等待时间是读 / 写头等待指定的扇区转到其下所花费的时间。平均等待时间是磁盘旋转一圈需要的时间的一半。因此，等待时间又称为旋转延迟（rotation delay）。存取时间是寻道时间和等待时间之和。传送速率是把数据从磁盘传输到内存的速率。

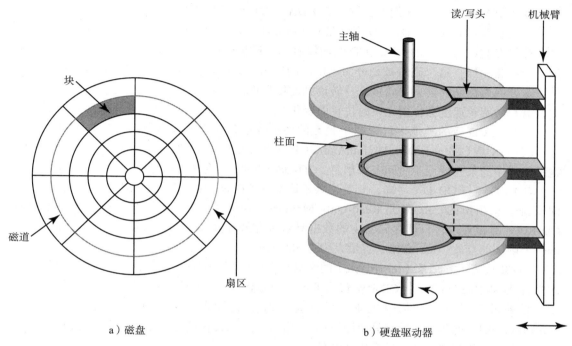

a）磁盘   b）硬盘驱动器

图 5-5 磁盘的结构

> **寻道时间**（seek time）：读 / 写头定位到指定的磁道所花费的时间。
>
> **等待时间**（latency）：把指定的扇区定位到读 / 写头之下所花费的时间。
>
> **存取时间**（access time）：开始读取一个数据块之前花费的时间，即寻道时间和等待时间之和。
>
> **传送速率**（transfer rate）：数据从磁盘传输到内存的速率。

现在，让我们来看看各种磁盘。磁盘的分类之一是硬盘和软盘。这些术语指磁盘本身的柔韧性。20 世纪 70 年代引入了最初的软盘，直径 8″，连外壳都是软的。70 年代末个人计算机出现后，软盘的直径减小成了 5.25″。目前的软盘直径为 3.5″，封装在硬塑料壳中，能够存储 1.44 MB 数据。现代机器不再使用软盘驱动器，它被可移动存储设备，如闪存盘（见下方）所取代。然而，历史上人们仍然会解释与之相较的术语——硬盘的用法。

计算机安装的硬盘由几个磁盘构成，听起来有些奇怪，我们来解释一下。单个的磁盘被称为磁盘片（platter）。硬盘由几个连接在旋转主轴上的磁盘片构成。每个磁盘片有自己的读 / 写头。上下排列的所有磁道形成了一个**柱面**（cylinder），如图 5-5b 所示。硬盘上的地址由柱面编号、表面编号和扇区构成。硬盘驱动器的旋转速度比软盘驱动器快得多，读 / 写头并不真的接触磁盘片的表面，而是在上面飘浮过。常见的硬盘驱动器转速是每分钟 7200 转，而由于需要保存电池电量，笔记本电脑的硬盘转速为每分钟 5400 转。在高性能服务器中的磁盘可以运行在每分钟 15 000 转，这样可以提供较低的延迟和更高的传输速率。

136~137

> 柱面（cylinder）：所有磁盘表面的同心磁道的集合。

3. CD 和 DVD

可以用浓缩汤来比喻光盘和它们的驱动器。我们在之前分析的广告中用了缩略词"DVD+/−RW"。此外，我们需要解读 CD-DA、CD-RW 和 DVD。

让我们先看看缩写 CD。CD 当然是 Compact Disk（光盘）的缩写。CD 驱动器使用激光读取存储在塑料盘片上的信息。CD 上面没有同心磁道，而只有一个从里向外盘旋的螺旋磁道。与磁盘一样，这个磁道被划分为扇区。CD 中的数据是均匀分布在整个光盘上的，因此外边缘处磁道存储的信息比较多，一转读到的信息也比较多。为了使整个光盘的传送速率一致，盘片的旋转速度会根据光束的位置而变化。

附加在 CD 后的其他字母说明了光盘的各种性质，如格式或其上的信息是否可以更改等。CD-DA 是 Compact Disc-Digital Audio（数字音频光盘）的缩写，说明了录音采用的格式。这种格式中的某些域用于时间安排信息。CD-DA 中的一个扇区可以存放一秒的 1/75 的音乐。

CD-ROM 与 CD-DA 一样，只是格式不同。在 CD-DA 中，存储在扇区中的数据是为时间安排信息预留的。ROM 是 Read-Only Memory（只读存储器）的缩写。在介绍广告中的 CD-ROM 时提到过，只读存储器中的数据是永久存储在光盘上的，不能改变。CD-ROM 上的一个扇区能存放 2 KB 数据，容量大约为 600 MB。

CD-R 代表了可记录（recordable）的光盘，它允许写入数据。CD-R 的内容在数据记录一次之后就不能再进行改变。CD-RW 代表可重写的光盘，意味着这种 CD 能够多次写入数据。

目前最常见的一种拷贝电影的形式是 DVD，它代表了数字化多功能光盘（digital versatile disk）（虽然现在通常只使用简称）。由于它具有大容量存储能力，因此 DVD 光盘非常适合记录音频和视频结合的多媒体文件。

DVD 存在多种形式：DVD + R、DVD−R、DVD + RW、DVD−RW，每一种都可能带有 DL 前缀。像我们在描述广告时所说的，"+""−"代表两种格式。如同 CD 一样，R 意思是可记录的，RW 意思是可重写的。DL 代表双层，它几乎具有普通 DVD 两倍的容量。DVD-R 的容量是 4.7 GB，而 DL DVD-R 能存储 8.5 GB。最近，蓝光（blu-ray）格式出现，普通蓝光盘容量是 25 GB，双层蓝光盘容量是 50 GB，可写的版本也有。名字"蓝光"指的是 CD 或 DVD 驱动器中使用的是蓝色激光而不是红色激光。

138

注意，CD-ROM 和 DVD-ROM 的速度单位是 ×（例如 8× 或 10×），它表示标准的音频 CD 和 DVD 播放器的速度。在评估这类设备时，列出的速度是一个最大值，表示读取光盘上的某些部分数据的速度。它们并非平均值。因此，在衡量性价比时，读盘速度越快并不表示越好。

电子投票差错

一个选举官员说，在 2004 年总统选举中，一个电子投票系统的错误给了布什总统 3893 张额外的选票，它们来自俄亥俄州的哥伦布斯郊区。富兰克林郡的非官方结果显示，在加哈那选区中布什得到了 4258 张选票，民主党的约翰·克里得到了 260 张选票。记录表明在这一选区只有 638 个选民进行了投票。布什在这一选区实际得到了 365 张选票。（结果仍然对不上。）

4. 闪存

IBM 公司在 1998 年引进了闪存，将其作为软盘的替代品。图 5-6 展示了一个闪存（或称为 U 盘），它使用闪存，闪存是一种可写入可擦除的非易失性计算机存储器。使用闪存，可以直接将它插入 USB（通用串行总线）接口中。

闪存也被用于制作固态硬盘（SSD），固态硬盘能够直接取代普通硬盘。由于固态硬盘是全电子的且没有运动部件，它比普通硬盘速度更高、功耗更低。即使是这样，它的存储介质也会最终被磨损，这意味着固态硬盘也会像普通硬盘一样出故障。

注：©Brian A. Jackson/Shutterstock

图 5-6　闪存

5.2.5　触摸屏

我们已经知道了二级存储设备如何为 CPU 使用的数据和程序提供存储单元。使用其他输入 / 输出（I/O）设备则允许用户与正在执行的程序进行交互。有许多常见的例子，如通过键盘和鼠标提供信息，通常阅读显示器显示的信息。其他的输入设备包括条码阅读器和图像扫描仪，输出设备则包括打印机和绘图仪。

我们要详细介绍的是一种特殊的 I/O 设备——触摸屏（touch screen），它显示文本和图形的方式与常规的显示器相同，此外，它还能探测到用户在屏幕上用手指或书写笔的触摸，并做出响应。通常，一个 I/O 设备只能担任输入设备或者输出设备，但是触摸屏则兼具两者的功能。

你可能在各种情况下见过触摸屏，如在信息亭、餐馆和博物馆。图 5-7 展示了一位用户正在使用触摸屏。在需要复杂的输入的情况下，触摸屏非常有用，它还有一个好处，就是

注：©Denys Prykhodov/Shutterstock

图 5-7　触摸屏

被保护得相当好。餐厅中的服务生如果用触摸屏点菜，则比用键盘要好得多，键盘上的按键远远多于完成点菜这样的任务所必需的数量，而且食物和饮料很容易损毁键盘。

139

虚拟游戏和国际信息安全

美国和英国间谍已经渗透到了虚拟游戏的奇妙世界。2008 年国家安全局（NSA）文件中声称，虚拟游戏提供了"目标丰富的通信网络"，使得情报人员能够进行通信并且"隐藏在平常场景中"。[4]

触摸屏并非只能检测到触摸，它还能知道触摸屏幕的位置。通常用图形化的按钮来表示选项，让用户通过触摸屏幕上的按钮做出选择。在这个方面，触摸屏与鼠标没什么区别。跟踪鼠标的移动可以得到鼠标的位置，当点击了鼠标按钮时，鼠标指针的位置将决定按下的是哪一个图形化按钮。在触摸屏上，触摸屏幕的位置决定了按下的按钮。

那么，触摸屏是如何检测到触摸的呢？此外，它如何知道触摸屏幕的位置呢？目前用来实现触摸屏的技术有几种，我们来简短地探讨一下这些技术。

电阻式（resistive）触摸屏由两个分层构成，每个分层由导电材料制成，一层是水平线，一层是竖直线，两个分层之间有非常小的空隙。当上面的分层被按下后，它将与下面的分层接触，使电流流通，接触的竖直线和水平线说明了触摸屏幕的位置。

电容式（capacitive）触摸屏在玻璃屏幕之上附加了一个层压板，它可以把电流导向任何方向，而且屏幕的四角还有等量的微弱电流。当屏幕被触摸时，电流将流向手指或书写笔。电流流动得非常缓慢，用户甚至感觉不到这种电流。触摸屏幕的位置是靠比较来自每个角的电流的强弱确定的。

140

红外（infrared）触摸屏把十字交叉的水平和竖直红外光束投射到屏幕的表面。屏幕反面的传感器将探测光束。用户触摸屏幕时，会打断光束，此时能够确定断点的位置。

表面声波（Surface Acoustic Wave，SAW）触摸屏与红外触摸屏相似，只不过它投射的是在水平和垂直坐标轴上相交的高频声波。当手指触摸到屏幕时，相应的传感器将检测到断点，并确定触摸的位置。

注意，可以用戴手套的手指触摸电阻式触摸屏、红外触摸屏和表面声波触摸屏，但不能用到电容式触摸屏上，因为它依靠的是流向触摸点的电流。

5.3　嵌入式系统

嵌入式系统作为大型系统的一部分，是为完成小范围功能而专门设计的计算机。通常来讲，一个嵌入式系统集成在单个微型处理器芯片上，程序被存储在 ROM 中。几乎所有具有数码显示的电子设备（比如电子手表、微波炉、录像机、汽车）都使用了嵌入式系统。事实上，嵌入式系统无处不在：从消费者的电子产品到厨房用具、从汽车到网络设备以及工业控制系统，你都能在各种设备中找到嵌入式系统。有些嵌入式系统包含操作系统，但更多的是用来完成专门的用途而将整个电路当作一个单独的程序实施。[5]

早期嵌入式系统是安装有自带的操作系统的单独的 8 位微处理器。现在它们的范围变得更大，从 8 位的控制器到 32 位的数字信号处理器（DSP）到 64 位的 RISC（精简指令集）芯片都存在。越来越多的嵌入式系统是基于分布式微处理器的网络的，它们能通过有线或无线的总线进行通信，能通过常规网络管理通信协议被远程监视和控制。

事实上，嵌入式系统（embedded system）这一术语是很模糊的，因为它包含除了台式 PC 之外的几乎一切东西。这一术语的起源是因为第一批这样的计算机被物理地嵌入产品或设备中而不能被访问。现在这一术语指代任一预编程的、为了完成某一特殊用途的、作为大型系统一部分的计算机。这意味着终端用户或操作员极少干预嵌入式系统的运行。

由于一般人只在其厨房、娱乐室或汽车内才会接触到嵌入式系统，因此我们倾向于把这些系统等同于硬件。在实际情况中，程序必须编写并烧入系统包含的只读内存中，这样嵌入式系统才能完成指定的功能。程序不能在嵌入式处理器本身之中开发和测试，那么它们是如何实现的呢？程序是在台式机中编写的，并且会根据目标系统进行编译，根据嵌入式系统的处理器生成可执行代码。

141

在早期嵌入式系统中，代码的大小和它的执行速度是非常重要的。由于汇编语言编写的程序对代码的流水线执行和加速很有利，嵌入式系统几乎全部使用汇编语言。即使当 C 语言变得流行起来，将 C 语言编译到嵌入式系统中的交叉编译器也可用，但许多程序员依然使用汇编语言。C 程序在体积上大约大 25%，运行起来也更慢一些，但是它们写起来比汇编语言更加容易。即使在今天，ROM 的空间大小也决定了代码越小越好，因此汇编语言仍在使用。[6]

5.4　并行体系结构 [7]

在只有一个处理器的计算机上（冯·诺伊曼机），如果一个问题能在 n 次时间单位内解决，那么它能在 $n/2$ 的时间单位内被拥有两个处理器的计算机解决吗？或者在 $n/3$ 的时间单位内被有三个处理器的计算机解决吗？这个问题引出了并行计算体系结构的概念。

5.4.1　并行计算

并行计算有四种一般的形式：位级、指令级、数据级和任务级。

位级的并行是基于增加计算机的字长。在一个 8 位处理器中，要处理一个 16 位长的数值需要两个操作：一个操作用于高 8 位，一个操作用于低 8 位。对于 16 位的处理器一条指令就能完成以上操作。因此增加字长能减少处理比字长更长的数值所需的操作。现今的趋势是使用 64 位的处理器。

指令级的并行是基于程序中的某些指令能够同时独立地进行。例如，如果一个程序需要处理相互无关的数据，那么对无关数据的处理操作能同时完成。超标量体系结构是一种处理器，它能识别并利用这种情况，方法是向功能不同的处理器单元发送不同的指令。注意超标量体系结构机器并没有多个处理器而是有多个执行资源。例如，它可能包含对整数和实数分别进行运算的独立的算术 / 逻辑单元，使它能够同时计算两个整数的和以及两个实数的乘积。像这样的资源称为执行单元（execution unit）。

数据级并行基于同一组指令集能同时对不同的数据集执行。这种并行称为 SIMD（单指令多数据），它依赖于一个控制单元来指导在不同的操作数集合上执行相同的操作（例如加法）。这种方法也被称为同步处理（synchronous processing），在需要对不同数据集实施同一处理时这种方法十分有效。举例说明，增加图片亮度需要对几百万像素中的每个像素点都增加亮度，这些增加过程可以并行完成。请看图 5-8。

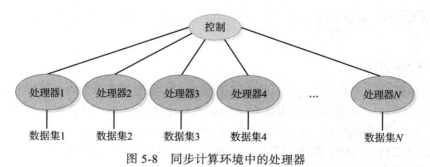

图 5-8　同步计算环境中的处理器

> **同步处理**（synchronous processing）：多处理器将同一个程序应用于多个数据集。

任务级的并行是基于不同的处理器能在相同或不同的数据集上执行不同的操作。如果不同的处理器在操作同一数据集，那么这一过程类似于冯·诺伊曼机中的流水线。当这种组织结构应用在数据上时，第一个处理器进行第一项任务，接下来第二个处理器开始处理第一个处理器的输出结果，此时第一个处理器开始对下一个数据集执行计算。最终，每个处理器都在进行着某一个阶段的工作，每个处理器都是从前一个处理阶段得到材料或数据，每一个处理器也会将自己处理完成的数据交给下一个处理器。请参见图 5-9。

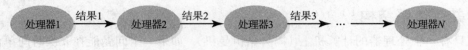

图 5-9　流水线模式中的处理器

在数据级环境中，每一个处理器对不同的数据集执行相同的处理。例如，每个处理器可能在计算不同班级的成绩。而如果是在任务级流水线中，每个处理器则是在计算同一班级的成绩。另一个任务级并行的方法是，让不同的处理器对不同的数据集进行不同的处理。这种配置使处理器能够在大部分时间内独立工作，但是也会带来多个处理器之间的协调问题，解决的方法是采用为不同的处理器同时分配本地内存和共享内存的配置。不同的处理器通过共享内存进行通信，这种配置也称为**共享内存并行处理器**（shared memory parallel processor）。请参见图 5-10。

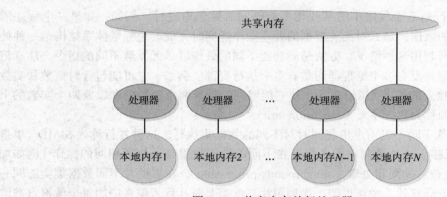

图 5-10　共享内存并行处理器

> **共享内存并行处理器**（shared memory parallel processor）：多个处理器共享整体内存的情况。

5.4.2　并行硬件分类

并行硬件的类别反映了并行计算的不同类型。多核处理器有多个独立的核心，它们通常是中央处理（CPU）。超标量处理器能向执行单元发出多条指令，而多核心处理器能向不同的执行单元发出不同的指令。也就是说，每个独立的核心能够包含多个执行单元。

对称多处理器（SMP）包含多个相同的核心。它们共享内存，并且通过一个总线相连。一个对称多处理器的核心数量通常限制在 32 个以内。分布式计算机包含多个内存单元，它们通过网络相连。集群是由一组独立的机器通过已有的网络相连而形成的。大规模并行处理器是由许多能访问网络的处理器通过专用网络相连而形成的计算机。这种设备通常包含超过 1000 个处理器。

不同类别并行硬件之间的区别已经由于现代系统的发展而变得模糊。现在一个典型的处理器芯片包含 2 ～ 8 个核心，它们的工作方式类似于对称多处理器。它们通过网络连接，以形成一个集群。因此，共享和分布式内存的混合在并行处理中变得十分常见。此外，支持一般用途的数据并行处理的图像处理器可能也与任意一个多核处理器相连。考虑到每一个核心同样适用于指令级的并行，你能看到现在的并行计算机不再属于哪一个特别的类别。相反，它们通常同时包含了所有类别。它们的不同是通过对其支持的不同类型的并行计算的平衡性体现出来的。一个用于科学的并行计算机可能更强调数据级并行，而用于因特网搜索引擎的计算机可能更强调任务级并行。

[144]

小结

构成计算机的部件涉及多种设备，它们各有特征，包括速度、大小和效率。而且，它们在计算机的整体处理中各自扮演着必不可少的角色。

计算的世界中充斥着各种术语和缩写。处理器的速度以 GHz（千兆赫）为单位，内存的容量以 MB（兆字节）、GB（千兆字节）和 TB（太字节）为单位，显示器则以像素衡量。

冯·诺伊曼体系结构是当今大多数计算机的底层体系结构。它有 5 个主要组成部分：内存、算术/逻辑单元（ALU）、输入设备、输出设备和控制单元。在控制单元指挥下的读取–执行周期是这个处理过程的核心。在这个周期中，将从内存读取指令、译解指令和执行指令。

RAM 和 ROM 是两种计算机内存的缩写。RAM 表示随机存取存储器；ROM 表示只读存储器。存储在 RAM 中的值是可更改的；存储在 ROM 中的值则不可更改。

二级存储设备对计算机系统来说至关重要。这些设备在计算机不运行的时候保存数据。磁带、磁盘和闪存是三种常用的二级存储介质。

触摸屏是一种外围设备，同时具备输入和输出功能，适用于餐厅和信息亭这种特定环境。它们能对手指或书写笔对屏幕的触摸做出响应，并且能确定触摸屏幕的位置。现有的触摸屏技术实现的触摸屏有电阻式触摸屏、电容式触摸屏、红外触摸屏和表面声波（SAW）触摸屏。它们各有特点，适用于不同的情况。

虽然目前为止冯·诺伊曼机是最常见的，但还存在其他体系结构。例如，有些机器的处理器不止一个，所以能够进行并行计算，从而加速处理过程。

[145]

道德问题：隐私是否已经是过去时？

"在我看来，个人隐私已经不复存在，对于我们更是雪上加霜。" 2013 年 12 月 27 日，Austin Bay 在 *Austin American Statesman* 中写道。Bay 认为，隐私从 1450 年 Johannes Gutenberg 发明印刷机开始就已经逐渐消失，更是让我们遭受了让流言蜚语"永久化"的负面影响。之后又出现了照相机，对于狗仔队来讲，它也是侵犯隐私的有力武器。而电报和电话的出现使得流言变得全球化。个人信息和影射正在以"光速"进行传播。Bay 如是写道。

Bay 继续讨论他所说的隐私的"潜在双胞胎"：机构和国家机密。他认为，机构和国家机密安全尚未消失，但处于危险境地。天才黑客们已经在过去的二十多年证明了，现代信息的存储库——计算机和因特网——是可攻破的。NSA 雇员 Edward Snowden 在发布自己偷取的资料的时候，就已经宣告了 2013 年国家保守秘密的失败。英国的隐私调查员正在尝试获取英国贵族的个人电话号码。Target 和 Neiman Marcus 已经丢失了数以百万计用户的个人信息。

Bay 的文章中充满了讥讽性语言，但是值得注意的是，隐私和秘密在当今世界确实不太可能存在了。这是否是发展带来的意外影响呢？印刷机开创了大众读写的进程，但是最终也失去了隐私。

关键术语

存取时间（access time）

可编址性（addressability）

算术逻辑单元（Arithmetic/Logic Unit，ALU）

块（block）

总线宽度（bus width）

缓存（cache memory）

控制单元（control unit）

146 中央处理器（CPU）

寄存器（register）

扇区（sector）

寻道时间（seek time）

共享内存并行处理器（shared memory parallel processor）

柱面（cylinder）

输入单元（input unit）

指令寄存器（Instruction Register，IR）

等待时间（latency）

主板（motherboard）

输出单元（output unit）

流水线（pipelining）

程序计数器（Program Counter，PC）

同步处理（synchronous processing）

磁道（track）

传送速率（transfer rate）

练习

为练习 1～16 中的名称或用途找到匹配的 10 的幂。

A. 10^{-12} B. 10^{-9} C. 10^{-6}

D. 10^{-3} E. 10^{3} F. 10^{6}

G. 10^{9} H. 10^{12} I. 10^{15}

1. Nano

2. Pico

3. Micro

4. Milli

5. Tera

6. Giga

7. Kilo

8. Mega

9. 常用于描述处理器速度。

10. 常用于描述内存大小。

11. 用于说明 Internet 速度。

12. 拉丁语中的第一千。

13. 意大利语中的很少的。

14. Peta。

15. 约等于 2^{10}。

16. 约等于 2^{50}。

为练习 17～23 中的定义找到与之匹配的缩写。

A. CD-ROM   B. CD-DA   C. CD-R

D. DVD   E. CD-RW   F. DL DVD

G. 蓝光

17. 使用两层格式。

18. 存储在扇区中的数据是预留的时间安排信息。

19. 可以读多次，但只能在出厂后写一次。

20. 可以进行多次读写操作。

21. 录音使用的格式。

22. 一种可以存储高达 50 GB 的新技术。

23. 发行电影时最普遍的格式。

练习 24～66 是问题或简答题。

24. 定义下列术语：

     a）酷睿 2 处理器

     b）赫兹

     c）随机存取存储器

25. FSB 是什么意思？

26. 处理器是 1.4 GHz 表示什么意思？

27. 内存是 133 MHz 表示什么意思？

28. 下列机器的内存是多少字节的？

     a）512 MB 机

     b）2 GB 机

29. 定义 RPM，并讨论在访问磁盘的速度方面它表示什么意思。

30. 存储程序的概念是什么？为什么它很重要？

31. 在计算机体系结构中，"处理信息的单元从存储信息的单元中分离出来了"，请解释这句话的意思。

32. 列出冯·诺伊曼机中的部件。

33. 8 位机的可编址性是什么？

34. ALU 的功能是什么？

35. 在冯·诺伊曼机中担任舞台总监角色的部件是什么？请解释它的功能。

36. 穿孔卡片和纸带是早期的输入/输出介质。请讨论它们的优点和缺点。

37. 什么是指令寄存器？它的功能是什么？

38. 什么是程序计数器？它的功能是什么？

39. 列出读取–执行周期中的步骤。

40. 请解释什么是"读取一条指令"。

41. 请解释什么是"译解一条指令"。

42. 请解释什么是"执行一条指令"。

43. 请比较 RAM 和 ROM 的异同。

44. 什么是二级存储设备？为什么这种设备很重要？

45. 请讨论用磁带作为存储介质的优点和缺点。

46. 测量磁盘驱动效率的方法是哪四个？

47. 请定义磁盘上的数据块。

48. 什么是柱面？

49. 请描述把一个数据块从硬盘传递到内存的步骤。

50. 请区分光盘和磁盘。

51. 请描述采用同步处理的并行体系结构。

52. 请描述采用流水线处理的并行体系结构。

53. 共享内存并行配置是如何工作的？

54. 一个 16 位的处理器能够访问多少个内存区域？

55. 为什么一个更快的时钟并不是更好的？

56. 为什么更大的内存并不一定更好？

57. 在对计算机广告的讨论中，为什么 1080p 的描述并不完全属实？

58. 请记录术语硬件和软件一周之中在电视广告中出现的次数。

59. 请找一份当前笔记本电脑的广告，将其与本章开头处的广告进行比较。

60. 作为二级存储设备的磁盘的通用名是什么？

61. 术语像素指的是什么？

62. 什么是 GPU？

63. 如果一个笔记本电脑的电池标注 80 WHr，这个笔记本电脑还有 20 W 的电量，它还能运行多久？

64. 1 KB 内存和 1 KB 传送速率有什么区别？

65. 请比较 DVD-ROM 和闪存。

66. Giga 可以表示 10^9 和 2^{30}，请解释这两种都是什么意思。在读计算机广告时，这会引起混淆吗？

思考题

1. 你的个人信息被盗取过吗？你的家人有这样的经历吗？

2. 你如何看待出于方便而放弃个人隐私的行为？

3. 所有的秘密都是不平等的。这句话和隐私问题有什么关联呢？

4. 人们在社交媒体网站上发布各种各样的个人信息，这是否意味着他们不再重视隐私了？

程序设计层

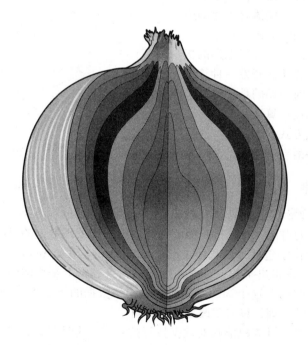

低级程序设计语言与伪代码

第 6 章是程序设计层的第一章。在第 2 章和第 3 章中，我们讨论了了解一个计算系统所必需的基本信息，包括记数系统和在计算机中表示不同类型信息的方法。在第 4 章和第 5 章中，我们讨论了计算机的硬件组成。现在，重点从"什么是计算机系统"变成"如何使用计算机系统"。

我们先通过观察一段机器代码开始本章，机器语言是最低等级的编程语言，它被内置在机器中。接下来我们上升一个级别到汇编语言，在汇编语言中能用一些字母的组合来表示机器语言指令。最后，我们介绍伪代码的概念，它能够表示算法。

150
~
151

目标

学完本章之后，你应该能够：
- 区分机器语言和汇编语言。
- 描述虚拟机 Pep/9 的重要特性。
- 区分立即寻址模式和直接寻址模式。
- 编写一个简单的机器语言程序。
- 描述创建和运行汇编语言程序的步骤。
- 编写一个简单的汇编语言程序。
- 区分给汇编器的指令和要翻译的指令。
- 区分执行一个算法和开发一种算法。
- 描述表达算法时使用的伪代码结构。
- 使用伪代码来描述算法。
- 描述两种测试方式。
- 为简单的汇编语言程序设计和实现测试方案。

6.1 计算机操作

我们所用的程序设计语言都必须反映出计算机能够执行的运算类型。让我们通过重述计算机的定义来开始新的讨论：计算机是能够存储、检索和处理数据的可编程电子设备。

这个定义中的操作字包括可编程的（programmable）、存储（store）、检索（retrieve）和处理（process）。上一章指出了数据和操作数据的指令逻辑上是相同的，它们存储在相同的地方。这就是"可编程的"这个词的意义所在。操作数据的指令和数据一起存储在机器中。要改变计算机对数据的处理，只需要改变指令即可。

存储、检索和处理是计算机能够对数据执行的动作。也就是说，控制单元执行的指令能够把数据存储到机器的内存中，在机器内存中检索数据，在算术 / 逻辑单元中以某种方式处理数据。词语"处理"非常通用。在机器层，处理涉及在数据值上执行算术和逻辑操作。

更进一步说，数据需要在一开始进入计算机的存储器中，我们需要为用户找到一种方

式以实时查看我们想要展示的结果。所以有另外的一些指令，这些指令用来规定输入设备与
CPU 之间以及 CPU 与输出设备之间的交互。

6.2　机器语言

第 1 章提到过，计算机真正执行的程序设计指令是用**机器语言**（machine language）编
写的指令，这些指令固定在计算机的硬件中。起初，人们只能用机器语言编写指令，因为当
时还没有发明其他程序设计语言。

机器语言（machine language）：由计算机直接使用的二进制编码指令构成的语言。

那么计算机指令是如何表示的呢？每种处理器都有自己专用的机器指令集合。这些指令
是处理器唯一真正能够执行的指令。由于指令的数量有限，所以处理器的设计者就列出所有
的指令，给每个指令分配一个二进制代码来表示它们。这与第 3 章中介绍的表示字符数据的
方法相似。

处理器与它能够执行的指令之间的关系十分和谐。CPU 的电子器件本来就能够识别专
用命令的二进制表示，因此，计算机必须参考的命令的真实清单并不存在。CPU 把这个清
单嵌入了自己的设计。

每条机器语言指令只能执行一个非常低级的任务。在机器语言中，处理过程中每一个微
小的步骤都必须被明确地编码。即使是求两个数的和这样的小任务，也需要分解为更小的步
骤：将一个数输入累加器中，将该数加上一个数，保存结果。每一条指令都以二进制数字串
进行表示。

请注意，事实上，目前几乎没有程序是用机器语言编写的，主要是因为编写这种程序太
费时间。大多数程序是用高级语言编写的，然后翻译成机器语言。理解这一级别语言的基础
部分可以解释一台计算机实际完成任务的方式，也会使你感受到如今人们编写计算机程序的
便捷。

濒危物种管理

目前，诸多动物园已经为濒危动物建立了养殖种群，以防止它们灭绝，但这些动物依旧需要处
于良好的年龄和遗传多样性的分布，以保证该物种避免疾病和近交。科学家在衡量一个物种的情况
时，这些圈养动物的计算机化的数据库就成为一个十分重要的因素。明尼苏达动物园就使用了国际
物种库存系统（ISIS），这个系统提供了多于 2 200 000 种现存动物的全球信息。

6.2.1　Pep/9：一台虚拟机

根据定义，机器代码因机器的不同而不同。也就是说，每种类型的 CPU 都有它能理解
的自己的机器语言。那么如果你们使用不同类型的机器，我们如何向你们每个人展示使用机
器语言的经验呢？我们通过使用一台**虚拟机**（virtual computer（machine））来解决这一问题。
虚拟机是一种假想的机器，在这种情况中，是为了包含我们想展示的真实计算机所具备的重
要特性而设计的计算机。在这里我们使用由 Stanley Warford 设计的虚拟计算机——Pep/9。[1]

虚拟机（virtual computer（machine））：为了模拟真实机器的重要特征而设计的假想机器。

Pep/9 有 40 条机器语言指令。这意味着每个 Pep/9 程序一定是由这些指令组合而成的序

列。不要慌张，我们并不是让你理解并记住这40个序列的二进制位，只是想要看看其中一些指令，而并没有让你去记住任何一条指令。

1. Pep/9 的基本特性

Pep/9 的内存单元由 65 536 字节的存储空间构成。这些字节从 0 到 65 535（十进制）进行编号。回想前面的内容，每个字节由 8 位组成，所以我们能够用两个十六进制数字表示一个字节中的位模式（参见第 2 章中关于十六进制数字的更多信息）。Pep/9 的字长是 2 字节，或者 16 位。这样向算术 / 逻辑单元（ALU）流入的数据或从算术 / 逻辑单元流出的数据在长度上就是 16 位。

回忆第 5 章中所说的，寄存器（register）是中央处理器中算术 / 逻辑单元的一小块存储区域，它用来存储特殊的数据和中间值。Pep/9 有七个寄存器，我们重点研究其中三个：

- 程序计数器（PC），其中包含下一条即将被执行的指令的地址。
- 指令寄存器（IR），其中包含正在被执行的指令的一个副本。
- 累加器（A），用来存储数据和运算的结果。

图 6-1 显示了 Pep/9 的中央处理器和存储器的图。存储器中的地址本身并不存储在存储器中，它们只是其中独立字节的名字。当涉及内存中某一个特定的字节时，实际是用它的地址指代的。对存储器位置的地址以及其中存储的数据的界定是非常重要的。

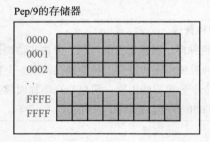

图 6-1 Pep/9 的体系结构

在讨论下一个论题前，让我们先回顾一下二进制数和十六进制数。一个字节能够表示的最大十进制数是 255，用二进制表示是 11111111，用十六进制表示是 FF，用十进制表示是 255。一个字（16 位）能够表示的最大十进制数是 65 535，用二进制表示是 1111111111111111，用十六进制表示是 FFFF。如果既要表示正数，又要表示负数，那么在量级上就会少一位（因为有一位用于表示符号），因此可以表示的十六进制值数的范围约为 -7FFF 到 +7FFF，相当于十进制数的 -32 767 到 + 32 767。

当我们使用 Pep/9 虚拟机时，这一信息是十分重要的。可用的位数决定了我们可以使用的内存大小。

2. 指令格式

我们已经看到了 Pep/9 计算机可以执行的一部分指令集。然而首先，我们需要分析 Pep/9 中的指令格式。

图 6-2a 展示了 Pep/9 中的指令格式。一条指令由两部分组成，即 8 位的指令说明符（instruction specifier）和（可选的）16 位的操作数说明符（operand specifier）。因此 Pep/9 的指令在长度上是 1 字节或 3 字节，取决于是否需要用操作数说明符。

指令说明符（指令的第一个字节）说明了要执行什么操作（如把一个数（操作数）加到一个已经存储在寄存器中的值上）和如何解释操作数的位置。操作数说明符（指令的第二和第三个字节）存放的是操作数本身或者操作数的地址。有些指令没有操作数说明符。

指令说明符的格式参见图 6-2b。在 Pep/9 中，操作代码（operation code）（称为操作码（opcode））的长度从 4 位到 8 位不等。我们在这里所用的操作码长度是 4 位，4 位操作码的第 5 位是一个寄存器，它在我们的例子中都是 0，因为例子中使用的都是 A 寄存器（累加器）。

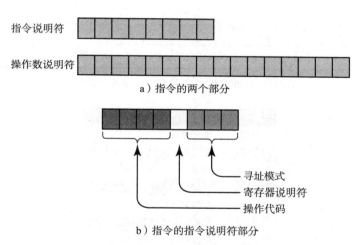

a）指令的两个部分

b）指令的指令说明符部分

图 6-2 Pep/9 指令格式

3 位的寻址模式说明符（addressing mode specifier）表示了怎样解析指令中的操作数部分。如果寻址模式是 000，那么指令的操作数说明符中存储的就是操作数。这种寻址模式称为立即寻址（i）（immediate(i)）。如果寻址模式是 001，那么操作数说明符中存储的是操作数所在的内存地址名称。这种寻址模式称为直接寻址（d）（direct(d)）。（其他寻址模式也存在，我们在这里不做讨论。）请参见图 6-3。

没有操作数（要处理的数据）的指令称为一元指令（unary instruction），这些指令没有操作数说明符。也就是说，一元指令的长度是 1 字节，而不是 3 字节。

155

3. 一些示例指令

让我们来单独看一些具体的指令，然后再将它们放到一起写一段程序。图 6-4 包含了我们要讲解的操作的 4 位的操作代码（或称为操作码）。

0000 停止执行 在读取－执行周期中，当操作代码全部为零时，程序将终止。停止（stop）指令是一个一元指令，没有操作数说明符。指令说明符中最右三位被忽略了，而这三位将指示寻址模式。

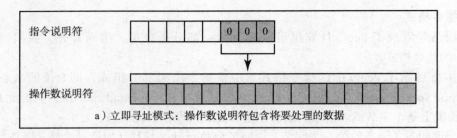

a）立即寻址模式：操作数说明符包含将要处理的数据

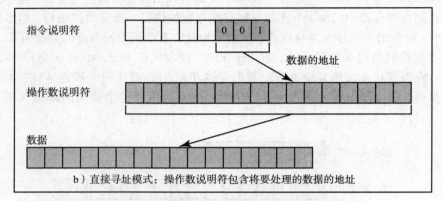

b）直接寻址模式：操作数说明符包含将要处理的数据的地址

图 6-3 立即寻址模式和直接寻址模式的区别

操作码	指令的意义
0000	停止执行
1100	将字载入寄存器 A 中
1101	将字节载入寄存器 A 中
1110	存储寄存器 A 中的字
1111	存储寄存器 A 中的字节
0110	将操作数加到寄存器 A 中
0111	从寄存器 A 减操作数

图 6-4 Pep/9 的部分指令

1100 将字载入寄存器 A 中 这一指令将一个字（两字节）载入寄存器 A 中。寻址模式决定了该字要载入的位置。也就是说，要载入的值要么是操作数说明符中的实际值，要么是在操作数说明符中找到的地址的内存位置。

让我们看看每种情况下的一些具体例子。下面是一条三字节指令：

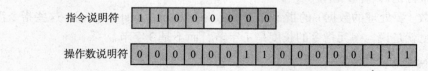

寻址模式是立即寻址，即要被载入寄存器 A 中的值在操作数说明符中。也就是说，数据存放在操作数说明符中。在这一指令执行之后，指令的第二和第三字节的内容（操作数说明符）将被载入寄存器 A（累加器）之中。也就是说，寄存器 A 原来的内容将被用值 0307（十六进制）覆盖。

下面是另一个载入指令：

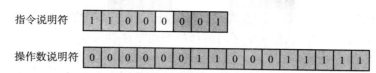

寻址模式是直接寻址，意味着操作数本身并不在操作数说明符中，而是操作数说明符存储了操作数驻留在内存中的地址（address）。因此，当这一指令被执行时，存储单元位置（location）001F 中存储的内容将被载入寄存器 A 中。寄存器 A 存储了一个字长（两字节），这样，像这种情况中，当一个地址用来指定一个操作数时，该字的最左边的 1 字节就是给定的地址。因此相邻位置 001F 和 0020 中的内容被载入寄存器 A 中。操作数的内容（001F 和 0020）并未改变。

1101 将字节载入寄存器 A 中　这条指令和我们之前介绍的载入字指令相似，但是它只载入 1 字节而不是 2 字节（字）。

如果寻址模式是立即寻址，那么操作数说明符的第一个字节会被忽略，只有它的第二个字节会载入寄存器 A 中。如果寻址模式是直接寻址，则只会载入内存位置的 1 字节而不是 2 字节。

当载入字符数据的时候这条指令非常有用，接下来是几个例子。

1110 存储寄存器 A 中的字　这条指令将把寄存器 A 中的内容存储到操作数中指定的位置。

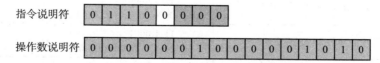

这一指令将寄存器 A 的内容存储到从位置 000A 开始的字中。在存储操作码中使用立即寻址模式是非法的，因为我们不能将寄存器的内容存储到操作数说明符中。

1111 存储寄存器 A 的字节　这条指令和我们之前介绍的存储字指令相似，但是它只存储 1 字节而不是 2 字节（1 个字）。和存储字指令相同，它也不支持立即寻址模式。

当这条指令执行的时候，只有寄存器 A（累加器）的第二个字节会存储在操作数说明符给出的地址中。累加器的前 8 位会被忽略。

就像载入字节指令一样，这条指令在处理字符数据的时候非常有用。我们将会在讨论完清单最后两条指令的时候讨论输入 / 输出。

0110 将操作数加到寄存器 A 中　与载入操作相似，相加操作使用寻址模式说明符，使它有两种解释方式。接下来是第一种解释方式的例子，它使用了立即寻址模式：

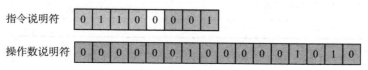

当这条指令执行的时候，操作数说明符中的值（十六进制的 020A）被加到了寄存器 A 的内容中。现在我们来看使用直接寻址模式的加操作：

157

因为寻址模式说明符说明寻址方式是直接寻址，所以操作数说明符的内容被视为地址（位置 020A），执行指令时，该位置的任何值都被加到寄存器 A 中。

1000 从寄存器 A 减操作数 这一指令与加法操作相似，只是它是从寄存器 A 中减去操作数而不是相加。与载入和相加操作一样，该指令支持立即寻址和直接寻址模式。

6.2.2 Pep/9 的输入 / 输出

Pep/9 系统模拟了从键盘读入字符输入并且将字符输出写到屏幕（终端窗口）中的能力。尽管这个过程和 Pep/9 虚拟机的其他东西一样是模拟的，它还是遵循了通用计算机系统的设计技术。

对于输入和输出（I/O），该虚拟机遵循的设计原则是内存映射输入 / 输出（memory-mapped I/O），这种方式将输入和输出设备与主存中特定的、固定的地址联系起来。在 Pep/9 虚拟机中，输入设备在地址 FC15，输出设备在地址 FC16。

为了从输入设备中读入一个字符，你将输入设备中的值载入累加器（A 寄存器）中。为了向输出设备写入字符，你将字符值载入累加器中，接着将累加器中的值存储到输出设备的地址中。这些操作是之前讨论过的载入字节和存储字节指令的详细例子。

Pep/9 使用 ASCII 字符集（见第 3 章）来表示字符。每一个 ASCII 码都由一个字节表示，因此我们使用载入字节和存储字节操作来实现 Pep/9 中的输入 / 输出（I/O），而不是使用那些操作整个字的指令。

我们将会在接下来的例子中实际操作 I/O 的处理。

6.3 一个程序实例

现在我们已经准备好编写我们的第一个机器语言程序：在屏幕上显示"Hi"。这个程序有 5 条机器语言指令：2 条用于载入，2 条用于存储，1 条用于停止程序运行。

首先思考：我们是否应该将字符数据存储在存储器中，通过直接寻址模式存储它？还是应该将它存储在操作数说明符中，通过立即寻址存储它？在本实例中，我们使用立即寻址，直接寻址留作练习。因此在本实例中，当我们载入字符时，寻址模式说明符是 000，每一个字符的 ASCII 码将会直接进入操作数说明符中（第二和第三个字节在载入指令——由于 ASCII 字符只占用了 1 字节，所以它实际上只影响到了第三个字节）。

接下来是使用二进制和十六进制写的程序语句：

行为	二进制指令	十六进制指令
将 'H' 载入累加器中	1101 0000 0000 0000 0100 1000	D0 00 48
存储累加器中的字节到输出设备中	1111 0001 1111 1100 0001 0110	F1 FC 16
将 'i' 载入累加器中	1101 0000 0000 0000 0110 1001	D0 00 69
存储累加器中的字节到输出设备中	1111 0001 1111 1100 0001 0110	F1 FC 16
停止	0000 0000	00

请牢记，二进制和十六进制的列代表相同的值。十六进制的版本只是表示数据的更加简

明的一种方式。为了更方便观察到二进制是如何映射到等值的十六进制，二进制指令以四个字符为一组。

对于每一个二进制指令，第一行展示了 8 位指令说明符，第二行展示了 16 位操作数说明符。

如之前的章节所讨论的那样，为了展示字符输出我们使用存储指令，这条存储指令将累加器中的字符数据直接写到代表输出设备（FC16）的地址。更进一步说，我们必须使用存储单一字节的存储指令。类似的，本程序中使用的载入指令也是载入一个单一字节。

尼日利亚支票骗局

2008 年 6 月，华盛顿首府奥林匹亚的 Edna Fiedler 因为 100 万美元的尼日利亚支票骗局被判 2 年监禁和监督缓刑 5 年。在这次诈骗中，犯人用蹩脚的英文消息请求善良的人的经济帮助。发送信息的人谎称是自己一名高级官员，他有数百万美元藏匿在一个难以接近的秘密地方，如果能帮助他逃离他的国家，他将与为他提供过帮助的人分享这笔钱。这个骗局的受害者平均损失超过 5000 美元。

6.3.1　Pep/9 模拟器

回忆一下，Pep/9 是虚拟机，这也就意味着它在现实生活中并不是作为物理意义上的计算机存在的。然而，我们可以使用 Pep/9 模拟器来模拟程序，这个模拟器会按照虚拟机的设计方式进行运算。Pep/9 模拟器可以免费下载。

为了运行 Pep/9 机器语言程序，我们逐字节输入十六进制的程序代码到一个有目标代码（Object Code）标签的窗口中（我们将会在下一节介绍这个术语）。程序代码每个字节之间用空格隔开，以 zz 结束程序。模拟器可以识别程序结尾处的两个 z。下面是 Pep/9 机器语言程序的屏幕截图： 160

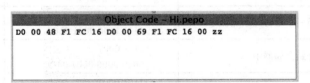

在机器语言程序执行之前，它必须被载入存储器。这个任务通过一个叫作装入程序（loader）的软件工具来实现。在 Pep/9 模拟器中，通过选中"构建"（Build）>"装入"（Load）菜单选项来装入程序。在将程序装入内存中之后，可以通过选中"构建"（Build）>"执行"（Execute）菜单选项运行程序。

如果一切顺利，那么当你执行程序的时候，输出结果将会显示在模拟器的输入/输出窗口（请确保选中了 Terminal I/O 标签）。

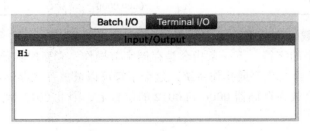

当模拟器执行程序时，它像真实机器一样每次只运行一条程序命令，并且遵守第 5 章所讨论的读取 – 执行周期：

1）从由程序计数器确定的存储器位置上获取指令；

2）解码指令，更新程序计数器；

3）获得操作数（如果需要）；

4）执行指令。

程序计数器、指令寄存器、累加器（寄存器）都将会显示在模拟器的 CPU 窗口中，同样还会展示一些其他我们没有讨论过的寄存器：

161

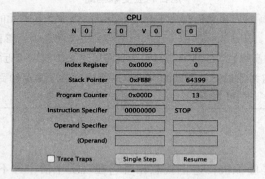

在下一个章节，我们将会看一个处理字符输入和输出的例子。

6.3.2　另一个机器语言实例

接下来来看另外一个 Pep/9 的机器语言程序。以下代码可以读入两个字符作为输入，并且将它们逆序打印出来。

行为	二进制指令	十六进制指令
从输入设备中读入第一个字符到累加器中	1101 0001 1111 1100 0001 0101	D1 FC 15
存储累加器中的字符到存储器中	1111 0001 0000 0000 0001 0011	F1 00 13
从输入设备中读入第二个字符到累加器中	1101 0001 1111 1100 0001 0101	D1 FC 15
在输出设备中打印第二个字符	1111 0001 1111 1100 0001 0110	F1 FC 16
从存储器中载入第一个字符	1101 0001 0000 0000 0001 0011	D1 00 13
在输出设备中打印第一个字符	1111 0001 1111 1100 0001 0110	F1 FC 16
停止	0000 0000	00

162

第一条指令是载入字节指令，它从存储器 FC15 的位置读入，这个位置也代表输入设备，存储着累加器中的字符。下一条指令是存储字节操作，它暂时存储存储器 0013 位置上的字符。只要我们不重写程序或操作系统，这个字符可以被放置在存储器的任何位置。当载入的时候，程序将会放在存储器 0000 到 0012 的位置上，因此 0013 就是程序后第一个没有被用到的字节。

第三条指令和第一条指令是相同的，通过使用载入字节操作来从输入设备中读取第二个字符，并且将它存储到累加器中。第四条指令通过使用存储字节操作将字符输出到输出设备中。

第五条指令载入第一个字符，之前这个字符存储在存储器 0013 的位置，现在重新回到累加器中。第六条指令和第四条指令相同，用来打印字符。最后程序通过使用一元终止指令停止。

当该程序运行时，Terminal I/O 窗口显示如下，其中展示了用户的输入（AB）和程序运行的输出（BA）：

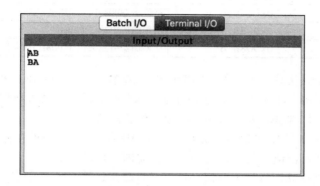

6.4 汇编语言

第 1 章提到过，开发的第一种帮助程序员的工具就是汇编语言。**汇编语言**（assembly language）给每条机器语言指令分配了一个助记指令码，程序员可以用这些指令码代替二进制和十六进制数字，也就使得效率得到提高，编程过程中也会有较少的错误。总之，记住助记码 ADDA（向 A 寄存器中加一个值）要比记住操作码 0110 简单得多。

因为在计算机上执行的每个程序最终都要被翻译成机器语言的形式，所以一个名为**汇编器**（assembler）的程序将读取每条指令的助记码，然后把它翻译成等价的机器语言。如下图所示，因为每种类型的计算机都有自己的机器语言，所以有多少种机器，就有多少种汇编语言和翻译程序。

163

> **汇编语言**（assembly language）：一种低级语言，用助记码表示特定计算机的机器语言指令。
> **汇编器**（assembler）：把汇编语言程序翻译成机器代码的程序。

6.4.1 Pep/9 汇编语言

这一节的目标不是要使你成为汇编程序员，而是让你了解汇编语言程序设计相对于机器代码的优势。有了这个目标，我们就只介绍 Pep/9 汇编语言的几点特性。在 Pep/9 汇编语言中，操作数用 0x 和十六进制表示，接下来是逗号，最后是寻址模式（由字母 i（立即寻址）或 d（直接寻址）说明）。

助记码	操作数，模式	含义
STOP		停止执行
LDWA	0x008B,i	将字 008B 载入累加器
LDWA	0x008B,d	将位于 008B 中的字载入累加器
LDBA	0x008B,i	将字节 008B 载入累加器
LDBA	0x008B,d	将位于 008B 中的字节载入累加器
STWA	0x008B,d	将累加器中的字存入位置 008B
STBA	0x008B,d	将累加器中的字节存入位置 008B
ADDA	0x008B,i	将 008B 加到累加器
ADDA	0x008B,d	将位于 008B 中的字加到累加器
SUBA	0x008B,i	从累加器中减去 008B
SUBA	0x008B,d	从累加器中减去位于 008B 中的字

表中有两种用来将值载入累加器中的助记码：LDWA（载入字）和 LDBA（载入字节），这两种助记码都可以使用立即寻址（i），这种寻址载入操作数的值，也都可以使用直接寻址（d），这种寻址将操作数看作地址，并载入该内存单元位置的值。

164

表中有两个将累加器中的值存储到内存单元中的助记码，一种存储字，另一种存储字节。对于这些操作的机器语言版本，它们不支持立即寻址模式。

加和减操作符支持立即寻址和直接寻址，并且总是运算在一个完整的字上。

除了常规的指令，汇编语言编程还支持**汇编器指令**（assembler directive），这些指令都是汇编器本身使用的指令，有时它们也被称作伪操作（pseudo-operation）。接下来是一些 Pep/9 的汇编器指令：

伪操作	操作数	含义
.END		表示汇编语言程序的终点
.ASCII	"banana\x00"	表示一个 ASCII 字节的字符串
.WORD	0x008B	在内存中保留一个字，并存值进去
.BLOCK	字节数	在内存中保留一些特定的字节

> **汇编器指令**（assembler directive）：翻译程序使用的指令。

让我们看看汇编语言版本的在屏幕上显示 "Hi" 的程序。

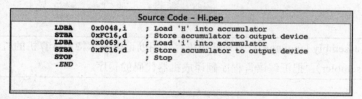

```
Source Code - Hi.pep
LDBA    0x0048,i    ; Load 'H' into accumulator
STBA    0xFC16,d    ; Store accumulator to output device
LDBA    0x0069,i    ; Load 'i' into accumulator
STBA    0xFC16,d    ; Store accumulator to output device
STOP                ; Stop
.END
```

程序代码使用 Pep/9 模拟器的源代码窗口进行编写。Pep/9 汇编器忽略在分号后面的任何字符，这就允许我们在指令旁边添加**注释**（comment）。注释是为程序使用者而写的说明性文字，解释了会发生什么情况。由程序员决定注释的内容。并不是每一行都需要注释，但它们通常是有用的。

> **注释**（comment）：为程序读者提供的解释性文字。

当然，汇编语言的源代码在可以执行前必须被翻译成机器码（或目标代码）。"构建"（Build）>"汇编"（Assemble）菜单选项运行源代码上的汇编器，如果汇编器没有报错，那么目标代码就会和汇编代码上所写的一样，也就是包含内存地址和目标代码程序的正式版本：

165

```
                 Assembler Listing – Hi.pepl
        Object
Addr    code    Symbol    Mnemon    Operand    Comment
0000    D00048            LDBA      0x0048,i   ;Load 'H' into accumulator
0003    F1FC16            STBA      0xFC16,d   ;Store accumulator to output device
0006    D00069            LDBA      0x0069,i   ;Load 'i' into accumulator
0009    F1FC16            STBA      0xFC16,d   ;Store accumulator to output device
000C    00                STOP                 ;Stop
000D                      .END
```

方便起见，Pep/9 模拟器还提供了"构建"（Build）>"运行"（Run Source）菜单选项，这些选项会将源代码汇编成目标代码，并自动执行它（无论你是否使用一个个小步骤）。当然这里还有一个你可以按的"运行源代码"（Run Source）的按钮。

程序使用立即寻址模式来载入字符，这也是我们用机器语言直接编写同样程序时使用的方法。在继续之前，我们将当前版本和接下来的版本进行对比，接下来这一版使用的是直接寻址：

```
                 Assembler Listing – Hi2.pepl
        Object
Addr    code    Symbol    Mnemon    Operand    Comment
0000    D1000D            LDBA      0x000D,d   ; Load 'H' into accumulator
0003    F1FC16            STBA      0xFC16,d   ; Store accumulator to output device
0006    D1000E            LDBA      0x000E,d   ; Load 'i' into accumulator
0009    F1FC16            STBA      0xFC16,d   ; Store accumulator to output device
000C    00                STOP                 ; Stop
000D    4869              .ASCII    "Hi"       ; Characters to be printed
000F                      .END
```

在这一版代码中，待打印的字符使用 .ASCII 汇编器指令。如列表中所言，载入指令访问内存单元 000D 和内存单元 000F，这两个地址对应存储着的两个数据。

6.4.2 数字数据、分支、标签

你也许注意到了，我们从未直接使用过机器语言编写程序来进行数值计算。这是因为 Pep/9 机器语言的输出值被定义为单个字符。如果使用算术运算，那么我们不得不将输入的字符转换成数字，并且对输出也进行相同的操作。这个是可以完成的，但是那将会使得机器语言程序变长。

使用 Pep/9 汇编语言，可以使用额外的用来展示输入和输出（I/O）数字和整个字符串的指令。这些指令实际上是由操作系统实现的。

166

除此之外，接下来的实例将会使用**分支**（branch）命令，这种命令将会让程序员决定下一步要执行的命令是什么。以下是一些额外的汇编语言指令：

助记码	操作数，模式	含义
DECI	0x008B,d	读入十进制数字，并且将它存入 008B 位置
DECO	0x008B,i	写十进制数字 139（十六进制 8B）
DECO	0x008B,d	写内存单元 008B 上的十进制数字
STRO	0x008B,d	写内存单元 008B 上的字符串
BR	0x001A	转到位置 001A

（续）

助记码	操作数，模式	含义
BRLT	0x001A	如果累加器小于零，转到位置 001A
BREQ	0x001A	如果累加器为零，转到位置 001A
CPWA	0x008B	比较内存单元 008B 和累加器中存储的字

> **分支**（branch）：指出执行下一条指令的指令。

DECI 指令代表十进制输入（decimal input），这条指令从输入设备中读入十进制数（基为 10），并且将它存储在操作数指定的位置上。数字可以由很多位组成——DECI 指令涉及将输入字符转为数字的操作。该指令不支持立即寻址。

DECO 和 STRO 指令使数据写入输出设备中。DECO 指令输出特定的十进制数字，它支持两种寻址模式。STRO 指令被用来打印完整的一串字符串（也许在存储器中存储的字符串会使用 .ASCII 指令）。

分支指令 BR 叫作无条件转移，它使得程序计数器（用来确定下一条指令的寄存器）的值为操作数中的存储器地址。通过"跳跃"到程序的另外一个位置，分支操作中断了程序的正常线性流。

BRLT 和 BREQ 指令只在满足特定情况时导致程序分支，BRLT 在累加器小于零的时候满足，BREQ 在累加器等于零的时候满足。否则，接下来要执行的指令和原来一样。

最终，CPWA 指令对比了累加器中的数值和操作数。更准确地说，它将累加器的当前值减去操作数，并且存储累加器的结果。在这种情况下，如果两个值相等，那么累加器将等于零，而如果操作数大于当前累加器的值，那么结果为负。如果存在这些情况，那么 BRLT 和 BREQ 指令就可以被用来判断。

让我们看一个从用户那里读取两个数字，相加并输出结果的例子。为了实现这个例子，我们需要存储器中的空间来存储两个数值，并把它们相加。尽管它们可以在程序之后进行存储，但是汇编语言程序中，数据所使用的内存通常在程序之前进行保存：

```
                    Source Code - AddNums.pep
          BR      main      ; Branch around data
sum:      .WORD   0x0000    ; Set up sum and initialize to zero
num1:     .BLOCK  2         ; Set up two byte block for num1
num2:     .BLOCK  2         ; Set up two byte block for num2

main:     LDWA    sum,d     ; Load zero into accumulator
          DECI    num1,d    ; Read and store num1
          ADDA    num1,d    ; Add num1 to accumulator
          DECI    num2,d    ; Read and store num2
          ADDA    num2,d    ; Add num2 to accumulator
          STWA    sum,d     ; Store accumulator into sum
          DECO    sum,d     ; Output sum
          STOP              ; Stop
          .END
```

本程序在一些汇编命令和指令中使用了**标签**（label），这些标签被放在每一行的开头，之后跟着一个冒号。一旦被标上标签，该位置的数据或指令就可以通过标签进行引用，而不是引用它具体的内存地址。这也就使得程序更容易读。

> **标签**（label）：对内存位置起的名字，可以将这个名字当作操作数。

在本实例中，代码的第一行是一个分支指令，它越过数据区，直接跳转到了实际上程序的第一行，这一行使用 main 标签。程序语句从这里开始执行，直到遇到 STOP 指令。

程序一开头的数据由以下部分组成，它们分别是：标签 sum 所在的字，初始值为零；两个数据块（每一个数据块 2 字节），分别标为 num1 和 num2，其中存储两个待相加的数字。

程序读取第一个数字，并且将它存储到 num1 中，然后将它加到累加器中。接着对 num2 完成相同的操作。这两个数字的和现在在累加器中，之后累加器将值存储到标有 sum 的内存单元。最后，sum 写到输出设备中。

当程序执行的时候，用户在终端窗口输入两个数字，接着程序打印出 sum：

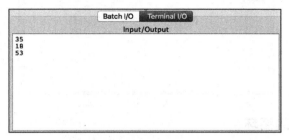

168

标签和它们对应的地址会在代码清单后以符号表（symbol table）的形式进行展示：

```
                    Assembler Listing – AddNums.pep1
------------------------------------------------------------------------
        Object
Addr    code    Symbol    Mnemon   Operand     Comment
------------------------------------------------------------------------
0000    120009            BR       main        ; Branch around data
0003    0000    sum:      .WORD    0x0000      ; Set up sum and initialize to zero
0005    0000    num1:     .BLOCK   2           ; Set up two byte block for num1
0007    0000    num2:     .BLOCK   2           ; Set up two byte block for num2

0009    C10003  main:     LDWA     sum,d       ; Load zero into accumulator
000C    310005            DECI     num1,d      ; Read and store num1
000F    610005            ADDA     num1,d      ; Add num1 to accumulator
0012    310007            DECI     num2,d      ; Read and store num2
0015    610007            ADDA     num2,d      ; Add num2 to accumulator
0018    E10003            STWA     sum,d       ; Store accumulator into sum
001B    390003            DECO     sum,d       ; Output sum
001E    00                STOP                 ; Stop
001F                      .END
------------------------------------------------------------------------


Symbol table
-----------------------------------------
Symbol   Value    Symbol    Value
-----------------------------------------
main     0009     num1      0005
num2     0007     sum       0003
-----------------------------------------
```

AddNums 程序的变量如下，如果两个数字的和为负数那么将会输出错误信息：

```
                    Source Code – AddNums2.pep
          BR       main         ; Branch to main program
sum:      .WORD    0x0000       ; Set up sum and initialize to zero
num1:     .BLOCK   2            ; Set up a two byte block for num1
num2:     .BLOCK   2            ; Set up a two byte block for num2
negMsg:   .ASCII   "Error\x00"  ; Error message in case sum is negative

error:    STRO     negMsg,d     ; Print the error message
          BR       finish

main:     LDWA     sum,d        ; Load zero into accumulator
          DECI     num1,d       ; Read and store num1
          ADDA     num1,d       ; Add num1 to accumulator
          DECI     num2,d       ; Read and store num2
          ADDA     num2,d       ; Add num2 to accumulator
          BRLT     error        ; Branch to error if A < 0
          STWA     sum,d        ; Store accumulator into sum
          DECO     sum,d        ; Output sum
finish:   STOP                  ; Stop
          .END
```

这个版本还有一个打印错误信息的标签。BRLT 指令被用来在累加器（sum）包含负数的时候进行跳转。在打印错误信息之后，一条无条件分支将会跳转到程序的最后，标签为finish。

169 当两个输入加到负数上时的示例输出如下：

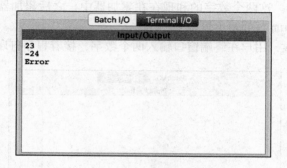

6.4.3　汇编语言中的循环

如果我们想读入 3 个值并求其和怎么办？10 个值呢？50 个值呢？我们可以重写我们的 AddNums 程序来使用循环，它也是程序代码的一部分，基于某些原则而执行很多次：

```
                    Source Code – AddNums3.pep
            BR      main        ; Branch to main program

sum:        .WORD   0x0000      ; Set up sum and initialize to zero
counter:    .WORD   0x0000      ; Set up the counter
num:        .BLOCK  2           ; Set up a two byte block for num
limit:      .BLOCK  2           ; Set up a two byte block for limit

main:       DECI    limit,d     ; Read the number of values to add up

loop:       DECI    num,d       ; Read a number
            LDWA    sum,d       ; Load the current sum into the accumulator
            ADDA    num,d       ; Add the number to the sum
            STWA    sum,d       ; Store the sum
            LDWA    counter,d   ; Load the counter into the accumulator
            ADDA    1,i         ; Add one to the counter
            STWA    counter,d   ; Store the counter
            CPWA    limit,d     ; Compare counter and limit
            BREQ    finish      ; Branch to finish if counter has reached limit
            BR      loop;       ; Otherwise, branch to loop to read another number

finish:     DECO    sum,d       ; Output sum
            STOP                ; Stop
            .END
```

程序首先从用户那里读取一个数字，这个数字用来说明将会有多少个数被加到 sum 中。同时程序还使用一个计数器，初始值为零。接着进入循环，每次循环会读入一个数字，并且加到 sum 中。每一次循环，计数器都加 1 并使用 BREQ 指令检查它是否到达极限值。如果到了极限值，那么循环终止，程序停止。如果没有，那么回到循环顶部继续处理下一个值。

170 以下是读入并相加 4 个数字的实例：35+25+10+20=90。

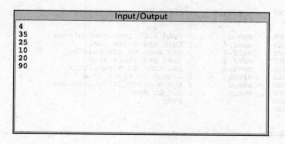

Genevieve Bell 是谁?

Bell 博士是世界最大半导体制造商——英特尔的人类学家。她是英特尔实验室用户体验研究部门的经理。她有一个由全球社会科学家和设计师组成的 100 人的团队,对人们在家和在公共场合使用技术的方式进行观察。[3]

6.5　表达算法

在前面的章节中,我们已经写了输出问候语、读取字符并将其以相反顺序输出、读取数并求和、如果和为负数打印错误信息以及输入一个值并读取和对一些数求和这几个程序。我们以文字叙述形式表达了每个问题的解决方案,然后再写代码。在计算领域,解决方案的计划被称为**算法**(algorithm)。正如你所看到的,从一个文字叙述形式的问题变为代码并不总是一个明确的过程。**伪代码**(pseudocode)是一种语言,可以让我们以更清晰的形式表达算法。

算法(algorithm):解决方案的计划或概要,或解决问题的逻辑步骤顺序。

伪代码(pseudocode):一种表达算法的语言。

什么是音乐基因组计划?

2002 年,Will Glaser、Jon Craft 和 Tim Westergren 成立了 Savage Beast 科技公司并创建了音乐基因组计划这个项目。这个项目使用数以百计的音乐属性或"基因"来描述分数,并用一个复杂的数学公式进行分析,意在捕捉"在最基本的层面上音乐的本质"。该项目已经分析了成千上万不同的分数和艺术家的属性,如旋律、和声和节奏、仪器仪表、编排、安排和歌词。

6.5.1　伪代码的功能

伪代码并非一种计算机语言,而更像一种人们用来说明操作的便捷语言。虽然伪代码并没有特定的语法规则,但必须要表示出下面的概念。

1. 变量
出现在伪代码算法中的名字,引用的是内存中存储值的位置。这些名字要能反映出它存放的值在算法中的角色。例如,变量 sum 可以用来表示一个集合中其他值的和。

2. 赋值
如果有了变量,就要有把值放入变量的方法。可以采用下面的语句:

Set sum to 0

171

把一个值存放到变量 sum 中。另一种表示同一概念的方法是使用反向箭头(←):

sum <— 1

如果用赋值语句把值赋给变量,那么之后如何访问它们呢?可以用下面的语句访问 sum 和 num 中的值:

Set sum to sum + num

或

sum <— sum + num

存放在 sum 中的值加上存放在 num 中的值，结果存放在 sum 中。因此，当变量用于 to 或者←右边时，就能访问变量的值。当变量用于 Set 后或←的左边时，就会向其中存入一个值。

存入变量的值可以是单个的值（如0），也可以是由变量或操作符构成的表达式（expression）（如 sum + num）。

3. 输入 / 输出

大多数计算机程序只处理某种类型的数据，所以必须能够从外部世界向计算机中输入数据值，还要能把结果输出到屏幕上。我们可以使用 write 语句进行输出，使用 read 语句进行输入。

```
Write "Enter the number of values to read and sum"
Read num
```

双引号之间的字符叫作字符串（string），它们告诉了用户要输入什么或者要输出什么。究竟采用 Display 还是 Print 是无关紧要的，它们都等价于 Write，Get 和 Input 都与 Read 同义。记住，伪代码算法是写给人们看的，以便之后可以把它们转换成程序设计语言。不仅对于你自己，对于要理解你所写的算法从而把它转换成程序的其他人来说，在一个项目中保持使用一致的单词是一种好习惯。

最后两个输出语句说明了重要的一点：

```
Write "Err"
Write sum
```

第一条语句把双引号之间的字符输出到屏幕上，第二条语句把变量 sum 中的内容输出到屏幕上。sum 中的值并未改变。

4. 选择

用选择结构可以选择执行或跳过某项操作。此外，用选择结构还可以在两项操作之间进行选择。选择结构使用括号中的条件决定执行哪项操作。例如，下面的伪代码段将输出和或错误信息。

```
// Read and sum three numbers
IF (sum < 0)
    Print error message
ELSE
    Print sum
// Whatever comes next
```

同样，这里使用缩进对语句进行分组（在这个例子中只有一组）。控制将返回到没有缩进的语句。符号"//"用于加注释，它并不是算法的一部分。

这个版本的选择结构叫作 if-then-else 版本，这是由于算法在两种操作中进行选择。而 if-then 版本则是用于操作执行或跳过。如果不论任何情况都输出 sum，就应该用这个版本的选择结构。

```
// Read and sum three numbers
IF(sum < 0)
    Print error message
Print sum
// Whatever comes next
```

5. 重复

使用重复结构可以重复执行指令。比如在求和问题中，计数器被初始化、检验并增加。伪代码允许我们概述算法，所以这部分就变得易于理解。和选择结构一样，在 WHILE 旁边的圆括号中的表达式是一个判断，如果判断成立，缩进中的语句将被执行，如果不成立，就会跳过缩进中的语句，直接执行下一个非缩进语句。

```
Set limit to number of values to sum
WHILE (counter < limit)
    Read num
    Set sum to sum + num
    Set counter to counter + 1
// Rest of program
```

173

WHILE 和 IF 旁边的括号里的表达式是**布尔表达式**（boolean expression），其结果可为真或假。在 IF 中，如果表达式为真，则执行接下来的缩进代码块，若表达式为假，则跳过缩进代码块，如果存在 ELSE 则执行其下面的缩进代码块。在 WHILE 中，如果表达式为真，则执行缩进代码块。如果表达式为假，则跳到下一个不缩进的执行语句。将 WHILE、IF 和 ELSE 大写是因为这些语句通常直接使用在很多编程语言中，在计算领域中它们有特殊的含义。

布尔表达式（boolean expression）：评价为真或假的表达式。

表 6-1 总结了这些伪代码语句。

表 6-1 伪代码语句

结构	含义	示例
变量	表示存储值或从中提取值的指定位置	sum, total, counter, name
赋值	把值存入变量	Set number to 1 number <— 1
输入 / 输出	输入：读入一个值，可能是从键盘读入的 输出：可能在屏幕上显示一个变量或一个字符串的内容	Read number Get number Write number Display number Write "Have a good day"
重复（迭代、循环）	只要条件满足，就重复执行一条或多条语句	While (condition) // Execute indented statement(s)

if-then 选择	如果条件满足，就执行缩进的语句；如果条件不满足，就跳过缩进的语句	IF (newBase = 10)
		    Write "You are converting "
		    Write "to the same base."
		// Rest of code

if-then-else 选择	如果条件满足，就执行缩进的语句；如果条件不满足，则执行 Else 之后的缩进语句	IF (newBase = 10)
		    Write "You are converting "
		    Write " to the same base."
		ELSE
		    Write "This base is not the "
		    Write "same."
		// Rest of code

174

读取两个值并求它们的和，当和为负数时打印错误消息，下面是伪代码算法程序：

```
Set sum to 0
Read num1
Set sum to sum + num1
Read num2
Set sum to sum + num2
If (sum < 0)
    Write "Error"
ELSE
    Write sum
```

输入一定数量的数，读取每个数的值，并输出它们的和，下面是伪代码算法程序：

```
Set counter to 0
Set sum to 0
Read limit
While (counter < limit)
    Read num
    Set sum to sum + num
    Set counter to counter + 1
Print sum
```

请注意，一个伪代码语句可以被翻译成多种汇编语言语句。

6.5.2   执行伪代码算法

在第 2 章中我们介绍了一个算法可以把十进制数字系统转化为其他进制数字的算法。我们把这个算法表达为伪代码形式供大家了解。

```
While (the quotient is not zero)
    Divide the decimal number by the new base
    Set the next digit to the left in the answer to the remainder
    Set the decimal number to the quotient
```

为了帮助我们回忆，我们用这个算法把十进制数 93 转换成八进制数。用 8（新基数）除 93，商为 11，余数为 5。这是第一轮除法，5 成为结果的个位数。最初的十进制数（93）将被商 11 替换。由于商不为 0，所以用 8 除 11，商为 1，余数为 3。数字 3 成为结果中 5 左边的数字，临时结果即 35。当前的十进制数（11）将被商 1 替换。由于商不为 0，所以继续用 8 除它，商为 0，余数为 1。数字 1 成为结果中最左边的一位数，即结果为 135。由于商为 0，整个过程结束。

这样一段叙述非常复杂，因此首先对计算总结如下：

除法	商	余数	答案
93/8	11	5	5
11/8	1	3	35
1/8	0	1	135

让我们再次从头开始，给需要存储的值一个名字，即 *decimalNumber*、*newBase*、*quotient*、*remainder* 和 *answer*。我们用指定的方框来描述这些数据项，方框中是它们的值。如图 6-5a 所示。对于内容未知的方框，其中放置的是问号。

在执行算法的时候，我们赋予数值以名字，并且填写这些数值。算法从询问 *quotient* 中的值是否为 0 开始。现在假设它不为 0，后面再讨论这一点。图 6-5b 展示的是第一次循环后（即 8 除 93）的结果。由于商为 11，所以要重复这一过程。图 6-5c 展示的是这次循环后的值。由于商不为 0，所以用 8 除 1，结果显示在图 6-5d 中。现在商为 0，整个过程结束。

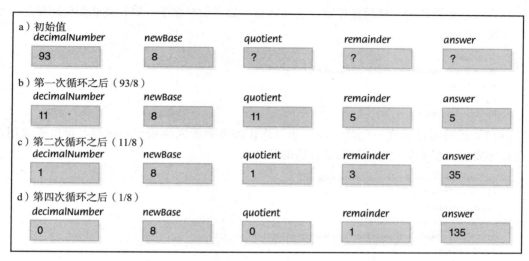

图 6-5　走查转换算法

176

其中一个方框 decimalNumber 最初存放的是这个问题的初始值，即要转换的数。在计算机算法中，必须给出指令，要求某人通过键盘输入这个值（这叫作提示（prompt））。方框 newBase 在整个过程中都没有改变，但是它也需要从键盘输入，因为这个算法就是要把十进制数转换成另一种基数的值，所以必须给这个问题输入新基数（在这个例子中是 8）。

在开始走查这个算法时，我们知道 quotient 尚未开始计算，所以可以假设它不为 0。在计算机执行的算法中，必须确保商不为 0，所以必须在算法的开头把它设置为非 0 的值。

下面把该算法重写成计算机可以执行的算法。DIV 是一个操作符，返回的是十进制的商；REM 也是一个操作符，返回的是十进制的余数。

```
Write "Enter the new base"
Read newBase
Write "Enter the number to be converted"
Read decimalNumber
Set answer to 0
Set quotient to decimal number
While (quotient is not zero)
    Set quotient to decimalNumber DIV newBase
    Set remainder to decimalNumber REM newBase
    Make the remainder the next digit to the left in the answer
    Set decimalNumber to quotient
Write "The answer is ", answer
```

潘多拉是什么?

　　潘多拉是一个音乐流公司，它根据每一位聆听者的喜好而定制音乐。潘多拉使用音乐基因组计划的结果来选择倾听者可能会喜欢的曲子。在 2018 年早些时候，潘多拉有 7.8 亿活跃用户，其中 550 万订阅了服务。你听潘多拉吗？[4,11]

6.5.3 写伪代码算法

在这里，我们将通过一个小规模的算法开发过程来说明使用的策略。在第 7 章中，我们会编写更具深度的算法。

读入一些正数数对，然后按序输出这些数对。如果数对多于一对，就必须使用循环。下面是该算法的初稿：

```
While (not done)
    Write "Enter two values separated by a blank; press return"
    Read number1
    Read number2
    Print them in order
```

如何知道何时停止呢？也就是说，如何终止程序中所说的 not done 呢？可以要求用户告诉程序要输入多少个数对。下面是算法的第二稿：

```
Write "How many pairs of values are to be entered?"
Read numberOfPairs
Set pairsRead to 0
While (pairsRead < numberOfPairs)
    Write "Enter two values separated by a blank; press return"
    Read number1
    Read number2
    Print them in order
```

如何判断数对的顺序呢？可以用条件结构比较它们的值。如果 number1 小于 number2，则先输出 number1，再输出 number2。否则，就先输出 number2，再输出 number1。在完成算法前，是不是忘了什么呢？ numberRead 的值从未改变过！必须增加 numberRead 的值。

```
Write "How many pairs of values are to be entered?"
Read numberOfPairs
Set numberRead to 0
While (numberRead < numberOfPairs)
    Write "Enter two values separated by a blank; press return"
    Read number1
    Read number2
    If (number1 < number2)
        Print number1 , " " , number2
    ELSE
        Print number2 , " " , number1
    Set numberRead to numberRead + 1
```

在写此算法的过程中，我们采用了 2 个主要的策略。我们问了问题并推迟了细节。问问题是我们大多数人都熟悉的策略。推迟细节则是首先给任务一个名称，然后再补充细节来完成这个任务。也就是说，我们首先用 more pairs 和 print them in order 来编写算法代码，然后补充细节以完成这个任务。

在没有测试之前，算法都不算完成。可以采用基于模拟基数转换算法的方法来测试算法：可以选择数值，用纸和笔进行代码走查。这个算法有四个变量需要跟踪，即 numberOfPairs、numberRead、number1 和 number2。假设用户输入了下面的数据：

```
3
10  20
20  10
10  10
```

图 6-6a 显示了循环开始时各个变量的值。numberRead 小于 numberOfPairs，所以进入循环。显示提示信息，读入两个数。number1 是 10，number2 是 20，所以 if 语句执行 then 分支，输出 number1，之后是 number2。给 numberRead 加 1。图 6-6b 显示的是第一次重复结束时的值。numberRead 仍然小于 numberOfPairs，所以重复执行这段代码。显示提示信息，读入两个数。number1 是 20，number2 是 10，所以执行 else 分支，输出 number2，之后是 number1。给 numberRead 加 1，图 6-6c 显示的是第二次迭代结束时变量的值。

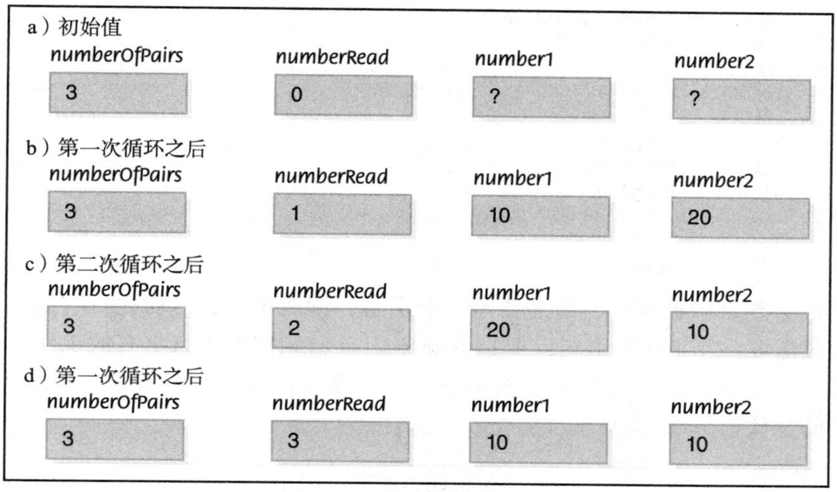

图 6-6 数对算法的走查

numberRead 小于 numberOfPairs，所以重复执行这段代码。显示提示信息，读入两个数。number1 是 10，number2 是 10。由于 number1 不小于 number2，所以执行 else 分支。输出 number2，之后是 number1。由于两个值相同，所以它们的输出顺序无关紧要。给 numberRead 加 1。现在 numberRead 不再小于 numberOfPairs，所以代码不再重复。

这一过程叫作**桌面检查**（desk checking）。我们坐在桌子前，用纸和笔走查整个设计。在推理设计时，采用真实的数值来跟踪发生的情况非常有用。这种方法虽然简单，但却极其有效。

> **桌面检查**（desk checking）：在纸上走查整个设计。

6.5.4 翻译伪代码算法

在第 1 章中我们描述了随着时间的推移语言层的产生。在这一章，我们开始从机器语言（最低层）进一步上升到汇编语言。如何翻译伪代码算法取决于我们将算法翻译成哪种语言。在这里，由于汇编语言的范围是有限的，所以一个伪代码语句需要几个 Pep/9 语句。

我们把算法写为交互式程序，也就是说，程序要求用户做一些事情。在这种情况下，第一个指令是写一个请求要用户输入对的数量。这在高级语言中是非常简单的，但是在 Pep/9 中要复杂很多。首先我们要使用 .ASCII 伪操作设置消息，然后创建代码将这个消息写出来。把消息缩短为"Enter number"。STRO 指令是用来打印消息的，我们之前并没有使用过。

```
mesg1:    .ASCII    "Enter number\x00"    ; First message
...
          STRO      mesg1                 ; Write message
```

读取对的数量可以通过一个 Pep/9 语句来实现，通过一个伪操作将读取的数字设置为 0。将数字读入寄存器 A，建立循环并比较该数字与要读取的数字。一旦进入循环，将给用户第二条指令。让我们把这些碎片拼凑起来。

```
          BR        main
mesg1:    .ASCII    "Enter number\x00"  ;
mesg2:    .ASCII    "Enter pairs\x00"   ;
numRead:  .WORD     0x00                ;
numPairs: .BLOCK    2                   ;
number1:  .BLOCK    2                   ;
number2:  .BLOCK    2                   ;
main:     STRO      mesg1,d             ;
          DECI      numPairs,d          ;
begin:    STRO      mesg2,d             ;
          ...
          BR        begin               ;
```

现在我们必须翻译循环体，这需要写一个消息，读两个值，然后比较它们。最初的两个任务每个仅仅需要一个 Pep/9 语句，但是 if-then-else 语句需要进行更多的工作。必须写代码来打印两个语句，在每一个代码块中都要给第一个指令命名，然后确定哪一块应该被执行。我们将剩下的步骤留作练习。

认证和许可

认证是非政府组织给予满足其组织要求规定的个体识别资格的过程。许可是一个政府资助的法律权威，这并不是自愿的。几乎任何向公众提供服务的人都需要许可或认证，而计算机专业人员则不需要。

Konrad Zuse

Konrad Zuse 于 1910 年 6 月 22 日出生在柏林。[5]他上了人文中学，并在柏林工业大学学习了土木工程。毕业以后他为福特汽车公司工作了一段时间，接着到运输设备制造商 Henschel & Son 工作。[6]

1935 年，Zuse 在其父母的公寓中开始着手建造可以取代工程中大量烦琐计算的机器。他的首次尝试是 Z1，这台机器有一个浮点二进制机械计算器。Zuse 在 1936 年的专利申请比冯·诺伊曼架构早了 9 年，而这个发明可以在存储器中更改程序和数据。[7]Zue 曾短暂地在德国步兵部队服役，但是最终成功说服军队让他重返计算机制造业。[8]

在 1936 到 1945 年间，Zuse 继续在 Z1 的基础上改进，得到 Z2、Z3、Z4。Z1 及其原先的设计蓝图在二战英国的一次空袭中损毁。由于二战，Zuse 的工作几乎是完全孤立的，对于 Turing、Atanasoff、Eckert 和

© Karl Staedele/dpa/Corbis

Mauchly 的工作一无所知。

　　1946 年，Zuse 建立了世界上最早的计算机公司，而在 1949 年他建立了第二家计算机公司。Zuse KG 生产 Z4 并将它交给了 ETH Zurich，而 Z4 也成了世界上第一台商用计算机。Zuse KG 总共建造了 251 台计算机，最终被出售给了西门子公司。

　　在建造 Z4 的时候，Zuse 意识到使用机器码编程过于复杂。而随着战争的升温，他不得不从柏林逃到乡村，也就没有了可以继续工作的硬件支持。在那里他设计出了第一个高级编程语言 Plankalkul（Plan Calculus）。尽管它从未实现，但是这是对于通用编程语言的第一次尝试。

　　20 世纪 80 年代末，在西门子和其他五家计算机公司的支持下，Zuse 开始了对 Z1 的重建工作，修复过的 Z1 至今仍陈列在柏林的德国科技博物馆中。

　　Konrad Zuse 于 1945 年 1 月和 Gisela Brandes 举行了正式的婚礼。这对夫妇有 5 个孩子。Zuse 于 1995 年 12 月 18 日在德国逝世。他的 100 岁诞辰纪念会上展出了他的藏品、讲稿以及工作车间，以缅怀这位计算机先驱。

181

6.6　测试

　　我们测试程序的方法很简单，即执行程序，看它们是否生成了预期的结果。但是，测试远不止运行一次程序这么简单。

　　如何测试以及测试什么基于程序做什么、程序如何被使用，以及正确的程序的重要性。

　　几乎所有的程序都会有错误，这是事实。程序员在实际编写程序的时候会犯下错误，然后找到并修复它们。有趣的是，程序是否有错可能是依赖于评估的人员。终端用户是最了解程序的用途的，因此可能会和程序设计师有不同的见解。程序设计师可能会从另一个方面去看待问题。程序可能"有用"，但是如果它不能够解决终端用户需要解决的问题，那么他就不是正确的。

　　到此，我们将会根据程序原先的目的，来判断它直观的正确性。

　　如何测试一个特定的程序以确定它的正确性呢？我们将设计和实现一个**测试计划**（test plan）。所谓测试计划，就是一个文档，说明了要全面测试程序需要运行的次数以及运行程序使用的数据。每套输入的数据值称为**测试用例**（test case）。测试计划要列出选择这套数据和数据值的原因，还要列出每套数据预期的输出是什么。

　　测试用例一定要慎重选择。有几种测试方法可以作为测试过程的指导。**代码覆盖测试法**（code-coverage testing）设计的测试用例会确保程序中的每条语句都能被执行到。因为测试者能够看到代码，所以这种方法又叫作**明箱测试法**（clear-box testing）。**数据覆盖测试法**（data-coverage (black-box) testing）是另一种测试方法，它设计的测试用例会确保包括允许使用的数据的边界值。由于这种方法是基于输入的数据，而不是基于代码，所以它又叫作**暗箱测试法**（black-box testing）。常用的测试法是结合这两种方法。

　　测试计划实现（test-plan implementation）要运行测试计划中列出的所有测试用例，并记录运行结果。如果结果与预期不符，则必须重新审查设计，找出并纠正其中的错误。当每种测试用例都给出了预期的结果时，这个过程将结束。注意，实现测试计划让我们对程序的正确性有了信心，但可以确定的只是程序对测试用例能够正确地运行。因此，测试用例的质量极其重要。

测试计划（test plan）：说明如何测试程序的文档。

代码覆盖（明箱）测试法（code-coverage (clear-box) testing）：通过执行代码中的所有语句测试程序或子程序的测试方法。

数据覆盖（暗箱）测试法（data-coverage (black-box) testing）：把代码作为一个暗箱，基于所有可能的输入数据测试程序或子程序的测试方法。

测试计划实现（test-plan implementation）：用测试计划中规定的测试用例验证程序是否输出了预期的结果。

[182]

在读入两个数字并对它们求和这个程序中，明箱测试法只包括两个数据值。这个程序没有测试候选数据的条件语句。但是，仅仅使用明箱测试法是不够的，因为我们需要尝试正数和负数。读入的数字将存储在一个字中。虽然在问题中没有把数值的范围限制在 $-2^{15}-1$ 和 $+2^{15}-1$ 之间，但是实现却具有这样的限制。在测试计划中，我们应该尝试边界值，不过由于要对它们求和，所以还需要确保它们的和不超出 $-2^{15}-1$ 到 $+2^{15}-1$ 这个范围。

采用该测试用例的原因	输入值	预期的输出	观察到的输出
假设：输入值小于等于 2^{15} 并且大于等于 -2^{15}			
输入两个正数	4，6	10	10
输入两个负数	-4，-6	-10	-10
输入正负混合的数	4，-6	-2	-2
	-4，6	2	2
输入大数	32 767，-1	32 766	32 766

要实现这个测试计划，需要运行程序 5 次，每次采用一套测试用例。结果要记录在"观察到的输出"列中，这就是我们所期望的，也增加了我们对于这个程序会如期运行的信心。如果任何观察到的输出和期望不同，那么我们就应该寻找测试用例没有覆盖到的问题。

小结

计算机能够存储、检索和处理数据。用户可以把数据输入计算机，计算机能够显示数据，使用户看到它们。在最底层抽象中，给机器的指令直接反映了这 5 种操作。

[183]

计算机的机器语言是一套机器的硬件能够识别并执行的指令。机器语言程序是一系列用二进制编写的指令。Pep/9 是一台具有寄存器 A 和两部分指令的虚拟机，一部分指令说明要执行的动作，另一部分指令要使用的数据（如果有）的位置。使用 Pep/9 指令集编写的程序可以使用模拟器运行，模拟器是一个像 Pep/9 计算机的程序。

Pep/9 汇编语言是一种使用助记码而不是二进制数表示的指令。用汇编语言编写的程序将被翻译成等价的机器语言，然后用 Pep/9 模拟器执行。

伪代码是人们为了表示算法而使用的一种便捷形式的语言，允许用户命名变量（存放值的空间）、把数值输入变量以及输出存储在变量中的值。使用伪代码还可以描述重复执行或选择的动作的算法。在算法设计中，问问题和推迟细节是用到的两种解决问题的策略。

与算法一样，程序也需要测试。代码覆盖测试法通过仔细检查程序的代码来决定程序的输入。数据覆盖测试法则通过考虑所有可能的输入值来决定程序的输入。

[184]

道德问题：软件盗版

你有没有借过朋友的最新软件来更新自己的操作系统，或者只花 50 美元就买了非常复杂的软件，你会不会忽略自己的怀疑"会有这么好的事情吗"？对于复制、下载和转卖软件的毫不在乎的态度使软件盗版成为计算机业的一个严重问题。Business Software Alliance 在 2018 年所做的一项报告表明，尽管盗版软件率在前几年出现了轻微的下滑，但是由于盗版软件中的恶意软件而造成的潜在的毁灭性影响仍在继续，每年都会给公司造成近 3590 亿美元的损失 [9]。

所谓软件盗版（software piracy），就是非法复制取得了版权的软件，或者违反了软件许可中的协议条款。软件许可是列出了用户使用购买软件需要遵守的条款的文档。如果软件是从朋友那里借的，或者在多台机器上下载了同一个软件，那么你就没有遵守协议，事实上，是违反了法律。

为什么软件需要版权呢？与一个想法或一个书面作品不同，软件具有功能性。软件这种独特的属性使它有别于其他形式的知识产权，并复杂化了它对版权的需求。虽然有许多程序都是开放源代码的，如 Linux 操作系统，但是像微软这样的公司仍然选择保护自己的代码。为软件取得版权是保护代码的唯一方式。

谁参与了软件盗版？在印度尼西亚，这个比率是 84%，在俄罗斯为 64%。而美国只有 17%，但是软件的价格比其他所有的国家都高（91 亿美元）。[10]

从许多方面来看，尊重软件版权（如果不是开源代码）还是很重要的。根据 IDC 研究总监 John Gantz 的研究表明，在未来 4 年中降低盗版率 10 个百分点就可以创造将近 500 000 个新工作，并且为境况不佳的经济形势提供 1400 亿美元的收入。[11]

使用盗版软件的另一个危害是可能使用户遭受病毒的侵害。从朋友那里"借"软件的用户实际上是在剽窃，这种行为会造成严重的后果。

185

关键术语

算法（algorithm）

汇编器（assembler）

汇编器指令（assembler directive）

汇编语言（assembly language）

布尔表达式（boolean expression）

分支（branch）

代码覆盖（明箱）测试法（code-coverage (clear-box) testing）

注释（comment）

桌面检查（desk checking）

数据覆盖（暗箱）测试法（data-coverage (black-box) testing）

标签（label）

装入程序（loader）

机器语言（machine language）

伪代码（pseudocode）

测试计划（test plan）

测试计划实现（test-plan implementation）

虚拟机（virtual computer (machine)）

练习

判断练习 1 ~ 15 中说法的对错：

A. 对　　　　　B. 错

1. 可以在指令寄存器中执行算术运算。

2. 可以在寄存器 A 中执行算术运算。

3. 可以在累加器中执行算术运算。

4. LDBA 0x008B,i 就是将 008B 载入寄存器 A。

5. ADDA 0x008B,i 就是将 008B 中的内容加到寄存器 A。

6. 程序计数器和指令寄存器是同一个内存单元的两个名字。

7. 寄存器 A 和累加器是同一个内存单元的两个名字。

8. 指令寄存器的长度是 3 字节。

9. 程序计数器的长度是 3 字节。

10. 分支指令 BR 分支到指定的操作数说明符位置。

11. 指令说明符的长度是 1 字节。

12. 如果要载入累加器的数据存储在操作数中，则指令说明符是 000。

13. 如果累加器中的数据要存入操作数指定的内存单元，则指令说明符是 000。

14. 所有的 Pep/9 指令都占用 3 字节。

15. 循环中最少需要一个分支指令。

根据下列（十六进制的）内存状态，找出与练习 16 ~ 20 中的问题匹配的答案。

```
0001    A2
0002    11
0003    00
0004    FF
```

a) A2 11   b) A2 12

c) 00 02   d) 11 00

e) 00 FF

16. 执行下列指令后，寄存器 A 中的内容是什么？
C1 00 01

17. 执行下列指令后，寄存器 A 中的内容是什么？
C1 00 02

18. 执行下列两条指令后，寄存器 A 中的内容是什么？
C0 00 01
60 00 01

19. 执行下列两条指令后，寄存器 A 中的内容是什么？
C1 00 01
60 00 01

20. 执行下列两条指令后，0001 位置中的内容是什么？
C1 00 03
E0 00 01

练习 21 ~ 60 是程序或简答题。

21. 我们说一台计算机是可编程的设备，这句话是什么意思？

22. 列出任何机器语言都必须具备的 5 种操作。

23. 每一个机器语言指令可以执行多少个低级语言任务？

24. 什么是虚拟机？根据 Pep/9 计算机讨论这个定义。

25. Pep/9 中的指令包含多少字节？

26. 请描述这一章中介绍的 Pep/9 CPU 的特性。

27. 如果寻址说明符如下，数据（操作数）存放在什么地方？
a) 000   b) 001

28. 我们讨论了两种模式说明符，一共有几种？

29. 请区分 IR（指令寄存器）和 PC（程序计数器）。

30. 对 Pep/9 的内存编址需要多少位？

31. 在不改变指令格式的情况下，需要添加多少内存单元？证明你的答案。

32. 有些 Pep/9 指令是一元的，只有 1 字节，其他指令需要 3 字节。根据这一章介绍的指令，定义只需要 2 字节的指令是否有用？

33. 执行下列两条指令的结果是什么？
```
0001 D0 00 48
0004 F1 FC 16
```

34. 执行下列两条指令的结果是什么？
```
0001 D0 00 07
0004 70 00 02
```

35. 用 Pep/9 机器语言编写程序输出 "go"。

36. 用 Pep/9 汇编语言编写程序输出 "go"。

37. 用 Pep/9 机器语言编写程序输出 "home"。

38. 用 Pep/9 汇编语言编写程序输出 "home"。

39. 请解释 Pep/9 是如何进行输入和输出的。

40. 请区分 Pep/9 菜单中的选项 Assemble、Load 和 Execute (run)。

41. 虽然下面的程序可以运行，但是对于某些输入值，会产生奇怪的情况。你能找出其中的 bug 吗？

```
        BR      main
sum:    .WORD   0x0000
```

```
num1:    .BLOCK    1
num2:    .BLOCK    1
num3:    .BLOCK    1
main:    LDWA      sum,d
         DECI      num1,d
         DECI      num2,d
         DECI      num3,d
         ADDA      num3,d
         ADDA      num2,d
         ADDA      num1,d
         STWA      sum,d
         DECO      sum,d
         STOP
         .END
```

42. 纠正练习 41 中的错误。

43. ASCII 伪操作的目的是什么？

44. 编写一个伪代码算法，读入三个值，输出用第一个值与第三个值的和减去第二个值的结果。

45. 用 Pep/9 汇编语言程序实现练习 44 中的算法。

46. 为练习 45 中的程序编写并实现测试计划。

47. 用汇编语言设计并实现一个算法，读入四个值，输出它们的和。

48. 为机器语言程序编写的测试计划适用于同一个解决方案的汇编语言版本吗？请解释你的答案。

49. 请区分伪操作 .BLOCK 和 .WORD。

50. 请区分汇编语言的伪操作和助记码指令。

51. 请区分基于代码覆盖的测试计划和基于数据覆盖的测试计划。

52. 在 Pep/9 控制台上哪个按钮在键盘输入时需要点击？

53. 请为下列指令编写 Pep/9 汇编语言语句。

　　a）如果累加器为 0，跳转到 Branch1。

　　b）如果累加器是负数，跳转到 Branch1。

　　c）如果累加器是负数，跳转到 Branch1；如果累加器不是负数，则跳转到 Branch2。

54. 写一段伪代码算法，读入一个姓名后输入 "Good Morning"。

55. 写一段伪代码算法，读入三个整数，并按顺序输出。

56. 在练习 55 的设计基础上附上一个循环，实现直到用户输入的第一个数字为负数时才读入这三个数字。

57. 重写练习 56 中的算法，实现用户只能输入一个负数来停止（即第二个和第三个数字并没有输入）。

58. 请区分伪代码和伪操作。

59. 表达伪代码必要的格式是什么？

60. 请区分循环结构和选择结构。

思考题

1. 你喜欢进行汇编语言程序设计吗？你认为什么个性的人适合这种烦琐的工作？

2. 我们通过把汇编语言程序翻译成机器语言程序演示了翻译过程。仔细研究练习 45 的答案。回想汇编器程序必须执行的步骤。你认为需要查看每条汇编语言指令一次还是两次才能完成翻译操作？试着说服你的朋友你是正确的。

3. 如果一个人有两台同类型的计算机，那么购买一个软件副本并把它安装在两台机器上是道德的吗？如果回答"是"，论据是什么？如果回答"不是"呢？

4. 有没有人向你借过软件？你认为他们复制这个软件了吗？

问题求解与算法设计

在第 6 章，我们看到了机器代码是一种用二进制数字表示操作的代码，而汇编代码则是使用助记码表示操作。汇编语言是迈向正确道路的第一步，但是程序员还必须考虑各自的机器指令。我们还介绍了伪代码，这是一种为表达算法而设计的人工语言。在这一章我们要开始简要讨论总体上如何解决问题。

有些时候，计算机科学被定义为算法的研究及其在计算机中的高效实现。本章的重点是算法，即它们在解决问题、开发策略、采用和测试的技术中的作用。我们选择经典搜索和排序算法来讨论算法。

因为算法是在数据层面上操作，所以我们检查构造数据的方法，从而可以使数据处理更为高效。

目标

学完本章之后，你应该能够：

- 结合 Polya 提出的如何解决问题的列表，描述计算机问题求解的过程。
- 区分简单类型与复合类型。
- 描述三种复合数据结构机制。
- 认识递归问题，编写一个递归算法解决该问题。
- 区分无序数组与有序数组。
- 区分选择排序与插入排序。
- 描述快速排序算法。
- 亲自对一个数组中的值进行选择排序、冒泡排序、插入排序与快速排序。
- 使用二分检索算法。
- 通过一些列数值进行手工模拟来证明你对本章中算法的理解。

7.1　如何解决问题

1945 年，George Polya 写了一本书，名为 *How to Solve It: A New Aspect of Mathematical Method*（《如何解决它：数学方法的新视点》）。[1] 尽管这本书写于 70 多年前，当时计算机还处于试验阶段，但是其中关于问题求解过程的描述则非常经典。图 7-1 总结了这一过程。

Polya 的书的经典之处在于，他的"如何解决它"这个列表是普遍适用的。虽然是在解决数学问题这个背景下编写的，但是如果把文字未知量换成问题，把数据换成信息，把定理换成解决方案，那么这个列表就完全适用于各种类型的问题。当然，其中的第二步（找到信息和解决方案之间的联系）是问题求解的核心。让我们仔细看看 Polya 列表建议的几点策略。

如何解决它

理解问题

| 第一步
你必须理解问题。 | 未知量是什么？数据是什么？条件是什么？条件有可能满足吗？条件足够决定未知量吗？抑或条件不够决定未知量吗？抑或条件是多余的？抑或条件是与未知量矛盾的？绘制一幅图，引入合适的符号，把条件分割成多个部分。能把它们写下来吗？ |

设计方案

| 第二步

找到数据和未知量之间的联系。如果找不到直接的联系，则可能需要考虑辅助问题。最终，应该得到解决方案。 | 以前见过这个问题吗？或者以前见过形式稍有不同的问题吗？
知道相关的问题吗？知道可能解决这个问题的定理吗？仔细研究未知量，试想一个所熟悉的、具有同样未知量或类似未知量的问题。
有一个曾经解决过的相关问题。可以使用它吗？可以使用它的结果吗？可以使用它的方法吗？为了使用它，需要引入辅助元素吗？能重述问题吗？能换一个方式叙述问题吗？回到定义。如果不能解决这个问题，先尝试解决一些相关的问题。可以想象一个比较容易解决的相关问题吗？一个更普适的问题？一个更专用的问题？一个相似的问题？可以解决部分问题吗？只保留一部分条件，舍弃其他条件；未知量又明确了多少；它是如何变化的？能从数据得到一些有用信息吗？可以想出另外一些能够确定未知量的数据吗？可以改变未知量或数据，或者同时改变两者使新数据和新的未知量更接近吗？是否使用了所有数据？是否使用了所有条件是否考虑到了该问题涉及的所有关键概念？ |

执行方案

| 第三步
执行方案。 | 执行解决方案，检查每个步骤。可以清楚地看到每个步骤都正确吗？可以证明它是正确的吗？ |

回顾

| 第四步
分析得到的解决方案。 | 能检查结果吗？能检查参数吗？可以得到不同的结果吗？看到过这些结果吗？可以用这个结果和方法解决其他问题吗？ |

注：转载自 Polya, G 的 *How to resolve It.* 1945 年普林斯顿大学出版社版权所有。1973 年帕普出版社改版。经普林斯顿大学出版社许可转载。

图 7-1　Polya 的"如何解决它"列表　　192

7.1.1　提出问题

如果口头给你一个问题或任务，通常你会提问，直到自己完全明白了要做什么为止。在任务完全明确之前，你会问何时、为什么、在哪里之类的问题。如果给你的指令是书面的，那么你可能会在空白的地方加个问号，用下划线标出一个单词、一组单词或一个句子，或者用其他方法标示出任务中不明确的地方。也许后面的段落会对你的问题给出答案，也许你必须和提出任务的人进行讨论。如果任务是你自己设置的，那么提出问题的方式不会是口头的，而是下意识的。

下面是一些你应该问的典型问题：

- 对这个问题我了解多少？
- 解决方案是什么样的？
- 存在什么特例？
- 我如何知道已经找到解决方案了？

George Polya

George Polya 于 1887 年 12 月 13 日出生在布达佩斯。虽然他是闻名于世的数学家，但他在年少时并没有很早地显示出对数学的兴趣。他给三位中学数学老师留下的印象是"两个很拙劣，一个还好"。

1905 年，Polya 进入布达佩斯大学，在妈妈的坚持下，开始研习法律。经过一个枯燥乏味的学期后，他决定改学语言和文学。虽然他具有拉丁语和匈牙利语的教学执照，但却从来没用过。之后，他对哲学产生了兴趣，作为哲学研究的一部分，他上了数学课和物理课。最后，他选择了数学，用他自己的话说，"我太擅长哲学，但不擅长物理，数学则居于两者之间"。1912 年，他获得了数学博士学位，从而开始了自己的职业生涯。

Polya 曾经在哥廷根大学、巴黎大学和苏黎世的瑞士技术联合会（Swiss Federation of Technology）执教并进行研究工作。在苏黎世时，他教过 John von Neumann，他对 von Neumann 的评价是"Johnny 是唯一一个曾经令我感到害怕的学生。如果我在课堂上陈述了一个未解决的问题，那么很可能一下课他就会来找我，交给我一些小纸片，上面潦草地写着那个问题的完整解决方案。"

像许多欧洲人一样，德国的政治环境迫使他于 1940 年移居到了美国。在 Brown 大学教授了两年的课程后，他移居到 Palo Alto，开始在斯坦福大学授课，并在此度过了余下的职业生涯。

Polya 的研究和出版物涉及数学中的多个领域，包括数论、组合数学、天文学、概率论、积分函数和偏微分方程的边值问题。以他的名字命名的 George Polya 奖是为了那些出色地应用了组合理论的人而设立的。

然而，在 George Polya 为数学做出的所有贡献中，他最自豪的也是让人们记忆最深刻的是他为数学教育所做的贡献。他于 1945 年出版的著作《如何解决它》（*How to Solve It*）销量过百万，而且被翻译成了 17 种语言。在这本书中，Polya 概述了为数学问题设计的问题求解策略。但是，这个策略具有通用性，适用于求解各种问题。Polya 的策略正是本书概述的计算机问题求解策略的基础。1954 年出版的《数学和似真推理》（*Mathematics and Plausible Reasoning*）是他献给数学教育的另一本著作。他不仅为数学教育撰写书籍，还醉心于数学教学。他是海湾地区学校的常客，而且访问过西部各州的大多数大学。爱达荷大学的数学中心就是以他的名字命名的。

1985 年 9 月 7 日，George Polya 在 Palo Alto 逝世，享年 97 岁。

7.1.2　寻找熟悉的情况

永远不要彻底重新做一件事。如果解决方案已经存在了，就用这种方案。如果以前曾经解决过相同或相似的问题，只需要再次使用那种成功的解决方案即可。通常，我们意识不到"我以前见过这种问题，我知道该如何处理它"，而只是苦苦求索。人类是擅长识别相似的情况的。我们根本不必学习如何去商店买牛奶，然后买鸡蛋，再买糖果。我们知道，去商店购物这件事都是一样的，只是买的东西不同罢了。

识别相似的情况在计算领域内是非常有用的。在计算领域中，你会看到某种问题不断地以不同的形式出现。一个好的程序员看到以前解决的任务或者任务的一部分（子任务）时，会直接选用已有的解决方案。例如，找出一个温度列表中每天的最高温和最低温与找出一个测验列表中的最高分和最低分是完全相同的任务，想得到的不过是一个数字集合中的最大值和最小值而已。

7.1.3　分治法

通常，我们会把一个大问题划分为几个能解决的小单元。打扫一栋房子或一个公寓的任务看起来很繁重，而打扫起居室、餐厅、厨房、卧室和浴室的独立任务看起来就容易多了。这项原则尤其适用于计算领域：把大的问题分割成能够单独解决的小问题。

这种方法应用了第 1 章中讨论的抽象概念，打扫房子是个大的、抽象的问题，它由打扫每个房间这些子任务构成。打扫房间仍然可以被看作一种抽象，它的子任务更加详细，如叠衣服、铺床和给地板吸尘等。可以把一项任务分成若干个子任务，而子任务还可以继续划分为子任务，如此进行下去。可以反复利用分治法，直到每个子任务都是可以实现的为止。

我们在上一章中使用了其中的两种策略，我们在设计算法时提出了问题并延迟了细节，以便读取两个数并按顺序输出它们。

7.1.4　算法

Polya 列表的第二步中的最后一句说，最终应该得到解决方案。在计算领域，这种解决方案被称为**算法**（algorithm）。我们已经使用这个词很多次，现在来定义这个计算领域名词。正式地讲，算法是在有限的时间内用有限的数据解决问题或子问题的一套指令。这个定义暗示，算法中的指令是明确的。

在计算领域中，必须明确地描述人类解决方案中暗含的条件。例如，在日常生活中，我们不会仔细考虑一个总出现的解决方案。此外，如果一个解决方案要求处理的信息量比我们能够处理的多，它也不会被选用。在计算机解决方案中必须明确这些限制，因此算法的定义包括它们。

Polya 列表的第三步是执行解决方案，也就是测试它，看它是否能解决问题。第四步是分析解决方案，以备将来使用。

算法（algorithm）：在有限的时间内用有限的数据解决问题或子问题的明确指令集合。

193
～
195

7.1.5　计算机问题求解过程

计算机问题求解过程包括四个阶段，即分析和说明阶段、算法开发阶段、实现阶段和维护阶段。请参阅图 7-2。第一阶段输出的是清楚的问题描述。算法开发阶段输出的是第一阶段定义的问题的通用解决方案。第三阶段输出的是计算机可以运行的程序，该程序实现了这个问题专用的解决方案——算法。除非运行过程中出现了错误，或者需要改变程序，否则第四阶段没有输出。在发生了错误或改变的情况下，它们将被发送回第一阶段、第二阶段或第三阶段。

图 7-3 展示了这些阶段之间的交互。粗线标明了各阶段间的一般信息流，细线表示在发生问题时可以退回前面的阶段的路径。例如，在生成算法时，可能会发现问题说明中的错误或矛盾，这样就必须修改分析和说明。同样，程序中的错误可能说明必须修改算法。

在这个如何用计算机解决问题的略图中，包括了 Polya 列表中的所有阶段。第一步都是理解问题，不可能给根本不理解的问题编写计算机解决方案。接下来是开发解决方案，就是用伪代码表示的算法。这就是本章讨论的主要内容。

接下来的步骤是用计算机能够执行的形式实现算法，并且测试结果。在 Polya 列表中，由人来执行解决方案和评估结果。在计算机解决方案中，程序是用计算机能够执行的语言编写的。但获取程序运行结果并且检查结果以确保它们正确的则是人。维护阶段对应的是 Polya 列表中的最后一个阶段，即分析结果，进行必要的修改。

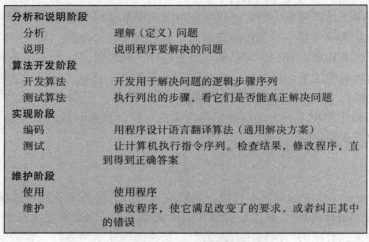

分析和说明阶段	
分析	理解（定义）问题
说明	说明程序要解决的问题
算法开发阶段	
开发算法	开发用于解决问题的逻辑步骤序列
测试算法	执行列出的步骤，看它们是否能真正解决问题
实现阶段	
编码	用程序设计语言翻译算法（通用解决方案）
测试	让计算机执行指令序列。检查结果，修改程序，直到得到正确答案
维护阶段	
使用	使用程序
维护	修改程序，使它满足改变了的要求，或者纠正其中的错误

196

图 7-2　计算机问题求解过程

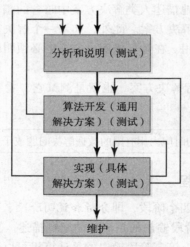

图 7-3　问题求解过程中各个阶段的交互

Amazon 包装

　　你是否收到过来自 Amazon 的一个大盒子，但是其中只有一个小物品呢？这看起来像是浪费，不是吗？但这其中还是有原因的。Amazon 使用一种算法来决定正在处理的订单组中所涉及的适合托盘、卡车或是装运集装箱的最佳包装箱，而不是你和你的订单的最佳包装箱。它尝试使多个订单总体的效率和花费最大化，而不仅仅是你的订单。

　　在这一章中我们讨论到伪代码层面，不详细讨论高级语言。可能你们中的一些人此时会平行地学习一些高级语言，但一定要记住算法是在用编程语言进行编码之前要写的。

7.1.6　方法总结

自顶向下的方法可以分解为四个主要步骤。

1. 分析问题

首先要理解问题，列出必须处理的信息。这些信息可能是问题中的数据。明确采用什么样的解决方案。如果是报表，则明确要采用的格式。列出你对问题或信息的假设。思考如何手动地解决这个问题。开发一个全面的算法或通用的方案。

2. 列出主要任务

主任务的列表称为"主模块"。用自然语言或伪代码在主模块中重述问题。用任务名把问题分解成功能区块。如果主模块太长，说明这一层中的细节太多了。此时可以引入一些控制结构。如果必要，可以进行逻辑重组，把细节推延到下一层模块。

如果目前你不知道如何解决任务，不必担心。假装你有个"非常聪明的朋友"知道答案，他把这个问题推迟到以后再解决即可。在主模块中所要做的只是给下一层中每个解决任务的模块一个名字，要采用含义明确的标识符。

3. 编写其余的模块

解决方案中的层数并不确定。每一层中的模块可以指定多个下层模块。虽然上层模块引用的是未成文的下层模块，但上层模块必须完整。不断细化每个模块，直到模块中的每条语句都是具体的步骤为止。

4. 根据需要进行重组和改写

为变化做好打算。不要害怕从头来过。一些尝试和细化操作是必要的。要维持透明性。简单直接地表达你的想法。

与 Polya 问题求解策略相似的设计方式即为自顶向下设计，将任务分层从而解决。第 9 章中会介绍对数据对象分层的面向对象设计。

7.1.7　测试算法

数学问题求解的目标是生成问题的特定答案，因此，检查结果等价于测试推出答案的过程。如果答案是正确的，过程就是正确的。但是，计算机问题求解的目标是创建正确的过程。体现这一过程的算法可被反复应用到不同的数据，因此过程自身必须经过测试或验证。

算法的测试通常都是在编码算法的各种条件下运行程序，然后分析结果以发现问题。不过，这种测试只能在程序完成或至少部分完成时进行，这种测试太迟了，所以不能依赖。越早发现和修正问题，解决问题就越容易，代价也越小。

显然，需要在开发过程的更早阶段执行测试。特别是算法必须在实现之前进行测试。在上一节中已经展示了这个过程。

Rosetta Stone 翻译系统

拿破仑的军队在 1799 年发现了 Rosetta Stone。石上书写着托勒密五世的加冕一周年纪念的公告书，刻有三种文字：象形文字、通俗文字（草书版的象形文字）与古希腊文字。以希腊语为指导，学者们可以破译古埃及语言。因此，Rosetta Stone 提供了解开埃及象形文字翻译的钥匙。Rosetta Stone 陈列在伦敦大英博物馆。

7.2　有简单变量的算法

简单（原子）变量是那些不能被分开的变量，是存储在一个地方的一个值。在第 6 章，我们在算法中使用简单变量。

7.2.1　带有选择的算法

假设你想写一个算法来表达在给定的室外温度情况下穿什么衣服合适。如果很热你就会想穿短裤。如果天气很好但不太热，短袖就会是个不错的选择。皮夹克适合有点寒冷的天气。如果很冷，就选择厚实的大衣。如果温度低于冰点，待在室内就好了。

顶级（主要）模块只是表达任务。

```
Write "Enter the temperature"
Read temperature
Determine dress
```

前两个语句不需要进一步分解。然而，Determine dress 需要。我们需要将温度与我们的描述进行关联。我们定义热天为 90 以上，好天气 70 以上，有点寒冷为 50 以上，寒冷为 32 以上。现在我们可以为 Determine dress 编写伪代码。

```
Determine dress
IF (temperature > 90)
    Write "Texas weather: wear shorts"
ELSE IF (temperature > 70)
    Write "Ideal weather: short sleeves are fine"
ELSE IF (temperature > 50)
    Write "A little chilly: wear a light jacket"
ELSE IF (temperature > 32)
    Write "Philadelphia weather: wear a heavy coat"
ELSE
    Write "Stay inside"
```

199

到达第二个 if 语句的唯一方式是第一个 if 表达式是不真实的。所以如果第二个表达式为真，则你可以确定温度在 71 到 90。如果前两个表达式都为假而第三个为真，则温度在 51 到 70。依照同样的逻辑得出的结论是费城的温度在 33 到 50，"待在家里"是指温度在 32 以下或等于 32。任何一个分支都包含一连串的语句。

7.2.2　带有循环的算法

有两种基本的循环，分别为计数控制和事件控制。

1. 计数控制循环

计数控制循环可以指定过程重复的次数，这个循环的机制是简单记录过程重复的次数并且在重复再次开始前检测循环是否已经结束。在第 6 章，我们使用过这种循环。

这类循环有三个不同的部分，使用一个特殊的变量叫作循环控制变量（loop control variable）。第一部分是初始化：循环控制变量初始化为某个初始值。第二部分是测试：循环控制变量是否已经达到特定值？第三部分是增量：循环控制变量以 1 递增。以下算法重复过程 limit 次：

```
Set count to 0                    Initialize count to 0
```

```
WHILE (count < limit)              Test
    ...                            Body of the loop
        Set count to count + 1     Increment
    ...                            Statement(s) following loop
```

循环控制变量 count 在循环外已被设置为 0。测试表达式 count<limit，如果表达式为真则执行循环。循环中的最后一句使得控制循环变量 count 递增。循环会执行多少次呢？循环执行时 count 为 0，1，2，…，limit-1。因此，循环执行了 limit 次。循环控制变量的初始值和布尔表达式中的关系运算符共同确定了循环执行的次数。

while 循环被称为前测试循环（pretest loop），因为在循环开始前就测试了。如果最初条件为假，将不进入循环。如果省略增量语句时会发生什么？布尔表达式从不改变。如果表达式开始时为假，那就什么也不会发生，循环也就不执行；如果表达式开始时为真，表达式将从不改变，所以循环将一直执行。实际上，大多数计算系统都有一个计时器，所以程序不会真的一直运行下去。相反，程序将停止于一条错误消息。永远不会终止的循环称为一个无限循环（infinite loop）。

第 6 章的算法中就包含着一个计数循环。

```
Write "How many pairs of values are to be entered?"
Read numberOfPairs
Set numberRead to 0
WHILE (numberRead < numberOfPairs)
    // Body of loop
    ...
    Set numberRead to numberRead + 1
```

Pep/9 使用分号来表明之后的部分是注释，而不是程序的一部分。在我们的伪代码中，使用两个斜杠来开始注释。

2. 事件控制循环

循环中重复的次数是由循环体自身内发生的事件控制的循环被称为事件控制循环。当使用 while 语句来实现事件控制循环时，这一过程仍分为三个部分：事件必须初始化，事件必须被测试，事件必须更新。第 6 章中的基本转换算法中包含一个事件控制循环：

200 ～ 201

```
Write "Enter the new base"
Read newBase
Write "Enter the number to be converted"
Read decimalNumber
Set answer to 0
Set quotient to 1
WHILE (quotient is not zero)
    Set quotient to decimalNumber DIV newBase
    // Rest of loop body
Write "The answer is ", answer
```

计数控制循环是非常简单直接的，它指定了循环的次数，而在事件控制循环中则不太清楚，并不显而易见。

让我们看几个例子。首先对输入数据值读取并求和，直到读到一个负值。事件是什么？读取正数。怎么初始化这个事件？我们读取第一个数据的值，测试确定它是否是正的，如果是则进入循环。我们又是如何更新事件的呢？答案是读取下一个值。下面是这个算法。

```
Read a value              Initialize event
WHILE (value >= 0)        Test event
...                       Body of loop
     Read a value         Update event
...                       Statement(s) following loop
```

202 现在写一个算法用来对正数进行读取并求和,直到计算了 10 个。我们将忽略 0 和负数。事件是什么?小于 11 个正数被读取。这意味着必须在读取数值的时候进行计数。我们把计数的变量叫作 posCount。怎么初始化事件呢?我们把 posCount 设置为 0,测试它与 10 的大小,当它的值达到 10 时退出循环。怎么更新事件呢?每读取一个正数,posCount 值便递增 1。

```
Set sum to 0                      Initialize sum to zero
Set posCount to 0                 Initialize event
WHILE (posCount < 10)             Test event
     Read a value
     IF (value > 0)               Should count be updated?
          Set posCount to posCount + 1    Update event
          Set sum to sum + value          Add value into sum
...                               Statement(s) following loop
```

这不是一个计数控制循环,因为我们并没有读取 10 个值,而是读到 10 个正数。

注意将选择控制结构嵌入循环中。在控制结构中执行或跳过的语句可以是简单的语句或者是复杂的语句(缩进语句块)——没有限制这些语句是什么。因此,跳过或重复的语句中可以包含一个控制结构。选择语句可以嵌套在循环结构中,循环结构可以嵌套在选择语句中。控制结构嵌入另一个控制结构被称为**嵌套结构**(nested structure)。

嵌套结构(nested structure):控制结构嵌入另一个控制结构的结构,又称为嵌套逻辑(nested logic)。

让我们看另一个示例:求数字的平方根。

3. 平方根

大多数学生在学校必须计算平方根。目前针对整数有一个比较复杂的算法。我们不去看
203 那个算法,而是用一个更简单的适用于实数以及整数的近似算法。

给出一个你想要计算平方根的数,猜测一个可能的答案,然后把这个答案乘方。如果你猜测的正确,这个平方值就等于原始值,如果不正确,则调整你的猜测,重新开始。这个过程一直进行,直到你猜测的平方值和原始值足够接近。理解这个问题吗?如果没有理解请重读这一段。

下面是这个任务的概括。

```
Read in square
Calculate the square root
Write out square and the square root
```

Read in square 不需要进一步扩展,Calculate the square root 却需要进一步扩展,因为这是这个算法的核心。显然有一个循环:我们不断完善猜测直到值足够好。这是计数控制循环还是事件控制循环?因为我们无法计算需要进行多少个循环,所以这是一个事件控制循环。

"足够好"是什么意思？我们说如果猜测的平方与原始值的差距在 ±0.001 之间，则这个值就是足够好的。我们把这个差距叫作 epsilon 差异。如何测量差距的正负？运用绝对值计算。这个表达式为 abs(epsilon)，即绝对值。

Calculate square root

Set epsilon to 1
WHILE (epsilon > 0.001)
　　Calculate new guess
　　Set epsilon to abs(square – guess * guess)

现在只有一步需要进行扩展，那就是 Calculate new guess。我们需要问一个问题：计算这个新的猜测值的公式是什么？我们在网上搜索平方根计算公式，并在维基百科中找到了答案。我们用旧的猜测数和平方数除以旧的猜测数之间的平均数作为新的猜测数。

Calculate new guess

Set newGuess to (guess + (square/guess)) / 2.0

在查找这个公式时，我们忘记了一些事情：初始猜测值是什么？任何正数都可能是，但是如果原始猜测值更接近答案，则发现这个答案会进行更少的迭代。一个比较好的原始猜测是平方数除以 4。我们不需要为原始猜测值和新的猜测值设置变量，可以把它叫作 guess，然后不断改变它的值。下面是完整的算法。

Read in square
Set guess to square/4
Set epsilon to 1
WHILE (epsilon > 0.001)
　　Calculate new guess
　　Set epsilon to abs(square – guess * guess)
　　Write out square and the guess

让我们检验这个算法，我们知道答案是 81，图 7-4 显示了这个算法的走查过程。只需要 4 次迭代就达到了 5 位小数的正确答案。

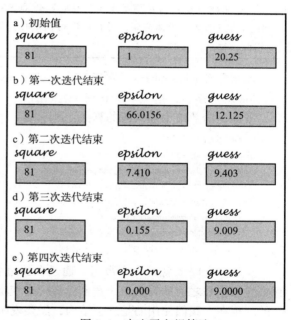

图 7-4　走查平方根算法

需要进一步扩展的步骤叫作**抽象步骤**（abstract step），不需要扩展的步骤叫作**具体步骤**（concrete step）。每个抽象步骤必须单独扩展。

> **抽象步骤**（abstract step）：细节仍未明确的算法步骤。
> **具体步骤**（concrete step）：细节完全明确的算法步骤。

7.3　复杂变量

之前描述的存储值的地方都是在本质上不可分割的，也就是说，每一个地方只能存储一个数据，不能分割为更小的部分。我们还使用引用中的一串字母代表写入一条消息。如你所想，引用中的字母叫作字符串。如果我们存储了一个字符串，所需的位置数量将取决于字符串中字符的数量。这就是说字符串不是不可分割的，因为其中包含了不止一个值。但无论如何，我们倾向于认为字符串是不可分割的部分，因为我们不访问单个字母。

在本节中，我们描述了两种把数据收集到一起、给这个集合命名并访问其中单独的值或者作为一个集合来访问它的方法。

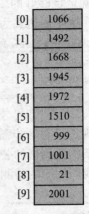

[0]	1066
[1]	1492
[2]	1668
[3]	1945
[4]	1972
[5]	1510
[6]	999
[7]	1001
[8]	21
[9]	2001

7.3.1　数组

数组是同构项目的有名集合，可以通过单个项目在集合中的位置访问它们。项目在集合中的位置叫作索引。虽然人们通常从 1 开始计数，但多数程序设计语言从 0 开始，因此这里也采用这种方式。图 7-5 中是一个具有从 0 到 9 这 10 个元素的数组。

图 7-5　10 个元素的数组

浴室连接

在 2018 年的国际消费类电子产品展览会（CES）上，开发者展示了一款互联网连接的厕所，这个厕所可以播放流媒体音乐，并且可以根据接收到的命令进行反馈，比如"掀起马桶盖"和"冲水"。你想要这样的产品吗？

如果数组叫 numbers，则通过表达式 numbers[position] 来访问数组中的每个值，其中 position 就是索引，是一个从 0 到 9 之间的数。

下面是向数组中加入值的算法：

```
integer numbers[10]
// Declares numbers to hold 10 integer values
Write "Enter 10 integer numbers, one per line"
Set position to 0  // Set variable position to 0
WHILE (position < 10)
    Read in numbers[position]
    Set position to position + 1
// Continue with processing
```

所以 numbers 就是一个数组，通过在数组名后加上中括号并且括号中写上 integer 来保存整数值。在之前的算法中，我们没有列出变量，而是假设使用一个变量名时这个变量是存在的。现在，我们使用的是复合结构，需要说明想要的是哪一种结构。

与数组有关的算法分为三类：搜索、排序和处理。搜索就像它的字面意思一样，搜索数组中的项，一次寻找一个特定的值。排序是按顺序将元素放入数组中。如果项是数字，将以数字顺序排列；如果项是字符或字符串，将以字母顺序排序。一个已排序的数组中的项已经排好顺序。处理是一种捕捉短语，包含了对数组中的项所做的所有其他计算。

7.3.2　记录

记录是异构项目的有名集合，可以通过名字单独访问其中的项目。所谓异构，就是指集合中的元素可以不必相同。集合可以包含整数、实数、字符串或其他类型的数据。记录

可以把与一个对象相关的各种项目绑定在一起。例如，我们要读入一个人的 *name*、*age* 和 207

hourlyWage，可以把这三个项目集合在一个记录 *Employee* 中。如图 7-6 所示。

　　如果我们声明一个 Employee 类型的变量 *employee*，则记录的每个字段可以通过记录变量加点加字段名来访问。例如，*employee.name* 指记录变量 *employee* 的 *name* 字段。没有特定的算法用于记录，因为记录只是一种对相关项目分组的方

式，但也是提及一组相关项目的方便方法。

　　下面的算法把值存入记录的字段：

```
Employee employee          // Declare an Employee variable
Set employee.name to "Frank Jones"
Set employee.age to 32
Set employee.hourlyWage to 27.50
```

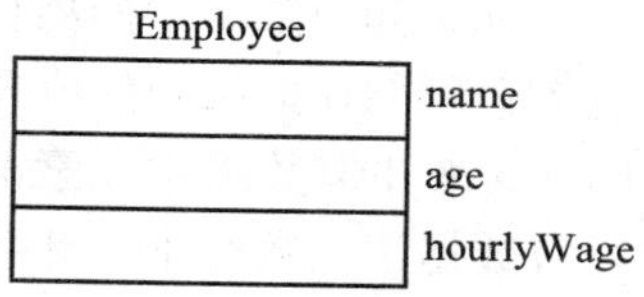

图 7-6　Employee 记录

第三个复合数据结构是面向对象编程中的类。我们将在第 9 章讨论这种结构。

遭受恶意感染的软件

　　根据 FBI 报告，盗版软件很可能包含恶意软件。请对从未知销售商和对等网络（P2P）中获取的软件保持警惕。[2]

7.4　搜索算法

　　搜索是非常常见的活动，对于计算机也是一样。例如，当你在目录中查找名字时，你就在进行搜索。本节我们讨论两种搜索算法。

7.4.1　顺序搜索

　　第一个搜索算法遵循了搜索定义。我们依次查找每一个元素并将其与我们需要搜索的元 208
素进行比较。如果匹配，则找到了这个元素，如果不匹配，则继续找下一个元素。什么时候停止？当我们发现了元素或者是查找所有的元素后都没有找到匹配项就停止。这听起来像是一个有两个结束条件的循环。让我们使用数组 *numbers* 编写算法。

```
Set position to 0
Set found to FALSE
WHILE (position < 10 AND found is FALSE)
    IF (numbers[position] equals searchItem)
        Set found to TRUE
    ELSE
        Set position to position + 1
```

　　因为在 WHILE 表达式中有一个复合条件表达式，所以要多介绍一下布尔变量。AND 是一种布尔操作符，布尔操作符包括特殊操作符 AND、OR 和 NOT。AND 操作符只有在表达式都为真时返回值才是 TRUE，否则返回 FALSE。OR 操作符只有在表达式都为假时返回 FALSE，否则返回 TRUE。NOT 操作符改变表达式的值。这些操作符与第 4 章描述的门的功能相似，在第 4 章中，我们指的是电流和单个位的表示。在这个级别，逻辑是一样的，但是是在讨论表达式为真或假。

　　我们可以使用 NOT 操作符简化第二个布尔表达式（found is FALSE）。found 为假时 NOT found 为真，所以也可以这么说：

WHILE (position < 10 AND NOT found)

因此只要指数小于 10，并且我们没有找到匹配项时，循环会重复。

7.4.2 有序数组中的顺序搜索

如果知道数组中的项目是有序的，那么在查找时，如果我们需要的项目在数组中，到了这个数可能在数组中的位置时就可以停止查找了。一起看看这个算法来概括搜索。使用变量 length 来知道数组中元素的值，而不需要特定元素的数量。length 比数组中元素数量要小。当有数据读入数组中，计数器会更新，从而我们就可以知道数组中有多少个项目。如果数组名叫 data，其中的数据就是从 data[0] 到 data[length−1] 的。图 7-7 和图 7-8 分别显示了无序数组和有序数组。

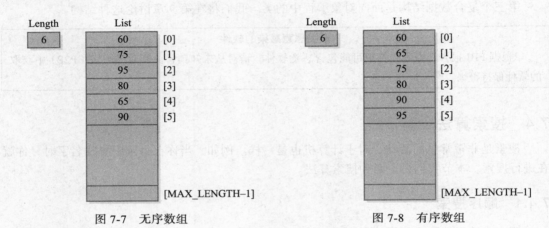

图 7-7　无序数组　　　　　　　图 7-8　有序数组

在有序数组中，如果要找 76，只要检查 data[3]，就知道它不在数组中，因为如果这个数在数组中它便只能在这个位置。下面是嵌在一个完整的程序中在有序数组中进行搜索的算法。我们在算法中使用变量 index 而不是 position。程序员在处理数组时经常使用数学标识符 index 而不是直观的标识符 position 或 place。

```
Read in array of values
Write "Enter value for which to search"
Read searchItem
Set found to TRUE if searchItem is there
IF (found)
    Write "Item is found"
ELSE
    Write "Item is not found"

Read in array of values
Write "How many values?"
Read length
Set index to 0
WHILE (index < length)
    Read data[index]
    Set index to index + 1
```

```
Set found to TRUE if searchItem is there
Set index to 0
Set found to FALSE
WHILE (index < length AND NOT found)
    IF (data[index] equals searchItem)
        Set found to TRUE
    ELSE IF (data[index] > searchItem)
        Set index to length
    ELSE
        Set index to index + 1
```

211

7.4.3 二分检索

你如何在字典中查找一个单词？我们当然希望你不会从第一页开始按顺序搜索你要查找的单词。数组的顺序搜索在数组开头开始，直到找到匹配项或者整个数组中都没有匹配项。

二分检索查找数组中项目的方法则完全不同，它采用的是分治法。这个方法与你在字典中查单词是类似的。从中间开始，之后决定你要查的单词在左手部分或是右手部分，找到正确的部分后再重复这个方法。

二分检索（binary search）算法假设要检索的数组是有序的，其中每次比较操作可以找到要找的项目或把数组减少一半。二分检索不是从数组开头开始顺序前移，而是从数组中间开始。如果要搜索的项目小于数组的中间项，那么可以知道这个项目一定不会出现在数组的后半部分，因此只需要搜索数组的前半部分即可。如图 7-9 所示。

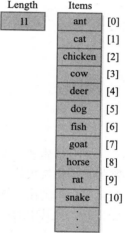

图 7-9　二分检索示例

然后再检测数组的"中间"项（即整个数组 1/4 处的项目）。如果要搜索的项目大于中间项，搜索将在数组的后半部分继续。如果中间项等于正在搜索的项目，搜索将终止。每次比较操作都会将搜索范围缩小一半。当要找的项目找到了，或可能出现这个项目的数组为空的情况，整个过程将终止。

> 二分检索（binary search）：在有序列表中查找项目的操作，通过比较操作排除大部分检索范围。

```
Boolean binary search
Set first to 0
Set last to length-1
Set found to FALSE
WHILE (first <= last AND NOT found)
    Set middle to (first + last)/ 2
    IF (item equals data[middle])
        Set found to TRUE
    ELSE
        IF (item < data[middle])
            Set last to middle - 1
        ELSE
```

Set first to middle + 1

Return found

让我们走查这个算法来查找 cat、fish 和 zebra。我们使用图 7-10 中的表格形式来节省空间。

查找cat

第一个	最后一个	中间	比较	
0	10	5	cat < dog	
0	4	2	cat < chicken	
0	1	0	cat > ant	
1	1	1	cat = cat	返回：true

查找fish

第一个	最后一个	中间	比较	
0	10	5	fish = dog	
6	10	8	fish = horse	
6	7	6	fish = fish	返回：true

查找zebra

第一个	最后一个	中间	比较	
0	10	5	zebra > dog	
6	10	8	zebra > horse	
9	10	9	zebra > rat	
10	10	10	zebra > snake	
11	10		first > last	返回：false

图 7-10　二分检索的过程

二分检索法一定比顺序搜索算法快吗？表 7-1 展示了用顺序搜索和二分检索查找项目所需的平均比较次数。如果二分检索这么快，为什么我们不总是用它呢？因为为了计算中间项的索引，每个比较操作都需要更多的计算。此外，数组必须是有序的。如果数组是有序的已经排好，且其中的项目不超过 20 个，那么使用二分检索算法更好。

表 7-1　平均比较次数

长度	顺序搜索	二分检索	长度	顺序搜索	二分检索
10	5.5	2.9	1000	500.5	9.0
100	50.5	5.8	10 000	5000.5	12.0

7.5　排序

我们都知道什么是排序，播放列表中的音乐要排序，书架上的书要排序，甚至优先级都要排序。所谓排序，就是按顺序排放东西。在计算领域，把无序数组转化成有序数组是很常见的有用操作。有很多专门介绍排序算法的书，其目的是提出更好更有效的排序算法。因为对大量元素进行排序极其耗时，所以好的排序算法非常受欢迎。有时，程序员为了得到更快的执行速度，甚至会牺牲准确性。

212
~
214

这一节将介绍几种完全不同的排序算法，为的是让你了解解决同一个问题有很多不同的方法。

7.5.1　选择排序

如果交给你一组有名字的索引卡，要求按照字母顺序对卡片进行排序，你可能会翻一遍卡片，找到按字母顺序排第一的名字，把这张卡放到新的一组的第一个。你怎么能确定哪张卡是第一个？你可能会把这张卡放到另一边以示区别。如果你发现了一个在这个卡之前的卡片，就要把第一张卡放回去，重新确定新的第一张。当你看遍了这一组卡，这个第一张就是真的第一张。把这一张抽出来放到有序组里，这个过程会一直进行直到所有的卡都被放到了有序组里。

```
WHILE more cards in first deck
    Find smallest left in first deck
    Move to new deck
```

选择排序算法也许是最简单的，因为它与我们手动排序十分相似。这些卡就是一个姓名的数组，新产生的一组卡就是有序的数组。我们把卡从第一组中拿出，放到第二组中的合适位置，并在一个临时的变量中保存目前的最小值。

这个算法虽然简单，但却有缺陷，它需要两个完整列表（数组）的空间。即使不考虑内存空间，复制操作显然也很费空间。不过对这种手动方法稍作修改，就可以免除所需的复制空间。当把最小项移动到新的数组中时，就空出了一个位置，因此不必把最小值写入第二个列表，而是把它与它应该所在的位置处的当前值交换即可。我们用数组表示这个"手动操作列表"。 215

来看一个例子，如图 7-11 所示，对具有 5 个元素的数组排序。由于这种算法非常简单，所以它通常是学生们学习的第一种排序方法。

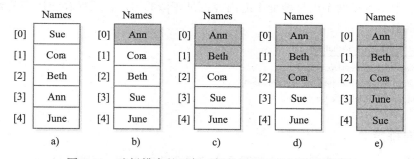

图 7-11　选择排序的示例（灰色标识了排好序的元素）

可以把这个数组看作由两部分构成，即无序部分（非灰色的部分）和有序部分（灰色部分）。每当把一个项目放到正确的位置，无序部分就缩小了，而有序部分则扩展了。排序开始时，所有项目都位于无序部分；排序结束时，所有项目都位于有序部分。下面是按照这个过程编写的算法：

Selection sort
```
Set firstUnsorted to 0
WHILE (not sorted yet)
    Find smallest unsorted item
    Swap firstUnsorted item with the smallest
    Set firstUnsorted to firstUnsorted + 1
```

这个算法中只有三个抽象步骤，即确定数组是否已经排好序了、找到最小元素的索引和互换两者位置。从图 7-11d 到图 7-11e，把最后两个项目添加到了数组的灰色部分。最后两个项目的操作一定是这样的，因为当最后两个项目中的较小那个放在了正确位置，最后一个 216 项目一定也位于它的正确位置了。因此，只要 firstUnsorted 小于数组的 length−1，循环就会继续。

Not sorted yet

firstUnsorted < length − 1

如果要手动操作，那么如何在无序列表中找出按字母顺序排序的第一个名字呢？操作过程是看到第一个名字后，开始扫描列表，直到看到比第一个名字小的项目，记住这个更小的项目，继续扫描列表，寻找比这个项目更小的项目。这个过程总是记住迄今为止见过的最小的项目，直到扫描达到列表结尾。这个手动算法与这里要使用的算法完全相同，只是这里的算法必须记住最小项目的索引，以便与 firstUnsorted 处的项目交换。综上所述，要做的是在 firstUnsorted 到 length−1 这部分无序列表中寻找最小的项目。

Find smallest unsorted item

```
Set indexOfSmallest to firstUnsorted
Set index to firstUnsorted + 1
WHILE (index <= length − 1)
    IF (data[index] < data[indexOfSmallest])
        Set indexOfSmallest to index
    Set index to index + 1
```

想要交换两个杯子里的液体需要几个杯子？三个。你首先需要一个临时的杯子放第一个杯子中的液体，之后将第二个杯子中的液体倒入第一个杯子中，最后将临时杯子中的液体倒入第二个杯子中。互换两个内存地址中的内容也是相似的道理，互换算法还需要有被互换的两个项目的索引。

217

Swap firstUnsorted with smallest

```
Set tempItem to data[firstUnsorted]
Set data[firstUnsorted] to data[indexOfSmallest]
Set data[indexOfSmallest] to tempItem
```

7.5.2　冒泡排序

冒泡排序也是一种选择排序法，只是在查找最小值时采用了不同的方法。它从数组的最后一个元素开始，比较相邻的元素对，如果下面的元素小于上面的元素，就交换这两个元素的位置（如图 7-12a 所示）。通过这种方法，最小的元素会"冒"到数组的顶部。每次迭代都会把未排序的最小元素放到它的正确位置，不过这同时会改变数组中其他元素的位置（如图 7-12b 所示）。

什么是"捎带"？

未经明确许可使用另一个用户的无线互联网接入服务被称为"捎带"。这是否合乎道德？这与在火车上越过面前人的肩膀读他们的报纸有些相似，也与进入没锁门的房间有些类似。是否合法？一些司法管辖区允许，一些禁止，还有一些没有明确定义。你怎么认为？

在编写这个算法前，必须说明一下，冒泡排序是非常慢的排序算法。比较排序算法的方法通常是看它们对数组排序的迭代次数，而冒泡排序要对数组中除最后一个元素之外的所有元素进行一次迭代。此外，冒泡排序中还有大量的交换操作。既然冒泡排序效率这么差，为什么还要介绍它呢？因为只要对它稍加修改，就能够让它成为某些情况的最佳选择。让我们把它应用到一个已经排好序的数组上。如图 7-12b 所示。

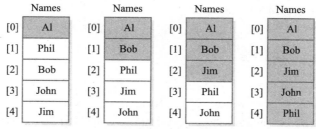

a）第一次迭代（灰色标识了排好序的元素）

b）其余迭代（灰色标识了排好序的元素）

图 7-12　冒泡排序的示例

218

比较 Phil 和 John，不必交换。再比较 John 和 Jim，也不必交换。然后比较 Jim 和 Bob，仍然不必交换。最后比较 Bob 和 Al，还是不必交换。如果一次迭代中不必交换任何数据值，那么这个数组就是有序的。在进入循环之前，我们把一个布尔变量设置为 FALSE，如果在循环中发生了交换操作，便把它设置为 TRUE。如果布尔变量仍然是 FALSE，则说明这个数组是有序的。

比较冒泡排序法和选择排序法对一个有序数组的操作。选择排序算法不能确定数组是否是有序的，因此，一定要执行整个算法。

<u>**Bubble sort**</u>
```
Set firstUnsorted to 0
Set swap to TRUE
WHILE (firstUnsorted < length – 1 AND swap)
    Set swap to FALSE
    "Bubble up" the smallest item in unsorted part
    Set firstUnsorted to firstUnsorted + 1
```
<u>**Bubble up**</u>
```
Set index to length – 1
WHILE (index > firstUnsorted)
    IF (data[index] < data[index – 1])
        Swap data[index] and data[index – 1]
        Set swap to TRUE
    Set index to index – 1
```

219

7.5.3　插入排序

如果数组中只有一个元素，那么它就是有序的。如果有两个元素，需要的话可以进行比较和交换。现在，这两个元素是有序的，根据这两个元素把第三个元素放在合适的位置。现在，相对于彼此前三个元素就是有序的。将元素加入有序部分类似于冒泡排序中冒泡的过程。如果找到一个位置，要插入的元素比数组中这个位置的元素小，那么就将新元素插入这个位置。current 就是元素插入有序部分中的元素，如图 7-13 所示。

Insertion sort

```
Set current to 1
WHILE (current < length)
    Set index to current
    Set placeFound to FALSE
    WHILE (index > O AND NOT placeFound)
        IF (data[index] < data[index – 1])
            Swap data[index] and data[index – 1]
            Set index to index – 1
        ELSE
            Set placeFound to TRUE
    Set current to current + 1
```

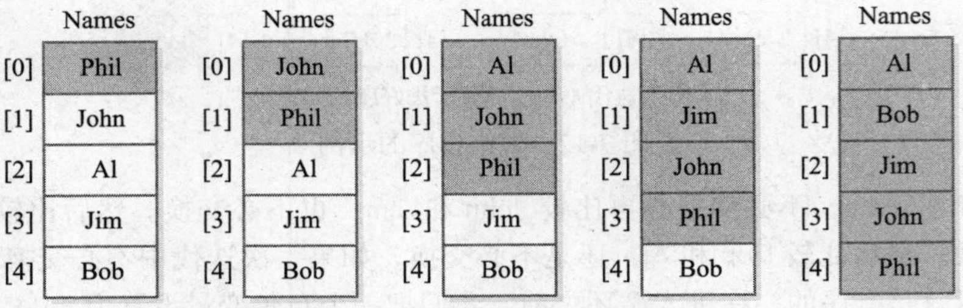

	Names		Names		Names		Names		Names
[0]	Phil	[0]	John	[0]	Al	[0]	Al	[0]	Al
[1]	John	[1]	Phil	[1]	John	[1]	Jim	[1]	Bob
[2]	Al	[2]	Al	[2]	Phil	[2]	John	[2]	Jim
[3]	Jim	[3]	Jim	[3]	Jim	[3]	Phil	[3]	John
[4]	Bob	[4]	Bob	[4]	Bob	[4]	Bob	[4]	Phil

图 7-13   插入排序

选择排序的每次迭代后，一个元素被放置到它的永久位置。而插入排序的每次迭代后，一个元素将被放在相对于其他元素来说适当的位置上。

7.6   递归算法

当在一个算法中使用它自己时，这样的算法被称为递归算法，也就是说，如果在某种程度上调用自己，则这个调用称为递归调用。递归（recursion）就是算法调用它本身的能力，是另一种重复（循环）的控制结构。这种算法使用一个选择语句来确定是否重复算法来调用一遍或停止这一过程，而不是使用一个循环语句执行一个算法。

> **递归**（recursion）：算法调用它本身的能力。

每个递归算法至少有两种情况：基本情况和一般情况。基本情况是答案已知的情况；一般情况则是调用自身来解决问题的更小版本的解决方案。因为一般情况下解决的是原始问题越来越小的版本，所以程序最终达到基本情况，即答案是已知的，所以递归停止。

与每个递归问题相关的是如何衡量问题的大小。每次递归调用后，问题都应该减小。所有递归解决方案的第一步都是确定尺寸系数。如果问题涉及的是数值，尺寸系数可能就是数值本身。如果问题涉及结构，那么尺寸系数可能就是结构的尺寸。

到目前为止，我们先给每一层中的任务一个名字，然后在下一层展开这个任务，在最终的算法中收集所有碎片。使用递归算法时，每次执行算法提供给算法的数据值必须是不同的。因此，继续递归之前，先要了解一个新的控制结构：子程序语句。虽然我们仍在算法层面，但这个控制结构使用子程序这个词。

7.6.1   子程序语句

我们可以给一段代码一个名称，然后程序另一部分的一个语句使用这个名称。遇到这个名称时，这个进程的其他部分将会终止，等待这个命名代码被执行。当命名代码执行完毕，将会继续处理下面的语句。命名代码出现的地方被称为调用单元。

子程序有两种形式，一种是只执行特定任务的命名代码，一种是不仅执行任务，还返回给调用单元一个值（值返回子程序）。第一种形式的子程序在调用单元中用作语句，第二种则用作表达式，返回的值被用来评估表达式。

子程序是抽象的一种强力工具。命名的子程序列表允许程序的读者了解到任务已经完成并且不被任务实现的细节所打扰。如果一个子程序需要信息去执行它的任务，便把数据值的名字放在子程序标题的括号中。如果子程序返回一个值给调用单元，它在将要返回的数据名称后面使用单词 RETURN。参见图 7-14。

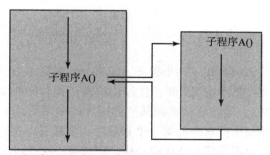

a）子程序A执行完它的任务后，调用单元继续执行下一条语句

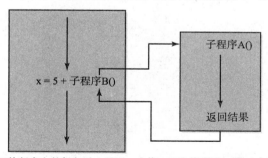

b）子程序B执行完它的任务后，返回一个值，这个值将被加到5上，然后存储在x中

图 7-14   子程序的控制流

7.6.2   递归阶乘

数的阶乘的定义是这个数与 0 和它自身之间的所有数的乘积，即

$$N != N*(N-1)!$$

0 的阶乘是 1。尺寸系数就是要计算阶乘的数。基本情况是

$$Factorial(O) = 1$$

一般情况是

$$Factorial(N) = N*Factorial(N-1)$$

用 if 语句可以判断 N 是等于 0（基本情况）还是大于 0（一般情况）。显然每次调用 N 都会减小，所以一定能够达到基本情况。

```
Write "Enter N"
Read N
Set result to Factorial(N)
Write result + " is the factorial of " + N

Factorial(N)
IF (N equals 0)
    RETURN 1
ELSE
    RETURN N * Factorial(N – 1)
```

每次调用 Factorial 时 N 都会减小，每次给出的数据称为参数。如果参数是负数会出现什么情况？子程序将不断地调用自身，直到运行时间支持系统耗尽了内存为止。这种情况叫作无限递归，与无限循环等价。

223

7.6.3　递归二分检索

虽然我们在编码二分检索时使用了一个循环，但二分检索算法更像递归。当我们发现了项目或知道了它并不在那里（基本情况）时，便停止检索。我们将继续在它应该出现的数组中寻找该项目（如果它存在）。递归算法必须从非递归算法中调用，正如刚才的阶乘算法那样。以下展示的子程序需要知道搜索中的第一个和最后一个索引。我们只是对第一次和最后一次用新值再次调用算法，而不是像在迭代中一样，重置第一次或最后一次。

```
BinarySearch (first, last)
IF (first > last)
    RETURN FALSE
ELSE
    Set middle to (first + last) / 2
    IF (item equals data[middle])
        RETURN TRUE
    ELSE
        IF (item < data[middle])
            BinarySearch (first, middle – 1)
        ELSE
            BinarySearch (middle + 1, last)
```

> **Plato 是软件设计师吗？**
>
> 哲学已经研究了 2500 多年的概念，而这些概念如今被集成到了软件设计中。例如，面向对象编程中类和类的实例体现了 Plato 的整体和部分的观点。[3]

7.6.4　快速排序

C. A. R. Hoare 开发的快速排序算法的基本思想是对两个小列表排序比对一个大列表排序更快更容易。它的名字来源于这种算法通常可以相当快地对数据元素列表进行排序，其基本策略是"分治法"。

如果给你一大堆试卷，要你根据名字对它们排序，你可能会用下面的方法。先找一个分裂值（如 L）把试卷分成两堆，一堆是 A—L 的，一堆是 M—Z 的。（注意，两堆中的试卷数量不必相同。）然后再把第一堆试卷分成两堆，一堆是 A—F 的，一堆是 G—L 的。A—F 这堆试卷还能再分为 A—C 的和 D—F 的。分解过程将持续下去，直到每一堆足够小，能够轻易地手动排序为止。然后对 M—Z 的试卷应用同样的过程。

224

最后，把所有排好序的小试卷堆叠放在一起，就可以得到有序的试卷集合了。如图 7-15 所示。

这种策略的基础是递归，即每次对一堆试卷排序，都要把它分成两小堆（较小的情况），然后分别对每一小堆试卷应用同样的方法。这一过程将持续到不必再分一小堆试卷（基本情况）为止。Quicksort 算法的变量 first 和 last 反映出了当前正在处理的数组 data 的一部分。

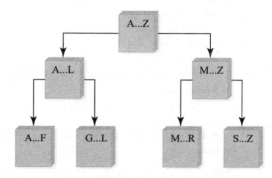

图 7-15　用快速排序算法对一个列表排序

```
Quicksort(first, last)

IF (first < last)          // There is more than one item
    Select splitVal
    Split (splitVal)       // Array between first and
                           // splitPoint – 1 <= splitVal
                           // data[splitPoint] = splitVal
                           // Array between splitPoint + 1
                           // and last > splitVal
    Quicksort (first, splitPoint – 1)
    Quicksort (splitPoint + 1, last)
```

225

如何选择 splitVal 呢？一个简单的方法是用 data[first] 作为分裂值。我们来看一个用 data[first] 作为 splitVal 的例子。

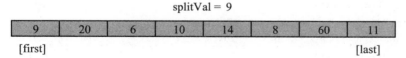

调用 Split 后，所有小于等于 splitVal 的值都将位于数组左边，所有大于 splitVal 的值将位于数组右边。

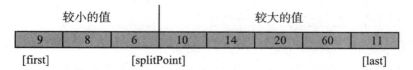

这两部分在 splitPoint 汇合，splitPoint 是最后一个小于等于 splitVal 的元素的索引。注意，只有当分裂过程完成后才会知道 splitPoint 的值。然后交换 splitVal（data[first]）和 data[splitPoint] 的值。

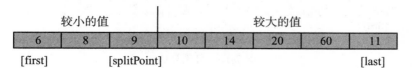

对 Quicksort 的递归调用使用 splitPoint 减小了一般情况下问题的大小。

Quicksort (first, splitPoint−1) 将对数组的"左半边"排序，Quicksort (splitPoint + 1, last) 将对数组的"右半边"排序（这里半边并不是指两边大小相同）。splitVal 已经处于它的正确位置 data[splitPoint] 了。

那么基本情况是什么呢？当要检测的片段只有一个项目时，就不必再继续了。这就相当于算法中的 else 语句，如果片段中只有一个项目需要被排序，那就意味着它已经排好了。

226

必须找一种方法，把所有小于等于 splitVal 的元素放在 splitVal 的一边，把大于 splitVal 的元素放在 splitVal 的另一边。我们用一对指标从数组的两头向中间移动，找出位置不对的元素。当发现一对位置错误的元素后，交换它们，然后继续向数组中间移动指标对。

```
Split(splitVal)
Set left to first + 1
Set right to last
WHILE (left <= right)
    Increment left until data[left] > splitVal OR left > right
    Decrement right until data[right] < splitVal OR left > right
    IF(left < right)
        Swap data[left] and data[right]
Set splitPoint to right
Swap data[first] and data[splitPoint]
Return splitPoint
```

虽然还有一步抽象步骤，但也可以就此停止，因为我们已经将这个抽象步骤扩展成了之前的问题。这就提出了非常重要的一点：永远都不要重复造轮子。算法中的抽象步骤可能已经被你或者其他人解决。图 7-16 就是分裂算法的一个例子。

227

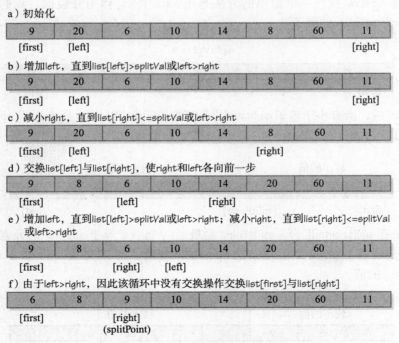

图 7-16　分裂算法

如果数据是随机排列的，则快速排序是一个很好的排序方法。然而，如果数据已经排好序，那么算法退化以保证每个分裂只有一个元素。

递归是一个非常强大和优雅的工具。然而，并不是所有问题都可以很容易地用递归解决，也不是所有问题都有一个明显的递归解决方案从而使问题通过递归解决。即便如此，许多问题的递归解决方案是可取的。如果问题陈述逻辑上分为两种情况（基本情况、一般情况），则递归是一种可行的选择。

7.7　几个重要思想

前两章中提到过几个主题，它们不仅对于问题求解重要，在整个计算领域也很重要。让我们回顾一下这些通用思想。

7.7.1　信息隐蔽

我们使用过几次推延细节的思想。曾经用它先给任务命名，而把如何实现任务推延到以后再考虑。在设计过程中，把细节延后具有明显的优势。对于设计的每个特定分层，设计者只考虑与之相关的细节。这种做法叫作**信息隐蔽**（information hiding），即在进行高层设计时不能见到低层的细节。

> **信息隐蔽**（information hiding）：隐蔽模块的细节以控制对这些细节的访问的做法。

这种做法看来非常奇怪。为什么在设计算法时不能见到细节呢？设计者不是应该无所不知吗？不是。如果设计者知道一个模块的低层细节，他就可能会以这些细节为基础设计这个模块的算法。但是这些低层的细节很可能会发生变化。一旦它们改变了，那么整个模块都要重写。

228

7.7.2　抽象

抽象（abstraction）和信息隐蔽就像一个硬币的两面。信息隐蔽是隐藏细节的做法，抽象则是隐藏细节后的结果。第 1 章提到过，抽象是复杂系统的一种模型，只包括对观察者来说必需的细节。我们用一种英国狗 Daisy 做个比喻。对于它的主人来说，它是一只宠物；对于猎人来说，它是一只捕鸟猎犬；对于兽医来说，它是一只哺乳动物。它的主人会看到它摇尾巴，当它要外出时，会听到它的叫声，而且到处都能看到它的狗毛。猎人看到的是一个训练有素的帮手，知道自己的工作，并且能够出色地完成工作。兽医看到的则是构成它身体的器官、血肉和骨头。如图 7-17 所示。

图 7-17　同一个概念的不同视角

> **抽象**（abstraction）：复杂系统的一种模型，只包括对观察者来说必需的细节。

229

在计算领域，算法就是需要实现的步骤的抽象。使用包括算法的程序的一般用户只需知道如何运行这个程序，就是狗主人一样，只看到表面就可以。而使用真正算法的程序员则像使用训练有素的狗一样，他们有目的地去使用算法。算法的开发者像兽医一样，他们需要透彻地了解算法从而实现它。

我们会看到计算领域中的各种抽象类型。**数据抽象**（data abstraction）指的是数据视图，即把数据的逻辑视图和它的实现分离开。例如，你的开户银行使用的计算机可能是用二进制补码表示数字的，也可能是用一进制补码，但是这种区别对你来说无关紧要，只要你户头中的数字正确即可。

过程抽象（procedural abstraction）指的是动作视图，即把动作的逻辑视图和它的实现分离开。比如我们赋予子程序名字就是一种过程抽象。

计算领域中的第三种抽象类型叫作**控制抽象**（control abstraction），它指的是控制结构的视图，即把控制结构的逻辑视图和它的实现分离开。使用**控制结构**（control structure）可以改变算法的顺序控制流。例如，WHILE 和 IF 都是控制结构。在用于实现算法的程序设计语言中是如何实现控制结构的对于算法设计来说并不重要。

抽象是人们用来处理复杂事务的最强有力的工具。这句格言无论在计算领域还是在现实生活中都是适用的。

数据抽象（data abstraction）：把数据的逻辑视图和它的实现分离开。

过程抽象（procedural abstraction）：把动作的逻辑视图和它的实现分离开。

控制抽象（control abstraction）：把控制结构的逻辑视图和它的实现分离开。

控制结构（control structure）：用于改变正常的顺序控制流的语句。

7.7.3 事物命名

在编写算法时，我们使用速记短语表示要处理的任务和信息，也就是说，给数据和过程一个名字，这些名字叫作标识符。例如，在基数转换算法中使用 *newBase* 和 *decimalNumber*。还包括给任务命名，比如，在快速排序算法中，使用 Split 来命名分割数组的任务。在定义数据值时的标识符来自于单词的组合，使用大写字母来使含义更加清晰。将任务名设为短语，最终会被转换为单独的标识符。

当我们要用一种程序设计语言把算法转换成计算机能够执行的程序时，可能必须修改标识符。每种语言都有自己构成标识符的规则。因此，转换过程分两个阶段，首先在算法中命名数据和动作，然后把这些名字转换成符合计算机语言规则的标识符。请注意，数据和动作的标识符都是抽象的一种形式。

7.7.4 测试

我们已经演示了算法阶段的测试，使用的是算法走查。也展示了如何设计测试方案并用汇编语言实现。测试在编程的每个阶段都十分重要，有两种基本的测试分类：白盒测试，基于代码本身；黑盒测试，基于测试所有可能的输入值。通常来说，一个测试方案包括这两种测试类型。

小结

Polya 在他的经典著作《如何解决它》中列出了数学问题的求解策略。这个策略适用于所有问题，包括那些要编成计算机程序的问题。这些策略的步骤是提出问题，寻找熟悉的情况，然后用分治法解决。应用这些策略时，将生成一个解决问题的方案。在计算领域，这种方案称为算法。

循环有两种，分为计数控制循环与事件控制循环。计数控制循环会执行预定次数的循环，而事件控制循环则是执行到循环中事件的改变。

数据有两种形式：不可分割的和复合的。数组是一种同构的结构，给出了一个有名称的元素的集合和允许用户访问个别元素在结构中的位置。

搜索是指在数组中寻找一个特定值的行为。在这一章中，我们介绍了无序数组的线性搜索、有序数组的线性搜索和有序数组中的二分检索。排序是指将数组中的元素按一定的顺序排列。在排序算法中有四种常见的算法，分别是选择排序、冒泡排序、插入排序和快速序。

递归算法是指可以在子程序自身中出现子程序名的算法。阶乘和二分检索实际上就是递归算法。

[231]

道德问题：开源软件 [4-5]

如果从有专利的软件销售商那里购买的应用软件出现了问题，你不能修改它的源代码，然后再继续工作。源代码是制造商拥有并申请了专利的，修改、复制或转卖源代码都是违法的。

开源软件则提供了另一种可选方案。开源应用软件允许用户以自己喜欢的任何方式修改该源代码。用户不仅可以添加代码、修改代码或扩展代码，还能够复制代码、把代码给其他人甚至销售开源软件。唯一的限制就是得到修改代码的用户同样有访问源代码、复制和销售软件的自由。这种软件使用的自由有时叫作复制权，开源软件的支持者非常推崇这种特权。

当有专利权的软件首次出现时，计算界的有些团体认为它将威胁智力合作的自由度。他们认为软件是一种智力产物，因此最好将它作为一种思想对待：欢迎任何人加入讨论，各抒己见，甚至带朋友来参与讨论。此外，如果不从有专利的销售商那里购买就不能使用这种软件，那么在没有把钱交给这种"思想"的主人之前，人们就不能参加它的讨论。

为了响应 20 世纪 80 年代计算领域中的变化，MIT 的计算机科学家们组织了自由软件基金（FSF）来推广开放应用和软件共享。波士顿小组开发的通用公共许可证（General Public License, GPL）列出了用户共享、发布和协作开发软件产品所需遵守的规则。对于那些认为" free"这个名字有问题的人，FSF 指出，" free"是指"言论自由中的自由，而不是免费啤酒中的免费"。

那么是什么使得看来如此简单的想法充满争议呢？如果任何人都能升级或改进一种产品，这会增加它的价值吗？开源主义者的反对者们说"不会"，微软公司和其他具有软件专利权的制造商认为开源代码对它们的商业是种威胁。如果人们能自行修补和修改源代码，那么他们就不用支付使用专利产品所需的大量许可费，而且他们也不会购买升级产品。反对者声称，更重要的是，开源模型可能破坏知识产权。

开源主义的支持者们则指出了这种模型更有成本效益的一面。即使用户最初支付了软件的费用，许可协议赋予他们的自由度也不会把他们锁定在那个选择上。他们可以搭配使用软件以最好地满足自己的需要。开源模型爱好者们还指出，开源软件趋于更可靠，发生故障的次数越来越少，IT部门和工程师修正低级问题所花费的时间也越来越少。反对使用任何人都能够访问源代码软件的人声称，这种做法会比使用专利软件包造成更大的安全漏洞。例如，如果航空公司、医院和市政基础设施使用这种软件，那么他们将比使用专利软件更容易受到攻击。

开源软件最著名的例子是 Linux 操作系统，它得到了 FSF 的 GPL，Linux 的成功给了开源组织很大的希望。它非常流行，甚至政府机关都采用，尽管只是少数。许多销售商都出售各种版本的 Linux，其中包括 Red Hat Linux，它是最著名的 Linux 发行商。这些示例确定了开源模型的商业可行性。

有提案要求政府转用开源产品，但专利元件制造商则致力于阻止这一提案，而且，到目前为止，专利权和版权法案都是支持专利软件的。这种情况能否持续下去只有将来才能知道。微软公司提出了各种限制开源软件的方法，但目前为止都没有取得成功。现在，关于开源软件是造福了所有人还是危害了商业和所有权的争论仍在继续。

2008 年，开源软件群体达到法律上的里程碑。问题集中在用于开发火车模型的商业软件上。软件开发者（开源软件小组的 Java 模型铁路接口）声称，Matthew Katzer 使用了其软件去开发商业产品但是却没有遵循与软件有关的软件许可条款，侵犯了版权法。软件许可中认为任何人使用免费的代码必须致谢原作者，强调这些文件的来源，并解释这些代码是怎么被改编的。下级法院的裁决站在 Katzer 这一边后，联邦法院的上诉裁定，开源艺术许可受到版权法的保护，开源软件作者可以通过版权法来执行公司使用开源软件的权利以保护他们的想法。

232
~
233

关键术语

抽象步骤（abstract step）

抽象（abstraction）

算法（algorithm）

二分检索（binary search）

具体步骤（concrete step）

控制抽象（control abstraction）

控制结构（control structure）

数据抽象（data abstraction）

信息隐蔽（information hiding）

嵌套结构（嵌套逻辑）(nested structure(nested logic))

过程抽象（procedural abstraction）

递归（recursion）

练习

为练习 1 ～ 6 中的定义或例子找到匹配的问题求解策略。

A. 提出问题　　　　B. 寻找熟悉的情况

C. 分治法

1. 出现问题后的第一步策略。

2. 永远都不要改造轮子。

3. 二分检索算法中使用的策略。

4. 之前问题的解决方案对目前这个问题是否适合？

5. 在快速排序算法中使用的策略。

6. 在问题陈述中存在很明显的矛盾。

为练习 7 ～ 10 的输出找到匹配的阶段。

A. 分析与说明阶段　　　B. 算法开发阶段

C. 实现阶段　　　　　　D. 维护阶段

7. 运行的程序

8. 无

9. 问题陈述

10. 总体解决方案

为练习 11 ～ 15 中的叙述找到匹配的定义。

A. 信息隐蔽　　　　B. 抽象

C. 数据抽象　　　　D. 过程抽象

E. 控制抽象

11. 隐蔽模块的细节以控制对这些细节的访问的做法。

12. 复杂系统的一种模型，只包括对观察者来说必需的细节。

13. 把动作的逻辑视图和它的实现分离开。

14. 把控制结构的逻辑视图和它的实现分离开。

15. 把数据的逻辑视图和它的实现分离开。

判断练习 16 ～ 36 中的陈述的对错：

A. 对　　　　　　B. 错

16. 计数控制循环重复特定次数。

17. 事件控制循环重复特定次数。

18. 计数控制循环由计数器控制。

19. 事件控制循环由事件控制。

20. 无限循环永远不停止。

21. 循环可以嵌入，但是选择结构不可以。

22. 选择结构可以嵌入，但是循环不可以。

23. 所有控制结构都可以嵌入。

24. 平方根算法使用了计数控制循环。

25. 数组是同构结构，但是记录不是。

26. 记录是异构结构，但是数组不是。

27. 记录是同构结构，数组是异构结构。

28. 冒泡排序算法要找到数组无序部分的最小项，然后把它与第一个未排序项交换。

29. 快速排序并不是一直都快。

30. 二分检索可以应用于有序数组和无序数组。

31. 二分检索总比线性搜索快。

32. 选择排序在每次迭代时将一个项目放到永久的位置上。

33. 插入排序在每次迭代时将一个项目放到一个相对于有序部分合适的位置。

34. 递归是迭代的另一个名字。

35. 递归算法使用 IF 语句。

36. 迭代算法使用 WHILE 语句。

练习 37 ～ 62 是简答题。

37. 请列出 Polya 提出的"如何解决它"中的四个步骤。

38. 用你自己的话描述练习 37 中列出的四个步骤。

39. 列出本章讨论的问题求解策略。

40. 把本章讨论的问题求解策略应用于下列情况：

    a）为你 4 岁的堂妹买一个玩具

    b）为你的足球队组织一场庆功宴

    c）为要嘉奖你而举办的宴会买一套礼服或套装

41. 分析练习 40 中的解决方案，确定三件事的共性。

42. 什么是算法？

43. 为下列任务编写算法。

    a）制作花生酱和果酱三明治

    b）早晨起床

    c）做家庭作业

    d）下午开车回家

44. 列出计算机问题求解模型的阶段。

45. 计算机问题求解模型与 Polya 的问题求解模型有哪些不同之处？

46. 描述算法开发阶段的步骤。

47. 描述实现阶段的步骤。

48. 描述维护阶段的步骤。

49. 从烹调书上找一个制作核仁巧克力饼的菜谱，回答下列问题：

    a）这个菜谱是算法吗？请解释你的答案。

    b）用伪代码把这个菜谱改编成算法。

    c）列出在计算领域有意义的单词。

    d）列出在烹饪中有意义的单词。

    e）把制作好的核仁巧克力饼带给你的教授品尝。

50. 我们说过，执行菜谱比设计菜谱简单得多。去超级市场买一种你从未做过（或吃过）的蔬菜，为它设计一种菜谱。写下你的菜谱以及对这个过程的评价。（如果是个好菜谱，不要忘记发给本书的作者们。）

51. 描述自顶向下设计的过程。

52. 区分具体步骤和抽象步骤。

53. 为下列任务编写一种自顶向下设计。

    a）为你 4 岁的堂妹买一个玩具

    b）为你的足球队组织一场庆功宴

    c）为要嘉奖你而举办的宴会买一套礼服或套装

54. 为下列任务编写一种自顶向下设计。

    a）计算 10 个测验成绩的平均值

    b）计算数量未知的测验成绩的平均值

    c）说明这两种设计的不同之处

55. 为下列任务编写一种自顶向下设计。

    a）在电话号码簿中找一个电话号码

    b）在 Internet 上找一个电话号码

    c）找一个你丢失的小纸片上的电话号码

    d）说明这些设计的不同之处

56. 区分信息和数据。

57. 为按照字母顺序对一个列表中的姓名排序编

写自顶向下的设计。

58. a) 为什么信息隐蔽很重要?

b) 列举三个你每天会遇到的信息隐蔽的例子。

59. 飞机是一种复杂的系统。

a) 从飞行员的角度给出飞机的一种抽象。

b) 从乘客的角度给出飞机的一种抽象。

c) 从空乘的角度给出飞机的一种抽象。

d) 从维修技工的角度给出飞机的一种抽象。

e) 从航空公司办事处的角度给出飞机的一种抽象。

60. 列出练习 53 的设计中的标识符,说明它们命名的是数据还是动作。

61. 列出练习 54 的设计中的标识符,说明它们命名的是数据还是动作。

62. 列出练习 55 的设计中的标识符,说明它们命名的是数据还是动作。

练习 63 ~ 65 要使用下面的数组。

长度	列表										
11	[0]	[1]	[2]	[3]	[4]	[5]	[6]	[7]	[8]	[9]	[10]
	23	41	66	20	2	90	9	34	19	40	99

63. 在选择排序中,首先把 firstUnsorted 设置为第 4 项,请展示列表的状态。

64. 在冒泡排序中,首先把 firstUnsorted 设置为第 5 项,请展示列表的状态。

65. 在快速排序中,用 list[0] 作为第一次递归调用的分裂值,请展示这次递归后列表的状态。

练习 66 和 67 要使用下面的数组。

长度	列表										
11	[0]	[1]	[2]	[3]	[4]	[5]	[6]	[7]	[8]	[9]	[10]
	5	7	20	33	44	46	48	99	101	102	105

66. 在顺序搜索中,要找到下列值或确定它们是否在列表中,需要多少次比较操作?

a) 4   b) 44

c) 45   d) 105

e) 106

67. 在二分检索中,要找到下列值或确定它们是否在列表中,需要多少次比较操作?

a) 4   b) 44

c) 46   d) 105

e) 106

思考题

1. 自顶向下设计给编写程序搭建了平台。搭建这些平台都是白费力气吗?它们曾被重复使用过吗?当程序完成并且运行时,它们的价值是什么?

2. 你最常用的问题求解策略是什么?能够想出你用过的其他策略吗?它们适用于计算问题的求解吗?

3. 有些常见的开源软件在许多人的日常生活中都被使用,你能举出一些例子吗?

4. 你认为开源软件产品的质量高于或低于大型公司开发的软件的吗?你如何看待开源软件的技术支持和有专利权的软件的技术支持?

5. Daniel Bricklin (第 12 章中有他的传记) 并没有为他的软件获取专利 (或版权),他认为软件不应该是专有的。因此,他失去了在形式上是特许权使用费的很多钱。你认为他的行为有远见还是幼稚?

6. 自由软件基金会是一个免税的慈善机构,为 GNU 项目筹集工作经费。GNU 软件是免费的,到网络了解一下它的体系后比较一下 GNU 产品与 Microsoft 和 Sun 类似的制造商的产品。

7. 如果你在计算领域发展并成为一个程序员,你认为软件应该受版权保护还是应该免费?

234
~
239

抽象数据类型与子程序

在程序设计层，我们已经从机器语言到汇编语言再到伪代码来表示算法，从使用简单变量的算法到使用数组的算法。

现在我们进一步谈论抽象和抽象容器：我们不知道如何实现复合结构。在计算机领域，这些抽象的容器被称为抽象数据类型（abstract data type）。我们知道它们的属性和操作，理解它们可以包含哪些类型的值，但是没有关于其内部结构或实现的信息。也就是说，我们知道操作和它们所做的事情，但是不知道操作是如何实现的。

我们一直在使用的算法设计是自顶向下的模型，将一个任务分解成小块。我们在本章讨论更多关于子程序语句的内容，这也是一种代码反映设计的方式，也是算法和子算法通信的方式。

目标

学完本章之后，你应该能够：

- 区分基于数组的实现和链式实现。
- 区分数组和列表。
- 区分无序列表和有序列表。
- 区分栈和队列的行为。
- 区分二叉树和二叉检索树。
- 把一系列项目插入二叉检索树，绘制建树的过程。
- 理解树与图的区别。
- 解释子程序和参数的概念，区分值参与引用参数。

8.1 抽象数据类型

抽象数据类型（Abstract Data Type，ADT）是属性（数据和操作）明确地与特定实现分离的容器。例如，我们可以讨论一个列表以及这个列表增减项的能力，而不需要知道列表项具体是怎样存储的以及如何进行增减操作的。这个列表有一个具体的目的，但是以抽象的形式被讨论。设计的目标是通过抽象减小复杂度。

> **抽象数据类型**（Abstract Data Type，ADT）：属性（数据和操作）明确地与特定实现分离的容器。

为了把 ADT 的概念与上下文联系起来，需要看看如何观察数据。在计算领域，可以从应用层、逻辑层和实现层这三个方面观察数据。

应用（或用户）层是特定问题中的数据的视图。逻辑（或抽象）层是数据值（域）和处理它们的操作的抽象视图。实现层明确表示出了存放数据项的结构，并用程序设计语言对数据的操作进行编码。这个视图用明确的数据域和子程序表示对象的属性。这一层涉及了**数据结构**（data structure），即一种抽象数据类型中的复合数据域的实现。

这一章介绍的抽象数据类型是在现实世界的问题中反复出现过的。这些 ADT 是存储数据项的容器，每种 ADT 都具有特定的行为。称它们为**容器**（container）是因为它们存在的唯一目的就是存放其他对象。

> **数据结构**（data structure）：一种抽象数据类型中的复合数据域的实现。
>
> **容器**（container）：存放和操作其他对象的对象。

8.2 栈

首先将会讨论的两种数据结构是栈和队列，二者经常被同时提及，就像提到花生酱就会想到果冻，这可能是历史原因而不是其他原因，因为它们的行为完全不同。

栈是一种抽象复合结构，只能从一端访问栈中的元素。可以在第一个位置插入元素，也可以删除第一个元素。这种类型的处理称为 LIFO，意思是后进先出（Last In First Out）。这种设计模拟了日常生活中的很多事情。自助餐厅的餐具架就有这种属性：我们只能取顶上的碟子。当取走一个碟子后，下面的碟子就出现在了顶层，以便下一个客人取碟子。杂货架上的罐头也有这样的属性。我们取走的一行中的第一个罐头正是最后一个放入这行的。

另一种描述栈的访问行为的说法是删除的项总是在栈中时间最短的项目。从这个角度观察栈就更加抽象。插入操作没有任何约束；整个 LIFO 行为都体现在删除操作上。

把栈比作自助餐厅的餐具架，使它的插入和删除操作有了个惯用语，插入操作叫作 Push（推进），删除操作叫作 Pop（弹出）。我们把项目推进栈，从栈中弹出项目。栈没有长度属性，所以没有返回栈中项目个数的操作。我们需要的是确定栈是否为空（IsEmpty）的操作，因为当栈空的时候再弹出项目会出错。

下面是一个算法，使用栈读取数字并反向打印出来。我们并不讨论更多的数据，因此不在下面的算法中展开。

```
WHILE (more data)
    Read value
    Push(myStack, value)
WHILE (NOT IsEmpty(myStack))
    Pop(myStack, value)
    Write value
```

桌面检查此算法以确定这些值的确以相反顺序输出。

8.3 队列

队列也是种抽象结构，队列中的项目从一端入，从另一端出。这种行为称为 FIFO，意思是先进先出（First In First Out）。这听起来有点像银行或超级市场的等待队列。事实上，队列就是用来模拟这种情况的。插入操作在队列的尾部进行，删除操作在队列的头部进行。

另一种描述队列的访问行为的说法是删除的总是在队列中时间最长的项目。从这个角度观察队列就更加抽象。与栈一样，插入操作没有任何约束；整个 FIFO 行为都体现在删除操作上。遗憾的是，插入和删除操作没有标准的相关术语。Enqueue、Enque、Enq、Enter 和 Insert 都可以表示插入操作。Dequeue、Deque、Deq、Delete 和 Remove 都可以表示删除操作。

下面的算法读入数据值后按照输入顺序进行输出。

```
WHILE (more data)
    Read value
    Enque(myQueue, value)
WHILE (NOT IsEmpty(myQueue))
    Deque(myQueue, value)
    Write value
```

8.4 列表

列表在程序中与在现实生活中一样很自然地出现了。我们操作客人列表、食品杂货列表、类列表和待办事项列表。列表的列是无止境的。列表有三个属性特征：项目是同构的，项目是线性的，列表是变长的。线性（linear）的意思是，每个项目除了第一个都有一个独特的组成部分在它之前，除了最后一个也都有一个独特的组成部分在它之后。例如，如果一个列表中至少有三个项目，则第二项在第一项之后，在第三项之前。

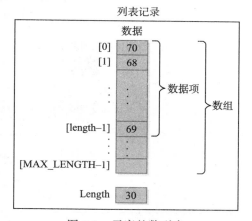

列表记录

而栈和队列对于删除操作都有全部的定义，列表通常提供插入一个项目的操作（Insert）、删除一个项目的操作（Delete）、检索一个项目是否存在（IsThere）以及报告列表中项目数量（GetLength）。此外，它们有一些机制允许用户查看序列中的每一项（Reset, GetNext, MoreItems）。因为项目可以被删除和检索，所以列表中的项目必须能够相互比较。

不要把列表误认为是数组，数组是内嵌结构，列表是抽象结构。然而列表应用于数组中，就像图 8-1 所示的那样。

列表也可以被形象化为**链式结构**（linked structure）。链式结构以节点的概念为基础。一个节点由两部分构成：用户的数据和指向列表的下一个节点的链接或指针。列表的最后一个节点的指针变量存放的是表示列表结束的符号，通常为 null，用"/"表示。参见图 8-2。

图 8-1   无序整数列表

244

链式结构（linked structure）：一个将数据项和找到下一项位置的信息保存到同一容器的实现方法。

列表

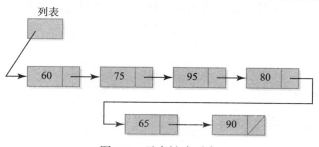

图 8-2   无序链式列表

无序列表的顺序并不重要，项目只是随意被放入其中。有序列表中，项目之间具有语义关系。除了第一个项目之外所有项目都存在某种排序关系。除了最后一个项目，所有项目都有着相同的关系。图 8-3 和图 8-4 分别显示了基于数组实现和链式实现的有序列表。

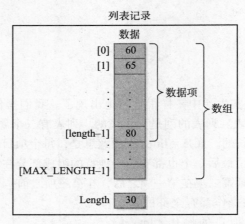

图 8-3   有序整数列表

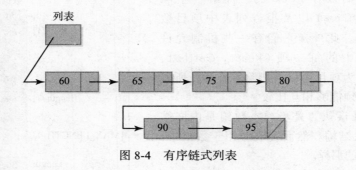

图 8-4   有序链式列表

在教室里跳开合跳

  德州大学教师培训项目 UTeach Institute 在 2013 年年底发起了一项支持在课堂上使用移动设备的倡议。为了展示这项技术，Austin 的 Kealing 中学的学生们在教室里跳开合跳，然后将手指放在平板电脑的摄像头上来测试他们的心率。收集到的数据直接投影到了墙上。学生可以看到，随着时间的流逝，锻炼将会降低他们的静息心率，因此血液就可以更有效地流进他们的心脏。Verizon 无线投入了 100 多万美元来购进设备用来支持这项使用平板电脑进行教学的工作。[1]

  下面这段算法从文件中读取值，将值放到列表中，之后输出列表。

```
WHILE (more data)
    Read value
    Insert(myList, value)
Reset(myList)
Write "Items in the list are "
WHILE (MoreItems(myList))
    GetNext(myList, nextItem)
    Write nextItem, ' '
```

  我们使用 Reset、MoreItems 和 GetNext 遍历该列表，返回序列中的每一项。如果是一个无序列表，项目将按它们插入的顺序打印。如果是有序列表，项目将被有序地打印出来。

这个算法不用考虑列表的实现方式。

对等资金

开源硬件就是公开了其设计方式的硬件，这与软件的开源方式类似。两个开源硬件的倡导者 Justin Huynh 和 Matt Stack 开创了 Open Source Hardware Bank（OSHB），汇集其他开源支持者的资金用于支持开源硬件项目。如果这个项目成功，贷方将承诺支付 5% ～ 15% 的利息。

8.5 树

像列表、栈和队列这样的抽象结构本质上都是线性的，只模拟了一种数据关系。列表中的项目一个挨着一个，栈和队列中的项目从时间上来说也是一个挨着一个的。更复杂的关系需要更复杂的结构来表示，如动物阶级关系。分类一般发生在高层，随着不断向下的移动，标签会变得更加具体。每一个节点下方都可能会有许多的节点，如图 8-5 所示。

这种分层体系结构叫作树。关于树有大量的数学理论，但在计算领域，我们所说的通常是二叉树，即每个节点最多有两个子节点的树。

图 8-5　动物阶级构成了树

8.5.1 二叉树

二叉树（binary tree）是一种抽象结构，其中每个节点可以有两个后继节点，叫作子女（children）。每个子女仍然是二叉树的节点，因此也可以有两个子节点，而这些子女又可以有自己的子女，依此类推，这就形成了树的分支结构。树的头部是一个起始节点，叫作**根**（root），它不是任何节点的子女。图 8-6 展示了一棵包含整数值的二叉树。

树中的每个节点可以有 0 个、1 个或 2 个子女。如果一个节点左边的子节点存在，则这个子节点叫作左子女（left child）。例如，在图 8-6 中，根节点的左子女存放了值 2。如果一个节点右边的子节点存在，这个子节点便叫作右子女（right

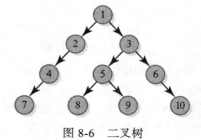

图 8-6　二叉树

child）。在图 8-6 的例子中，根节点的右子女存放的值是 3。如果一个节点只有一个子女，则这个子女可以位于任何一边，不过它一定会位于某一边。在图 8-6 中，根节点是存放值 2 和 3 的节点的父母。（以前的教科书中用术语左子、右子和父节点描述这些关系。）如果一个节点没有子女，则这个节点叫作树叶（leaf）。例如，存放值 7、8、9 和 10 的节点就是**叶节点**（leaf node）。

246
～
247

二叉树（binary tree）：具有唯一起始节点（根节点）的抽象复合结构，其中每个节点可以有两个子女节点，根节点和每个节点之间都有且只有一条路径。

根（Root）：树中唯一的开始节点。

叶节点（leaf node）：没有子女的树节点。

除了规定每个节点至多有两个子女外，二叉树的定义还说明了根节点和每个节点之间有

且只有一条路径。这就是说，除了根节点外，每个节点都只有一个父母节点。

根节点的每个子女本身又是一个小二叉树或子树的根。在图8-6中，根节点的左子女（值为2）是它的左子树的根，根节点的右子女（值为3）是它的右子树的根。事实上，树中的每个节点都可以被看作一个子树的根。值为2的根节点的子树还包括值为4和7的节点，这两个节点是值为2的节点的子孙。值为3的节点的子孙是值为5、6、8、9和10的节点。如果一个节点是另一个节点的父母或者是另一个节点先辈的父母，那么前者是后者的先辈（不错，这是个递归定义）。在图8-6中，值为9的节点的先辈是值为5、3和1的节点。显然，根节点是树中其他所有节点的先辈。

John von Neumann[2]

美国能源部提供

John von Neumann（约翰·冯·诺伊曼）是著名的数学家、物理学家、逻辑学家和计算机科学家。他那令人吃惊的记忆力和解决问题的神速给他涂上了一层传奇色彩。他不仅能用自己的天分推动数学理论的研究，还能记住整本书，过了几年之后再把它们复述出来。

John von Neumann 1903年生于匈牙利，是一个富有的犹太银行家的长子。6岁时，他就能够心算8位数字的除法。11岁时，他进入了中学，没过多久，他的数学老师就推荐了一位大学教授指导他。1926年，他在苏黎世的 Technische Hochschule 获得了化学工程的文凭。同年，他获得了布达佩斯大学授予的数学博士学位，毕业论文是关于集合论的。

20世纪30年代早期，von Neumann 移居到了美国，在普林斯顿执教，同时保有德国的学术职位。尽管他不像许多人一样是政治流亡者，但当纳粹当政时，他辞去了德国的职位。在普林斯顿的这段时间，他与才华横溢但不为人知的英国学生 Alan Turing 合作过。他继续致力于自己辉煌的数学生涯，成为 *Annals of Mathematics* 的编辑和 *Compositio Mathematica* 的合编者。在第二次世界大战期间，von Neumann 因其对流体力学的了解而被聘为美国军方和相关民事机构的顾问。1943年他还被要求参与制造原子弹。经过这些工作后，美国总统 Eisenhower 于1955年任命他为美国原子能委员会的一员。

尽管原子弹和它们的性能让 von Neumann 着迷很多年，但是1944年他与 Herbert Goldstine（第一台可操作的电子数字计算机的发明者之一）的一次偶然相遇，却将这位数学家引入了计算机。他开始致力于存储程序这个概念的研究，并得出结论，内部存储一个程序能够减少为计算机重新编程所需要的繁重工作。他还开发了一种新的计算机体系结构来执行这种存储任务。事实上，当今的计算机通常被称为冯·诺伊曼机，因为他描述的体系结构被证明极其成功。在过去50多年中，计算机已经发生了很大的变化，而 von Neumann 设计的基本体系结构却依然存在。

在20世纪50年代，von Neumann 担任 IBM 的顾问，在那里他审查了许多提议的或正在实施的先进技术项目。John Backus 的 FORTRAN 就是这些项目中的一个，据说 von Neumann 曾质疑过这个项目，他想知道为什么人们会想要不止一种机器语言。

1957年，von Neumann 在华盛顿死于骨癌，享年54岁。也许是他曾经从事的原子弹工作导致了骨癌，致使20世纪最具奇思妙想的伟人之一离我们而去了。

8.5.2　二叉检索树

树类似于一个无序列表。要在树上找到一个项目，我们必须检查每一个节点，直到找到想要的那个，或者发现它并不在树上。二叉检索树就像已排序的列表，节点间存在语义排序。

二叉检索树具有二叉树的形状属性，也就是说，二叉检索树中的节点可以具有 0 个、1 个或 2 个子女。此外，二叉检索树还具有语义属性来刻画树中节点上的值，即任何节点的值都要大于它的左子树中的所有节点的值，并且要小于它的右子树中的所有节点的值。如图 8-7 所示。

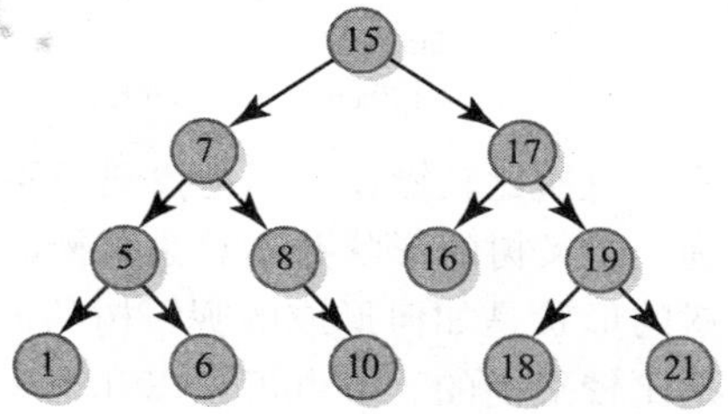

248
~
249

图 8-7　二叉检索树

1. 在二叉检索树中搜索

让我们在图 8-7 所示的树中搜索值 18。首先比较 18 和根节点的值 15。18 大于 15，因此可以知道，如果 18 在这个树中，那么它一定在根的右子树中。注意这种搜索法与线性结构的二分检索法之间的相似性（见第 7 章）。在线性结构中，通过一次比较操作，就排除了很大一部分数据。

接下来比较 18 和右子树的根的值 17。18 大于 17，因而可以知道，如果 18 在这个树中，那么它一定在根的右子树中。比较 18 和右子树的根的值 19。18 小于 19，因而可以知道，如果 18 在这个树中，那么它一定在根的左子树中。比较 18 和左子树的根的值 18，这样就找到了匹配的值。

下面来看看要搜索的值不在树中的情况。在图 8-7 中查找 4，首先比较 4 和 15。4 小于 15，因此，如果 4 在这个树中，它一定在根的左子树中。比较 4 和左子树的根的值 7。4 小于 7，因此，如果 4 在这个树中，它一定在 7 的左子树中。比较 4 和 5。4 小于 5，因此，如果 4 在这个树中，它一定在 5 的左子树中。比较 4 和 1。4 大于 1，因此，如果 4 在这个树中，它一定在 1 的右子树中。但 1 的左子树是空的，因而可知 4 不在这个树中。

如果 current 指向一个节点，那么 info(current) 指的就是这个节点中的用户数据，left(current) 指向的是 current 的左子树的根节点，right(current) 指向的是 current 的右子树的根节点。null 是一个特殊值，说明指针指向空值。因此，如果一个指针是 null，那么这个子树就是空的。

恐怖主义检测软件

社交网络分析通过一种叫作图论（graph theory）的数学分支对人们如何交流进行了建模。图论将人们作为节点，将他们之间的关系当作链。如今，一些研究者使用这种方法来建立恐怖主义网络的软件模型。当软件获得网络中被逮捕成员的数量数据时，它可以估计网络被破坏的可能性。这个估计可能比人类判断所提供的要好。

250

利用这些符号，就可以编写搜索算法了。我们从树的根节点开始，沿着根的后继子树前进，直到找到了要找的项目或发现一个空子树为止。该算法的参数是要搜索的项目和树（子树）的根节点，这些都是子算法执行时所需的信息。

```
IsThere(tree, item)
IF (tree is null)
    RETURN FALSE
```

```
ELSE
    IF (item equals info(tree))
        RETURN TRUE
    ELSE
        IF (item < info(tree))
            IsThere(left(tree), item)
        ELSE
            IsThere(right(tree), item)
```

每次比较操作，不是找到了要搜索的项目，就是把树减小了一半。当然，说一半并不精确。二叉树的形状并不总是平衡的。显然，二叉检索树的搜索效率与树的形状有直接关系。树的形状是如何形成的呢？树的形状是由项目插入树的顺序决定的。在图 8-8a 中，四级树是比较平衡的。节点可以以几个不同的顺序输入以形成这棵树。相比之下，图 8-8b 的十级树只有值按顺序进入才可能形成。

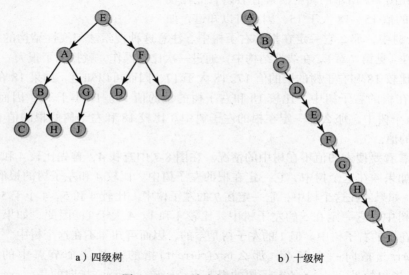

a）四级树   b）十级树

图 8-8   二叉检索树的两种变体

2. 构造二叉检索树

如何构建二叉检索树呢？我们刚使用过的搜索算法为如何构造二叉检索树提供了线索。如果在搜索路径中没有找到要找的项目，那么最后达到的就是这个项目应该在的位置。下面用字符串 john、phil、lila、kate、becca、judy、june、mari、jim 和 sue 构造一个二叉检索树。

因为 john 是第一个插入的值，所以它是根节点。第二个值 phil 大于 john，因此它将成为右子树的根节点。lila 大于 john，但小于 phil，因此它将成为 phil 的左子树的根节点。此时该树如下图所示。

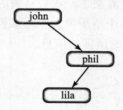

kate 大于 john，小于 phil 和 lila，因此 kate 将成为 lila 的左子树的根节点。becca 小于 john，因此它将成为 john 的左子树的根节点。judy 大于 john，小于 phil、lila 和 kate，因此 judy 将成为 kate 的左子树的根节点。june 的路径与 judy 一样。june 大于 judy，因此它将成为 judy 的右子树的根节点。mari 将成为 lila 的右子树的根；jim 将成为 becca 的右子树的根；sue 将成为 phil 的右子树的根。整个树如图 8-9 所示。

Insert(tree, item)
```
IF (tree is null)
    Put item in tree
ELSE
    IF (item < info(tree))
        Insert(left(tree), item)
    ELSE
        Insert(right(tree), item)
```

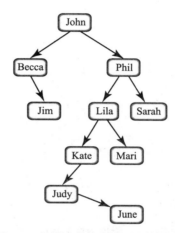

图 8-9　根据字符串创建二叉检索树

表 8-1 展示了在图 8-9 的树中插入 nell 的操作过程。我们用括号括起节点 info 部分的内容表示指针，指向以该值作为根的子树。

表 8-1　在图 8-9 中插入 nell 的操作过程

调用 Insert 操作	第一个 if 语句	第二个 if 语句	动作 / 调用
Insert((john), nell)	(john) != null	nell > john	插入到右子树
Insert((phil), nell)	(phil) != null	nell > phil	插入到左子树
Insert((lila), nell)	(lila) != null	nell > lila	插入到右子树
Insert((mari), nell)	(mari) != null	nell > mari	插入到右子树
Insert((null), nell)	null = null		把 nell 存为（mari）的右子树的根

虽然把项目放到树中是抽象的，但我们并不扩展这一点。我们需要了解更多关于树的实际实现的情况。

3. 输出二叉检索树中的数据

要输出根的值，必须先输出它的左子树中的所有值，即所有比根的值小的值。输出了根的值后，还必须输出它的右子树中的所有值，即所有比根的值大的值。这样就结束了吗？那左子树和右子树中的值怎么办？如何输出它们？当然是采用相同的方法。毕竟，它们都是二叉检索树。

虚假警报

2005 年，拉斯维加斯一家广播电台的一个小故障让五个县的电视公司、电台和电视台意识到一场并不存在的全国性危机。当这个广播电台试图发送一个消息来取消之前发送的琥珀警报时，错误发生了，本来应发送一条 EAN，结果却发送了一条美国总统在核战争或类似的极端国家紧急事件中使用的特殊代码。

这个算法似乎很容易。这就是递归算法的妙处：简短精致（尽管有时要思考一番）。让我们用下面的树编写并跟踪下面的算法。由于有两个递归调用，所以我们对跟踪过程中的调用进行了编号。见表 8-2。

```
Print(tree)

IF (tree is NOT null)
    Print(left(tree))        // Recursive call R1
    Write info(tree)
    Print(right(tree))       // Recursive call R2
```

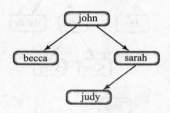

表 8-2　输出前面的树的过程

调用	调用编号	if 语句	动作 / 调用
Print((john))	R1	(john)!=null	Print(left(john))
Print((becca))	R1	(becca)!=null	Print(left(becca))
Print((null))	R1	null=null	Return
Print((becca))			Print becca, Print(right(becca))
Print((null))	R2	null	Return, Return
Print((john))			Print john, Print(right(john))
Print((sarah))	R2	(sarah)!=null	Print(left(sarah))
Print((judy))	R1	(judy)!=null	Print(left(judy))
Print((null))	R1	null=null	Return
Print((judy))			Print judy, Print(right(judy))
Print((null))	R2	null=null	Return, Return
Print((sarah))			Print sarah, Pring(right(sarah))
Print((null))	R2	null=null	Return, Return

该算法按升序输出了二叉检索树中的项目。还有其他遍历树的方法，可以按照其他顺序输出树中的项目。我们将在练习中探讨这些遍历方法。

8.5.3　其他操作

现在你应该意识到了，二叉检索树其实是和列表具有同样功能的对象，它们的区别在于操作的有效性，而行为是相同的。我们没有介绍 Remove 算法，因为它对于本书来说太复杂了。此外，我们还忽略了 length 的概念，它在用于实现列表时必然与树相伴。与其在构造树的时候记录其中的项目个数，不如编写一个算法，计算树中的节点数。

一个空树中有多少个节点？当然是 0 个。那么任意一个树有多少个节点呢？就是 1 加上左子树中的节点个数和右子树中的节点个数。树的定义引出了 Length 操作的递归定义。

Length(tree)
```
IF (tree is null)
    RETURN 0
ELSE
    RETURN Length(left(tree)) + Length(right(tree)) + 1
```

8.6　图

树是表示存在层次结构关系的一种有效方式，也就是说，一个节点至多只有一个指向它的节点（它的父母）。如果去掉这种约束，就得到了另一种数据结构——**图**（graph）。图由一组节点和连接节点的线段构成，图中的节点叫作**顶点**（vertex），图中的线段叫作**边（弧）**（edge（arc））。

> **图**（graph）：由一组节点和一组把节点相互连接起来的边构成的数据结构。
>
> **顶点**（vertex）：图中的节点。
>
> **边（弧）**（edge（arc））：表示图中两个节点的连接的顶点对。

图中的顶点表示对象，边则描述了顶点之间的关系。例如，如果一个图表示地图，那么顶点就可能是城市的名字，连接顶点的边就表示两个城市之间的公路。由于城市之间的公路都是双向的，因此这个图的边是无向的，这种图叫作**无向图**。但是如果连接顶点的边表示从一个城市到另一个城市的航道，那么每条边的方向就很重要了。存在从 Houston 到 Austin 的航道（边）并不意味着存在从 Austin 到 Houston 的航道。其中的边由一个顶点指向另一个顶点的图叫**有向图**（directed graph（digraph））。加权图表示边有附加值的图。

> **无向图**（undirected graph）：其中的边没有方向的图。
>
> **有向图**（directed graph（digraph））：其中的边是从一个顶点指向另一个顶点（或同一个顶点）的图。

看看如图 8-10 所示的图。兄弟姐妹之间的关系是无序的，例如 June 是 Sarah 的兄弟姐妹，Sarah 是 June 的兄弟姐妹，见图 8-10a。图 8-10c 中的先决条件图就是有序的：Computer Science I 一定位于 Computer Science II 之前。航班计划表是有序并且加权的，见图 8-10b。有一条从 Dallas 到 Denver 的航线距离 780 英里（1 英里 ≈ 1.609 千米），但没有直接从 Denver 到 Dallas 的航班。

如果两个顶点有一条边相连，则把它们称为**邻顶点**（adjacent vertice）。在图 8-10a 中 June 与 Bobby、Sarah、Judy 和 Susy 相连。两个顶点通过一条有顺序的**路径**（path）相连。例如，有一条路径是从 Austin 到 Dallas 到 Denver 到 Chicago。没有路径从 June 到 Lila、

Kate、Becca 或者是 John。

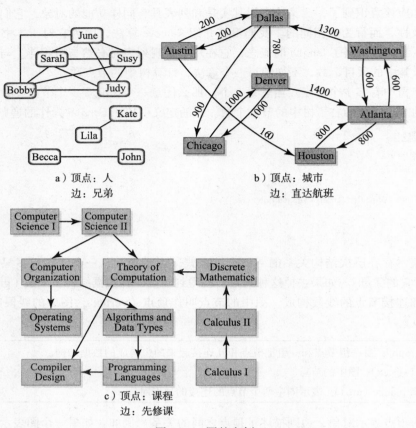

a）顶点：人
边：兄弟

b）顶点：城市
边：直达航班

c）顶点：课程
边：先修课

图 8-10   图的实例

> **邻顶点**（adjacent vertice）：通过边连接起来的两个顶点。
>
> **路径**（path）：连接图中两个顶点的一系列顶点。

257 　　顶点表示的对象可以是人、房子、城市、课程、概念等。边表示对象之间的关系，例如，人和人之间是相关的，同一条街道上的房子是相关的，有向航道把城市连接了起来，课程之间也存在先决关系，一个概念可能是由另一个概念派生的（如图 8-10 所示）。从数学上来说，顶点是图论中未定义的概念。有关的数学问题多种多样，不在本书的讨论范围内。

8.6.1 创建图

　　列表、栈、队列和树都是可容纳元素的容器。用户根据特定的问题选择最合适的容器。不被纳入检索过程的算法是没有固定语义的：栈返回的元素是在其中停留时间最少的元素；队列返回的是在其中停留时间最长的元素。队列和树返回的信息都是被请求的。然而不同的是，在图中定义的算法可以解决实际的问题。首先我们来探讨创建一个图，然后讨论利用图可以解决的问题。

　　许多信息可以被呈现在图上：顶点、边和权值。让我们利用航班连接数据来把这些结构可视化为一张表。表 8-3 中的行和列标有城市的名字。单元格中的零代表从该行城市到该列城市不存在可以直达的航班。表格中的数值为从该行城市至该列城市的英里数。

创建一个表格需要以下操作：

- 在表格中添加一个顶点
- 在表格中添加一条边
- 在表格中添加一个权值

我们在表格中通过行名和列名来寻找位置。例如（Atlanta，Houston）间有一条 800 英里的航线。（Houston，Austin）间为零，即没有从 Houston 直飞 Austin 的航线。

表 8-3   航线数据

	Atlanta	Austin	Chicago	Dallas	Denver	Houston	Washington
Atlanta	0	0	0	0	0	800	600
Austin	0	0	0	200	0	160	0
Chicago	0	0	0	0	1000	0	0
Dallas	0	200	900	0	780	0	0
Denver	1400	0	1000	0	0	0	0
Houston	800	0	0	0	0	0	0
Washington	600	0	0	1300	0	0	0

8.6.2　图算法

这里有三种经典的图搜索算法，每一种可以解决不同的问题。

- 我能否搭乘喜爱的航线从城市 X 前往城市 Y？
- 我怎样能用最少的停顿从城市 X 前往城市 Y？
- 从城市 X 到城市 Y 最短的航程（英里数）是什么？

这三个问题的答案包括了深度优先搜索、广度优先搜索和单源最短路搜索。

1. 深度优先搜索

怎样能够搭乘喜爱的航线从城市 X 前往城市 Y？给定一个起点和一个终点，我们来构造一种从起点（startVertex）到终点（endVertex）的路径的算法。我们需要一个系统化的方法来调查并跟踪这些城市。当我们试图在两个顶点间寻找路径时，用栈来存储访问的顶点。用深度优先搜索来检查第一个与起点相邻的顶点。如果是它是终点，则搜索结束。否则，检查所有与第一个顶点相邻的顶点。

同时，我们需要存储其他和起点相邻的顶点，随后需要的时候会用到它们。如果不存在一条从与起点相邻的第一个顶点出发的路径，那么我们回到顶点，尝试第二个顶点、第三个顶点，以此类推。因为我们想要沿着一条路径尽可能深地访问各个节点，如果没有找到终点则回溯，因此栈是一种存储顶点的合适的数据结构。

258
~
259

谁需要银行？

贷款俱乐部（lending club）是一个线上金融团体，它汇聚了借款人和投资者。投资俱乐部已经存在了很长时间，而如今，因特网使得素未谋面的人们能够组建俱乐部。贷款俱乐部对房地产、软件公司以及小微企业投资，其中美国最大的贷款俱乐部 Lending Club 在 2014 年进行了首次公开发行（IPO），总共集资 1 亿美元。贷款俱乐部和 Paypal 一起，正在尝试降低不符合银行贷款条件的中产阶级的借贷成本。[3]

```
Depth First Search(startVertex, endVertex)
Set found to FALSE
Push(myStack, startVertex)
WHILE (NOT IsEmpty(myStack) AND NOT found)
    Pop(myStack, tempVertex)
    IF (tempVertex equals endVertex)
        Write endVertex
        Set found to TRUE
    ELSE IF (tempVertex not visited)
        Write tempVertex
        Push all unvisited vertices adjacent with tempVertex
        Mark tempVertex as visited
IF (found)
    Write "Path has been printed"
ELSE
    Write "Path does not exist"
```

一旦我们把一个顶点的所有相邻顶点都放到栈内，就标记这个顶点为访问过。如果我们处理了一个已经访问过的顶点，将会把一个同样的顶点一次又一次地放入栈内。那么这个算法根本不能称之为算法，因为它可能无法终止。所以我们不能多次处理同一个顶点。

我们来将此算法应用到航线线路图 8-10b 的例子中。我们想要从 Austin 飞往 Washington。将出发城市压入栈内来对搜索进行初始化（图 8-11a）。在循环开始时，从栈内弹出当前城市 Austin。Dallas 和 Houston 是可以从 Austin 直达的地方。我们将这两个顶点压入栈内（图 8-11b）。在第二次迭代的开始，我们将 Houston 从栈顶弹出。因为 Houston 不是我们的终点，因此需要从这里继续搜索。从 Houston 出发只有一条到 Atlanta 的航线，因此将 Atlanta 压入栈内（图 8-11c）。同样，我们将栈顶城市弹出。由于 Atlanta 不是我们的终点，因此要还需要从这里继续搜索。从 Atlanta 出发可以前往两个城市：Houston 和 Washington。

但是我们刚刚是从 Houston 过来的！我们不想再飞回已经访问过的城市，因为这样可能导致无限的循环。但是我们已经解决了这个问题，因为 Houston 已经访问过了，因此我们会向后继续而不是将其压入栈内。而第二个相邻顶点所代表的 Washington 则没有被访问过，因此将其压入栈内（图 8-11d）。同样，我们将栈顶城市弹出。Washington 是我们要到达的终点，因此搜索完成。

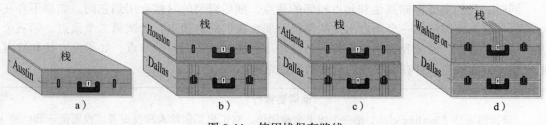

图 8-11　使用栈保存路线

图 8-12 展示了我们从 Washington 出发到 Austin 的结果。

这种搜索叫作深度优先搜索（depth-first search），因为我们走向最深的分支。在返回 Dallas 继续搜索前，要检查从 Houston 开始的所有路径。当你必须回溯时，选择离你无法走通位置的最近的分支继续搜索。也就是说，相比于更早时候可选的其他分支，你会选择一条尽可能可以走远的路。

2. 广度优先搜索

怎样用最少的停顿次数从城市 X 前往城市 Y？广度优先遍历可以解决这个问题。在深度优先搜索中，当来到一个无法继续走通的位置，我们尽可能少回溯。我们尝试从距此顶点最近的路径开始，也就是那些在栈顶的路径。在广度优先搜索中，我们想要回溯到尽可能远，以找到从最初的顶点出发的路径。

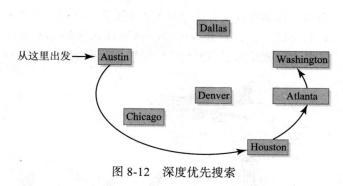

从这里出发 →

图 8-12　深度优先搜索

因此栈不再是一个适合寻找较早路径的数据结构。它是按照元素出现的相反顺序来保存元素，即最晚的路径在顶部。我们采用队列来保存元素的顺序可以按照它们出现的先后顺序。在队列前部的路径来自较早出现的顶点，而在队列后部的路径则来自较晚出现的顶点。因此，如果我们将栈替换为队列，就可以为这个问题找到答案。

```
Breadth-First Search(startVertex, endVertex)

Set found to FALSE
Enque(myQueue, startVertex)
WHILE (NOT IsEmpty(myQueue) AND NOT found)
    Deque(myQueue, tempVertex)
    IF (tempVertex equals endVertex)
        Write endVertex
        Set found to TRUE
    ELSE IF (tempVertex not visited)
        Write tempVertex
        Enque all unvisited vertices adjacent with tempVertex
        Mark tempVertex as visited
IF (found)
    Write "Path has been printed"
ELSE
    Write "Path does not exist"
```

我们同样将此算法应用到航线线路图 8-10b 的例子中。哪条路径可以用最少的停顿从 Austin 前往 Washington？ Austin 是队列初始化时的开始元素（图 8-13a）。我们将 Austin 出队，并且将所有 Austin 可以直达的城市压入队列，也就是 Dallas 和 Houston（图 8-13b）。然后将队头元素出队，Dallas 不是我们想要到达的终点，因此将所有与之相邻并且没有访问过的城市入队，也就是 Chicago 和 Denver（图 8-13c）（Austin 已经被访问过了，所以它不会入队）。同样，我们将队头元素出队，这个元素是另一个航线上停顿的城市 Houston。Houston 不是我们想去的目的地，因此我们继续搜索。从 Houston 出发只有一条到 Atlanta 的航线。由于我们此前没有访问过 Atlanta，因此将 Atlanta 压入队列（图 8-13d）。

现在我们知道无法只停顿一站就抵达 Washington，因此开始进行两次停顿的检查。我们将 Chicago 出队，但它并不是我们的目的地，因此将它相邻的城市 Denver 压入队列

260 ～ 261

（图 8-13e）。现在有一个有趣的现象：Denver 在队列中出现过两次。我们已经在某一步将 Denver 压入队列并且在下一步将它的前一站从队列中弹出。Denver 不是我们的目的地，因此将与它相邻并且没有被访问过的城市压入队列（只有 Atlanta 符合标准）（图 8-13f）。这个过程将继续下去，直到 Washington 被压入队列（从 Atlanta 出发）并且最终从队列中被弹出。这样我们就找到了想要到达的城市，搜索结束（图 8-14）。

图 8-13　使用队列存储路线

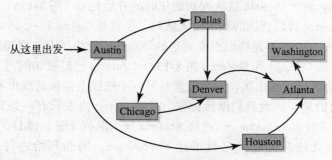

图 8-14　广度优先搜索

正如你所看到的,深度优先搜索算法从起点出发尽可能地往更远的路径检查,而不是优先选择检查与起点相邻的第二个顶点。相反,广度优先搜索会优先检查所有与起点相邻的顶点,而不是检查与这些顶点相连的其他顶点。

3. 单源最短路搜索

什么是从 Austin 飞往某个其他城市的最短航线(英里数)? 在刚刚的讨论中,存在多条路径可以从某个顶点前往另一个。假设我们想要找到从 Austin 出发乘坐喜爱的航线到其他城市的最短路径。这里的"最短路径"指的是将路径上的边的值(权值)加在一起得到的和最小。考虑如下两条从 Austin 到 Washington 的路径:

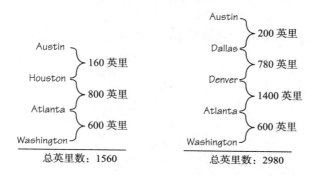

显然我们更加偏爱第一条,除非你只是想累计自己的里程累计优惠。

让我们来构造一种可以显示从一个设计好的起点城市到任意一个城市的最短路算法。这次我们不会搜索一个起点城市和一个终点城市间的路径。像前两种图搜索所描述的一样,我们需要一个辅助的数据结构来存储此后处理的城市。通过检索最常被放入此结构的城市,深度优先搜索尝试不断向"前",它尝试了直飞的方式、两程航班、三程航班等方式。它只在遇到无法继续走通的时候,回溯到较少次数的航班。通过检查在数据结构中停留最长时间的城市,广度优先搜索尝试了所有直飞、两程航班、三程航班等方式。广度优先搜索算法可以找到最小换乘次数的航线。

当然,最小行程次数的航线并不意味着是最短的总距离。最短路遍历必须说明在搜索过程中城市间的英里数(边权值的和),而不是像深度优先搜索和广度优先搜索那样。我们想要检索离当前顶点最近的顶点,也就是说,与此顶点相连的边权值最小的顶点。我们称这种抽象容器为优先队列(priority queue),被检索的元素是在队列中拥有最高优先度的元素。如果我们让英里数最为优先,则可以从队列弹出一系列包括两个顶点和顶点间距离的元素。

这个算法比我们此前见过的算法都要复杂得多,因此我们不再继续讨论。然而,喜欢挑战数学难题的读者可以继续探究此问题。

8.7　子程序

在开始介绍递归时,我们介绍了一种叫作子算法的概念。在这里我们用非递归的上下文来审视它们并且讨论怎样能够来回在算法和子算法之间传递信息。因为在讨论实际的语言构造,因此我们更习惯称这样的结构为子程序而不是子算法。

许多子程序都是高级语言或语言附带库的一部分。例如,很多数学问题经常需要计算三角函数。在绝大多数高级语言中子程序可通过不同的方式计算出这些值。当一个程序需要计算其中一个这样的值时，程序员只要查询可以计算该值的子程序的名字，然后调用该子程序来进行计算即可。

如果其中一个子程序需要传递信息，调用单元将会把值发送给子程序来使用。例如，如下两个语句：x 为 m 乘以 t 的正弦，y 为 z 的绝对值。正弦函数和绝对值函数内建在很多语言中。发送给正弦函数的信息是 t，发送给绝对值函数的信息是 z。这两个函数都是有返回值的子程序。

265

```
Set x to m*sin(t)
Set y to abs(z)
```

当你写自己的子程序时也是同样的。我们现在开始关注在调用程序和子程序间信息来回传递的原理。

假设已经检验过这些算法中的抽象数据类型的容量。例如，如下列表算法：

```
WHILE (more data)
    Read value
    Insert(myList, value)
Reset(myList)
Write "Items in the list are "
WHILE (MoreItems(myList))
    GetNext(myList, nextItem)
    Write nextItem, ' '
```

Insert 操作需要一个列表和一个插入其中的值。Reset 操作需要一个用来重置的列表。MoreItems 操作需要一个列表来查看是否有更多元素等待被返回。GetNext 操作需要一个输入列表并且返回列表中的下一个元素。这些信息的交流是通过参数列表的概念实现的。

8.7.1　参数传递

参数列表（parameter list）是子程序要使用的标识符或值的列表，它放置在子程序名后的括号中。由于子程序是在被调用之前定义的，所以它不知道调用单元会传递什么样的变量。为了解决这个问题，在子程序名后面的括号中声明了一个变量名的列表。这些标识符称为**形参**（parameter）。当子程序被调用时，调用单元将列出子程序名，并在其后的括号中列出一系列标识符。这些标识符叫作**实参**（argument）。实参表示的是调用单元中的真正变量。

参数列表（parameter list）：程序中两部分之间的通信机制。

形参（parameter）：列在子程序名后的括号中的标识符。

实参（argument）：子程序调用中列在括号中的标识符。

可以把形参看作子程序中使用的临时标识符。当子程序被调用时，调用单元会把真正的标识符的名字发送给子程序。子程序中的动作则是用形参定义的。当动作执行时，实参将逐个替代形参。执行替代操作的方式有几种，不过最常见的是根据位置进行替代。第一个实参替代第一个形参，第二个实参替代第二个形参，如此进行下去。

266

我们承诺过不再关注过多实现的细节，但是这次比较简单。我们可以利用一个数组和一个长度字段来实现一个列表。当向列表添加一个元素时，元素被存储在数组（为 values）中的 length-1 位置，从该位置开始不断增加数组长度。我们将值（values）和长度（length）绑定在一起形成一个记录，称之为列表（list），并把它传递给需要它的子程序。

```
Insert(list, item)        // Subprogram definition
Set list.values[list.length − 1] to item
Set list.length to list.length + 1

Insert(myList, value)     // Calling statement
```

替代机制的操作有点像使用留言板。当子程序被调用时，它将得到一个实参列表（就像把实参列表写在了子程序的留言板上）。实参将告诉子程序在哪里可以找到它要用的值。当子程序中用到一个形参时，子程序会通过形参在留言板上的相对位置访问实参。也就是说，子程序将在留言板的第一个位置查看它的第一个形参，在第二个位置查看第二个形参。

调用子程序时传递的实参个数必须与子程序定义中的形参个数相同。由于实参和形参是根据位置匹配的，所以它们的名字不必一致。当需要多次调用一个子程序而每次调用的实参又不同时，这一点非常有用。以这种方式传递的形参通常叫作位置形参（positional parameter）。

Hacker 和 Cracker

　　Hacker 这个词曾经是褒义的，描述一个可以在一夜之间写出非常复杂的程序的程序员。后来这个词用来指那些恶意修改程序的人。

267

8.7.2　值参与引用参数

传递参数的基本方式有两种，即通过值传递和通过引用（或地址）传递。如果一个形参是**值参**（value parameter），调用单元将把实参的一个副本传递给子程序。如果一个形参是**引用参数**（reference parameter），调用单元将把实参的地址传递给子程序。这意味着，由于子程序接收的只是实参的一个副本，因此它不能改变实参的内容，而只能修改副本，不会改变原始变量。相反，子程序可以改变调用单元传递给引用参数的任何实参，因为子程序操作的是实际变量，而不是变量的副本。在之前的例子中，传递的记录 list 必为引用参数。如果它不是引用参数，则元素将被插入副本中，而不是插入原始变量中。

　　值参（value parameter）：由调用单元传入实参的副本（写在留言板上）的形参。
　　引用参数（reference parameter）：由调用单元传入实参的地址（写在留言板上）的形参。

可以这样看值参和引用参数：要访问一个引用参数，子程序必须访问留言板上列出的地址中的内容。要访问一个值参，子程序只需要访问留言板自身的内容即可。显然，调用单元和子程序都必须知道哪些形参 / 实参是通过值传递的，哪些是通过引用传递的。并非所有高级语言都支持这两种类型的参数，但支持它们的语言都有标示值参和引用参数的语法。

在结束子程序的介绍前，我们再看一个例子，来说明值参和引用参数之间的区别。我们已编写过一个算法，交换两个内存单元中的内容。以下是不依赖问题的变量名的解决方案：

```
Swap(item1, item2)
Set temp to item2
Set item2 to item1
Set item1 to temp
```

现在假设调用单元（程序中需要交换两个内存单元的内容的部分）可以调用 Swap 子程

268 序了，形参是 data1 和 data2。

> Swap(data1, data2)

现在，假设 data1 存储在内存单元 0002 中，data2 存储在 0003 中，它们存放的值分别是 30 和 40。图 8-15 展示了通过值和通过引用传递参数时留言板的内容。当一个形参是值参时，子程序知道要操作的是留言板上的值。当一个形参是引用参数时，子程序则知道要操作的是留言板上的地址中的内容。Swap 子程序的形参应该是值参还是引用参数呢？

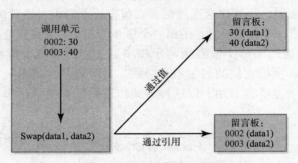

图 8-15　值参和引用参数的区别

在停止讨论子程序与参数前，让我们实现三个列表子程序：getLength、IsThere 和 Delete。如果列表中的元素并不是有序的，我们可以把第一个元素放在 length 的位置并且增加长度。在这个例子中，我们假设列表中只有一个副本项。

> **getLength(list)**
> RETURN list.length

269

> **IsThere(list, item)**
> Set position to 0
> WHILE (position < list.length AND list.values[position] != item)
>   Set position to position + 1
> RETURN position < list.length

IsThere 是一个有返回值的子程序，在这个例子中是布尔类型的返回值。因此它会被用在这样的声明中：

> IF (IsThere(myList, item))
>   Write item "is in the list"

这种类型的子程序被称作有返回值（value-returning）的子程序。相反，Delete 和 Insert 则不返回特定的值。然而，它们确实通过参数返回了改变的列表。如果我们假设在列表中的某个元素需要被删除，具体实现很简单：当我们找到要被删除的元素，只需要将其与列表中的最后一个元素交换，并且将长度减一。

> **Delete(list, item)**
> Set position to 1
> WHILE (list.values[position] != item)
>   Set position to position + 1
> Swap(list.values[list.length – 1], list.values[position])
> Set list.length to list.length – 1

IsThere 可以用来确保即将被删除的元素在列表中。

```
IF (IsThere(myList, item))
    Delete(myList, item)
```

270

有返回值的子程序包括 RETURN 语句，其后是需要被返回的值。无返回值的子程序可能也有 RETURN 语句，但是这并不是必需的。总结一下这部分，下面有一段代码读取列表中的值，然后删除一些值。

```
WHILE (more values)
    Read aValue
    IF (NOT IsThere(list, aValue))
        Insert(list, aValue)
Write "Input values to delete or "Quit" to quit"
Read aValue
IF (aValue != "Quit")
    IF (IsThere(list, aValue))
        Delete(list, aValue)
```

小结

列表、栈、队列、树和图都是有用的抽象复合结构。每种结构都有自己特定的属性和确保这些属性的操作。所有抽象复合结构都有插入和删除元素的操作。列表和树还有在结构中查找元素的操作。

列表和树有着同样的属性：元素可以被插入、删除和检索。元素可以被插入栈中，但是删除和返回的元素是最后一个被插入栈中的元素，也就是在栈中停留时间最短的那个元素。元素可以被插入队列，但是删除和返回的元素是第一个被放入队列的，也就是在队列中停留时间最长的那个元素。

列表、栈、队列和树都仅仅是容器结构，但是图则更加复杂。一个丰富的数学算法可以被应用到图的信息中。我们已经探讨过其中的三种：广度优先搜索、深度优先搜索和单源最短路搜索。

271

子程序声明使得子算法可以独立实现。一个子程序可能会有值返回，在这种情况下，子程序被调用的方式是用它的名字和参数的表达式。子程序也可能是没有返回值的（空），在这种情况下，调用程序用子程序的名字作为声明。子程序发送和接收到的数据通过使用参数列表来传输。参数可能是引用参数或值参。当实参为值参时，通过发送实参的副本至子程序的方式来传递；当实参为引用参数时，则通过发送实参的地址至子程序完成传递。

272

道德问题：工作场所监视[4-5]

员工在家或市场所享受的隐私权没有被同等地应用到工作场合。员工认为工作时在饮水机或者电话旁的对话是隐私。通常情况下，他们是错的。他们可能知道怎样在家保护他们的互联网和电话的安全，但是在工作环境下，他们很难保证同样的隐私。用技术来监视工作场所的雇主越来越多。键盘记录程序可以收集并记录在计算机上打字时的每一下键盘敲击。手机可以被监视，并且通话可以被录音。许多雇主安装了拍照和录音设备来记录对话。在键盘超过一段特定时间处于空闲的情况下，有些软件甚至会触发房间的视频扫描。

近期调查显示，绝大多数的雇主会监控他们的员工。美国管理协会的电子政策研究所在 2007 年的一份调查显示：65% 的公司用软件来屏蔽不合适网站的连接，自 2001 年起上升了 27%。花大量时间观察员工使用手机并且跟踪他们所打电话的雇主也在增长。28% 的雇主因为电子邮件使用不当而解雇员工。人们意识到电子邮件创建书面商业记录，就像是电子的 DNA 证据一样，这激起了工作场所监视现象的增长。

这些尝试的提倡者称赞这些结果是好的。计算机、手机和实体场所属于雇主，而且它们是提供给员工用来工作的。在发现员工上网、下载色情片、用邮件来骚扰其他人或者和朋友聊天后，商人们认识到可以用同样的技术来监视这些行为。员工互联网监视（EIM）成为一个很大的产业。

尽管只有两个州（特拉华州和康涅狄格州）要求雇主在监视员工时必须通知员工，但是大多数州也都是这样做的。但是隐私倡议者还是认为这样的趋势太过头了。在 2005 年被调查的雇主中，大约有 26% 的雇主因滥用互联网而解雇员工。同时，还有 25% 的雇主因邮件使用不当、6% 因滥用办公室电话而解雇了员工。

监视技术的反对者指出人们并不是机器，他们必须休息，并且需要感受自己对环境的控制，这样才能成为高效率、令人满意的员工。在知道自己的个人电话、走廊对话和邮件被监视后，不满和冷漠的情绪会被带入工作场所。谁在办公室想要有一个"老大哥"一样的同事？

在这些保护措施中，隐私倡导者所呼吁的是联邦法规、通知和培训。这些培训包括监视员工的多种方法和不同情形下的限制，例如雇主有怀疑员工的理由时。然而，法律的制定者选择不插手此事，因为他们有非常实际的考虑，就是公司的安全以及雇主了解工作场所发生着什么的权利。

关键术语

抽象数据类型（Abstract Data Type，ADT）

邻顶点（adjacent vertice）

实参（argument）

二叉树（binary tree）

容器（container）

数据结构（data structure）

有向图（directed graph（digraph））

边（弧）(edge（arc））

图（graph）

叶节点（leaf node）

链式结构（linked structure）

参数列表（parameter list）

形参（parameters）

路径（path）

引用参数（reference parameter）

根（root）

无向图（undirected graph）

值参（value parameter）

顶点（vertex）

练习

为练习 1～10 中每种应用找到合适的结构。

A. 栈 　　　　　　B. 队列

C. 树 　　　　　　D. 二叉检索树

E. 图

1. 模拟银行取款操作，加入另一个出纳员，等待时间是如何受到影响的。

2. 一个接收数据的程序，保存数据并处理为反序。

3. 一种电子通信簿，按姓名排序。

4. 具有 PF 键的字处理器，PF 键将重新显示上条命令。每次按下 PF 键时都会显示当前命令的前一条命令。

5. 一个由拼写检查程序所使用的单词词典，需要建立和维护。

6. 当病人进入诊所后跟踪病人的程序，以先到先服务的宗旨用于为医生分配病人。

7. 追踪货架上罐头货品位置的程序。

8. 追踪城市联赛中足球队的程序。

9. 追踪家庭关系的程序。

10. 保持航线路线的程序。

判断练习 11 ～ 30 中的陈述的对错：

A. 对　　　　　　　B. 错

11. 不能对树应用二分检索。

12. 栈和队列是相同 ADT 的不同名字。

13. 栈具有 FIFO 属性。

14. 队列具有 LIFO 属性。

15. 树中的叶子就是没有子女的节点。

16. 二叉树是一种每个节点都有 0 个、1 个或 2 个子女的树。

17. 二叉检索树是二叉树的另一个名字。

18. 二叉检索树一个节点的右子女（如果存在）的值比这个节点本身的值大。

19. 二叉检索树一个节点的左子女（如果存在）的值比这个节点本身的值大。

20. 在图中，顶点代表建模的项目。

21. 使用列表的算法一定要知道这个列表是基于数组的还是链式的。

22. 列表可以是线性或非线性的，取决于它的实现。

23. 树的根没有任何先辈。

24. 二叉检索树是有序的。

25. 一般来说，在二叉检索树中搜索比在基于数组的列表中搜索快。

26. 一般来说，在二叉检索树中搜索比在列表中搜索快。

27. 二叉检索树总是平衡的。

28. 给定二叉检索树中的节点数与层数，可以确定在树中搜索的相对效率。

29. 在二叉检索树中插入总是插入叶节点。

30. 二叉检索树是有序列表的另一种实现形式。

下面的算法（用于练习 31 ～ 33）是一个从 1 到 5 的计数控制循环。在每一次迭代，循环计数器会根据布尔函数 RanFun() 的结果进行打印或将计的数推进栈中。（RanFun() 的行为是无关紧要的。）每次循环结束都会弹出栈中的所有项目并打印。由于栈的逻辑属性，该算法不能打印出循环计数器的值的某些序列。给定一个输出，思考该算法是否可以生成该输出。

A. 对　　　　　B. 错　　C. 信息不够

```
Set count to 0
WHILE (count < 5)
    Set count to count + 1
    IF (RanFun())
        Write count, ''
    ELSE
        Push(myStack, count)
WHILE (NOT IsEmpty(myStack))
    Pop(myStack, number)
    Write number, ''
```

31. 使用栈以下输出是可能的：1 3 5 2 4。

32. 使用栈以下输出是可能的：1 3 5 4 2。

33. 使用栈以下输出是可能的：1 3 5 1 3。

下面的算法（用于练习 34 ～ 36）是一个从 1 到 5 的计数控制循环。在每一次迭代，循环计数器会根据布尔函数 RanFun() 的结果进行打印或将计的数放入队列中。（RanFun() 的行为是无关紧要的。）每次循环结束都会将队列中的所有项目出队并打印。由于队列的逻辑属性，该算法不能打印出循环计数器的值的某些序列。给定一个输出，思考该算法是否可以生成该输出。

A. 对　　　　　B. 错　　C. 信息不够

```
Set count to 0
WHILE (count < 5)
    Set count to count + 1
    IF (RanFun())
        Write count, ''
    ELSE
        Enqueue(myQueue, count)
WHILE (NOT IsEmpty(myQueue))
    Dequeue(myQueue, number)
    Write number, ''
```

34. 使用栈以下输出是可能的：1 3 5 2 4。

35. 使用栈以下输出是可能的：1 3 5 4 2。

36. 使用栈以下输出是可能的：1 3 5 1 3。

练习 37 ～ 50 是简答题。

37. 以下算法输出了什么？

```
Push(myStack, 5)
Push(myStack, 4)
Push(myStack, 4)
Pop(myStack, item)
Pop(myStack, item)
Push(myStack, item)
WHILE (NOT IsEmpty(myStack))
```

```
Pop(myStack, item)
Write item, ' '
```

38. 以下算法输出了什么？

```
Enqueue(myQueue, 5)
Enqueue(myQueue, 4)
Enqueue(myQueue, 4)
Dequeue(myQueue, item)
Dequeue(myQueue, item)
Enqueue(myQueue, item)
WHILE (NOT IsEmpty(myQueue))
    Dequeue(myQueue, item)
    Write item, ' '
```

39. 编写一个算法，该算法将 bottom 设为栈中的最后一个元素，将栈置空。

40. 编写一个算法，该算法将 bottom 设为栈中的最后一个元素，保持栈不变。

41. 编写一个算法，该算法创建一个 myStack 的副本，保持 myStack 不变。

42. 编写一个算法，该算法将 last 设为队列中的最后一个元素，将队列置空。

43. 编写一个算法，该算法将 last 设为队列中的最后一个元素，保持队列不变。

44. 编写一个算法，该算法创建一个 myQueue 的副本，保持 myQueue 不变。

45. 编写一个 replace 算法，其中包括一个栈与两个元素。如果第一个元素在栈中，则将其替换为第二个元素，保持栈其他不变。

46. 编写一个 replace 算法，其中包括一个队列与两个元素。如果第一个元素在队列中，则将其替换为第二个元素，保持队列其他不变。

47. 画一个二叉检索树，树中的元素按照如下顺序进行插入：

50 72 96 107 26 12 11 9 2 10
25 51 16 17 95

48. 若输出练习 47 中的树，请写出打印元素的顺序。

49. 检验下列算法，并将它应用于练习 47 中的树。元素会按照什么顺序输出呢？

<u>Print2(tree)</u>

```
IF (tree is NOT null)
    Print(right(tree)) // Recursive call R1
    Write info(tree)
    Print(left(tree))  // Recursive call R2
```

50. 检验下列算法，并将它应用于练习 47 中的树。元素会按照什么顺序输出呢？

<u>Print3(tree)</u>

```
IF (tree is NOT null)
    Print(right(tree)) // Recursive call R1
    Print(left(tree))  // Recursive call R2
    Write info(tree)
```

练习 51 ～ 55 为基于下面有向图的简答题。

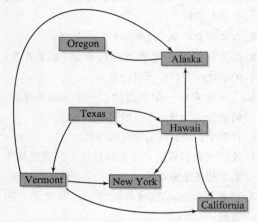

51. 从 Oregon 到其他州存在路径吗？

52. 从 Hawaii 到其他州存在路径吗？

53. 图上哪个州有到 Hawaii 的路径？

54. 根据这个图画出相应的表格。

55. 能从 Vermont 到 Hawaii 吗？

练习 56 ～ 60 为基于下面有向图的简答题。

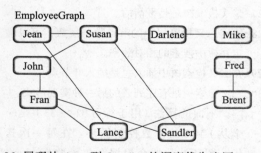

56. 展现从 Jean 到 Sandler 的深度优先遍历。

57. 展现从 Lance 到 Darlene 的深度优先遍历。

58. 展现从 Jean 到 Sandler 的广度优先遍历。

59. 展现从 Lance 到 Darlene 的广度优先遍历。

60. 根据这个图画出对应的表格。

练习 61 ～ 69 为简答题。

61. 给定记录 List，它包括数组值与可变长度，写出 GetLength 算法。

62. 假设记录 List 有一个额外的变量 currentPosition，初始化为列表中的第一个元素，那么 currentPosition 的初始值是什么？

63. 编写 MoreItems 算法，如果在列表中有更多元素则返回 TRUE，否则返回 FALSE。

64. 编写 GetNext（myList，item）算法，item 为列表中的下一个元素，请注意更新 currentPosition。

65. 练习 61～64 创建一种算法，允许列表的使用者一次看到列表中的一个元素。编写算法使用这些操作来打印列表中的元素。

66. 如果在列表的一次迭代中间出现插入和删除操作，会发生什么？

67. 你能想到一种方式在迭代过程中防止用户出现插入和删除操作吗？

68. 区分值参与引用参数。

69. 形参与实参是怎样匹配的？

思考题

1. 电子数据表是一种由行和列构成的表格。考虑一种 ADT 电子数据表。构造这种表格需要什么操作？处理表中的数据需要什么操作？

2. 二叉树、二叉检索树和图都由节点和表示节点间关系的箭头（指针）构成。从能够应用于这些结构的操作这方面来比较它们。列表可以是树吗？树可以是列表吗？树可以是图吗？图可以是树吗？这些结构是如何关联起来的？

3. 有人认为在计算机和饮水机前的对话是私人的，计算机技术是如何改变这一想法的？

4. 在工作场所，雇员的权利与隐私权有着怎样的冲突？

275
～
279

面向对象设计与高级程序设计语言

第 1 章介绍过，随着时间的推移如何围绕硬件建立不同层次的程序设计语言，从而简化了应用程序员的工作。第 6 章先介绍了机器码，然后介绍了用助记码（而不是二进制数）表示指令的汇编语言。

虽然汇编语言是前进了一步，但对于不同的机器，程序员仍然需要记住不同的机器指令。为克服这一障碍，我们引入了伪代码作为描述算法的非正式方法；伪代码与人类的思维和交流方式更接近。高级编程语言是实现这些算法的正式方法。由于计算机只能执行机器码，所以需要翻译程序把用高级语言编写的程序翻译成机器码。

目标

学完本章之后，你应该能够：

- 区分功能设计与面向对象设计。
- 描述面向对象设计过程中的阶段。
- 运用面向对象设计过程。
- 列出并描述面向对象语言的三要素，给出每种要素的示例。
- 描述翻译过程并区分汇编、编译、解释和执行。
- 命名四种不同的编程范型，并给出每一种的语言特征。
- 定义数据类型和强类型的概念。
- 理解如何在编程语言中实现自顶向下的设计和面向对象的设计。

在开始探究高级语言之前，让我们先来了解一下面向对象的设计。面向对象的设计是审视设计过程的另一种方式，它从数据角度出发而非任务。因为程序的功能和设计过程在高级语言编程过程中经常发生不匹配的情况，因此我们需要在探讨特定的高级语言之前理解这种设计的过程。

9.1 面向对象方法

前面说过，之所以先介绍自顶向下的设计，是因为它更能反映人们解决问题的方式。如你所见，自顶向下的解决方案对任务进行了分层。每个任务或指定的动作通过其参数列表操作传递给它的数据来生成想要的输出。自顶向下设计的重点就是任务。相反，面向对象的设计方法是用叫作对象的独立实体生成解决方案的问题求解方法，对象由数据和处理数据的操作构成。面向对象设计的重点是对象以及它们在问题中的交互。一旦收集到了问题中的所有对象，它们就能构成问题的解决方案。

在这个过程中，Polya 的问题求解策略将应用于数据，而不是任务。

线内？不！线外！

你有没有遇到过在电视上看网球比赛时，球员要求确认的情况？在一个大屏幕上，你可以看到球的路径和影响，显示球是否在线内。但球员们怎样确认的呢？当然是使用计算机。一个软件系统使用四个高速数码相机，跟踪球，确定其轨迹，并定点。这些照相机通过无线网相互连接，并且连接到同一个主机上。

9.1.1　面向对象

在面向对象的思想中，数据和处理数据的算法绑定在一起，因此，每个对象负责自己的处理（行为）。面向对象设计（OOD）的底层概念是类（class）和对象（object）。

对象（object）是在问题背景中具有意义的事物或实体。例如，如果一个问题与学生信息有关，那么在解决方案中，学生就是一个合理的对象。**对象类**（object class）（或简称为**类**（class））描述了一组类似的对象。虽然没有两个学生是完全相同的，但是学生会具有一些共同的属性（数据）和行为（动作）。学生是（至少大部分时间）在学校上学的人。因此，学生可以构成一个类。类这个词指的是把对象归入相关的组并描述它们共性的思想。也就是说，类描述的是类中的对象表现出的属性和行为。特定的对象只是类的一个实例（instant）（具体的例子）。

面向对象的问题求解方法需要把问题中的类隔离开来。对象之间通过发送消息（调用其他对象的子程序）进行通信。类中包含的**字段**（field）表示类的属性。例如，一个学生类的字段可以包含学生姓名或 ID。**方法**（method）是处理对象中的数据值的指定算法。类是一种模式，说明了对象是什么（字段）以及它的行为（方法）。

对象（object）：在问题背景中相关的事物或实体。

对象类（object class）或**类**（class）：一组具有相似的属性和行为的对象的描述。

字段（field）：表示类的属性。

方法（method）：定义了类的一种行为的特定算法。

9.1.2　设计方法

我们提出的分解过程有四个阶段。头脑风暴是确定问题中的类的第一个阶段。在过滤这个阶段中，将回顾头脑风暴阶段确定的类，看哪些类是可以合并的以及还缺少哪些类。过滤阶段保留下来的类将在下一个阶段仔细研究。

场景阶段将确定每个类的行为。由于每个类只对自己的行为负责，所以我们称类的行为为责任。这个阶段探讨的是"如果……将会怎么样"的问题，以确保所有的情况都被分析到。当每个类的责任都确定后，它们将被记录下来，同时记录的还有它们必须与之协作（交互）才能履行责任的类的名字。

最后是责任算法阶段，这个阶段将为列出的所有类的责任编写算法。CRC 卡就是用来记录这一阶段的类信息的工具。

让我们详细地看看每个阶段。

1. 头脑风暴

什么是头脑风暴？字典把它定义为一种集体问题求解的方法，包括集体中的每个成员的自由发言。[1] 提到头脑风暴，人们会联想到一个电影或电视剧场景，一组生气勃勃的年轻人在毫无拘束地大谈自己关于最新产品的广告标语的创意。而计算机分析员给人们的印象就是

282

独自在封闭的、没有窗户的办公室中工作一整日，最后跳起来大喊"啊哈!"。随着计算机变得越来越强大，能够解决的问题也变得越来越复杂，这种把自己锁在没有窗户的房间中的场景已经过时了。复杂问题的求解需要集思广益，以得到具有创新性的解决方案。

在面向对象的问题求解背景中，头脑风暴是一种集体行为，为的是生成解决某个特定问题要用到的候选类的列表。在进行广告标语的头脑风暴之前，所有参加者都要先了解产品，同样，在对类进行头脑风暴前，参加者也必须了解问题。每个进入头脑风暴会议的成员都应该清楚地了解要解决的问题。毫无疑问，在准备过程中，每个成员都会草拟出自己的类列表。

虽然头脑风暴是一项集体活动，但你可以针对小问题自行练习。

2. 过滤

头脑风暴会生成一份暂时的类列表。下一阶段要根据这个暂时的列表，确定问题解决方案中的核心类。在这份列表中，也许有两个类其实是相同的。这种类重复的现象很常见，因为一个公司不同部门的人员会对相同的概念或实体采用不同的名字。另外，也许列表中有两个类有许多共同的属性和行为，这些共同的属性和行为可以组合在一起。

在这份列表中，也许有的类根本不属于问题的解决方案。例如，如果我们要模拟一个计算器，那么可能会把用户列为一个可能的类。但实际上用户并不是模拟器中的一个类，用户只是这个问题之外的一个实体，用于给模拟器提供输入而已。另一个可能的类是"开"按钮。但仔细想一下就会发现，"开"按钮也不是模拟器的一部分，它仅用于启动模拟程序。

在完成过滤之后，这个阶段保留下来的所有类将被传递到下一阶段。

3. 场景

这个阶段的目标是给每个类分配责任。最终，责任将被实现为子程序。在这个阶段，我们感兴趣的只是"任务是什么"，而不是"如何执行任务"。

责任的类型有两种，即类自身必须知道什么（知识）和类必须能够做什么（行为）。类把它的数据（知识）封装了起来，使得一个类的对象不能直接访问另一个类中的数据。所谓**封装**（encapsulation），就是把数据和动作集中在一起，使数据和动作的逻辑属性与它们的实现细节分离。封装是抽象的关键。不过，每个类都有责任让其他类访问自己的数据（知识）。因此，每个类都有责任了解自身。例如，学生类应该"知道"自己的名字和地址，使用学生类的类都应该能够"获取"这些信息。这些责任的命名规则通常是 get 加数据名，例如 *GetName*（获取名字）或 *GetEmailAddress*（获取电子邮件地址）。无论电子邮件地址是保存在学生类中还是学生类必须通过其他类来获取地址，在这个阶段都是不相干的，重要的是学生类知道自己的电子邮件地址并且能够把它返回给需要它的类。

> **封装**（encapsulation）：把数据和动作集中在一起，使数据和动作的逻辑属性与它们的实现细节分离。

行为的责任看起来更像自顶向下设计中的任务。例如，学生类的一个责任可能是计算它的年级平均成绩（GPA）。在自顶向下设计中，我们会说这个任务是计算特定数据的 GPA。在面向对象设计中，我们会说学生类要负责计算自己的 GPA。这之间的差别微妙而深奥。尽管最后的计算代码可能看起来相同，但是它的执行方式却完全不同。在以自顶向下设计为基础的程序中，程序调用计算 GPA 的子程序，把学生对象作为参数传递。在面向对象的程

序中，将给学生类的对象发送消息来计算 GPA。这里没有参数，因为得到消息的对象知道自己的数据。

这个阶段的名字提示了如何给类分配责任。整个小组（或个人）描述涉及类的不同处理场景。场景是讲述"如果……将会怎么样"的剧本，使参与者能够把每种情况都表演或思考一次。

这个阶段输出的是一套分配了责任的类，可能写在 CRC 卡上。卡上列出了每个类的责任以及每个责任需要协作的类。

4. 责任算法

最终必须为责任编写算法。由于在面向对象的设计观念中，重点是数据而不是动作，所以执行责任的算法一般都相当短。例如，知识责任通常只返回一个对象的变量的内容，或者给另一个对象发送消息来检索它。动作责任复杂一些，通常涉及计算。因此，自顶向下设计算法的方法通常也适用于设计动作责任算法。

5. 总结

让我们做个总结：自顶向下的设计方法重点在于把输入转化成输出的过程，结果将生成任务的体系结构。面向对象设计的重点是要转换的数据对象，结果生成的是对象的体系结构。Grady Booch 用这样的方法分类："阅读要构造的软件的说明。如果要编写程序性的代码，就用下划线标出动词；如果要编写面向对象的程序，请标出名词。"[2]

我们建议用波浪线标出名词，用下划线标出动词。名词可以成为对象，动词可以成为操作。在自顶向下设计中，动词是重点；在面向对象设计中，名词是重点。

下面来看一个示例。

9.1.3　示例

1. 问题

创建一个包括每个人的姓名、电话号码和电子邮件地址的列表，然后按照字母顺序输出该列表。加入这个列表的姓名是出现在小纸片和名片上的。

2. 头脑风暴和过滤

让我们用波浪线标出问题陈述中的名词，用下划线标出动词。

创建一个列表，包括每个人的姓名、电话号码和电子邮件地址。然后按照字母顺序输出该列表。加入这个列表的姓名是出现在小纸片和名片上的。

第一遍列出的类如下所示：

> 列表
>
> 姓名
>
> 电话号码
>
> 电子邮件地址
>
> 列表
>
> 顺序
>
> 姓名
>
> 列表

小纸片
名片

这些类中有三个是相同的，即三个"列表"指的都是创建的容器。顺序是一个名词，但顺序类是什么呢？实际上，这个名词说明了如何输出列表中的条目，因此我们不把它作为类处理。两个姓名类应该组合到一个类中。小纸片和名片描述的对象包含的是真实世界中的数据，它们在设计中没有与之相对应的类。经过过滤后的列表如下：

列表
姓名
电话号码
电子邮件地址

利用问题陈述中的动词，可以顺利地设计出责任，即创建、输出和加入。与小纸片和名片一样，加入这个动词是让某人准备数据的指令，在设计中没有与之相对应的责任。但是，它说明我们必须具有一个把数据输入列表的对象。要输入的数据究竟是什么呢？它是列表上每个人的姓名、电话号码和电子邮件地址。这一连串的思考让我们发现错过了问题陈述中的一个重要线索。所有格形容词"每个人的"其实提出了一个主要的类，姓名、电话号码和电子邮件地址这些类都是帮助定义（包含在）"人"这个类的。

[287]

现在我们有两个选择。是应该使人这个类具有输入自己的数据来初始化自己的责任，还是应该创建另一个类来输入并把数据发送给人这个类从而初始化它呢？我们选择让人这个类负责自己的初始化，它还要负责输出自己。

人这个类需要和其他类协作吗？这是由如何表示这个类中的数据决定的。是用简单数据类型表示姓名、电话号码（telephone）和电子邮件地址（email address），还是分别用类表示它们呢？我们用类表示姓名，它具有两个数据项，即姓（firstName）和名（lastName），其他的则用字符串（string）变量表示。姓名（Name）类与人（Person）这个类都具有知道它的数据值的知识责任。下面是这几个类的 CRC 卡。

类名：Person	超类：	子类：
责任	**协作**	
Initialize itself (name, telephone, email)	Name, String	
Print	Name, String	
GetEmail	String	
GetName	Name, String	
Get Telephone	String	

类名：Name	超类：	子类
责任	**协作**	
Initialize itself (firstName, lastName)	String	
Print itself	String	
GetFirstName	String	
GetLastName	String	

列表对象又如何呢？这个列表是应该按照字母顺序保存条目还是在输出条目时才对它们

排序呢？用于实现设计的每种语言都有一个容器类库，让我们采用其中的一个类，这个类是按照字母顺序保存条目的，而且会输出列表。我们可以为这个类创建一个 CRC 卡，但是要注明它大部分是用类库（library）中的类实现的。

按照惯例，当一个类达到 CRC 的阶段，类名以大写字母开头。

类名： *SortedList (from library)*	超类：	子类
责任	协作	
Insert (person)	*Person*	
Print itself	*Person*	

留意盗版软件

2013 年的一项调查分析了全球 270 个网站和对等网络、108 个软件下载、155 张 CD/DVD，2077 份消费者调查，以及 258 份 IT 管理者的调查。结果显示，不兼容计算机的假冒软件中有 45% 来自因特网。在从网站或对等网络下载的软件中，78% 包含间谍软件，36% 包含木马和恶意广告软件。[3]

---

3. 责任算法

Person 类 有两个责任需要分解，即初始化和输出。由于姓名是一个类，可以让这些类自己进行初始化并输出自身。在面向对象设计中，调用子程序的方法是用对象名加点号再加要调用的方法。

Initialize
```
name.initialize()
Write "Enter phone number; press return."
Get telephone number
Write "Enter email address; press return."
Get email address
```

Print
```
name.print()
Write "Telephone number: ", telephoneNumber
Write "Email address: ", emailAddress
```

Name 类 这个类有两个责任，即初始化和输出，它们的算法不同。初始化责任必须提示用户输入姓名，并且算法必须读入姓名。输出责任则必须输出姓和名，并给出合适的标签。

Initialize
```
"Enter the first name; press return."
Read firstName
"Enter the last name; press return."
Read lastName
```

Print
```
Print "First name: ", firstName
Print "Last name: ", lastName
```

我们就此停止设计。回顾一下第 7 章开头介绍的对这个问题求解方案的讨论和自顶向下设计过程。自顶向下的设计生成一种以任务为树节点的分级树。面向对象的设计则生成了一组类，每个类有自己行为的责任。哪一种更好呢？面向对象的设计更好一些，因为它创建的一些类还可以用于其他背景。可复用性是面向对象设计的一大优点。为一个问题设计的类还可以用于解决另一个问题，因为每个类都是自约束的，也就是说，每个类只负责自己的行为。

你可以将面向对象解决问题的阶段理解为将现实世界的对象映射到类中，类是对象类别的描述。实现阶段描述了类别（类）和创建类的实例，这些类模拟了问题中的对象。程序中对象间的交互模拟了现实世界里问题中对象的交互。图 9-1 总结了这个过程。

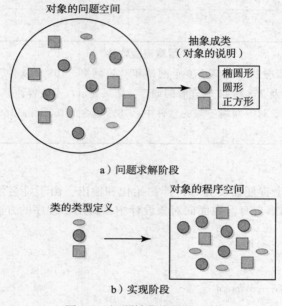

图 9-1 问题转化为解的映射

9.2 翻译过程

第 6 章介绍过，用汇编语言编写的程序要输入汇编器，由它把汇编语言指令翻译成机器码，最终执行的是汇编器输出的机器码。使用高级语言，我们要采用其他软件工具协助翻译过程。在研究高级语言之前，先来看看这些工具的基本功能。

9.2.1 编译器

把汇编语言指令翻译成机器码的算法非常简单，因为汇编语言本身就非常简单。所谓简单，指的是每条指令只执行一项基本操作。高级程序设计语言提供的指令集要丰富得多，大大简化了程序员的工作，但由于其中的结构更加抽象，所以翻译过程也难得多。翻译用高级程序设计语言编写的程序的程序叫作**编译器**（compiler）。早期编译器输出的是程序的汇编语言版本，这个版本还要经过汇编器处理才能得到可执行的机器语言程序。随着计算机科学家更加深入地了解翻译过程，编译器变得更加复杂，汇编语言的阶段通常被省略了。如图 9-2 所示。

图 9-2　编译过程

> **编译器**（compiler）：把用高级语言编写的程序翻译成机器码的程序。

任何计算机只要具有一种高级语言的编译器，就能运行用这种语言编写的程序。注意，编译器是一种程序，因此，要编译一个程序，就必须具有这个编译器在特定机器上的机器码版本。想要在多种类型的机器上使用一种高级语言，就要具备这种语言的多个编译器。

9.2.2　解释器

解释器（interpreter）是一种程序，用于翻译和执行语句序列。与汇编器和编译器只是输出机器码且机器码再单独执行不同的是，解释器在翻译过语句之后会立即执行这个语句。可以把解释器看作理解编写程序所使用的语言的模拟器或虚拟机。Terry Pratt 曾在他关于程序设计语言的经典著作中指出，翻译器和模拟器都接受用高级语言编写的程序作为输入。翻译器（汇编器或编译器）只用适合的机器语言生成等价的程序，这个程序再单独运行。而模拟器则直接执行输入的程序。[4]

> **解释器**（interpreter）：输入用高级语言编写的程序，指导计算机执行每个语句指定的动作的程序。

292

第二代高级语言可以分为两种，一种是要编译的，一种是要解释的。FORTRAN、COBOL 和 ALGOL 是要编译的语言；Lisp、SNOBOL4 和 APL 是要解释的语言。由于软件解释器非常复杂，所以用要解释的语言编写的程序通常比要编译的程序的运行速度慢很多。因此，要编译的语言发展成了主流，以致产生了 Java。

Java 是 1996 年面世的，随后以迅雷不及掩耳之势占领了整个计算领域。在 Java 的设计中，可移植性是最重要的特性。为了达到最佳可移植性，Java 被编译成一种标准机器语言——**字节码**（bytecode）。怎么会存在标准的机器语言呢？一种名为 JVM（Java 虚拟机）的软件解释器接收字节码程序，然后执行它。也就是说，字节码不是某个特定硬件处理器的机器语言，任何具有 JVM 的机器都可以运行编译过的 Java 程序。

> **字节码**（bytecode）：编译 Java 源代码使用的标准机器语言。

注意，标准化的高级语言实现的可移植性与把 Java 程序翻译成字节码然后在 JVM 上解释它所实现的可移植性是不同的。用高级语言编写的程序能够在任何具有适合的编译器的机器上编译和运行，程序将被翻译成计算机能够直接执行的机器码。而 Java 程序则是被编译成字节码，编译过的字节码程序可以在任何具有 JVM 解释器的机器上运行。也就是说，Java 编译器输出的程序将被解释，而不是直接被执行。请参阅图 9-3。Java 程序总是被翻译成字节码。此外，还有一些语言的编译器是把语言翻译成字节码，而不是翻译成机器码。例如，Ada 编译器就是把 Ada 语言翻译成字节码。

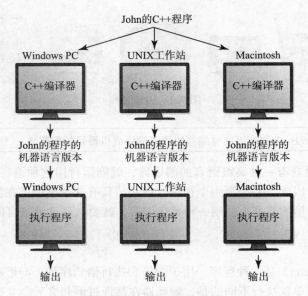

a）在不同系统上编译和运行的C++程序

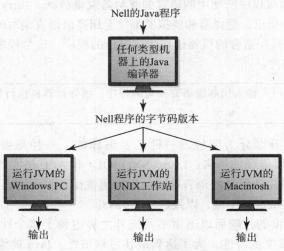

b）编译成字节码的Java程序在不同的系统上运行

图 9-3　标准化的语言提供的可移植性和解释字节码提供的可移植性

　　JVM 是像第 6 章讨论过的 Pep/9 一样的虚拟机，本章中我们将虚拟机定义为用于说明真实计算机的重要特性的假想机。JVM 是为执行字节码程序设计的假想机。

比字节码早的 UCSD 的 p- 系统

　　p- 代码是一种类似于 Java 字节码的语言，美国加州大学圣迭戈分校（UCSD）在 20 世纪 70 年代开发了一个执行 p- 代码的系统。用 Pascal 和 FORTRAN 编写的程序将被翻译为 p- 代码，任何具有 p- 代码解释器的机器都可以执行这些翻译过的程序。

293
~
294

9.3　程序设计语言范型

　　什么是范型（paradigm）？《美国传统词典》对范型的定义有两条与计算相关，即"用作模式或模型的实体"和"一组假设、概念、值和实践，构成了共享它们的聚合体观察现实的方式，尤其适用于精神学科。"[5]第 1 章概述了软件的发展史，其中列出了每个时代开发的程序设计语言。另一种观察程序设计语言的方法是看不同语言反映现实的不同方面的方式，也就是说，看表示它们的范型。

有两种主要的范型，分别是命令的和声明的，在每种中都有很多子范型。我们会在这些范型中讨论不同的语言。

什么是范型？

范型被定义为"一种模式或事物的示例"。这个词还暗含意象和思维模式的含义。Thomas Kuhn 用这个词表示科学家掌握特定领域的知识的模型。Kuhn 的著作 *The Structure of Scientific Revolutions* 描述了科学从一个范型发展到另一个范型的各个阶段。[6]

9.3.1　命令式范型

冯·诺伊曼顺序指令模型在内存中操作数值，这给了编程语言所用的绝大多数常用模型巨大的影响：命令式模型。在计算软件历史上，行业里具有统治地位的语言都是这种范型。这些语言包括 FORTRAN、BASIC、C、Pascal 和 C++。在这些范型中，这些程序描述了解决问题的必要处理。因此，这些命令式范型具有顺序执行指令的特征，变量的使用代表了内存地址，而使用赋值语句则改变这些变量的值。[7]

1. 面向过程的范型

面向过程编程是一种命令式模型，在这里语句被分组为子程序。一个程序是子程序分层次构成的，每一层执行整个问题求解的一个必要的特定任务。伪代码示例描述了这种模型。我们编写子程序并且通过向其传递所需数据来完成它们的功能。

2. 面向对象的范型

面向对象视角是与对象交互的一种方式。每个对象负责执行它自己的动作。在面向过程的范型中，数据被认为是被动并且被程序所操控的。在面向对象的范型中，数据对象是活跃的。对象和操作对象的代码绑定在一起，使得每个对象负责控制自己的操作。SIMULA 和 Smalltalk 是最先支持面向对象编程的语言。Java 和 Python 是两种新式的面向对象编程语言。

295

C++ 和 Java 是命令式的语言，但就它们的范型而言又是混合的。尽管 Java 被认为是面向对象的，但是它还是有一些面向过程的特性。C++ 被认为是面向过程的，但是它又有面向对象的特征。

书中展示了特定语言的例子，但不是意在给学生全面的语言知识。然而，本书的补充材料包含几种语言的实验练习，包括 Java 和 C++，其中会有更深的探究。

9.3.2　声明式范型

声明式范型是一个描述结果的模型，但是完成结果的过程则不被描述。在这种范型中有两种基本模型：函数式和逻辑式。

1. 函数式模型

函数式模型基于函数的数学概念。计算通过对函数求值来实现，而问题求解通过函数调用来实现。因此基本的原理是函数的求值，而不是变量和赋值语句。例如，添加两个数值将会以如下方式表达：

$$(+30\ 40)$$

这里圆括号表示一个需要求值的表达式，使用第一项（必须是一个函数）到列表中其余部分。这种表达式通过应用附加功能给接下来的两个数来求值，返回值为 70。这里没有循环结构，而是用递归函数调用来表示重复。最常见的函数范型语言是 Lisp、Scheme（Lisp 的一种衍生语言）和 ML。

我们检验一系列 Scheme 表达式来分析语言的特点。Scheme 是解释型语言，因此结果在声明后立即显示。解释器用 #;> 作为提示符来输入表达式，我们在这里使用它。[8] 没有提示符的行是系统返回的。

```
#;> (* 3 4)
12
#;> (+ (* 5 4)(+ 1 4))
25
#;> (length '(2 4 6 8 10))
5
#;> (max 2 5 1 3)
5
```

在第一个表达式中，3 乘以 4 得到结果 12 ；在第二个表达式中，5 乘以 4 加 1 再加 4 得到结果 25 ；第三个表达式是查询列表中用 ' 符号标明的项目的数字；第四个表达式返回了值中的最大值。

在第 7 章里，我们编写了递归算法来计算一个数的阶乘。lambda 是定义一个函数的字符。这里是对应的 Scheme 代码，用来和第一个算法对比。

```
#;> (define factorial
#;> (lambda(n)
#;>   (if
#;>   (= n 0)
#;>   1
#;>   (* n (factorial (- n 1))))))
#;> (factorial 7)
5040
```

在定义了阶乘函数后，用名字和括号中的参数来执行函数，返回值为 5040。

2. 逻辑编程

逻辑编程基于数理逻辑的原则。这个模型包括了一系列关于对象的事实和一系列关于对象间关系的规则。一个程序包括了向这些对象和关系询问可以通过事实和规则推演的问题。解决潜在问题的算法用逻辑的规则来推演出事实和规则的答案。

PROLOG 是 1970 年在法国研发的第三代逻辑编程语言。当 1981 年日本研究者宣布逻辑编程将会在他们的第五代计算机中扮演主要角色时，这种语言具备了极高声望。一个 PROLOG 程序包含三种语句：一种声明了对象及对象之间关系的事实；一种定义了对象及对象之间关系的规则；第三种询问对象及对象之间关系的问题。[9]

例如，如下代码定义了一系列关于宠物和主人的事实。

```
owns(mary,bo).
owns(ann,kitty).
owns(bob,riley).
owns(susy,charlie).
```

"拥有"（owns）是关系的名字，对象在圆括号中，在陈述事实的句子结束后有句号。这意味着 mary 拥有 bo 还是 bo 拥有 mary？这取决于程序员。程序员必须和他的解释保持一致。

当你有一个由事实构成的数据库时，PROLOG 允许你向数据库询问问题。下面看三个 PROLOG 的语句。

```
?-owns(mary,bo)
?-owns(bo,mary)
?-owns(susy,bo)
```

PROLOG 系统对第一个回答 yes，第二个回答 no，第三个回答 no。

在 PROLOG 系统中，常量以小写字母开头，变量以大写字母开头。事实上，我们以一个常量代替一个变量来询问事实真相。

```
?-owns(ann,Cat).
?-owns(Name,charlie).
```

在这个例子中，第一条语句返回 Cat=Kitty，第二条语句返回 Name=susy。

Lisp 和 PROLOG 是人工智能中的应用（见第 13 章）。正如你可以看到的，在这些语言编写的程序与冯·诺伊曼体系结构在伪代码中表示的命令式范型语言中体现得不太相似。

9.4　高级程序设计语言的功能性

两种伪代码结构——选择和重复（循环）是命令式语言的标志。在第 6 章，我们用汇编语言实现了这两种结构，展示了指令必备的细节。我们还在伪代码中同子程序一起分析了这些结构。在高级语言中，选择和迭代操作非常简单，但子程序和参数传递则较为复杂。 | 298 |

首先，我们回顾布尔表达式的概念，它是高级语言用于进行选择的结构。然后，我们将分析高级语言提供的使程序设计更容易、更安全的结构。

9.4.1　布尔表达式

第 6 章编写了一个读取数对并按序输出它们的算法。该算法包括一个循环和一个选择语句。下面就是在选择语句中循环的雏形。

```
…
WHILE (numberRead < numberOfPairs)
    …
    IF (number1 < number2)
        Print number1, " ", number2
    ELSE
        Print number2, " ", number1
```

每一个语句都提出了一个问题，请注意这些问题是怎样表述的：

```
(numberRead < numberOfPairs)
(number1 < number2)
```

每个短语实际上是一个语句。如果这个语句是 true，那么这个问题的答案就是 true。如果语句不是 true，那么这个问题的答案就是 false。写出语句，然后测试它们是 true 还是 false，这是程序设计语言提问的方式。这些语句称为断言或条件。在编写算法时，我们采用自然语言表示断言。在把算法翻译为高级程序设计语言时，这种用自然语言编写的语句将被重写为布尔表达式。

什么是布尔表达式？第 4 章在讨论门和电路时介绍过布尔运算。这里将它们应用在逻辑层，而不是硬件层。**布尔表达式**（Boolean expression）是一个标识符序列，标识符之间由相容的运算符分隔，求得的值是 true 或 false。一个布尔表达式可以是： | 299 |

- 一个布尔变量
- 一个算术表达式加一个关系运算符，再加一个算术表达式
- 一个布尔表达式加一个布尔运算符，再加一个布尔表达式

迄今为止，在示例中，变量存放的都是数值。布尔变量是内存中的一个地址，由存放 `true` 或 `false` 的标识符引用。

> **布尔表达式**（Boolean expression）：一个标识符序列，标识符之间由相容的运算符分隔，求得的值是 true 或 false。

关系运算符是比较两个值的运算符。下表总结了六种关系运算符以及各种高级语言用于表示它们的符号。

符号	含义	示例	计算法则
<	小于	Number1<Number2	如果 Number1 小于 Number2，为 true，否则为 false
<=	小于等于	Number1<=Number2	如果 Number1 小于等于 Number2，为 true，否则为 false
>	大于	Number1>Number2	如果 Number1 大于 Number2，为 true，否则为 false
>=	大于等于	Number1>=Number2	如果 Number1 大于等于 Number2，为 true，否则为 false
!= 或 <> 或 /=	不等于	Number1!=Number2	如果 Number1 不等于 Number2，为 true，否则为 false
= 或 ==	等于	Number1==Number2	如果 Number1 等于 Number2，为 true，否则为 false

两个算术表达式之间的关系运算符是询问两个表达式之间是否存在这种关系。例如：

xValue < yValue

是一个断言，即 xValue 小于 yValue。如果 xValue 确实小于 yValue，那么这个表达式的结果是 true；如果 xValue 大于或等于 yValue，那么结果为 false。

为了避免使用"="和"=="在不同语言中代表相等的混淆，我们在算法中用"相等"而不是两者中的任意一种符号。

布尔运算符是特殊的运算符 AND、OR 和 NOT。如果两个表达式都是 `true`，AND 运算符就返回 `true`，否则返回 `false`。如果两个表达式都是 `false`，OR 运算符就返回 `false`，否则返回 `true`。NOT 运算符将改变表达式的值。

9.4.2 数据归类

当使用汇编语言时，我们为内存分配标识符而不管它所存储的内容。很多应用广泛的高级语言（包括 C++ 和 Java）要求在声明关联标识符时明确存储的内容。如果程序中的一个语句想要把一个值存储到类型不合适的变量中，将会提示错误信息。这种只能在变量中存储合适的类型的要求叫作**强类型化**（strong typing）。

举例来说，如下八位二进制：00110001。这代表什么？这是内存中的一个字节。是的，但是它代表的含义是什么？当然，它可以是用二进制表示的十进制数字 49，它也可以是通过拓展 ASCII 编码表示的字符"1"。它还可以代表别的东西吗？是的，它还可能是 Pep/9 指令运算符中用来做 DCI 直接模式陷阱指令。因此，当程序被执行时，它必须知道怎样解释内存中的内容。

在下一部分，我们讨论数据值的常见类型并一起探索高级语言允许关联有标识符的位置。每一种数据类型都有特定的操作使得其可以合法地应用在这种类型的数值上。**数据类型**

（data type）是描述一组数值和一组可以应用在这种类型的数值上的基本操作。

我们将要探讨的语言中，C++、Java、VB.NET 是强类型的语言，而 Python 则不是。

强类型化（strong typing）：每个变量都有一个类型，只有这种类型的值才能存储到该变量中。

数据类型（data type）：一组值以及能够应用于这种类型的值的基本操作集合的说明。

由单词 bow 想到的

字符串 bow 是一个英语单词，但它有多种含义，如船首、小姑娘佩戴的蝴蝶结、演奏小提琴用的琴弓或者鞠躬的动作。根据这个单词的上下文，可以分辨出它的含义，同样，编译器也能够根据一个单词周围的语法分辨它的含义。

---

1. 数据类型

数据是表示信息的物理符号。在计算机内部，数据和指令都是二进制位的组合。计算机能够执行一条指令，是因为这条指令的地址被载入了程序计数器，而指令被载入了指令寄存器。被执行的位组合同样可以表示整数、实数、字符或布尔值，关键看计算机如何解释位组合。

例如，Pep/9 的 `Stop` 指令是一个所有位为 0 的字节。当这条指令被载入指令寄存器后，程序将停止。一个所有位为 0 的字节也可以解释为一个值为 0 的 8 位二进制数。如果一个所有位都是 0 的内存单元被加到了一个寄存器的内容上，那么这个内存单元中的值将被解释为一个数字。

大多数高级语言都固有四种数据类型，即整数、实数、字符和布尔型。

整数　整数数据类型表示的是一个整数值的范围，这个范围由表示整数值的字节数决定。有些高级语言提供几种范围不同的整数类型，允许用户根据特定问题选择最适合的类型。

应用于整数的操作是标准的算术运算符和关系运算符。加法和减法由标准符号 + 和 − 表示。乘法和除法通常表示为 * 和 /。不同语言的整数除法返回的结果不同，有的返回一个实数，有的则返回整数商。有的语言有两个符号用于除法，一个返回实数，一个返回整数商。大多数语言还有一个返回整数除法的余数的运算符，称为模运算符，不过这个运算符可能是数学中的模运算符，也可能不是。关系运算符由上一节列出的关系运算符表中的符号表示。

实数　实数数据类型表示的是特定精度的数的范围，与整数数据类型一样，这个范围由表示实数值的字节数决定。许多高级语言有两种大小的实数。应用于实数的操作与应用于整数的一样。但在对实数应用关系运算符时要小心，因为实数通常不精确。例如，在计算机上计算 1/3+1/3+1/3 并不一定等于 1.0，实际上，1/10*10 也不一定等于 1.0。

字符　第 3 章介绍过，表示 ASCII 字符集中的字符需要一个字节，表示 Unicode 字符集中的字符则需要两个字节。ASCII 字符集包括英语字符，是 Unicode 字符集的子集。对字符进行算术运算是毫无意义的，许多强类型化的语言都不允许进行这种运算。但比较字符却是有意义的，所以可以对字符进行关系运算。在字符的关系运算中，"小于"和"大于"的意思是这个字符在字符集中"在……之前"和"在……之后"。例如，字符 'A' 小于 'B'，字符 'B' 小于 'C'，等等。字符 '1' 小于字符 '2'，'2' 小于 '3'，等等。如果要比较 'A' 和 '1'，必须在使用的字符集中查找这两个字符间的关系。

布尔型   如上一节所述,布尔数据类型只有两个值——`true` 和 `false`。还可以为布尔变量指定一个布尔表达式。下面是使用布尔变量的程序:

```
Write "How many pairs of values are to be entered?"
Read numberOfPairs
Set numberRead to 0
Set Stop to (numberRead equals numberOfPairs)
WHILE (NOT Stop)
    Write "Enter two values separated by a blank; press return"
    Read number1
    Read number2
    Set OneSmallest to number1 < number2
    IF (OneSmallest)
        Print number1 , " ", number2
    ELSE
        Print number2 , " ", number1
    Set numberRead to numberRead + 1
    Set Stop to (numberRead equals numberOfPairs)
```

整数、实数、字符和布尔型称为简单数据类型或原子数据类型,因为每个值都是独立的,不能再分割。上一章讨论了复合数据类型,即由一组值构成的数据类型。字符串是一种具有复合数据类型的特征的数据类型,但通常被看作简单数据类型。

字符串   字符串是一个字符序列,在某些语言中这个序列通常被看作一个数据值。例如

303

"This is a string."

是一个字符串,包含 17 个字符,分别是 1 个大写字母、12 个小写字母、3 个空格和 1 个句号。不同语言定义的字符串的操作不同,但通常都包括连接操作和根据词典顺序进行的比较操作。有些语言提供了一组完整的操作,如在给定字符串中提取子串或搜索子串等。

注意,我们使用单引号圈起字符,用双引号圈起字符串。有些高级语言采用同样的符号圈起字符和字符串,因此一个字符和只包含一个字符的字符串之间没有区别。

2. 声明

声明(declaration)是把变量、动作或语言中的其他实体与标识符关联起来的语句,使程序员可以通过名字引用这些项目。这一节将讨论如何声明变量,然后介绍如何命名动作。

> **声明**(declaration):把变量、动作或语言中的其他实体与标识符关联起来的语句,使程序员可以通过名字引用这些项目。

语言	变量声明
Python	不需要

VB.NET	`Dim sum As Single = 0.0F ' set up word with 0 as contents`
	`Dim num1 As Integer ' set up a two byte block for num1`
	`Dim num2 As Integer ' set up a two byte block for num2`
	`Dim num3 As Integer ' set up a two byte block for num3`
	`...`
	`Num1 = 1`

（续）

语言	变量声明

C++/Java	`float sum = 0.0;`　　`//set up word with 0 as contents`
	`int num1;`　　　　　`//set up a two byte block for num1`
	`int num2;`　　　　　`//set up a two byte block for num1`
	`int num3;`　　　　　`//set up a two byte block for num1`
	…
	`Num1 = 1;`

这些例子说明了高级语言中的一些不同之处。例如，VB.NET 采用了保留字来标示声明。**保留字**（reserved word）是一种语言中具有特殊意义的字，不能用它作为标识符。`Dim` 是 VB.NET 中用于声明变量的保留字。C++ 和 Java 声明变量时不采用保留字。

C++ 和 Java 用分号来结束语句。VB.NET 则利用一行的结尾或者注释符号来结束语句。Python 不要求声明因为 Python 不是强类型语言。Python 用磅字符（#）作为注释的开始直到该行结束。回想 Pep/9 用分号来表示接下来的内容是注释。

C++、Java、Python 和 VB.NET 是**区分大小写**（case sensitive）的，这意味着大小写不同的同一标识符会被认为是不同的词。因此，Integer、INTEGER、InTeGeR 和 INTeger 会被区分大小写的语言认为是四种不同的标识符。C++、Java 和 VB.NET 对整数和实数的变量大小有一系列的类型。尽管 Python 不声明标识符，但是它有保留字 `long`、`int`、`float` 和 `bool`。

> **保留字**（reserved word）：一种语言中具有特殊意义的字，不能用它作为标识符。
>
> **区分大小写**（case sensitive）：大写字母和小写字母被看作是不同的；两个拼写方法相同但大小写形式不同的标识符被看作是两个不同的标识符。

这些区别重要吗？如果用其中一种语言编写程序，这些区别的确非常重要。然而，这些只是语法问题，即做同一件事的不同方式。真正重要的概念是标识符与一个内存单元关联在一起，而可能与数据类型关联或不关联。在练习中，我们将要求你对比这些示例中的语法区别。

标识符大小写的用法是语言文化的一部分。在示例中，我们尽量与常见的语言文化保持一致。例如，大多数 C++ 程序员用全大写字母表示子程序，变量名的开头使用小写字母，而 VB.NET 程序员则用大写字母作为变量名的第一个字母。

9.4.3　输入 / 输出结构

在算法的伪代码中，我们曾用 Read 和 Write 或 Print 表达式说明在与程序以外的环境交互。Read 表达式负责从外部环境获取一个值，并将其存入程序内的变量。Write 或 Print 表达式负责向人们显示消息。

高级语言把输入的文本数据看作一个分为多行的字符流。字符的含义则由存放值的内存单元的数据类型决定。所有输入语句都由三部分组成，即要存放数据的变量的声明、输入语句和要读入的变量名以及数据流自身。例如，下面这个输入三个值的算法的伪代码：

Read name, age, hourlyWage

在强类型语言中，需要分别声明变量 *name*、*age* 和 *hourlyWage* 的数据类型。假设它们的数据类型分别是字符串、整数和实数。输入语句将列出这三个变量。处理过程如下。因为 *name* 是字符串型的，所以读入操作将假定输入流中的第一个数据项是字符串。这个字符串将被读入并存储到 name 中。接下来的变量是一个整数，所以读入操作预计输入流中的下一项是一个整数。这个值将被读入并存储在 age 中。第三个变量是实数，所以读入操作预计输入流中的下一项是一个实数，并将其存入 hourlyWage。

输入流可能来自键盘，也可能来自一个数据文件，不过处理过程是一样的：变量出现在输入语句中的顺序必须与值出现在输入流中的顺序一样。输入的变量的类型决定了如何解释输入流中的字符。也就是说，输入流只是一系列 ASCII（或 Unicode）字符。下一个值要存入的变量的类型决定了如何解释这个字符序列。为了便于叙述，假设输入语句采用空格分隔每个数值。例如，假设数据流如下：

```
Maggie 10 12.50
```

"Maggie"将被存储到 name 中；10 将被存储到 age 中；12.50 将被存储到 hourlyWage 中。10 和 12.50 都是作为字符被读入的，然后被分别转化成整数和实数。

在非强类型语言中，输入的格式决定了类型。如果输入出现在引号之间，则它被假定为一个字符串，并以字符串的形式存储。如果输入的是一个数字，它将被存储为数字。

输出语句创建字符流。输出语句中列出的项目可以是文字值或变量名。文字值是直接在输出语句中写的数字或字符串（或任何语句）。一次处理一个将要输出的值，从而找到标识符或文字的类型。类型确定了如何解释位模式。如果该类型是字符串，则将字符写入输出流。如果该位模式为数字，则该数字将被转换为表示数字的字符，并将字符输出。

在强类型语言中，不管输入/输出语句的语法或输入/输出流在哪儿，处理的关键在于数据类型，数据类型确定字符是如何被转换为位模式（输入）以及如何被转换为字符（输出）。在非强类型语言中，输入的格式决定了位模式是如何转换的。

下面有四种语言的输入和输出语句作为展示，提示符均已省略。

语言	输入输出语句
C++	`cin >> name >> age >> hourlyWage;` `cout << name << age << hourlyWage;`

Java	`Scanner inData;`
	`inData = new Scanner(System.in);`
	`name = inData.nextLine();`
	`age = inData.nextInt();`
	`hourlyWage = inData.nextFloat();`
	`System.out.println(name, ' ',age,' ',hourlyWage)`

Python	`name = input()`
	`age = input()`
	`hourlyWage = input()`
	`print name, age, hourlyWage`

VB .Net	`Uses windowing`

9.4.4   控制结构

伪代码提供了三种方法来改变控制算法的流程：重复、选择和子程序。这些结构叫作**控制结构**（control structure），因为它们决定了其他指令在程序中被执行的顺序。

控制结构（control structure）：确定程序中的其他指令的执行顺序的指令。

Edsger W. Dijkstra 在 1972 年发表的论文 "Notes on Structured Programming" 中指出，程序员应该是严格并遵守规则的，即他们只应使用选定的控制结构。这篇论文和其他同期发表的论文开创了结构化程序设计的时代。[10] 根据这种观点，程序中的每个逻辑单元都只能有一个入口和一个出口，程序不应随意地跳入或跳出这些逻辑模块。虽然在汇编语言程序中可以用分支语句这样跳转，但高级语言引入的控制结构使得这一规则比较容易遵守。这些控制结构是选择语句、循环语句和子程序语句。无限制的分支语句不再是必需的。 [307]

在伪代码算法中，我们用缩进来将 if 语句和 while 语句的语句体组合在一起。Python 用缩进，但是其他语言用真实的符号。VB.NET 用 **End IF** 和 **End While** 来结束相对应的语句。Java 和 C++ 用大括号（{}）。

下表展示了用 if 和 while 语句的代码段。

语言	if 语句

Python	```if temperature > 75:```
	``` print "No jacket is necessary"```
	```else:```
	``` print "A light jacket is appropriate"```
	```# Idention marks grouping```

VB.NET	```If (Temperature > 75) Then```
	``` MsgBox("No jacket is necessary")```
	```Else```
	``` MsgBox("A light jacket is appropriate")```
	```End If```

C++	```if (temperature > 75)```
	``` cout << "No jacket is necessary";```
	```else```
	``` cout << "A light jacket is appropriate";```

Java	```if (temperature > 75)```
	``` System.out.print("No jacket is necessary");```
	```else```
	``` System.out.print("A light jacket is appropriate");```

语言	计数控制循环 while 语句

Python	```count = 0```
	```while count < limit:```
	``` ...```
	``` count = count + 1```
	```# Indention marks loop body```

VB .Net	```Count = 1```
	```While (Count <= limit)```
	``` ...```
	``` Count = Count + 1```
	```End While```

C++/Java	```count = 1;```
	```while (count <= limit)```
	```{```
	``` ...```
	``` count = count + 1;```
	```}```

[308]

Edsger Dijkstra[11]

　　在人们付出努力的每个领域中，都有杰出贡献者，这些人由于他们的理论洞察力、对基本想法的扩展或对某一学科的革新而为人们所称道。Edsger Dijkstra 在计算机语言的殿堂中占有重要位置。

　　Dijkstra 于 1930 年出生在荷兰鹿特丹的一个药剂师家中，他对于形式主义有种特殊的偏好。在荷兰的莱顿大学学习期间，他参加了英国剑桥大学举办的程序设计课程，开始对程序设计着迷。1952 年，他在阿姆斯特丹的 Mathematical Centre 进行兼职，毕业之后继续在这里工作。20 世纪 70 年代初，他作为 Burroughs 公司的研究员来到美国。1984 年 9 月，他来到得克萨斯大学奥斯汀分校，开始担任计算机科学系的 Schlumberger Centennial Chair，于 1999 年 11 月退休。

注：本图由得克萨斯大学奥斯汀分校（UTCS）的 Staci Norman 提供

　　Dijkstra 对程序设计最著名的贡献之一是他极力提倡结构化程序设计原则。Dijkstra 发现，运行具有 goto 语句的程序就像进入了老鼠洞，常常会杂乱无章地在程序各个部分之间跳来跳去，即使是作者本人也难以理解自己的程序，更不要说以后要维护它的同事了。Dijkstra 强烈推荐使用迭代或循环这样的结构，明确地用括号括起程序分支的作用域，有效地对程序进行自注解。Dijkstra 声称，坚持结构化程序设计原则可以使程序更容易理解和维护，并减少出错的机会。

　　撇开他的理论贡献不提，Dijkstra 在计算领域可谓是个有趣的角色。他以直言不讳而闻名。例如，Dijkstra 曾经评论道，"使用 COBOL 语言会使人变傻，所以教授 COBOL 语言应被看作一种犯罪行为。"

　　除了对程序设计语言的贡献，Dijkstra 还以证明程序正确性的工作而闻名。程序正确性是数学在计算机程序设计中的一种应用，在这种应用中程序可以被证明是没有错误的。当可靠性至关重要时，这一点尤其重要，例如对于飞行控制系统。

　　1972 年，ACM（Association for Computing Machinery）为了表彰 Dijkstra 对这个领域的杰出贡献，授予了他著名的图灵奖。

　　1989 年，SIGCSE（Special Interest Group for Computer Science Education）授予了他计算机科学教育杰出贡献奖。

　　当 Dijkstra 发现自己只能再活几个月时，他和妻子返回了荷兰。虽然他想在奥斯汀退休，但却于 2002 年 8 月 6 日在荷兰逝世了。

　　Dijkstra 有很多简洁幽默的名言，其中所有研究计算的人都应该细细思量的一句话是"计算机科学不过是关于计算机的科学，就像天文学不过是关于望远镜的科学一样"。

309

　　接下来的表格展示了 VB.NET 和 C++ 是如何定义不返回单一值的子程序的。在这个例子中，有两个整数值参和一个实数类型引用参数。同样，这个阐释意在给出在高级语言中多种多样的语法的提示，而不是让你写出其中的任何一种。在 C++ 中的 & 不是一种印刷错误，这意味着其后的 three 是一个引用参数。

语言	子程序声明
VB .Net	```Public Sub Example(ByVal one As Integer, 　　ByVal two As Integer, 　　ByRef three As Single) ... End Sub```

C++	```void Example(int one, int two, float& three)
	{
	...
	}```

在这里没有展示 Java 或者 Python 的例子是因为它们控制内存的方式不同，它们只允许使用值参。

1. 嵌套逻辑

在任何控制语句中被执行或跳过的语句可以是简单的语句或块（一组语句），对于这些语句没有任何限制。事实上，被跳过或重复的语句可以包含一个控制结构。选择语句可以在循环结构中被嵌套。循环结构可以在选择语句中被嵌套。选择和循环语句可以在子程序中被嵌套，而子程序可以在循环或选择结构中被嵌套。

我们讨论算法中的嵌套，但这个话题另有深意。例如，一个在文件中计数和求 10 个正数的和的算法：

310

```
Set sum to 0                        // Initialize sum
Set posCount to 0                   // Initialize event
WHILE (posCount < 10)               // Test event
    Read a value
    IF (value > 0)                  // Test to see if event should be updated
        Set posCount to posCount + 1 // Update event
        Set sum to sum + value      // Add value into sum
// Statement(s) following loop
```

选择控制结构被嵌入循环控制结构。如果我们想要对一年的周降水图进行求和并打印，需要有如下的嵌套循环结构：

```
Set weekCount to 1
WHILE (weekCount <= 52)
    Set weekSum to 0
    Set dayCount to 1
    WHILE (dayCount <= 7)
        Read rainfall
        Set weekSum to weekSum + rainfall
        Set dayCount to dayCount + 1
    Write "Week ", weekCount, " total: ", weekSum
    Set weekCount to weekCount + 1

Set weekCount to 1
WHILE (weekCount <= 52)
    Set weekSum to CalculateWeekSum(weekCount)
    Write "Week ", weekCount, " total: ", weekSum
    Set weekCount to weekCount + 1
```

```
CalculateWeekSum(weekCount)
Set weekSum to 0
Set dayCount to 1
WHILE (dayCount <= 7)
    Read rainfall
    Set weekSum to weekSum + rainfall
    Set dayCount to dayCount + 1
RETURN weekSum
```

程序员是否应该学习哲学？

一封在 2014 年写给 *The Wall Street Journal* 杂志的信上说，"计算机编程和软件设计是具有高度结构性的哲学，它从一个独特的角度解释世界。通过阅读编程方面的书，哲学家将会从中受益，而程序员通过阅读哲学书也会获益无穷。"[12]

控制结构中有控制结构，这个控制结构中还有控制结构……理论上，控制结构的嵌套有多深是没有限制的！然而，如果嵌套结构变得很难去跟踪，则需要给嵌套的任务一个名字或者将其做成一个子程序，并在之后去实现它。例如，检查一个上述伪代码算法的替换版本。哪种更容易跟踪？

2. 异步处理

你有可能从小就是用着鼠标在屏幕上操作多窗口的用户图形界面（GUI）长大的。点击（clicking）成了计算机的主要输入形式。事实上，对很多应用程序而言，填表和点击按钮已经成为唯一的输入形式。

在传统的流处理中，序列中的一个输入语句只有遇到时才会被执行。下面是之前展示的算法的最开始的四个语句：

```
Write "How many pairs of values are to be entered?"
Read numberOfPairs
Set numberRead to 0
WHILE (numberRead < numberOfPairs)
....
```

我们期望这些语句可以在序列中执行。输出会被打印在窗口中，一个值从输入流中读入，另一个值被存储，一个 while 循环被执行。流输入和输出是在程序的顺序流程中。

相反，鼠标的点击不会出现在程序的序列中。也就是说，用户可以在程序执行的任何时刻点击鼠标。程序必须识别用户点击鼠标的行为，处理该点击然后继续运行。这种类型的处理叫作**异步**（asynchronous），意思是"不同时发生"。鼠标的点击可能发生在任何时间，因此它和其他的指令并不同步。

异步（asynchronous）：不与计算机中的其他操作同时发生；换句话说，与程序的操作不同步。

异步处理也叫作事件驱动处理。换句话说，这样的处理是被程序指令序列以外发生的事件所控制。

异步处理经常被用在 Java 和 VB.NET 中，但是很少被其他语言所使用。

9.5 面向对象语言的功能性

就像在先前讨论的面向对象的设计中你所猜测的那样，面向对象语言的基本构造是类。

本节除了关注类的构造以外，我们还探讨面向对象语言中三个必要的组成部分：封装、继承和多态。这些组成部分促进了重用，因此减少了构建和维护软件的成本。

9.5.1　封装

第 7 章介绍过一些问题求解的重要思想，包括信息隐蔽和抽象。信息隐蔽是隐藏模块的细节，目的是为了控制对细节的访问。在第 7 章中介绍了抽象是复杂系统的模型，只包括对观察者来说关键的细节。我们定义了三种抽象类型，但每种类型的定义采用的都是"把……的逻辑视图和它的实现细节分离开"这样的结构。抽象是目标，信息隐蔽是实现这一目标的方法。

在讨论面向对象设计时曾说过，封装是把数据和动作集合在一起，数据和动作的逻辑属性与它们的实现细节是分离的。另一种说法是**封装**（encapsulation）是实施信息隐蔽的语言特性。它用具有正式定义的接口的独立模块把实现细节隐藏了起来。一个对象只知道自身的信息，对其他对象，则一无所知。如果一个对象需要另一个对象的信息，它必须向那个对象请求信息。

用于提供封装的结构叫作类。类的概念在面向对象设计中具有主导地位，同样，类的概念也是 Java 和其他面向对象语言的主要特性。遗憾的是，在设计和实现阶段都没有标准的相关定义。在设计（问题求解）阶段，**对象**（object）是在问题背景中具有意义的事物或实体。在实现阶段，**类**（class）是一种语言结构，这种结构是对象的模式，为封装对象类的属性和动作提供了机制。

> **封装**（encapsulation）：实施信息隐蔽的语言特性。
>
> **对象**（问题求解阶段）（object（problem-solving phase））：与问题背景相关的事物或实体。
>
> **类**（实现阶段）（class（implementation phase））：对象的模式。
>
> **对象类或类**（问题求解阶段）（object class or class（problem-solving phase））：属性和行为相似的一组对象的说明。
>
> **对象**（实现阶段）（object（implementation phase））：类的一个实例。

9.5.2　类

从语法上来说，类像前面介绍的记录，它们都是异构复合数据类型。但记录通常被认为是被动结构，只是近年来才采用子程序作为字段。而类则是主动结构，一直都把子程序用作字段。操作类的数据域的唯一方式是通过类中定义的方法（子程序）。

如下是基于一个早先开发过的程序定义一个 Person 类：

```
public class Person
    // Class variables
    Name name
    String telephone
    String email
    // Class Methods
    Initialize()
        // Code for Initialize
    public Print()
        // Code for Print
```

```
public Name GetName()
    RETURN Name
public String GetEmail()
    RETURN email
public String GetTelephone()
    RETURN telephone
```

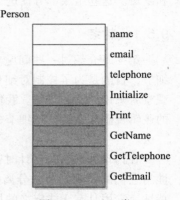

图 9-4　Person 类

图 9-4 描绘了 Person 类，变量字段为空，子程序字段为灰色表明它们没有容纳值而是子程序。

在算法中，我们对简单的变量和数组用标识符而不必担心它们从哪里而来。如果用标识符来代表一个类，那么必须在使用前显式地询问即将被创建的类。也就是说，需要通过 new 操作符来**实例化**（instantiate）这个类，以获取符合这种模式的对象。这个操作符使用这个类的名字并且返回这个类的实例。该算法实例化了 Person 类，得到类的一个对象 aPerson，并且在对象中存储、检索值。我们首先实例化了一个 Name 对象，但是假设字符串变量 email 和 telephone 都已经有值。

315

> **实例化**（instantiate）：创建类的对象。

```
Name aName = new Name()
aName.Initialize("Frank", "Jones")
Person aPerson = new Person()
aPerson.Initialize(aName, telephone, email)
aPerson.Print()
Write "Name: ", aPerson.GetName().Print()
Write " Telephone: ", aPerson.GetTelephone()
Write " Email: ", a Person.GetEmail()
```

算法声明类的对象只能通过类的子程序（称为方法）访问类的字段。

默认情况下，类中的字段是私有的，也就是说，除非一个类的某个字段被标识为 public（公有），否则任何其他对象都不能访问这个类的对象的字段（无论是数据还是方法）。如果一个类想让其他类的对象调用自己的方法，就必须明确地声明这个方法是 public 的。Person 类中的方法被标记为 public，以便用程序可以调用。

9.5.3　继承

继承（inheritance）是面向对象语言的一种属性，即一个类可以继承另一个类的数据和方法。这种关系是一种 is-a 关系。超类是被继承的类，派生类是继承的类。类构成了继承的体系结构。在这种体系结构中，所处的层次越低，对象越专门化。下级的类会继承其父类的所有行为和数据。

> **继承**（inheritance）：类获取其他类的属性（数据字段和方法）的机制。

假设定义了一个表示人的类 Person。在面向对象的语言中，可以定义一个 Student 类，让它继承 Person 类的所有属性，然后再添加几个数据字段，存放局部地址（address）和电话号码（telephone number）。Person 类的对象只有一个地址和电话号码，而 Student 类的对象则有两个，一个是从 Person 类继承来的，一个是在 Student 类中定义的。我们说，Student 类是从 Person 类派生来的。

有一个标题为 Person 和 Student 的 CRC 卡片。注意 CRC 卡中的子类和超类已经被填入。

让我们来假设已经定义了 Person 类和 Student 类，如下的算法实例化 Person 类和 Student 类并操作它们：

```
Person myPerson = new Person()        // Instantiates myPerson
Student myStudent = new Student()      // Instantiates myStudent
myPerson.Initialize(...)               // myPerson initializes itself
myStudent.Initialize(...)              // myStudent initializes itself
myPerson.Print()                       // myPerson prints itself
myStudent.Print()                      // myStudent prints itself
```

继承通过允许应用程序使用已经被测试过的类和从一个类中继承应用所需的属性来促进重用。其他必要的属性和方法可以在之后加入派生类中。

> **举报盗版软件**
> 如果你了解到了盗版软件，可以在 www.bsa.org 网上填写一个表格，如果通过你可以获得奖励。

9.5.4　多态

假设 Person 类和 Student 类都具有名为 Print 和 Initialize 的方法。在 Person 类中，这个方法将输出 Person 类中定义的地址，在 Student 类中，该方法则输出 Student 类中定义的地址。这两个方法名字相同，但实现不同。程序设计语言处理这种明显二义性的能力叫作**多态**（polymorphism）。语言如何知道调用单元调用的是哪个 Print 方法还是 Initialize 方法呢？调用单元将把类的方法应用于类的一个实例，应用这个方法的对象的类可以确定使用的是 Print 或 Initialize 的哪个版本。

> **多态**（polymorphism）：语言在运行时确定给定调用将执行哪些可能的方法的能力。

例如，假设 jane 是 Person 类的一个实例，jack 是 Student 类中的一个实例，jane.Print 将调用 Person 类中定义的方法打印 jane 的信息，jack.Print 将调用 Student 类中定义的方法打印 jack 的信息。Student 类可以增加一个 PrintHomeAddress 方法，打印学生的家庭地址。

继承和多态结合在一起使程序员能够构造出在不同应用程序中可以重复使用的类的体系结构。可重用性不仅仅适用于面向对象语言；而面向对象语言的功能却使编写通用的、可重用的代码段变得更容易。

9.6　过程设计与面向对象设计的区别

在第 8 章的结尾，我们用 ADT 列表算法的实现来描述值返回和非值返回子程序的过程。列表 ADT 的实现是一个变量列表的记录，其中存储了一个数组的值和字段的长度，这些被传递到列表算法中。调用程序定义了列表的实现并且编写了操作的算法。子程序是需要列表的程序的任务。

在面向对象的设计中，列表数据结构和子程序需要在类中绑定在一起，如下所示：

```
public class List
    // Class variables
    values[ ]
    length
    // Class methods
    public Boolean IsThere(item)
        Set position to 0
        WHILE (position < length AND
                values[position] != item)
            Set position to position + 1
        RETURN position < length
    public Delete(item)
        Set position to 1
        WHILE (values[position] != item)
            Set position to position + 1
        Swap(values[length – 1], values[position])
        Set length to length – 1
    // Rest of class operations
```

318

方法的代码需要直接可以访问到类变量，而用户的代码则不可以。类需要被分别编译，并且想使用该类的程序需要在程序中包含它。下面是一段操作列表对象的伪代码段：

```
List list = new List()                    // Instantiate List object
WHILE (more values)
    Read aValue
    IF (NOT list.IsThere(aValue))
        list.insert(aValue)
Write "Input value to delete or "Quit" to quit"
Read aValue
IF (aValue != "Quit")
    IF (list.IsThere(aValue))
        list.Delete(aValue)
```

在面向过程的版本中，列表被呈现为传递给子程序的记录，以便子程序可以对其操作。操作它的数据结构和子程序是用户程序的一部分。在面向对象的版本中，类对象的实现通过封装实现对用户的隐藏。

小结

面向对象设计的重点是确定问题中的对象，并根据对象的属性和行为把它们抽象（分组）成类。下面是面向对象分解的四个阶段。

- 头脑风暴：在这个阶段中，为确定问题中的类进行第一轮讨论。
- 过滤：在这个阶段中，将检查提出的类。
- 场景：在这个阶段中，将确定每个类的责任。
- 责任算法：在这个阶段中，将为每个责任编写算法。

319

汇编器可以把汇编语言程序翻译成机器码。编译器可以把用高级语言编写的程序翻译成汇编语言（再被翻译成机器码）或机器码。解释器则不仅翻译程序中的指令，还会立即执行它们，不会输出机器语言代码。

存在多种高级程序设计语言的模型，被分类为命令式（面向过程和面向对象）或者声明式（功能或逻辑）。命令式模型描述了被执行的处理过程。声明式模型描述了被执行的是什么，而不是怎样被完成。面向过程模型基于要完成的任务体系结构的概念；面向对象的模型基于交互对象的概念。函数式模型基于函数的数学概念；而逻辑模型则是基于数学逻辑。

布尔表达式是关于程序状态的断言。程序用布尔表达式来判断执行哪部分代码（条件语句）或是否重复执行某段代码（循环语句）。

程序中的每个变量都有自己的数据类型。所谓强类型化，指的是变量是给定类型且只有类型相符的值才能被存入变量。把一个值存入变量叫作给这个变量赋值（赋值语句）。

面向对象的程序用以下结构刻画：

- 封装：实施信息隐蔽的语言特性，用类结构实现。
- 继承：允许一个类继承另一个类的属性和行为的语言特性。
- 多态：语言具备的消除同名操作的歧义的能力。

320

道德问题：恶作剧与诈骗

总是存在诈骗者、欺诈者和骗子。人们总是有可以被占的便宜。骗人通常是伤害很小的，而诈骗的目的则是挣钱。骗子的动机有时很难被辨清，有时可能简单到只是像青春期孩子时冲动为了"留下印记"或者制造一个"只是为了戏弄"的骗局。骗局有时候很烦人并且浪费时间。而诈骗者和欺诈者最终的目的则是从无知和粗心的人身上骗到金钱或是资产。

例如，在 Doritos Coupons Hoax 免费优惠券骗局中，骗子发送电子邮件并且在附件中包含 Doritos 产品价值 5 美元的优惠券。优惠券是假的并不是 Doritos 所发送的。结果非常烦人，但是没人失去任何钱财。要求收到者发送某些信息给他们朋友的连锁信通常是骗局，同样没有要求付钱。另一方面，声称收件人赢得彩票并必须寄一张支票用来缴纳手续费的邮件则是诈骗。除了诈骗者得到的所谓的手续费，这种诈骗并没有所谓的彩票和获奖者。[13]

在使用计算机前，这些欺诈者所能接触到的潜在受害者是有限的。然而，互联网的到来使得欺诈者只需要点击几次鼠标即可通过电子邮件接触到成千上万的潜在受害者。电子邮件地址是可以被自动收集的，这创造了巨大的潜在受害人群。网站可以伪装成虚拟蜘蛛网，等待那些无辜的人掉入陷阱。

曾经有段时间，绝大多数互联网用户最常见的抱怨就是匿名的商业垃圾邮件。如今，好的电子邮件服务会在收到邮件前过滤绝大多数商业垃圾邮件。而当今最常见到的抱怨则是与欺诈者相关，而不是垃圾邮件制造者。互联网拍卖、信用卡欺诈、第三方和债权人追债、外币提供和假冒检查诈骗、旅行和度假诈骗以及伪造商业机会 / 投资列在名单的最前面。[14]

最严重的犯罪则是偷盗互联网用户的财务信息以及密码。网页可以诱导人们相信他们回复的问卷或提供信用卡信息作为年龄证明。通过密码，罪犯可得到并访问受害者的全部财务记录。身份盗窃对于受害者而言是毁灭性的，可能需要多年来恢复。也许最大的威胁来自那些真的想肆虐的人。如今，航空公司、银行和市政基础设施都绑定到计算机网络。一个确定的网络犯罪造成的损害是无穷的。

调查这些犯罪模式是非常困难而且昂贵的。肇事者伪装的不仅是他们的身份，还有他们的地理位置。目前，保护用户最好的方式是时刻保持怀疑。拒绝任何要求提供信用卡或其他个人信息的请求。

发送到 Nell Dale 诈骗邮件的例子：

> IT 部门服务：
>
> 你已经超出了你的 IT 部门服务为你的邮箱设置的限制。你在发送和接收新邮件上存在问题。为了防止这种情况，你需要提供以下信息，并通过电子邮件与 IT 部门服务取得联系：
>
> 当前用户名：{ }
>
> 密码：{ }，以帮助你提高存储限制。
>
> IT 部门服务
>
> E-mail：<mailto：it.dept@administrativos.com>it.dept@administrativos.com
>
> 如果不这样做，你的邮箱访问将会受到限制。
>
> 此致
>
> IT 部门服务
>
> 你会怎样回答？如果你回答了会有什么发生？

关键术语

异步（asynchronous）

布尔表达式（Boolean expression）

字节码（bytecode）

区分大小写（case sensitive）

类（实现阶段）(class（implementation phase））

编译器（compiler）

控制结构（control structure）

数据类型（data type）

对象（实现阶段）(object（implementation phase））

对象（问题求解阶段）(object（problem-solving phase））

对象类（object class）或类（class）

对象类或类（问题求解阶段）(object class or class（problem-solving phase））

声明（declaration）

封装（encapsulation）

字段（field）

继承（inheritance）

实例化（instantiate）

解释器（interpreter）

方法（method）

对象（object）

多态（polymorphism）

保留字（reserved word）

强类型化（strong typing）

练习

为练习 1～10 中的活动找到匹配的面向对象设计阶段。

    A. 头脑风暴   B. 过滤

    C. 场景   D. 责任算法

1. 浏览可能的类的列表，找出重复或遗漏的类。

2. 提出"如果……将会怎么样"的问题。

3. 给类分配责任。

4. 草拟出问题中的类的第一个列表。

5. 给责任分配协作者。

6. 为一张 CRC 卡上列出的责任开发算法。

7. 这个阶段输出的是所有类的完整的 CRC 卡。

8. 这个阶段输出的是准备翻译为程序的设计。

9. 继承关系是在这个阶段中建立的。

10. 函数程序设计方法适用于这个阶段。

为练习 11～24 中的问题找出适当的翻译或执行系统。

    A. 解释器   B. 汇编器

    C. 编译器   D. 机器码

11. 什么可以把高级语言翻译成机器码？

12. 什么可以把 Java 程序翻译成字节码？

13. 什么可以执行字节码？

14. 什么可以翻译汇编语言程序？

15. 汇编器输出的是什么？

16. 什么以高级语言编写的程序为输入，并指导计算机执行每条语句中指定的动作？

17. 什么执行 Java 虚拟机？

18. 什么用于翻译 ALGOL 编写的程序？

19. 什么用于翻译 APL 编写的程序？

20. 什么用于翻译 COBOL 编写的程序？

21. 什么用于翻译 FORTRAN 编写的程序？

22. 什么用于翻译 Lisp 编写的程序？

23. 什么用于翻译 PROLOG 编写的程序？

24. 哪个翻译器运行得最慢？

为练习 25 ～ 46 中的语言或语言说明找出匹配的范型。

    A. 面向过程   B. 函数式

    C. 逻辑型   D. 面向对象的

E. 具有某些面向对象特性的面向过程语言

F. 具有某些面向过程特性的面向对象语言

25. 什么范型最确切地说明了 FORTRAN 语言？

26. 什么范型最确切地说明了 C++ 语言？

27. 什么范型最确切地说明了 PASCAL 语言？

28. 什么范型最确切地说明了 Java 语言？

29. 什么范型最确切地说明了 Lisp 语言？

30. 什么范型最确切地说明了 BASIC 语言？

31. 什么范型最确切地说明了 PROLOG 语言？

32. 什么范型最确切地说明了 SIMULA 语言？

33. 什么范型最确切地说明了 ALGOL 语言？

34. 什么范型最确切地说明了 ML 语言？

35. 什么范型最确切地说明了 Scheme 语言？

36. 什么范型最确切地说明了 Python 语言？

37. 什么范型最确切地说明了 C 语言？

38. 什么范型最确切地说明了 Smalltalk 语言？

39. 计算软件史上占统治地位的语言出自哪种范型？

40. 日本选用哪种范型作为第五代计算机使用的范型？

41. 哪种范型允许程序员用对象的体系结构表示算法？

42. 哪种范型允许程序员用任务的体系结构表示

43. 哪种范型允许程序员用数学函数表示算法？

44. 哪种范型没有赋值语句？

45. 哪种范型只用递归表示重复？

46. 哪种范型没有变量？

练习 47 ～ 84 是问答题或简答题。

47. 汇编语言的标志是什么？

48. 请区分汇编器和编译器。

49. 请区分编译器和解释器。

50. 请比较汇编器、编译器和解释器。

51. 描述编译器提供的可移植性

52. 描述使用字节码带来的可移植性。

53. 描述编译和运行一个 Java 程序的过程。

54. 在计算领域内讨论"范型"这个词的含义。

55. 区分命令式与声明式范型。

56. 命令式范型有哪些特征？

57. 函数式范型有哪些特征？

58. 逻辑范型有哪些特征？

59. 声明式范型有哪些特征？？

60. 如何用程序设计语言提问？

61. 什么是布尔变量？

62. 什么是布尔表达式？

63. 给定整数变量 one、two 和 three，为下列问题编写断言。

    a）one 大于 two 和 three 吗？

    b）one 大于 two 但小于 three 吗？

    c）三个变量都大于 0 吗？

    d）one 小于 two 或 one 小于 three 吗？

    e）two 大于 one 并且 three 小于 two 吗？

64. 写出布尔运算 AND 的运算表。

65. 写出布尔运算 OR 的运算表。

66. 写出布尔运算 NOT 的运算表。

67. 什么是数据类型？

68. 什么是强类型化？

69. 定义下列数据类型：

    a）整数   b）实数

    c）字符   d）布尔型

70. 字符串数据类型是原子数据类型吗？请证明你的答案。

71. 如果用同一个符号表示字符和字符串，如何区分单个的字符和只有一个字符的字符串？

72. 什么是声明？

73. 根据本章中的表，填写下表，展示各语言的语法标记或保留字。

语言	Python	VB.NET	C++	Java
注释				
语句的结束标记				
赋值语句				
实数类型				
整数类型				
声明的开头				

74. Pep/9 汇编语言中的 .WORD 和 .BLOCK 汇编器指令与高级语言中的声明有什么不同？

75. 请区分要翻译的指令和给翻译程序的指令。

76. 考虑下列标识符：Address、ADDRESS、AddRess、Name、NAME 和 NamE。

　　a）如果采用的语言是 Python，那么它们表示多少个不同的标识符？

　　b）如果采用的语言是 VB.NET，那么它们表示多少个不同的标识符？

　　c）如果采用的语言是 C++ 或 Java，那么它们表示多少个不同的标识符？

77. 请区分设计阶段的对象和实现阶段的对象的定义。

78. 请区分设计阶段的类和实现阶段的类的定义。

79. 请区分字段与方法。

80. 对象是如何关联到彼此的？

81. 讨论自顶向下设计与面向对象设计有什么区别？

82. 在这一章，我们提出了一个用于开发面向对象分解的策略。

　　a）列出四个阶段。

　　b）概括每个阶段的特征。

　　c）这四个阶段的输出是什么？

　　d）每个阶段都是独立的吗？请解释。

83. 为汽车经销店的库存系统设计 CRC 卡片，使用头脑风暴、过滤和场景。

84. 使用头脑风暴、过滤和场景为动物园数据库设计一个 CRC 卡。

思考题

1. 区分 CPU 可以直接执行的程序与必须被翻译的程序。

2. 自顶向下的设计和面向对象的设计都创建了一个用于编写程序的脚手架。所有这些脚手架只是一种浪费吗？它是否曾经用过？程序结束后，它的价值是什么？

323 ~ 327

3. 你最常用的解决问题的策略是哪一个？你能想出一些你使用过的其他策略吗？它们是否适合解决计算问题？

4. 你有没有被一个骗局欺骗过？你是很气愤还是只是有些困扰？

5. 你或你知道的人成为过骗局的受害者吗？

6. 你是否收到过类似于本章所示的电子邮件？你有没有回应？

操作系统层

操作系统

要理解计算机系统，必须理解管理和协调各个部件的软件。计算机的操作系统把硬件和软件紧密地结合在一起，它是其他软件依附的基础，并且允许我们编写与机器进行交互的程序。本章和下一章将探讨操作系统管理计算机资源的方法。就像交警要使通过十字路口的车流井井有条一样，操作系统要使通过计算机系统的程序流然有序。

目标

学完本章之后，你应该能够：

- 描述操作系统的两个主要责任。
- 定义内存和进程管理。
- 解释分时操作是如何创建虚拟机假象的。
- 解释逻辑地址和物理地址之间的关系。
- 比较内存管理方法。
- 区分固定分区与动态分区。
- 定义和应用分区选择算法。
- 解释请求分页是如何创建虚拟机假象的。
- 解释进程生存周期的各个阶段和过渡。
- 解释各种 CPU 调度算法的处理。

10.1 操作系统的角色

第 1 章介绍过程序员角色的变迁。早在第一代软件开发的末期，程序员就分为编写工具以帮助他人的程序员和使用工具解决问题的程序员。现代软件可以分为两类，即应用软件和系统软件，它们反映了不同的程序设计目的。**应用软件**（application software）是为了满足特定需要——解决现实世界中的问题——而编写的。文字处理程序、游戏、库存控制系统、汽车诊断程序和导弹控制程序都是应用软件。第 12 ～ 14 章将讨论计算机科学的各个领域以及它们和应用软件之间的关系。

系统软件（system software）负责在基础层上管理计算机系统，它为创建和运行应用软件提供了工具和环境。系统软件通常直接与硬件交互，提供的功能比硬件自身提供的更多。

计算机的操作系统（operating system）是系统软件的核心。操作系统负责管理计算机的资源（如内存和输入 / 输出设备），并提供人机交互的界面。其他系统软件则支持特定的目的，如在屏幕上绘制图像的图形软件的库。操作系统允许一个应用程序与其他系统资源进行交互。

应用软件（Application software）：帮助我们解决现实世界问题的程序。

系统软件（System software）：管理计算机系统并与硬件进行交互的程序。

操作系统（Operating system）：管理计算机资源并为系统交互提供界面的系统软件。

图 10-1 展示了操作系统在计算机系统元素中的相对位置。操作系统负责管理硬件资源，它允许应用软件直接地或通过其他系统软件访问系统资源。它提供了直接的人机交互界面。

一台计算机通常只有一个活动的操作系统，在系统运行中负责控制工作。计算机硬件是靠电线连接的，初始时载入永久性存储器（ROM）中存储的一小组系统指令。这些指令将从二级存储器（通常是硬盘）中载入大部分系统软件。最终将载入操作系统软件的所有关键元素，执行启动程序，提供用户界面，系统就准备就绪了。这个过程叫作引导（booting）计算机。术语"引导"来自于"靠自己的努力振作起来"这一思想，这也正是计算机开机后它所做的事情。

计算机可以具备两个或者更多个操作系统，用户在计算机开机时可以选择使用哪个操作系统。这种配置称为双引导或多引导系统。不过，任何时候都只有一个操作系统在控制计算机。

你可能至少习惯于使用一种操作系统。个人计算机常用的是 Microsoft Windows 的各种版本。这些操作系统的不同版本代表了软件的进化以及提供和管理的服务方式的不同。Mac OS 是 Apple Computer 公司制造的计算机采用的操作系统。严格的程序员多年来都喜欢采用 UNIX 操作系统，最近，个人计算机流行使用的操作系统是 UNIX 的一个版本，叫作 Linux。

以智能手机、平板电脑为代表的移动设备所运行的操作系统都是为它们量身定做的，例如，它们有着内存限制和更小的外围设备，这些都与典型的台式机或笔记本电脑有所不同。苹果公司的 iPhone（如图 10-2 所示）、iPad 和 iPod 都在运行 iOS 移动操作系统，这是一个由 Mac OS 衍生的操作系统。由谷歌通过开放手机联盟研发的安卓操作系统作为一项开放资源项目，是一款可在各类手机上运行的基础系统，并已成为移动设备最流行的平台。虽然目前市面上还有其他几款操作系统，但安卓和 iOS 已经统治了当前移动操作系统市场。

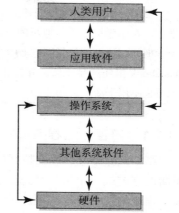

330

图 10-1　与计算机系统几个层面交互的操作系统

注：©Hemera/Thinkstock

图 10-2　智能手机及其他移动设备运行为其定制的操作系统

任何已有的操作系统都以其自身独特的方式管理着资源。我们这一章的目的并不是找茬挑各类操作系统的不同，而是讨论它们共有的理念。我们会间或参考某一特定 OS（操作系统）选用的方式，探讨其中一些独特的哲学。无论如何，总体上我们关注的是基础概念。

操作系统的各种角色通常都围绕着一个中心思想"良好的共享"。操作系统负责管理资源，而这些资源通常是由使用它们的程序共享的。多个并发执行的程序将共享主存，依次使用 CPU，竞争使用输入 / 输出设备的机会。操作系统将担任现场监控，确保每个程序都能够得到执行的机会。

谁是 Blake Ross？

　　Blake Ross 从 10 岁就开始设计网页了。14 岁时，他把修复 Netscape 浏览器中的 bug 作为一项爱好。在中学毕业前，他协助开发了开源的网络浏览器 Firefox，2004 年 11 月，Firefox 正式发行。大学期间，他继续修复浏览器中的 bug。2005 年，他得到了《连线》杂志的年度大奖的提名。他在 Facebook 担任产品总监，并在 2013 年（他 29 岁的时候）递交了辞呈。身缠 1.5 亿美元的净资产，他再也不用干活了。

10.1.1　内存、进程与 CPU 管理

　　第 5 章介绍过，正在执行的程序都驻留在主存中，其中的指令以读取 – 解译 – 执行这种周期性方式被一个接一个地处理。**多道程序设计**（multiprogramming）是在主存中同时驻留多个程序的技术；这些程序为了能够执行，将竞争 CPU 的访问。所有现代操作系统都采用多道程序设计技术，因此，操作系统必须执行**内存管理**（memory management），以明确内存中有哪些程序以及它们驻留在内存的什么位置。

　　操作系统的另一个关键概念是**进程**（process），可以将它定义为正在执行的程序。程序只是一套静态指令，进程则是动态的实体，表示正在执行的程序。在多道程序设计系统中，可能同时具有多个活动进程。操作系统必须仔细管理这些进程。无论何时，下一条要执行的都是一条明确的指令。中间值将被计算出来。在执行过程中，进程可能会被打断，因此操作系统还要执行**进程管理**（process management），以跟踪进程的进展以及所有中间状态。

　　内存管理和进程管理都需要 **CPU 调度**（CPU scheduling），即确定某个时刻 CPU 要执行内存中的哪个进程。

　　多道程序设计（multiprogramming）：同时在主存中驻留多个程序，由它们竞争 CPU 的技术。

　　内存管理（memory management）：了解主存中载有多少个程序以及它们的位置的动作。

　　进程（process）：程序执行过程中的动态表示法。

　　进程管理（process management）：了解活动进程的信息的动作。

　　CPU 调度（CPU scheduling）：确定主存中的哪个进程可以访问 CPU 以便执行的动作。

331
∼
332

　　内存管理、进程管理和 CPU 调度是本章的三个讨论重点。其他关于操作系统的重要主题（如文件管理和二级存储）将留待第 11 章讨论。

　　记住，操作系统自身也是必须执行的程序，所以在内存中也要和其他系统软件及应用程序一起管理和维护 OS 进程。执行 OS 的 CPU 就是执行其他程序的 CPU，因此也要把 OS 进程排入竞争 CPU 的队列中。

　　在深入探讨资源（如主存和 CPU）管理前，还需要介绍一些一般的概念。

10.1.2　批处理

　　20 世纪 60 年代和 70 年代，典型的计算机是放置在专用空调房中的大机器。它的处理是由操作员管理的。用户需要把自己的程序交付给操作员才能执行它，通常采用的是一叠穿孔卡片。然后用户再回来取打印出的结果，不过可能是第二天才能取了。

　　在交付程序时，用户需要为执行程序所需的系统软件或其他资源提供一套单独的指令。

程序和系统指令集合在一起,称为作业。操作员要启动所有必需的设备,按照作业中的要求载入特定的系统软件。因此,在这些早期计算机上,为执行程序做准备是个耗时的过程。

为了更有效地执行这一过程,操作员会把来自多个用户的作业组织成分批。一个分批包含一组需要相同或相似资源的作业,这样操作员就不必反复地载入和准备相同的资源。图 10-3 展示了这一过程。

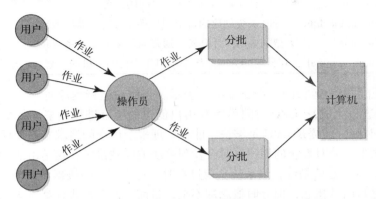

图 10-3　在早期的系统中,操作员需要分批组织作业 333

可以在多道程序设计的环境中执行分批系统。在这种情况下,操作员将把一个分批中的多个作业载入内存,这些作业将竞争 CPU 和其他共享资源的使用权。当作业具备了所需的资源后,将被调度使用 CPU。

虽然批处理的原始概念并不属于现代操作系统的功能,但是这一概念被保留了下来。现在术语 “批” 表示的是一个系统,在这个系统中,程序和系统资源的协作与执行不需用户和程序之间的交互。现代操作系统中的批处理概念允许用户把一组 OS 命令定义为一个批文件,以控制一个大型程序或一组交互程序的处理。例如,Windows 中具有 .bat 后缀的文件就源自于批控制文件的想法,它们存放的是系统命令。

尽管目前使用的大多数计算机都是交互式的,但有些作业仍然会自行批处理。例如,一个公司的月薪处理就是这样一项使用特定资源的大型作业,它并不需要人机交互。

早期的批处理允许多个用户共享一台计算机。虽然随着时间的变迁,批处理的重点已经改变了,但是批处理系统却给我们管理资源留下了宝贵的经验。早期计算机系统的操作员扮演的角色正是现代操作系统软件所做的。

10.1.3　分时

第 1 章提到过,如何更大程度地利用机器的能力和速度的问题引出了分时的概念。**分时**(timesharing)系统允许多个用户同时与计算机进行交互。多道程序设计法允许同时有多个活动进程,从而给了程序员直接与计算机系统交互且仍然共享其资源的能力。

分时系统创建了每个用户都专有这台计算机的假象。也就是说,每个用户都不必主动竞争资源,尽管幕后的事实还是如此。用户可能知道他在和其他用户共享这台机器,但不必为此付出额外的操作。操作系统负责在幕后管理资源(包括 CPU)共享。

单词 “虚拟” 的意思是 “有效但并不存在”。在分时系统中,每个用户都有自己的**虚拟机**(virtual machine),可以使用虚拟机中的所有系统资源(都是有效的)。但其实这些资源是由多个用户共享的。 334

分时系统最初由一台主机和一组连接到主机（mainframe）的哑终端构成。**哑终端**（dumb terminal）只是一个显示器和一个键盘。用户坐在终端前，"登录"到主机。哑终端可以遍布整幢大楼，而主机则放置在专用的房间中。操作系统驻留在主机中，所有处理都在这里发生。

> **分时**（timesharing）：多个交互用户同时共享 CPU 时间的系统。
>
> **虚拟机**（virtual machine）：分时系统创建的每个用户都有专有机器的假象。
>
> **主机**（mainframe）：一个大型的多用户计算机，通常与早期的分时系统相关。
>
> **哑终端**（dumb terminal）：在早期的分时系统中用户用于访问主机的一套显示器和键盘。

每个用户由主机上运行的一个登录进程表示。当用户运行程序时，将创建另一个进程（由用户的登录进程生成）。CPU 时间由所有用户创建的所有进程共享。每个进程将顺次得到一小段 CPU 时间。前提是 CPU 足够快，能够处理多个用户的请求并不使任何用户发现自己在等待。事实上，分时系统的用户有时会发现系统响应减慢了，这是由活动用户的数量和CPU 的能力决定的。也就是说，当系统负荷过重时，每个用户的机器看来都变慢了。

虽然主机是过时的概念，但分时概念却不是。目前，许多台式计算机运行的操作系统都以分时的方式支持多个用户。尽管事实上只有一个用户坐在计算机前，但其他用户可以用其他计算机通过网络连接到这台计算机上。

> **有影响力的计算工作**
>
> 20 世纪 60 年代有许多有影响力的工作，但没有一个可以超过计算机操作员。他的双手决定计算机的工作，而且，许多研究生会用咖啡和饼干去收买一个疲惫的计算机操作员，只是为了在凌晨的时候再运行一次程序。

10.1.4　其他 OS 要素

随着计算技术的不断改进，机器自身体积变得越来越小。大型计算机演变成了小型机，这种机器不再需要专用的放置空间。小型机成为分时系统的基础硬件平台。微型机则第一次采用单个的集成芯片作为 CPU，成了真正可以放在书桌上的计算机，从而引发了个人计算机（PC）的想法。顾名思义，个人计算机不是为多个用户设计的，最初的个人计算机操作系统反映出了这种简单性。随着时间的推移，个人计算机无论在功能还是在与大型系统（如分时）协作方面都有了长足的发展。虽然常常用 PC 称呼台式计算机，但有时也使用术语"工作站"（workstation），这种叫法可能更恰当，说明它一般是服务于个人的，不过也能够支持多个用户。操作系统也已经发展成支持计算机用法的这些变化了。

操作系统还必须把计算机通常要连接到网络这个因素考虑在内。目前，我们通过万维网进行网络通信。虽然后面的章节才会详细讨论网络，但是这里必须承认网络通信带给操作系统的影响，这样的通信方式仍然是 OS 必须支持的。

操作系统要负责与各种各样的设备通信。通常，这些通信是在设备驱动程序的协助下完成的。所谓设备驱动程序，就是"了解"特定设备接收和发布信息所希望采用的方式的小程序。通过使用设备驱动程序，操作系统就不必对所有可能与之通信的设备都了如指掌。这是另一个成功的抽象示例。新硬件通常会附带适用的驱动程序，从制造商的网站上一般可以下载到最新的驱动程序。

操作系统的最后一个要素是需要支持实时系统的。所谓**实时系统**（real-time system），就是必须给用户提供最少**响应时间**（response time）的系统。也就是说，必须严格控制收到信号和生成响应之间的延迟。实时响应对某些软件至关重要，如机器人控制、核反应堆控制或导弹控制等。尽管所有操作系统都知道响应时间的重要性，但是实时操作系统则更加致力于优化这个方面。

实时系统（real-time system）：应用程序的特性决定了响应时间至关重要的系统。

响应时间（response time）：收到信号和生成响应之间的延迟时间。

10.2　内存管理

让我们来回顾一下第 5 章中对主存的介绍。所有程序在执行时都存储在主存中。这些程序引用的数据也都存储在主存中，以便程序能够访问它们。可以把主存看作一个大块的连续空间，这个空间被分成了 8 位、16 位或 32 位的组。主存中的每个字节或字有一个对应的地址，这个地址只是一个整数，唯一标识了内存中的一个特定部分。如图 10-4 所示。第一个主存单元的地址是 0。

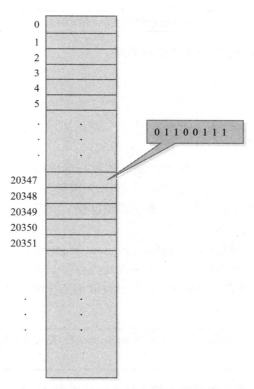

图 10-4　内存是由特定地址引用的连续的位集合

本章前面介绍过多道程序设计环境，也就是在主存中同时驻留多个程序（和它们的数据）。因此，操作系统必须采用技术来执行以下任务：

- 跟踪一个程序驻留在内存的什么位置以及是如何驻留的
- 把逻辑程序地址转换成实际的内存地址

程序中到处都是对变量的引用和对程序其他部分的引用。在编译程序时，这些引用将被转换成数据或代码驻留的内存地址。但是我们并不确切地知道程序载入了主存中的什么位置，那么如何知道使用什么地址呢?

解决方法是使用两种地址——逻辑地址和物理地址。**逻辑地址**（logical address）（有时又叫作虚拟地址或相对地址）是指定了一个普通地址的值，这个地址是相对于程序而不是相对于主存的。**物理地址**（physical address）是主存储设备中的真实地址，如图 10-4 所示。

> **逻辑地址**（logical address）：对一个存储值的引用，是相对于引用它的程序的。
>
> **物理地址**（physical address）：主存储设备中的真实地址。

在编译程序时，对标识符（如变量名）的引用将被转化为逻辑地址。当程序最终载入内存时，每个逻辑地址将被转换成对应的物理地址。逻辑地址和物理地址间的映射叫作**地址联编**（address binding）。把逻辑地址联编到物理地址的时间越迟，得到的灵活度越大。逻辑地址使得程序可以在内存中移动，或者每次载入不同的位置。只要知道程序存储的位置，就可以确定任何逻辑地址对应的物理地址。为了简化本章的示例，我们采用十进制进行地址联编计算。

336
~
337

> **地址联编**（address binding）：逻辑地址和物理地址间的映射。

下面的几节将分析以下三种技术的基本原理：
- 单块内存管理
- 分区内存管理
- 页式内存管理

10.2.1　单块内存管理

假设内存中只有两个程序——操作系统和要执行的应用程序，这样可以使问题简单一些。我们把主存分为两部分，每个程序占用一部分，如图 10-5 所示。操作系统得到了所需要的空间，余下的分配给了应用程序。

这种方法称为**单块内存管理**（single contiguous memory management），因为整个应用程序被载入了一大块内存中。除了操作系统外，一次只能处理一个程序。进行地址联编所要做的只是把操作系统的地址考虑在内。

图 10-5　分成两部分的主存

> **单块内存管理**（single contiguous memory management）：把应用程序载入一段连续的内存区域的内存管理方法。

338

在这种内存管理机制中，逻辑地址只是一个相对于程序起始位置的整数值。也就是说，创建逻辑地址就像将程序载入地址是 0 的主存中一样。因此，要生成物理地址，只要用逻辑地址加上程序在物理主存中的起始地址即可。

让我们解释得更清楚一点。如果载入程序的起始地址是 A，那么逻辑地址 L 对应的物理地址就是 A+L。如图 10-6 所示。用实数来解释会更加清楚。假设载入程序的内存起始地址是 555555。如果程序使用的相对地址是 222222，那么它引用的物理主存地址就是

777777。

至于地址 L 是什么无关紧要。只要知道程序的起始地址 A，就可以把逻辑地址转换成物理地址。

你也许会说，如果交换操作系统和应用程序的位置，那么应用程序的逻辑地址就应该等于物理地址了。不错，但是这样就会有其他问题。例如，内存管理机制必须考虑安全问题。尤其是在多道程序设计环境中，必须防止一个程序访问未分配给它的内存空间。把操作系统载入地址 0 处，那么应用程序就可以使用所有的逻辑地址，除非它们超过了主存自身的限制。如果把操作系统移到程序之后，就必须确保逻辑地址不会访问操作系统的内存空间。尽管这种操作并不难，但却增加了处理的复杂度。

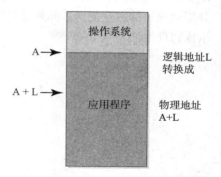

图 10-6　逻辑地址与物理地址的联编

断开电话

你是否注意到，计算机会明确地提醒你退出 U 盘，却不在意你拔电话线？这是因为电话有它自己的电源，它可以完成或丢弃任何对于电池的写操作，但是当你突然拔掉 U 盘的时候数据可能会丢失。

单块内存管理法的优点在于实现和管理都很简单，但却大大浪费了内存空间和 CPU 时间。应用程序一般不可能需要操作系统剩余的所有空间，而且在程序等待某些资源的时候，还会浪费 CPU 时间。

10.2.2　分区内存管理

一旦允许多个程序在内存中，操作系统的工作就是确保一个程序不会访问另一个程序的内存空间。这是一个在低层次上实现的安全机制的例子，一般在用户认知之外，而高水平的问题将在第 17 章中讨论。

稍微复杂一些的内存管理方法是同时在内存中驻留多个应用程序，共享内存空间和 CPU 时间。因此，内存不止被分成两部分。有两种划分内存的方法，即固定分区法和动态分区法。使用**固定分区法**（fixed-partition technique），主存将被划分为特定数目的分区。这些分区的大小不一定要相同，但在操作系统初始引导时它们的大小就固定了。作业将被载入空间足够容纳它的分区。OS 具有一个地址表，存放了每个分区的起始地址和长度。

使用**动态分区法**（dynamic-partition technique），将根据程序的需要创建分区。初始时，主存将被看作一个大的空白分区。当载入程序时，将从主存"划分"出一块刚好能容纳程序的空间，留下一块新的、小一些的空白分区，以便之后供其他程序使用。操作系统将维护一个分区信息表，不过在动态分区中，地址信息会随着程序的载入和清除而改变。

无论是固定分区还是动态分区，任何时候内存都是被划分为一组分区，有些是空的，有些分配给了程序。如图 10-7 所示。

固定分区和动态分区的地址联编基本上是一样的。与单块内存管理法一样，逻辑地址是相对于 0 起始点的整数。OS 处理地址转换细节的方式有很多，一种方法是使用 CPU 中的两个专用寄存器帮助管理寻址。当 CPU 开始运行一个程序时，OS 将把程序的分区起始地址存储到**基址寄存器**（base register）中。同样，分区的长度将被存入**界限寄存器**（bounds

339

register）。当逻辑地址被引用时，首先它将与界限寄存器中的值进行比较，确保该引用属于分配给程序的内存空间。如果是这样，那么逻辑地址的值将被加到基址寄存器中的值上，以生成物理地址。

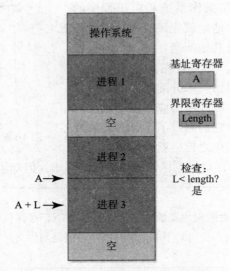

图 10-7　分区内存管理中的地址解析

> **固定分区法**（fixed-partition technique）：把内存分成特定数目的分区以载入程序的内存管理方法。
> **动态分区法**（dynamic-partition technique）：根据容纳程序的需要对内存分区的内存管理方法。
> **基址寄存器**（base register）：存放当前分区的起始地址的寄存器。
> **界限寄存器**（bounds register）：存放当前分区的长度的寄存器。

那么，对于一个新程序，应该分配给它哪个分区呢？下面有三种常用的分区选择法：

- **最先匹配**（first fit），即把第一个足够容纳程序的分区分配给它。
- **最佳匹配**（best fit），即把最小的能够容纳程序的分区分配给它。
- **最差匹配**（worst fit），即把最大的能够容纳程序的分区分配给它。

在固定分区法中，最差匹配没有意义，因为它将浪费较大的分区。最先匹配和最佳匹配适用于固定分区。但在动态分区中，最差匹配常常是最有用的，因为它留下了最大可能的空白分区，可以容纳之后的其他程序。

当程序终止时，分区表将被更新，以反映这个分区现在是空白的，新程序可以使用它了。在动态分区中，连续的空白分区将被合并成一个大的空白分区。

分区内存管理同时把几个程序载入内存，从而可以有效地利用主存。但要记住，一个分区必须要能够容纳整个程序。虽然固定分区比动态分区容易管理，但却限制了进来的程序的机会。系统本身可能有足够的空间容纳这些程序。在动态分区中，作业可以在内存中移动，以创建较大的空白分区。这个过程叫作压缩（compaction）。

> **比特币是什么？**
> 比特币是 2009 年引进的点对点支付系统，也可以被泛泛地称为"电子货币"或"虚拟货币"。货币是用来进行物品交换的媒介，也是一种储藏手段。一旦企业选择接受比特币支付，那么比特币

就成了货币。从比特币引进以来，它的使用和价值就一直在大幅度波动。在 2017 年年中，比特币的价值猛升到 19 000 美元，而在几个月之后它又跌回了 7000 美元。[1, 4]

10.2.3 页式内存管理

页式内存管理需要跟踪分配的内存，还要解析地址，从而给操作系统增加了很多负担。但是，这种方法提供的好处值得做出这些牺牲。

在**页式内存管理法**（paged memory technique）中，主存被分成小的大小固定的存储块，叫作**帧**（frame）。进程被划分为**页**（page），为了便于讨论，我们假设页的大小等于帧的大小。在程序执行时，进程的页将被载入分散在内存中的各个未使用的帧中，因此，一个进程的页可能是四处散落的、无序的，与其他进程的页混合在一起。为了掌握进程页的分布，操作系统需要为内存中的每个进程维护一个独立的**页映射表**（Page Map Table，PMT），把每个页映射到载入它的帧。如图 10-8 所示。注意，页和帧都是从 0 开始编号的，这样可以简化地址的计算。

> **页式内存管理法**（paged memory technique）：把进程划分为大小固定的页，载入内存时存储在帧中的内存管理方法。
>
> **帧**（frame）：大小固定的一部分主存，用于存放进程页。
>
> **页**（page）：大小固定的一部分进程，存储在内存帧中。
>
> **页映射表**（Page Map Table，PMT）：操作系统用于记录页和帧之间的关系的表。

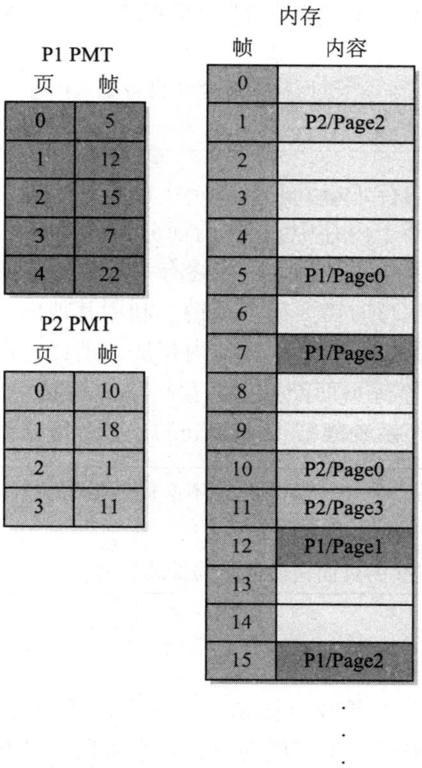

图 10-8　页式内存管理法

340
~
341

342

　　页式内存管理系统中的逻辑地址与分区系统中的一样，都是从一个相对于程序起始点的整数值开始。但这个地址被转换成两个值——页编号和偏移量。用页面大小除逻辑地址得到的商是页编号，余数是偏移量。因此，如果页面大小是 1024，那么逻辑地址 2566 对应的就是进程的第 2 页的第 518 个字节。逻辑地址通常被表示为 < 页编号，偏移量 >，如 <2，518>。

　　要生成物理地址，首先需要查看 PMT，找到页所在的帧的编号，然后用帧编号乘以帧大小，加上偏移量即可。例如图 10-8 中的例子，如果进程 1 是活动的，逻辑地址 <1，222> 将被进行如下处理：进程 1 的页面 1 存储在帧 12 中，因此这个逻辑地址对应的物理地址是 12×1024+222=12510。注意，有两种逻辑地址是无效的，一种是越过了进程的界限，一种是偏移量大于帧大小。

　　分页的优点在于不必再把进程存储在连续的内存空间中。这种分割进程的能力把为进程寻找一大块可用空间的问题转化成了寻找足够多的小块内存。

　　页式内存管理思想的一个重要扩展是**请求分页**（demand paging）思想，它利用了程序的所有部分不必同时处于内存中这一事实。任何时刻 CPU 都只访问进程的一个页面，此时，进程的其他页面是否在内存中无关紧要。

　　在请求分页中，页面经过请求才会被载入内存。也就是说，当引用一个页面时，首先要看它是否已经在内存中了，如果该页面在内存中，就完成访问，否则，要从二级存储设备把这个页面载入可用的帧，然后再完成访问。从二级存储设备载入页面通常会把其他页面写回二级存储设备，这种行为叫作**页面交换**（page swap）。

> **请求分页**（demand paging）：页式内存管理法的扩展，只有当页面被引用（请求）时才会被载入内存。
>
> **页面交换**（page swap）：把一个页面从二级存储设备载入内存，通常会使另一个页面从内存中删除。

　　请求分页法带来了**虚拟内存**（virtual memory）的思想，即对程序大小没有任何限制的假象（因为整个程序不必同时处于内存中）。在前面分析的所有内存管理法中，整个进程都必须作为连续整体载入内存。因此，进程大小始终有一个上限。请求分页法消除了这一限制。

[343]

　　不过，虚拟内存在程序执行时需要很多开销。利用其他内存管理法，一旦程序载入了内存，就完全处于内存中并准备执行。采用虚拟内存法，则经常需要在主存和二级存储设备间进行页面交换。当一个程序等待页面交换时，另一个进程接管 CPU 的控制，这种开销是可以接受的。页面交换过多叫作**系统颠簸**（thrashing），会严重降低系统的性能。

> **虚拟内存**（virtual memory）：由于整个程序不必同时处于内存而造成的程序大小没有限制的假象。
>
> **系统颠簸**（thrashing）：连续的页面交换造成的低效处理。

10.3　进程管理

　　操作系统必须管理的另一个重要资源是每个进程使用的 CPU 时间。要理解操作系统是如何管理进程的，必须了解进程在生存周期中的各个阶段，理解使进程在计算机系统中正确运行所要管理的信息。

10.3.1 进程状态

在计算机系统的管理下，进程会历经几种状态，即进入系统、准备执行、执行、等待资源以及执行结束。图 10-9 展示了**进程状态**（process state）。图中每个方框表示一种进程状态，方框之间的箭头说明了一个进程如何以及为什么从一种状态转移到另一种状态。

> **进程状态**（process state）：在操作系统的管理下，进程历经的概念性阶段。

下面来分析在进程的每个状态会发生哪些事情。

- 在创建阶段，将创建一个新进程。例如，可能是由用户登录到一个分时系统创建了一个登录进程，也可能是在用户提交程序后创建了一个应用进程，或者是操作系统为了完成某个特定的系统任务而创建了一个系统进程。

- 在准备就绪状态中，进程没有任何执行障碍。也就是说，准备就绪状态下的进程并不是在等待某个事件发生，也不是在等待从二级存储设备载入数据，而只是等待使用 CPU 的机会。

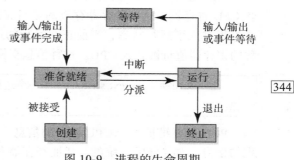

图 10-9 进程的生命周期

344

- 运行状态下的进程是当前 CPU 执行的进程。它的指令将按照读取 – 执行周期被处理。

- 等待状态下的进程是当前在等待资源（除了 CPU 以外的资源）的进程。例如，一个处于等待状态的进程可能在等待从二级存储设备载入一个页面，也可能在等待另一个进程给它发送信号，以便继续执行。

- 终止状态下的进程已经完成了它的执行，不再是活动进程。此时，操作系统不再需要维护有关这个进程的信息。

注意，可能同时有多个进程处于准备就绪或等待状态，但只有一个进程处于运行状态。

在创建进程后，操作系统将接纳它进入准备就绪状态。在得到 CPU 调度算法的指示后，进程将被分派到运行状态。（在 10.4 节中将详细讨论 CPU 调度。）

在运行过程中，进程可能被操作系统中断，以便另一个进程能够获得 CPU 资源。在这种情况下，进程将返回准备就绪状态。正在运行的进程还可以请求一个未准备好的资源，或者请求 I/O 读取新引用的部分进程，在这种情况下，它将被转移到等待状态。正在运行的进程最后将得到足够的 CPU 时间以完成它的处理，正常终止；或者将生成一个无法解决的错误，异常终止。

当等待中的进程得到了它在等待的资源后，它将再次转移到准备就绪状态。

10.3.2 进程控制块

操作系统必须为每个活动进程管理大量的数据。这些数据通常存储在称为**进程控制块**（Process Control Block，PCB）的数据结构中。通常，每个状态由一个 PCB 列表表示，处于该状态的每个进程对应一个 PCB。当进程从一个状态转移到另一个状态时，它对应的 PCB

也会从一个状态列表中转移到另一个状态列表。新的 PCB 是在最初创建进程（新状态）的时候创建的，将一直保持到进程终止。

345

> **进程控制块**（Process Control Block，PCB）：操作系统管理进程信息使用的数据结构。

PCB 存储了有关进程的各种信息，包括程序计数器的当前值（说明了进程中下一条要执行的指令）。如图 10-8 的生命周期所示，进程在执行过程中可能会被中断多次。每次中断时，它的程序计数器的值将被保存起来，以便当它再次进入运行状态时可以从中断处开始执行。

PCB 还存储了进程在其他所有 CPU 寄存器中的值。记住，只有一个 CPU，因此只有一套 CPU 寄存器。这些寄存器存放的是当前执行的进程的值（处于运行状态的进程）。每当一个进程进入了运行状态，当前正在运行的进程的寄存器值将被存入它的 PCB，新运行的进程的寄存器值将被载入 CPU。这种信息交换叫作**上下文切换**（context switch）。

> **上下文切换**（context switch）：当一个进程移出 CPU，另一个进程取代它时发生的寄存器信息交换。

PCB 还要维护关于 CPU 调度的信息，如操作系统给予进程的优先级。它还包括内存管理的信息，如（分区系统的）基址寄存器和界限寄存器的值或（页式系统的）页表。最后，PCB 还具有核算信息，如账户、时间限制以及迄今为止使用的 CPU 时间。

10.4 CPU 调度

所谓 CPU 调度，就是确定把哪个处于准备就绪状态的进程移入运行状态。也就是说，CPU 调度算法将决定把 CPU 给予哪个进程，以便它能够运行。

CPU 调度可以是在一个进程从运行状态切换到等待状态或程序终止时发生的。这种类型的 CPU 调度叫作**非抢先调度**（nonpreemptive scheduling），因为对新的 CPU 进程的需要是当前执行进程的活动的结果。

CPU 调度还可以是在一个进程从运行状态转移到准备就绪状态或一个进程从等待状态转移到准备就绪状态时发生的。它们属于**抢先调度**（preemptive scheduling），因为当前运行的进程被操作系统抢占了。

> **非抢先调度**（nonpreemptive scheduling）：当当前执行的进程自愿放弃了 CPU 时发生的 CPU 调度。
>
> **抢先调度**（preemptive scheduling）：当操作系统决定照顾另一个进程而抢占当前执行进程的 CPU 资源时发生的 CPU 调度。

通常用特殊的标准（如进程的周转周期）来评估调度算法。所谓**周转周期**（turnaround time），是从进程进入准备就绪状态到它退出运行状态的时间间隔。进程的平均周转周期越短越好。

> **周转周期**（turnaround time）：从进程进入准备就绪状态到它最终完成之间的时间间隔，是评估 CPU 调度算法的标准。

346

用于确定从准备就绪状态首选哪个进程进入运行状态的方法有很多。在下面的小节中将分析其中三种方法。

10.4.1　先到先服务

在先到先服务（FCFS）调度方法中，进程按照它们到达运行状态的顺序转移到 CPU。FCFS 调度是非抢先的。一旦进程获得了 CPU 的访问权，那么除非它强制请求转入等待状态（如请求其他进程正在使用的设备），否则将一直占用 CPU。

假设进程 p1 到 p5 几乎同时到达准备就绪状态（为了简化计算），但它们仍然有进入顺序并具有特定的服务时间，如下表所示。

进程	服务时间	进程	服务时间
p1	140	p4	280
p2	75	p5	125
p3	320		

在 FCFS 调度方法中，每个进程将依次访问 CPU。为了简单起见，我们假设这些进程不会自行请求等待。下面的 Gantt 图说明了完成进程的顺序和时间：

0	140	215	535	815	940
p1	p2	p3	p4	p5	

由于我们假设所有进程同时到达，所以每个进程的周转周期等于它的完成时间。这里的平均周转周期是（140+215+535+815+940）/5=529。

事实上，进程并非是同时到达的。在这种情况下，平均周转周期的计算方法是一样的，只是需要考虑每个进程的到达时间。每个进程的周转周期是它的完成时间减去到达时间。

FCFS 算法很容易实现，但却因不注意某些重要因素（如服务时间的需求）而变得复杂。虽然我们在计算周转周期的时候使用了服务时间，但是 FCFS 算法却没有用这些信息来帮助确定最佳的进程调度顺序。

347

10.4.2　最短作业优先

最短作业优先（SJN）CPU 调度算法将查看所有处于准备就绪状态的进程，并分派一个具有最短服务时间的。和 FCFS 一样，它通常被实现为非抢先算法。

下面是 FCFS 示例中使用过的一套进程的 Gantt 图。由于选择标准不同，调度和完成进程的顺序也就不同。

0	57	200	340	620	940
p2	p5	p1	p4	p3	

这个示例的平均周转周期是（75+200+340+620+940）/5=435。

注意，SJN 算法是基于未来信息的。也就是说，它将把 CPU 给予执行时需要最短时间的作业。这个时间基本上是不可能确定的。因此要运行这个算法，每个进程的服务时间是操作系统根据各种概率因素和作业类型估算的。但如果估算错误，算法的前提就崩溃了，它的性能将恶化。SJN 算法是可证明最佳的，意思是如果知道每个作业的服务时间，那么相对于其他算法来说，SJN 算法能使所有作业生成最短的周转周期。但是，由于我们不可能绝对地明了未来，所以只能猜测并且希望这种猜测是正确的。

训练记录

　　2006 年，耐克和苹果公司宣布了一项合作，即让运动鞋能够和 iPod 进行无线对话。耐克公司把传感器和一个无线装置放入选中的运动鞋中。有了这个系统，跑步者就能够记录每次训练的距离、时间、速度和消耗的卡路里，并将这些数据用苹果公司的 iTune 音乐软件下载下来。

10.4.3　轮询法

　　CPU 的轮询法将把处理时间平均分配给所有准备就绪的进程。该算法建立单独的**时间片**（time slice）（或时间量子），即在每个进程被抢占并返回准备就绪状态之前收到的时间量。被抢占的进程最终会得到其他的 CPU 时间片。这个过程将持续到进程得到了完成所需的全部时间从而终止了为止。

[348]

　　时间片（time slice）：在 CPU 轮询算法中分配给每个进程的时间量。

　　注意，轮询算法是抢先的。时间片到期，进程就会被强制移出 CPU，即从运行状态转移到准备就绪状态。

　　假设一个轮询算法使用的时间片是 50，我们仍然使用前面示例中的进程集合。Gantt 图如下所示：

```
                                                     920    940
                                                      ↓      ↓
 0   50              325         515        640
┌────┬────┬────┬────┬────┬────┬────┬────┬────┬────┬────┬────┬────┬────┬────┬────┬────┬────┬──┬──┐
│ p1 │ p2 │ p3 │ p4 │ p5 │ p1 │ p2 │ p3 │ p4 │ p5 │ p1 │ p3 │ p4 │ p5 │ p3 │ p4 │ p3 │ p4 │p4│p3│
└────┴────┴────┴────┴────┴────┴────┴────┴────┴────┴────┴────┴────┴────┴────┴────┴────┴────┴──┴──┘
```

　　每个进程都将得到长度为 50 的时间片，除非它不需要一个完整的时间片。例如，进程 2 最初需要 75 个时间单位，开始它将得到 50 个时间单位。当轮到它再次使用 CPU 时，它只需要 25 个时间单位，因此，进程 2 将终止，在 325 个时间单位处放弃 CPU。

　　这个例子的平均周转周期是（515+325+940+920+640）/5=668。注意，这个例子的周转周期比其他例子的长。这意味着轮询算法没有其他调度算法好吗？不是的，我们不能只根据一个例子就得出这样的一般性结论。只能说，对于某套特定的进程，一种算法比另一种算法有效。算法有效性的一般分析要复杂得多。

　　CPU 的轮询算法可能是应用最广泛的。它一般支持所有的作业，被认为是最公平的算法。

Steve Jobs（史蒂夫·乔布斯）

　　Steve Jobs（史蒂夫·乔布斯）生于 1955 年，使他闻名于世的可能就是 1976 年他与 Steve Wozniak 和 Ronald Wayne 共同创建了苹果公司。当时，大多数计算机要么是大型机（有些与一个小房间一样大），要么就是微型机（大概与冰箱一样大），无任何用户友好性可言，几乎只能用于大型商业公司。Jobs 预见到了个人计算机的流行趋势，他也常常因使计算机平民化而受人赞誉。

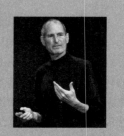

© Christophe Ena/AP Photos

Jobs 和 Wozniak 在 Jobs 的卧室中设计了 Apple I，并在他父母的车库中造出了它。Jobs 和 Wozniak 分别卖掉了他们的奖品（一辆 Volkswagen 面包车和一个惠普的科学计算器），得到了 1300 美元的资本，从而成立了他们的公司。4 年后，苹果公司上市了。第一个交易日结束时，它的市值高达 12 亿美元。

Jobs 领导了开发 Apple Macintosh（以 McIntosh apple 命名）的小组，这可能也是苹果公司最著名的机器了。Macintosh 是第一个在商业上获得成功的计算机，它有图形化的用户界面和鼠标。在 Macintosh 发布不久，Jobs 就由于和苹果公司当时的 CEO（首席执行官）John Sculley 的权力之争被挤出了苹果公司。

在被迫离开自己创建的公司后，Jobs 创建了另一家计算机公司 NeXT，这家公司于 1996 年被苹果公司以 4.02 亿美元的价格收购了。这一收购案不仅使 Jobs 回到了他自己的公司，还使他成为苹果公司的 CEO。在他的领导下，苹果公司又发布了 iMac，这款计算机被誉为"桌面计算系统的黄金标准"。

1986 年，Jobs 收购了一家计算机图形公司，将其命名为 Pixar，从而进入了计算机动画制作领域。Pixar 公司制作了多个票房热点电影，如《虫虫特工队》《玩具总动员》《怪物公司》以及《海底总动员》。

Jobs 自己没有完成大学学业，2005 年在斯坦福大学的毕业典礼上，他在演讲中给了毕业生下面的忠告："你即将开始追寻你所热爱的事业。"

2007 年，Jobs 被《财富》杂志称为是商界最具影响力的人，而后阿诺·施瓦辛格州长将他引入加利福尼亚名人堂。乔布斯于 2011 年 8 月从苹果公司首席执行官之位退休，之后被选为顾问团主席。Tim Cook 接任了他的首席执行官一职。在与胰腺癌抗争许久后，Jobs 于 2011 年 10 月 5 日去世，享年 56 岁。

小结

操作系统是管理计算机资源的系统软件的一部分，是人类用户、应用软件和系统硬件设备之间的协调者。

多道程序设计技术允许在内存中同时驻留多个程序，让它们竞争 CPU 时间。进程是执行中的程序。操作系统必须执行精细的 CPU 调度、内存管理和进程管理，以确保访问 CPU 的公平性。

批处理把使用相同或相似资源的作业组织成批。分时技术为每个用户创建一个虚拟机，允许多个用户同时与计算机进行交换。

349 ~ 350

操作系统必须管理内存，以控制和监管把进程载入主存中的什么位置。任何内存管理技术都必须定义联编逻辑地址和物理地址的方法。有多种内存管理的策略。单块内存管理法除了操作系统外只允许一个程序驻留主存。分区法是把内存划分成几个分区，进程要载入这些分区。固定分区法中的分区个数是固定的，动态分区法则是根据载入的进程的需要决定的。页式内存管理法是把内存划分为帧，把程序划分为页。程序的页在内存中不必是连续的。请求分页法在任何时刻都只需要一部分程序位于内存中。

操作系统管理进程的生命状态，即程序在执行过程中要历经的阶段。进程控制块存储了每个进程的必要信息。

CPU 调度算法确定了下一个使用 CPU 的进程。先到先服务的 CPU 调度给予最早达到的作业优先权。最短作业优先算法给予运行时间最短的作业优先权。轮询算法让每个活动进程轮流使用 CPU，每个进程得到一个小时间片。

[351]

道德问题：医疗隐私——健康保险携带与责任法案（HIPAA）[2-3]

从 2003 年起，你去看医生时都需要填几张表格，护士也许只会耸耸肩说是"（因为）健康保险携带与责任法案（所以你要填那些表）"。对于许多人来说，这一法案仅仅代表着要多填几张表单。

1996 年拟定的《健康保险携带与责任法案》于 2003 年生效，该法案中的第一条就是保护那些工作变更或是失业人员的健康。《健康保险携带与责任法案》第二条（被称为"管理简化条款"）要求为电子卫生保健交易建立全国性的标准，并且保障病人健康数据的安全性和私密性。因此，每次去看医生以及办手续时都会要求病人签署那些单据，以确保他们理解《健康保险携带与责任法案》所规定的他们自己的权利。

《健康保险携带与责任法案》为获取及掌握医药信息制定了一套全国性的标准。病人现在有权查看自己的医药记录。私人诊所必须向前来就诊的病人挂出提示，所以造成了新的纸面文书的大量涌入。患者有权查看过往六年中曾经接触过自己健康记录的人员名单，可以要求将信息寄到他们家中而非办公室；可以自主选择是否将姓名写入医院名录中，也可以选择与谁讨论自己的用药信息。

《健康保险携带与责任法案》隐私条款建立了保护特定健康信息的一系列全国性标准，这一系列条款适用于健康计划、卫生保健票据交换所以及其他任何使用电子方式处理医保信息的卫生保险提供者。条款保护着所有"可辨认的个体健康信息"，这些信息包括人口统计数据，涉及个人过去、现今甚至将来的精神或身体健康情况，这些个人的卫生健康条款以及过去、当下和将来的付款情况可以鉴别每个人的信息。一旦所有已鉴定的信息被移除，对这些去识别化的信息的限定便化为乌有。

现有科技所允许的收集和分享去识别化信息的方式可以帮助医生诊断病人、帮助科研人员开发新药、帮助政府追踪和抵抗公共健康威胁，如 2003 年爆发的非典型性肺炎（SARS）。

然而，隐私权的倡导者声明在这一系统内有许多缺陷。比如，《健康保险携带与责任法案》只适用于卫生保健专业人士所应用的电子医药记录，而许多与健康相关的信息都留存于卫生保健设施之外。

例如，人寿保险公司、工人的补偿金、提供校园安保和工资福利的机构、包含健康福利的移动设备保险套餐、互联网自助终端以及那些为预防高血压及胆固醇而放置的公众放映屏，这些都是不在《健康保险携带与责任法案》涵盖范围之内的。

作为 2009 年刺激法内容之一，2014 年之前，有 190 亿美元被用于制作全美人民的电子医疗记录。法案同时也提出改善《健康保险携带与责任法案》隐私条款规定，以提供更好的隐私保护，针对违反《健康保险携带与责任法案》的行为授权以范围更广的强制措施。

[352]

关键术语

地址联编（address binding）

应用软件（application software）

基址寄存器（base register）

界限寄存器（bounds register）

上下文切换（context switch）

CPU 调度（CPU scheduling）

页面交换（page swap）

页式内存管理法（paged memory technique）

物理地址（physical address）

抢先调度（preemptive scheduling）

进程（process）

进程控制块（Process Control Block，PCB）

请求分页（demand paging）

哑终端（dumb terminal）

动态分区法（dynamic-partition technique）

固定分区法（fixed-partition technique）

帧（frame）

逻辑地址（logical address）

主机（mainframe）

内存管理（memory management）

多道程序设计（multiprog ramming）

非抢先调度（nonpreemptive scheduling）

操作系统（operating system）

页（page）

页映射表（page Map Table，PMT）

进程管理（process management）

进程状态（process state）

实时系统（real-time system）

响应时间（response time）

单块内存管理（single contiguous memory management）

系统软件（system software）

系统颠簸（thrashing）

时间片（time slice）

分时（timesharing）

周转周期（turnaround time）

虚拟机（virtual machine）

虚拟内存（virtual memory）

353

练习

判断练习 1 ～ 18 中的陈述的对错：

　A. 对　　　　B. 错

1. 操作系统是一种应用软件。

2. 操作系统提供了基本的用户界面，使用户能够使用计算机。

3. 计算机可以具有多个操作系统，但任何时刻都只有一个操作系统控制机器。

4. 多道程序设计是使用多个 CPU 运行程序的技术。

5. 在 20 世纪 60 年代和 70 年代期间，操作员会把类似的计算机作业组织成批来运行。

6. 批处理意味着用户和程序间的高级交互。

7. 分时系统允许多个用户同时与一台计算机进行交互。

8. 所谓哑终端，是指连接到主机上的 I/O 设备。

9. 逻辑地址是真正的主存地址。

10. 单块内存管理系统中的地址由页编号和偏移量构成。

11. 在固定分区系统中，主存被划分为几个大小相同的分区。

12. 界限寄存器存放的是分区的结束地址。

13. 页式内存管理系统中的第一个页面是页面 0。

14. 处于运行状态的进程是 CPU 当前执行的进程。

15. 进程控制块（PCB）是存储一个进程的所有信息的数据结构。

16. CPU 调度方法决定了内存中有哪些程序。

17. 先到先服务调度算法是可证明最佳的 CPU 调度算法。

18. 时间片是轮询法中每个进程从获得 CPU 到被抢占之间的时间量。

为练习 19 ～ 23 中的信息找出与之匹配的操作系统。

　A.Mac OS　　　B.UNIX

　C. Linux　　　　D.DOS

　E.Windows

19. Apple 计算机采用的是什么操作系统？

20. 在历史上，严谨的程序员一般选用什么操作系统？

21. UNIX 的 PC 版是什么？

22. Microsoft 操作系统家族提供的 PC 版本是什么？

23. 原始的 PC 操作系统叫什么？

为练习 24 ～ 26 中的定义找出与之匹配的软件类型。

　A. 系统软件　　　　　B. 操作系统

　C. 应用软件

24. 帮助我们解决现实世界问题的程序。

25. 管理计算机系统并与硬件交互的程序。

26. 管理计算机资源并为其他程序提供界面的

程序。

练习 27 ～ 72 是问答题或简答题。

27. 请区分应用软件和系统软件。

28. 什么是操作系统？

29. 请解释术语多道程序设计。

30. 下面的术语与操作系统如何管理多道程序设计技术有关。请解释每个术语在这个过程中的角色。

    a）进程　　　b）进程管理
    c）内存管理　d）CPU 调度

31. 什么构成了批作业？

32. 从 20 世纪 60 年代和 70 年代的操作员到现在的操作系统，请描述批处理的概念的演变。

33. 定义分时。

34. 请说明多道程序设计和分时之间的关系。

35. 为什么说分时系统中的用户都具有自己的虚拟机？

36. 第 6 章把虚拟机定义为用于说明真实机器的重要特性的假象机。这一章则把虚拟机定义为分时系统创建的假象，以使每个用户拥有一个专用计算机。请说明这两种定义之间的关系。

37. 分时概念是如何运作的？

38. 什么是实时系统？

39. 什么是响应时间？

40. 请说明实时系统和响应时间之间的关系。

41. 在多道程序设计环境中，可以有多个活动进程。操作系统要管理活动进程的内存需求，必须完成哪些任务？

42. 请区分逻辑地址和物理地址。

43. 什么是地址联编？

44. 列举三种内存管理技术，从中总结出一种通用方法。

45. 何时把一个逻辑地址赋予一个变量？

46. 何时会发生地址联编？

47. 在单块内存管理法中如何划分内存？

48. 在编译程序时，会假设程序载入内存的什么位置？也就是说，假设逻辑地址从何处开始？

49. 在单块内存管理系统中，如果程序被载入地

址 30215 处，（按十进制）计算下列逻辑地址对应的物理地址：

    a）9223
    b）2302
    c）7044

50. 在单块内存管理法中，如果一个变量的逻辑地址是 L，应用程序的起始地址是 A，那么联编逻辑地址和物理地址的公式是什么？

51. 在固定分区内存管理系统中，如果基址寄存器的当前值是 42993，界限寄存器的当前值是 2031，请计算下列逻辑地址对应的物理地址：

    a）104
    b）1755
    c）3041

52. 如果（在固定分区和动态分区中）使用了多个分区，那么基址寄存器存放的是什么？

53. 为什么在计算物理地址前要比较逻辑地址和界限寄存器的值？

54. 在动态分区内存管理系统中，如果基址寄存器的当前值是 42993，界限寄存器的当前值是 2031，请计算下列逻辑地址对应的物理地址：

    a）104
    b）1755
    c）3041

练习 55 和练习 56 使用的内存状态如下图所示。

操作系统
进程1
60个空块
进程2
进程3
52个空块
100个空块

55. 如果分区是固定的，到达的新作业需要 52 个主存块，展示采用下列分区选择法后的内存状态：

　　a）最先匹配　　b）最佳匹配　　c）最差匹配

56. 如果分区是动态的，到达的新作业需要 52 个主存块，展示采用下列分区选择法后的内存状态：

　　a）最先匹配　　b）最佳匹配　　c）最差匹配

57. 在页式内存管理系统中，逻辑地址 <2，133> 的含义是什么？

练习 58 ～ 60 使用的是下列 PMT。

页编号	0	1	2	3
帧编号	5	2	7	3

58. 如果帧大小是 1024，那么逻辑地址 <2，85> 对应的物理地址是什么？

59. 如果帧大小是 1024，那么逻辑地址 <3，555> 对应的物理地址是什么？

60. 如果帧大小是 1024，那么逻辑地址 <3，1555> 对应的物理地址是什么？

61. 什么是虚拟内存？它如何应用请求分页？

思考题

1. 第 5 章说过，控制单元就像一个舞台监督，负责组织和管理冯·诺伊曼机的其他部分。操作系统也像一个舞台监督，只是管理范围更大。这个比喻成立吗？

2. OS 呈现给用户的界面就像一个具有多扇门的走廊，打开这些门就可以进入住有各种应用程序的房间。要从一个房间到另一个房间，必须先返回走廊。采用这种比喻法，可以把文件比

62. 在操作系统管理下，进程要历经哪些概念性阶段？

63. 请描述进程是如何在各个状态间转换的，给出进程从一种状态转换到另一种状态的明确原因。

64. 什么是进程控制块？

65. OS 如何表示每种概念性阶段？

66. 什么是上下文切换？

67. 请区分抢先调度和非抢先调度。

68. 列举并说明三种 CPU 调度算法。

练习 69 ～ 72 需要使用下表中的进程和服务时间。

进程	P1	P2	P3	P4	P5
服务时间	120	60	180	50	300

69. 采用先到先服务的 CPU 调度算法，绘制展示每个进程的完成时间的 Gantt 图。

70. 采用最短作业优先的 CPU 调度算法，绘制展示每个进程的完成时间的 Gantt 图。

71. 采用轮询 CPU 调度算法（时间片为 60），绘制展示每个进程的完成时间的 Gantt 图。

72. 请区分固定分区和动态分区。

喻成什么？时间片又可以比喻成什么？

3. 医疗信息和去识别化的医疗信息有什么区别？

4. 你有没有阅读过你填写过的有关《健康保险携带与责任法案》的单据？

5. 如果你知道敏感的个人信息和就医信息无法得到保障，你会拒绝把这些信息给你的医生吗？

6. 如果医疗认证卡在美国大范围使用，那么卡上是否应该包含遗传标记信息？

354
～
359

文件系统和目录

上一章分析了操作系统扮演的部分角色，特别介绍了进程管理、CPU 管理和主存管理。操作系统要管理的另一个关键资源是二级存储设备，通常是磁盘。在日常的计算中，磁盘上文件和目录的组织扮演着关键的角色。文件系统就像摆在桌上的卡片文件，提供了组织良好的数据访问方式。目录结构把文件组织在类别和子类别中。本章将详细讨论文件系统和目录结构。

目标

学完本章之后，你应该能够：
- 描述文件、文件系统和目录的用途。
- 区分文本文件和二进制文件。
- 根据文件扩展名识别各种文件类型。
- 解释文件类型如何能改进对文件的使用。
- 定义文件的基本操作。
- 比较顺序文件访问和直接文件访问。
- 讨论与文件保护相关的问题。
- 描述目录树。
- 为目录树创建绝对路径和相对路径。
- 描述几种磁盘调度算法。

11.1 文件系统

第 5 章说明过主存和二级存储设备间的区别。主存是存放活动的程序和正在使用的数据的地方。主存具有易失性，关掉电源后存储在主存中的信息就会丢失。二级存储设备则具有永久性，即使关闭了电源，它存储的信息依然存在。因此，我们用二级存储设备来永久存储数据。

最常用的二级存储设备是磁盘驱动器，包括计算机主机箱中的硬盘驱动器和能够在计算机间转移使用的便携式磁盘。这两种磁盘的基本原理是相同的。其他二级存储设备（如磁带机）主要用于归档。虽然本章要探讨的许多概念都适用于所有二级存储设备，但是只考虑标准的磁盘驱动器是最简单的。

磁盘上的数据都存储在文件中，这是在电子媒介上组织数据的一种机制。所谓**文件**（file），就是相关数据的有名集合。从用户的角度来看，文件是可以写入二级存储设备的最小数据量。用文件组织所有信息呈现出一个统一的数据存储视图。**文件系统**（file system）是操作系统提供的一个逻辑视图，使用户能够按照文件集合的方式管理数据。文件系统通常用**目录**（directory）组织文件。

> **文件**（file）：数据的有名集合，用于组织二级存储设备。
>
> **文件系统**（file system）：操作系统为它管理的文件提供的逻辑视图。
>
> **目录**（directory）：文件的有名分组。

文件是一个一般概念。不同类型的文件的管理方式不同。一般说来，文件存放的是（某种形式的）程序或（一种类型或另一种类型的）数据。有些文件的格式很严格，而有些文件的格式则很灵活。

可以把文件看作位序列、字节序列、行序列或记录序列。与存储在内存中的数据一样，要使存储在文件中的位串有意义，必须给它们一个解释。文件的创建者决定了如何组织文件中的数据，文件的所有用户都必须理解这种组织方式。

11.1.1 文本文件和二进制文件

所有文件都可以被归为文本文件（text file）或二进制文件。在**文本文件**中，数据字节是 ASCII 或 Unicode 字符集中的字符（第 3 章介绍过字符集）。**二进制文件**（binary file）要求基于文件中的数据给位串一个特定的解释。

> **文本文件**（text file）：包含字符的文件。
>
> **二进制文件**（binary file）：包含特定格式的数据的文件，要求给位串一个特定的解释。

术语"文本文件"和"二进制文件"会令人产生误解。听起来就像文本文件中的信息不是以二进制数据的形式存储的。计算机上的所有数据最终都是以二进制数字存储的。这些术语指的是格式化位串的方式，如 8 位或 16 位的位块将被解释为字符，另外还有其他专用的格式。

有些信息有字符表示法，通常使人更容易理解和修改。虽然文本文件只包括字符，但是这些字符可以表示各种各样的信息。例如，操作系统会将很多数据存储为文本文件，如用户账号的信息。用高级语言编写的程序也会被存储为文本文件，有时这种文件叫作源文件（source file）。用文本编辑器可以创建、查看和修改文本文件的内容，无论这个文本文件存储的是什么类型的信息。

而有些信息类型则是通过定义特定的二进制格式或解释来表示数据，以使其更有效且更符合逻辑。只有用专门解释这种类型的数据的程序才能够阅读或修改它。例如，存储图像信息的文件类型有很多，包括位图、GIF、JPEG 和 TIFF 等。第 3 章中介绍过，即使它们存储的是同一个图像，它们存储信息的方式也不同。它们的内部格式是专有的，要查看或修改一种特定类型的二进制文件，必须编写专用的程序。这就是处理 GIF 图像的程序不能处理 TIFF 图像的原因。

有些文件你认为是文本文件，其实它并不是。例如，在字处理程序中输入并存储在硬盘中的报表。这个文档实际上被存储为一个二进制文件，因为除了文档中存储的字符外，它还包括有关格式、样式、边界线、字体、颜色和附件（如图形或剪贴画）的信息。有些数据（字符自身）被存储为文本，而其他信息为了存入文件则需要每个文字处理程序都有自己的格式。

11.1.2 文件类型

无论是文本文件还是二进制文件，大多数文件都包含有特定类型的信息。例如，一个文件可能包含有 Java 程序、JPEG 图像或 MP3 音频片段。有些文件还可能包含有其他应用程

362

序创建的文件，如 Microsoft Word 文档或 Visio 图片。文档中包含的信息的种类叫作**文件类型**（file type）。大多数操作系统都能识别一系列特定的文件类型。

说明文件类型的常用方法是将文件类型作为文件名的一部分。文件名通常由点号分为两部分，即主文件名和**文件扩展名**（file extension）。文件扩展名说明了文件的类型。例如，文件名 MyProg.java 中的扩展名 .java 说明这是一个 Java 源代码文件。文件名 family.jpg 中的扩展名 .jpg 说明这是一个 JPEG 图像文件。图 11-1 列出了一些常见的文件扩展名。

扩展名	文件类型
txt	文本文件
mp3, au, wav	音频文件
gif, tiff, jpg	图像文件
doc, wp3	文字处理文件
java, c, cpp	程序源文件

图 11-1 常见的文件类型及其扩展名

> **文件类型**（file type）：文件（如 Java 程序或 Microsoft 文档）中存放的关于类型的信息。
>
> **文件扩展名**（file extension）：文件名中说明文件类型的部分。

根据文件类型，操作系统可以按照对文件有效的方式操作它，这样就大大简化了用户的操作。操作系统具有一个能识别的文件类型的清单，而且会把每种类型关联到特定的应用程序。在具有图形用户界面（GUI）的操作系统中，每种文件类型还有一个特定的图标。在文件夹中看到的文件都具有相应的图标，这使用户更容易识别一个文件，因为用户看到的不止文件名，还有说明文件类型的图标。当双击这个图标后，操作系统会启动与这种类型的文件相关的程序以载入该文件。

例如，你可能想在开发 Java 程序时使用特定的编辑器，那么可以在操作系统中注册 .java 文件扩展名，并把它关联到要使用的编辑器。此后，每当要打开具有 .java 扩展名的文件时，操作系统都会运行这个编辑器。如何把文件扩展名和应用程序关联起来是由所采用的操作系统决定的。

有些文件扩展名是默认与特定的程序关联在一起的，如果需要，可以修改。某些情况下，一种文件类型能够关联到多种应用程序，因此你可以进行选择。例如，你的系统可能当前是把 .gif 文件与 Web 浏览器关联在一起的，所以只要一打开 GIF 图像文件，它就会显示在浏览器窗口中。你可以选择改变这种关联性，使得每当打开一个 GIF 文件，它就出现在你喜欢的图像编辑器中。

文件扩展名只说明了文件中存放的是什么。你可以任意命名文件（只要文件名中使用的字符在操作系统允许的范围之内）。例如，可以给任何文件使用 .gif 扩展名，但这并不能使该文件成为一个 GIF 图像文件。改变文件扩展名不会改变文件中的数据或它的内部格式。如果要在专用的程序中打开一个扩展名错误的文件，只会得到错误信息。

11.1.3 文件操作

在操作系统协助下，可以对文件进行下列操作：
- 创建文件
- 删除文件
- 打开文件

- 关闭文件
- 从文件中读取数据
- 把数据写入文件
- 重定位文件中的当前文件指针
- 把数据附加到文件结尾
- 删减文件（删除它的内容）
- 重命名文件
- 复制文件

让我们来分析一下每种操作是如何实现的。

操作系统用两种方式跟踪二级存储设备。它维护了一个表以说明哪些内存块是空的（也就是说是可用的），还为每个目录维护了一个表，以记录该目录下的文件的信息。要创建一个文件，操作系统需要先在文件系统中为文件内容找一块可用空间，然后把该文件的条目加入正确的目录表中，记录文件的名字和位置。要删除一个文件，操作系统要声明该文件使用的空间现在是空的了，并删除目录表中的相应条目。

RFID 标签

假想一下，你在商店买了一包电池。在你离开商店时，这包电池"告诉"商店的售卖系统该补货了，因为电池存量很少了。射频识别技术（Radio-Frequency IDentification，RFID）使得这种情况成为可能。除了用于零售商店，RFID 技术还用于跟踪货运集装架、图书馆的藏书、汽车和动物。如果你之前使用过 EZPass 通过一个收费站或使用 SpeedPass 来购买天然气，你就已经使用过 RFID 技术了。

大多数操作系统要求在对文件执行读写操作前要先打开该文件。操作系统维护了一个记录当前打开的文件的小表，以避免每次执行一项操作都在大的文件系统中检索文件。当文件不再使用时要关闭它，操作系统会删除打开的文件表中的相应条目。

无论何时，一个打开的文件都有一个当前文件指针（一个地址），说明下一次读写操作要发生在什么位置。有些系统还为文件分别设置了读指针和写指针。所谓读文件，是指操作系统提交文件中从当前文件指针开始的数据的副本。发生读操作后，文件指针将被更新。写信息是把数据存储到由当前文件指针所指向的位置，然后更新文件指针。通常，操作系统允许用户打开文件以便进行写操作或读操作，但不允许同时进行这两项操作。

打开的文件的当前指针可以被重定位到文件中的其他位置，以备下一次读或写操作。在文件结尾附加信息要求把文件指针重定位到文件的结尾，然后再写入相应的数据。

有时，删除文件中的数据是很有用的。所谓删减文件，是指删除文件的内容，但不删除文件表中的管理条目。提供这项操作是为了避免删除一个文件，然后又重新创建它。有时，删减操作非常复杂，可以删除从当前文件指针到文件结尾的文件内容。

操作系统还提供了更改文件名的操作，叫作重命名文件。此外，操作系统还提供了创建一个文件内容的完整副本并给该副本一个新名字的功能。

365

11.1.4　文件访问

访问文件中数据的方式有很多。有些操作系统只提供一种文件访问类型，而有些操作系统则提供多种选择。文件的访问类型是在创建文件时设置的。

　　我们来分析两种主要的访问方法——顺序访问法和直接访问法。这两种访问法之间的区别就像第 5 章讨论过的磁带的顺序特性和磁盘的直接访问之间的区别。但是，任何类型的介质都可以存储这两种类型的文件。文件访问方法定义了重定位当前文件指针的方法，它们与存储文件的设备的物理限制无关。

　　最常用也是最容易实现的访问方法是**顺序文件访问**（sequential file access），即把文件看作一种线性结构。这要求按顺序处理文件中的数据。读写操作根据读写的数据量移动当前文件指针。有些系统允许把文件指针重置到文件的开头，还允许向前或向后跳过几个记录。如图 11-2 所示。

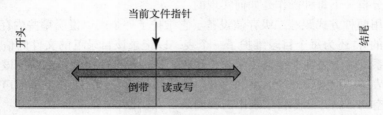

图 11-2　顺序文件访问

　　采用**直接文件访问**（direct file access）的文件会被概念性地划分为带编号的逻辑记录。直接访问允许用户指定记录编号，从而把文件指针设置为某个特定的记录。因此，用户可以按照任何顺序读写记录，如图 11-3 所示。直接文件访问实现起来比较复杂，但在需要即刻使用大量数据（如数据库）的某个特定部分的情况下，这种方法很有用。

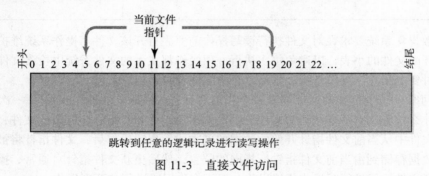

跳转到任意的逻辑记录进行读写操作

图 11-3　直接文件访问

> **顺序文件访问**（sequential file access）：以线性方式访问文件中的数据的方法。
> **直接文件访问**（direct file access）：通过指定逻辑记录编号直接访问文件中的数据的方法。

11.1.5　文件保护

　　在多用户系统中，文件保护的重要性居于首要地位。也就是说，除非是特许的，否则我们不想让一个用户访问另一个用户的文件。确保合法的文件访问是操作系统的责任。不同操作系统管理文件保护的方式不同。无论哪种情况，文件保护机制都决定了谁可以使用文件，以及为什么目的而使用文件。

　　例如，UNIX 操作系统中的文件保护设置有三类，即 Owner、Group 和 World。在每种类别下，你可以决定一个文件是可读的、可写的还是可执行的。采用这种机制，如果可以对一个文件进行写操作，就可以对它进行删除操作。

每个文件都由一个特定用户所拥有，通常是文件的创建者。Owner 通常具有文件的最高访问许可。一个文件可能具有一个相关的组名，分组只是一个用户列表。一个关联组中的用户都具有 Group 许可。例如，对于从事一个项目的所有用户可以这样分组。最后，访问系统的用户需要具有 World 许可。由于这些许可把访问权给予了最大数量的用户，所以它们通常是最受限制的。

367

在第 10 章中，我们讨论了操作系统对主存保护的需要，这种保护确保了一个程序无法访问另一程序的内存空间。在文件系统中也需要一定的保护方式来阻止通过不合理的方式访问文件。更高级别的安全问题将在第 17 章中进行讨论。

采用这种方法，可以用 3×3 的表格说明文件具有的许可。

	读	写 / 删除	执行
Owner	有	有	无
Group	有	无	无
World	无	无	无

假设这个表格表示 Alpha 项目中关于数据文件使用上的许可。文件的所有者（可能是项目经理）可以对它进行读写操作。假设所有者创建了一个分组 TeamAlpha（它包括项目组的所有成员），并把这个分组与数据文件关联了起来。这个分组中的成员能够读取文件中的数据，但是不能修改它。而其他所有人都不能访问这个文件。注意，没有用户具有该文件的执行特权，因为它是一个数据文件，不是一个可执行的程序。

虽然其他操作系统实现保护机制的方式不同，但目的是相同的，即控制文件的访问，以防止蓄意获取不正当访问的企图，以及最小化那些由出于好意的用户不经意引起的问题。

夏威夷恐慌

2018 年 1 月，夏威夷的人们突然在手机上接到了紧急情况预警：BALLISTIC MISSILE THREAT INBOUND TO HAWAII. SEEK IMMEDIATE SHELTER. THIS IS NOT A DRILL. （夏威夷面临飞来的弹道导弹威胁，立即寻求庇护！这不是演习！）政府花了 38 分钟才对这条信息进行更正。原来这是由于政府雇员在一堆形状非常相像而含义不明的选项中选中了错误的菜单按钮导致的。由此可以看出，用户界面设计非常重要！

11.2 目录

本章前面介绍过，目录是文件的有名集合，是一种按照逻辑方式对文件分组的方法。例如，可以把某门课的笔记和试卷放在为这门课创建的目录下。操作系统必须仔细地跟踪目录和它们包含的文件。

大多数操作系统都用文件表示目录。目录文件存放的是关于目录中的其他文件的数据。对于任何指定的文件，目录中存放有文件名、文件类型、文件存储在硬盘上的地址以及文件的当前大小。此外，目录还存放文件的保护设置的信息，以及文件是何时创建的，何时被最后修改的。

368

建立目录文件的内部结构的方式有多种，这里不再详细介绍。不过，一旦建立了目录文件，它就必须支持对目录文件的一般操作。例如，用户必须能列出目录中的所有文件。其他一般操作包括在目录中创建、删除或重命名文件，此外还有检索目录以查看一个特定的文件是否在目录中。

关于目录管理的另一个重要论题是如何反映目录中的文件关系，下一节将讨论这个问题。

11.2.1　目录树

一个文件目录还可以包含另一个目录。包含其他目录的目录叫作父目录，被包含的目录叫作子目录。只要需要，就可以建立这种嵌套的目录来帮助组织文件系统。一个目录可以包含多个子目录。另外，子目录也可以有自己的子目录，这样就形成了一种分级结构。因此，文件系统通常被看作**目录树**（directory tree），展示了每个目录中的目录和文件。最高层的目录叫作**根目录**（root directory）。这些术语和第 8 章讨论程序结构树时所进行的讨论是一致的。

> **目录树**（directory tree）：展示文件系统的嵌套目录组织的结构。
>
> **根目录**（root directory）：包含其他所有目录的最高层目录。

例如，考虑图 11-4 所示的目录树。这个树表示文件系统的很小一部分，在使用 Microsoft Windows 操作系统的计算机上可以找到它。这个目录系统的根目录用驱动器符 **C:** 加 **** 表示。

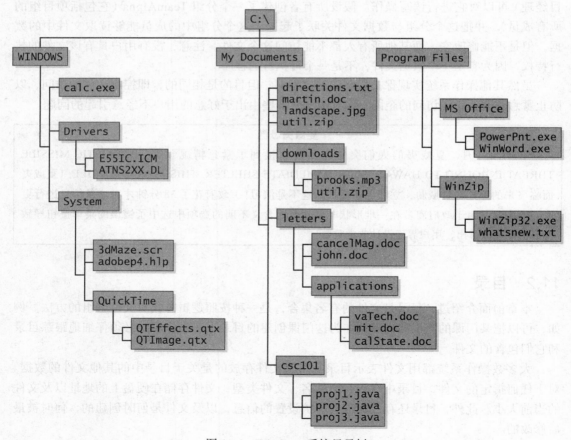

图 11-4　Windows 系统目录树

在这个目录树中，根目录包含三个子目录——**WINDOWS**、**My Documents** 和 **Program**

Files。在 WINDOWS 目录中，有一个文件 calc.exe 和两个子目录——Drivers 和 System。这些目录还包含其他的文件和子目录。记住，在真正的系统中，所有目录通常都包含更多的子目录和文件。

个人计算机通常使用文件夹来表示目录结构，这样构成了包容的思想（文件夹包含在另外的文件夹中，最终有些文件夹只包含文档或其他数据）。在使用图形化界面的操作系统中，使用图标来表示目录，通常是那种在真正的文件柜中摆放的马尼拉文件夹的图形。

注意，在图 11-4 中，有两个名为 util.zip 的文件（一个在 My Documents 中，一个在它的子目录 downloads 中）。嵌套的目录结构允许存在多个同名文件。任何一个目录下的所有文件的名字都必须是唯一的，但不同目录或子目录下的文件则可以是同名的。这些文件存放的数据可能相同，也可能不同，我们所知道的只是它们的名字相同。

无论何时，你都可以认为自己在文件系统中的某个特定位置（即特定的子目录）工作。这个子目录叫作当前**工作目录**（working directory）。只要在文件系统中"移动"，当前工作目录就会改变。

369
~
370

> **工作目录**（working directory）：当前活动的子目录。

图 11-5 中所示的目录树是 UNIX 文件系统的代表。比较图 11-4 和图 11-5 中的目录树，它们都展示了子目录包容的概念，不过，它们的文件和目录的命名规则不同。UNIX 是一个系统级的程序设计环境，因此使用了大量的缩写和代码作为目录和文件的名字。此外，还要注意，UNIX 环境的根目录是用 / 表示的。

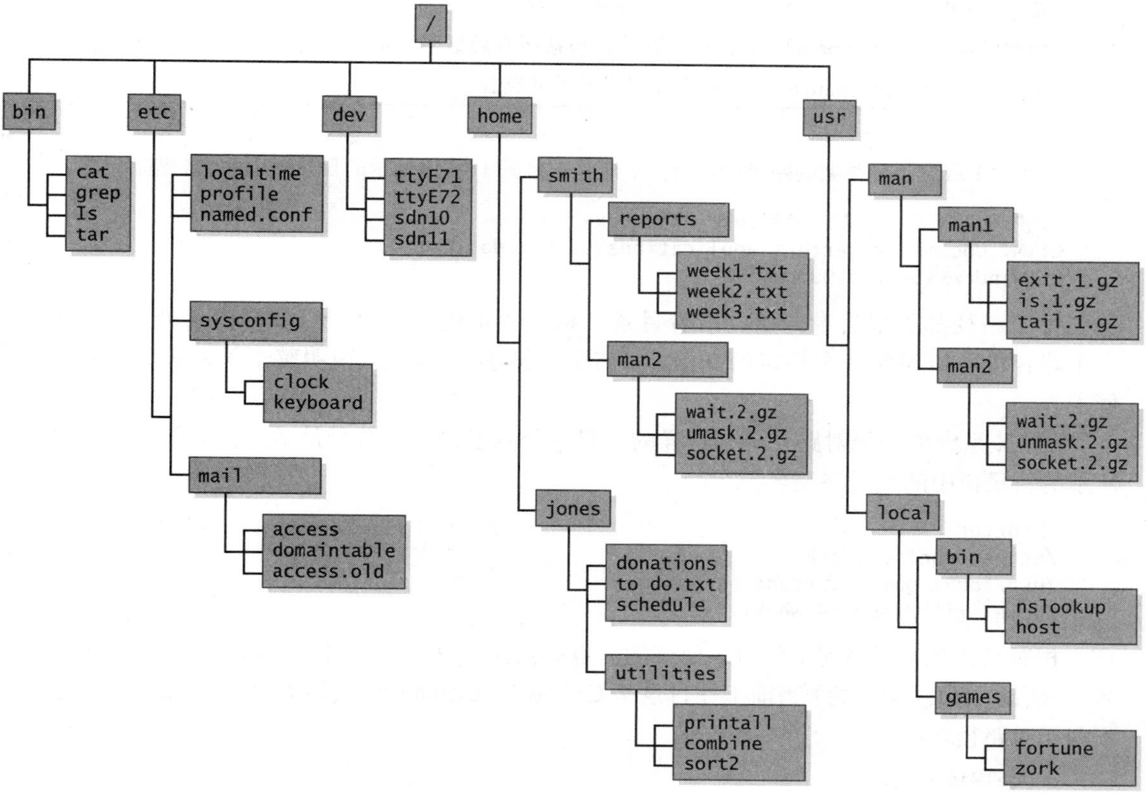

图 11-5　UNIX 的目录树

11.2.2 路径名

如何指定一个特定的文件或子目录呢？有下列几种方法。

如果使用的是具有图形化用户界面的操作系统，用鼠标双击目录，就可以打开它看到其中的内容。活动的目录窗口显示的是当前工作目录的内容。继续用鼠标点击，在文件系统中"移动"，改变当前的工作目录，直到找到你想要的文件或目录为止。要移动到上级目录结构，通常可使用窗口栏的图标或弹出式菜单选项，以移动到父目录。

大多数操作系统还提供非图形化（基于文本）的界面，因此必须用文本说明文件的位置。对于存储在操作系统的批命令文件中的系统指令来说，这一点非常重要。像 cd（表示"改变目录"）这样的命令可以用于文本模式来改变当前的工作目录。

人的 RFID 标签？

研究人员曾尝试在人群中植入 RFID 标签！2004 年，在巴塞罗那、西班牙、鹿特丹和荷兰，一个俱乐部所有者给他的贵宾客户植入了 RFID 标签。通过这些芯片可以识别客户是否为贵宾，同时，这个芯片也可以被客户用来支付他们的饮料费用。

要用文本指示一个特定的文件，必须说明该文件的**路径**（path），即找到这个文件所必须历经的一系列目录。路径可以是绝对的，也可以是相对的。**绝对路径**（absolute path）名从根目录开始，说明了沿着目录树前进的每一步，直到到达了想要的文件或目录。**相对路径**（relative path）名则从当前工作目录开始。

路径（path）：文件或子目录在文件系统中的位置的文本名称。

绝对路径（absolute path）：从根目录开始，包括所有后继子目录的路径。

相对路径（relative path）：从当前工作目录开始的路径。

让我们来看看每种类型的路径的示例。下面是一些图 11-4 中所示的目录树中的绝对路径名：

```
C:\Program Files\MS Office\WinWord.exe
C:\My Documents\letters\applications\vaTech.doc
C:\Windows\System\QuickTime
```

每个路径都从根目录开始，沿着目录结构向下推进。每个子目录都由 \ 分隔。注意，一个路径既可以说明一个特定的文档（如前两个例子），也可以说明整个子目录（如第三个例子）。

UNIX 系统中的绝对路径也是这样的，只是分隔子目录的符号是 /。下面是一些图 11-5 所示的目录树中的绝对路径名：

```
/bin/tar
/etc/sysconfig/clock
/usr/local/games/fortune
/home/smith/reports/week1.txt
```

相对路径是基于当前工作目录而言的。也就是说，它们是相对于当前位置的（因此而得名）。假设（图 11-4 中的）当前工作目录是 C:\My Documents\letters，那么可以使用下列相对路径名：

```
cancelMag.doc
applications\calState.doc
```

第一个例子只说明了文件名，在当前工作目录中可以找到这个文件。第二个例子说明的是 `applications` 这个子目录中的文件。根据定义，任何有效的相对路径的第一部分都在工作目录中。

舒缓软件

　　长期的压力可以导致心血管疾病、糖尿病、认知能力受损以及免疫功能低下等疾病。压力值的一个衡量标准是心率变化率（HRV），即心脏病专家在研究危险期病人时计量的两次心跳之间的毫秒数。对于一个健康的人来说，HRV 值应该高，但要在一定的范围内。HeartMath 公司提供了一套软件用于测量 HRV 值。emWave 通过检测用户脉搏的耳夹或者手指夹来测量压力。只需要与 emWave 的定速装置一起呼吸几分钟，并积极思考，就可以使 HRV 达到目标范围。

使用相对路径时，有时需要返回上层目录。注意，使用绝对路径不会遇到这种情况。大多数操作系统使用两个点（`..`）来表示父目录（一个点用于表示当前工作目录）。因此，如果工作目录是 `C:\My Documents\letters`，下面的相对路径名也是有效的：

UNIX 系统中的相对路径也是这样的。对于图 11-5 中的目录树，假设当前工作目录是 `/home/jones`，下面的相对路径名是有效的：

```
..\landscape.jpg
..\csc111\proj2.java
..\..\WINDOWS\Drivers\E55IC.ICM
..\..\Program Files\WinZip
```

大多数操作系统允许用户（按照一定顺序）指定一组检索路径，以帮助解决对可执行程序的引用。通常用操作系统变量 PATH 指定这组路径，该变量存放的字符串中包含多个绝对路径名。例如，假设（图 11-5 中的）用户 `jones` 有一套常用的工具程序，存储在目录 `/home/ jones/utilities` 中。把这个路径添加到 PATH 变量中，它就成了 `jones` 要执行的程序的标准位置。因此，无论当前工作目录是什么，当 `jones` 执行 `printall` 程序时，将在他的工具目录中找到该文件。

```
utilities/combine
../smith/reports
../../dev/ttyE71
../../usr/man/man1/ls.1.gz
```

11.3　磁盘调度

最重要的二级存储设备是磁盘驱动器。必须采用有效的方式访问存储在这些驱动器上的文件系统。实践证明，把数据传入或传出二级存储设备是一般的计算机系统的首要瓶颈。

第 10 章介绍过，CPU 和主存的速度都比二级存储设备的数据传输速度快很多。这就是为什么执行磁盘 I/O 操作的一个进程在等待信息传输的同时把使用 CPU 的机会让给另一个进程的原因。

由于二级 I/O 是一般计算机系统中最慢的部分，所以访问磁盘驱动器上的数据的方法对于文件系统至关重要。在计算机同时处理多个进程时，将建立一个访问磁盘的请求列表。操作系统用于决定先满足哪个请求的方法叫作**磁盘调度**（disk scheduling）。这一节将介绍几种磁盘调度算法。

373

　　磁盘调度（disk scheduling）：决定先满足哪个磁盘 I/O 请求的操作。

第 5 章介绍过,磁盘驱动器被组织得像一叠盘片,每个盘片被分为几个磁道,每个磁道又被分为几个扇区。所有盘片上对应的磁道构成了柱面。图 11-6 再现了第 5 章中使用过的磁盘驱动器图。

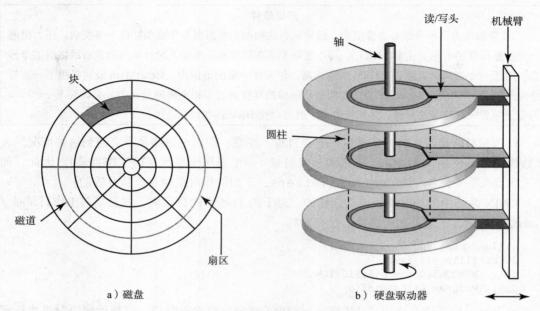

图 11-6 磁盘驱动器

对我们的讨论来说,最重要的一点是在任意时刻都有一组读写头在所有盘片的特定柱面上盘旋。记住,寻道时间是读写头到达指定柱面所花费的时间。等待时间是盘片旋转到正确的位置以便能读写数据所花费的时间。在这两个时间中,寻道时间的要求更高,因此它是磁盘调度算法处理的重点。

无论何时,磁盘驱动器可能都有一套必须满足的请求。从现在开始,我们只考虑请求引用的柱面(平行的同心圆)。一个磁盘可能有成千上万个柱面,为了简单起见,假定有 110 个柱面。假设某个特定时刻的柱面请求顺序如下:

49、91、22、61、7、62、33、35

此外假设读写头当前位于柱面 26 处。现在的问题是:磁头下一步要移到哪个柱面?对于这个问题,不同的算法会生成不同的答案。

11.3.1 先到先服务磁盘调度法

第 10 章介绍过一种叫作先到先服务(FCFS)的 CPU 调度算法。类似的算法同样适用于磁盘调度。虽然它不是最有效的磁盘调度算法,但却是最容易实现的。

FCFS 算法按照请求到达的顺序处理它们,并不考虑读写头的当前位置。因此,采用 FCFS 算法,读写头将从柱面 26(它的当前位置)移到柱面 49。满足了对柱面 49 的请求后(即读取或写入了数据),读写头将从柱面 49 移到柱面 91。在处理过柱面 91 的请求之后,读写头回到柱面 22。按照收到请求的顺序依此类推。

注意,在读写头从柱面 91 移到柱面 22 的过程中,要经过多个当前未解决的请求所要求的柱面。

11.3.2　最短寻道时间优先磁盘调度法

最短寻道时间优先（SSTF）磁盘调度算法将通过尽可能少的读写头移动满足所有未解决的请求。这种方法可能会在满足一个请求后改变读写头的移动方向。

让我们用这种算法来处理前面假设的状况。从柱面 26 开始，在所有未解决的请求中，与柱面 26 最近的是柱面 22。因此，忽略请求到达的顺序，读写头将移动到柱面 22 以满足对它的请求。距离柱面 22 最近的被请求的柱面是柱面 33，读写头将移到这里。距离柱面 33 最近的被请求的柱面是柱面 35。现在距离最近的是柱面 49，因此读写头下一步将移到这里。依此类推，余下被访问的柱面依次是 49、61、62、91、7。

虽然这种方法不能保证读写头的整体移动最少，但通常比 FCFS 算法有所改进。不过这种方法会带来一个重要问题。假设已有的请求还未解决，而新的请求仍然源源不断地到来，并且新的请求总是比早期的请求所需要的柱面离当前位置更近。那么从理论上来说，早期的请求将永远得不到满足，因为不断到来的请求总有优先权。这种情况叫作饿死。先到先服务磁盘调度算法不会出现饿死的情况。

11.3.3　SCAN 磁盘调度法

在计算领域中，算法分析的经典例子是为使电梯到达有人等候的楼层而设计的方案。一般说来，电梯都是从一端移到另外一端（即从建筑的顶层到底层），为搭乘请求服务，然后再从底层上到顶层，为另外的请求服务。

SCAN 磁盘调度算法的工作方式与之类似，只是在磁盘调度算法中没有上下移动，而是读写头向轴心移动，然后再向盘片边缘移动，就这样在轴心和盘片边缘之间来回移动。

让我们对前面的请求序列执行这个算法。与其他算法不同的是，我们要决定读写头最初移动的方向。假设它们是向编号较小的柱面移动的（当前位于柱面 26 处）。

在读写头从柱面 26 向柱面 1 移动的过程中，它们将满足对柱面 22 和 7 的请求。到达柱面 1 后，读写头将返回，向外移动到盘片边缘。在这个过程中，它们将按照下列顺序满足对柱面的请求，即 33、35、49、61、62、91。

在这种机制下对新的请求没有任何特殊处理。它们可能在早期的请求之前受到服务，也可能在早期请求之后，这是由读写头当前的位置和它们移动的方向决定的。如果新的请求恰好在读写头到达柱面之前到达，它将被立刻处理。如果新的请求是在读写头刚经过那个柱面之后到达的，那么它必须等待读写头再次返回。不可能出现饿死现象，因为每个柱面都会被依次处理到。

这种算法的一些变体能用各种方法提高它的性能。例如，对盘片边缘柱面的请求可能需要等读写头从边缘移到轴心再从轴心移回到边缘。为了减少平均等待时间，环形 SCAN 算法把磁盘看作环而不是磁盘。也就是说，当读写头达到一端后直接返回另一端，之间不再处理请求。

另一种变体则是最小化到轴心和到盘片边缘的移动极限。读写头只移动到请求的最外面或最里面的柱面，不再移动到盘片边缘或轴心。在移动到下一个请求的柱面之前，有种算法会检查未处理的请求的列表，判断当前移到的方向是否正确。这种变体叫作 LOOK 磁盘调度算法，因为它会预先判断读写头是否应该继续按照当前的方向移动。

把老人留在家里

正在开发的许多新技术都使得老人在家独自生活变得更容易。一个例子是 eNeighbor 系统，它具有 12 种传感器（例如，床、厕所冲水、回家、打开/关闭）和一个可选的网络摄像头。一个人习惯的改变（比如一个人跌倒了，不像通常情况下的活动）将被传递到一个中央监控系统。操作员于是打电话询问病人是否安好。如果没有收到答复，会给家里、邻居打电话，或拨打 911。

Tony Hoare

20 世纪 50 年代早期，当 Tony Hoare 在 John Lucas 的监护下于牛津大学学习哲学（同时学习拉丁语和希腊语）时，他对计算学的兴趣被唤醒了。数学逻辑能够解释显见的数学事实的能力令他着迷。在英国国民服役时期（1956—1958），他在皇家海军学习俄语。然后他获得了统计学的证书，并偶然参与了 Leslie Fox 讲授的程序设计课程。1959 年，他作为莫斯科国立大学的毕业生，在 Kolmogorov 学院从事机器翻译语言的研究。为了协助有效地查找字典中的单词，他发现了著名的快速排序算法。

注：Inamori Foundation 提供

1960 年，他回到了英格兰，在一家小型的科学计算机制造企业 Elliott Brothers 担任程序员。他领导的小组（包括他后来的妻子 Jill）为程序设计语言 ALGOL 60 设计并交付了第一个商业编译器。他把这个项目的成功归功于采用 ALGOL 自身作为编译器的设计语言，不过这种实现采用的是十进制的机器码。他被提升为首席工程师后，开始领导一个更大的组，从事重大的项目——实现操作系统。汲取了多次失败的经验后，他成为计算研究部门的首席科学家，负责设计未来计算机的硬件和软件体系结构。

当这家公司与它的竞争对手合并后，这些机器被销毁了。1968 年，Tony 尝试申请了 Belfast 的女王大学的计算科学教授之职。他的研究目标是要搞清楚为什么操作系统比编译器难得多，并且要看看程序设计理论和语言是否有助于解决并发问题。虽然社会动荡，但他建立了一支强大的教学和研究队伍，并发表了一系列关于用断言来证明计算机程序的正确性的论文。他明白，这是一项长期的研究，在他的职业生涯中，这项研究未必能实现工业应用。

1977 年，他来到了牛津大学，负责发展由 Christopher Strachey 创建的程序设计研究组。在由政府倡导、业界合作和慈善捐款得来的外部基金的协助下，牛津大学目前开办了一系列计算机科学的学位课程，包括软件工程师的外部硕士学位。他在牛津大学的研究小组追求的理想是用可证明的正确性作为计算系统（包括关键的和非关键的）的精确说明、设计和开发的驱动力。这项研究的著名结果包括 Z 说明语言和 CSP 并发程序设计模型。他近来的个人研究目标是统一应用于不同程序设计语言、范型和实现方法的各种理论。

在学术领域纵横了 30 多年，Tony 与工业界有着各种各样的联系，包括担任顾问、进行教学以及协作完成研究项目。他对维持遗留代码情有独钟，在遗留代码中，断言扮演着重要的角色，这样并非是为了满足他程序证明的初衷，而是为了测试代码。当达到牛津大学的退休年龄时，他获得了重返业界的机会，在剑桥的 Microsoft Research 担任高级研究员。他希望扩展好的学术研究的工业应用的机会，鼓励学术研究员在软件工业和客户的长期利益这一领域继续探索有深度有意义的问题。

注释：上面的传记是由 Tony Hoare 爵士本人拟订，在他的允许下重印的。他没有提到的是 1980 年他由于对程序设计语言的定义和设计的重要贡献而获得了图灵奖，以及 1999 年他由于从事计算机科学和教育而获得了爵士爵位。

小结

文件系统定义了组织二级存储设备的方式。文件是具有特殊内部结构的有名数据集合。文本文件是字符流，二进制文件具有特定的格式，只有专用的应用程序才能处理。

用文件名的文件扩展名可以说明文件类型。操作系统具有可识别的文件类型的清单，以便能够用正确的应用程序打开它们，并且在图形化用户界面中显示正确的图标。文件扩展名可以与用户选择的任何应用程序关联在一起。

对文件执行的操作包括创建文件、删除文件、打开文件和关闭文件。当然，还要能够读写文件。操作系统为实现这些文件操作提供了办法。在多用户系统中，操作系统还要提供文件保护机制，以确保只有授权的用户才能访问文件。

目录用于组织磁盘上的文件，它们可以嵌套形成树形分层结构。路径名说明了特定文件或目录的位置，它们可以是绝对的，即从目录树的根开始，也可以是相对的，即从当前工作目录开始。

磁盘调度算法决定了处理未解决的磁盘请求的顺序。先到先服务磁盘调度算法是顺序处理请求，不过这种方法效率不高。最短寻道时间优先调度算法更有效一些，但却会产生饿死现象。SCAN 调度算法采用的策略与电梯采用的一样，即从磁盘的一端向另一端检索。

道德问题：选择加入和选择退出 [1-2]

目前，"选择加入"和"选择退出"这两个术语与隐私政策也相关了。当你在银行机构签字时，你是否希望银行与其他金融机构分享你的信息？如果你在互联网上从 A 公司购买商品，是否想从一个类似的 B 公司收到电子邮件？当你申请一张信用卡时，你是否希望收到其他信用卡公司的推销？

"选择加入"是指你必须明确地指出你想分享你的信息。"选择退出"表示除非你明确地说你不想分享你的信息，否则你的信息会被共享。也就是说，一个网站默认的要么是"选择加入"要么是"选择退出"。

在美国，CAN-SPAM 法案涵盖了商业电子邮件信息。欧盟指令涵盖了欧盟的所有电子邮件营销信息。CAN-SPAM 法案允许给任何人直销，直到收件人请求停止电子邮件（默认为"选择加入"，你必须检查收件箱来选择退出）。而欧盟指令称，电子邮件只能被发送到事先同意的用户（默认是"选择退出"，你必须检查收件箱来选择加入）。使用"选择退出"的公司一定要给收件人提供一个取消邮件的方式。

美国和欧盟如何处理电子邮件体现了不同的隐私方案，当然也表现在其他很多领域。一个作者在谷歌在线搜索自己的名字，并在 0.23 秒收到超过 700 万次点击。西班牙政府已下令谷歌停止索引已经正式提起投诉的 90 名公民的信息。2012 年，欧盟推出一个"遗忘的权利"的规定。与此相反，美国法院一直保持公布真相的权利超过隐私权利的态度。

还有很多类似的问题，能否在未经本人同意的情况下在互联网上发布他们的图片？网络地图在未经业主同意的情况下能否发布住宅的照片？在美国，Facebook 宣布它正在改变未经同意发布姓名的政策。在德国，谷歌允许个人和企业"选择退出"街景。大约有 25 万人已经这样做了。这些问题过去不是很快或很容易决定，将来也不会是。

380

关键术语

绝对路径（absolute path）

二进制文件（binary file）

直接文件访问（direct file access）

目录（directory）

目录树（directory tree）

磁盘调度（disk scheduling）

文件（file）

文件扩展名（file extension）

文件系统（file system）

文件类型（file type）

路径（path）

相对路径（relative path）

根目录（root directory）

顺序文件访问（sequential file access）

文本文件（text file）

工作目录（working directory）

练习

判断练习 1 ～ 15 中的陈述的对错：

   A. 对   B. 错

1. 文本文件存储的二进制数据是按照 8 位或 16 位的分组组织的，这些分组被解释为字符。

2. 用高级语言编写的程序是存储为文本文件的，也叫作源文件。

3. 文件类型决定了能够对文件执行哪些操作。

4. 当前文件指针指的是文件的结尾。

5. 顺序访问和直接访问获取数据所花的时间量相同。

6. 有些操作系统为文件分别维护有读指针和写指针。

7. UNIX 文件许可允许一组用户以各种方式访问一个文件。

8. 大多数操作系统用文件表示目录。

9. 在目录系统中，如果两个文件处于不同的目录下，那么它们可以具有相同的名字。

10. 相对路径是相对于目录分层结构的根而言的。

11. 绝对路径和相对路径总是等长的。

12. 操作系统要负责管理对磁盘驱动器的访问。

13. 寻道时间是磁盘的读写头到达特定的柱面所花费的时间。

14. 最短寻道时间优先磁盘调度算法是尽可能少地移动读写头以满足未解决的请求。

15. 先到先服务磁盘调度算法是尽可能少地移动读写头以满足未解决的请求。

为练习 16 ～ 20 中的文件找到匹配的文件扩展名。

   A. txt

   B. mp3、au 和 wav

   C. gif、tiff、jpg

   D. doc 和 wp3

   E. java、c 和 cpp

16. 音频文件。

17. 图像文件。

18. 文本数据文件。

19. 程序源文件。

20. 字处理文件。

为练习 21 ～ 23 中描述的用途找到匹配的符号。

   A. /   B. \   C. ..

21. 在 Windows 环境中用于分隔路径中的目录名的符号。

22. 在 UNIX 环境中用于分隔路径中的目录名的符号。

23. 在相对路径名中用于表示父目录的符号。

练习 24 ～ 57 是问答题或简答题。

24. 什么是文件？

25. 请区分文件和目录。

26. 请区分文件和文件系统。

27. 为什么文件是一般概念，而不是技术概念？

28. 请列举并说明两种基本的文件分类。

29. 为什么说术语 "二进制文件" 用词不当？

30. 请区分文件类型和文件扩展名。

31. 如果把一个文本文件命名为 myFile.jpg，会发生什么情况？

32. 操作系统如何利用它识别出的文件类型？

33. 操作系统是如何跟踪二级存储设备的？

34. 打开和关闭文件是什么意思？

35. 删减文件是什么意思？

36. 请比较顺序文件访问和直接文件访问。

37. 文件访问是独立于物理介质的。

　　a）如何实现磁盘的顺序访问？

　　b）如何实现磁带的直接访问？

38. 什么是文件保护机制？

39. UNIX 是如何实现文件保护机制的？

40. 根据下列文件许可，回答后面的问题。

	读	写或删除	执行
Owner	有	有	有
Group	有	有	无
World	有	无	无

　　a）谁可以读文件？

　　b）谁可以写或删除文件？

　　c）谁可以执行文件？

　　d）你对文件内容有何了解？

41. 目录必须存放的关于每个文件的最少信息是什么？

42. 大多数操作系统如何表示目录？

43. 回答下列有关目录的问题。

　　a）包含另一个目录的目录叫什么？

　　b）包含在另一个目录中的目录叫什么？

　　c）不包含在任何目录中的目录叫什么？

　　d）展示了目录的嵌套组织形式的结构叫什么？

　　e）把（d）中的结构与第 8 章介绍的二叉树数据结构联系起来。

44. 无论何时，你正在使用的目录叫作什么？

45. 什么是路径？

46. 请区分绝对路径和相对路径。

47. 根据图 11-4 所示的目录树，说明下列文件或目录的绝对路径。

　　a）QTEffects.qtx

　　b）brooks.mp3

　　c）Program Files

　　d）3dMaze.scr

　　e）Powerpnt.exe

48. 根据图 11-5 所示的目录树，说明下列文件或目录的绝对路径。

　　a）tar

　　b）access.old

　　c）named.conf

　　d）smith

　　e）week3.txt

　　f）printall

49. 假设当前工作目录是 C:\WINDOWS\System，根据图 11-4 所示的目录树，说明下列文件或目录的相对路径名。

　　a）QTImage.qtx

　　b）calc.exe

　　c）letters

　　d）proj3.java

　　e）adobep4.hlp

　　f）WinWord.exe

50. 根据图 11-5 所示的目录树，说明下列文件或目录的相对路径。

　　a）当工作目录是根目录时 localtime 的相对路径。

　　b）当工作目录是 etc 时 localtime 的相对路径。

　　c）当工作目录是 utilities 时 printall 的相对路径。

　　d）当工作目录是 man2 时 week1.txt 的相对路径。

51. 计算机系统的首要瓶颈是什么？

52. 为什么磁盘调度注重的是柱面，而不是磁道和扇区？

53. 请列举并说明三种磁盘调度算法。

练习 54 ～ 56 需要使用下列柱面请求列表。这里列出的是它们的接收顺序。

40、12、22、66、67、33、80

54. 如果采用 FCFS 算法，请列出处理请求的顺序。假设磁盘当前定位在柱面 50。

55. 如果采用 SSTF 算法，请列出处理请求的顺序。假设磁盘当前定位在柱面 50。

56. 如果采用 SCAN 算法，请列出处理请求的顺序。假设磁盘当前定位在柱面 50，读写头向大编号的柱面移动。

57. 请解释饿死的概念。

思考题

1. 计算领域充斥着文件的概念。如果没有存储文件的二级存储设备，计算机还有用吗？

2. 本章介绍的磁盘调度算法听起来很熟悉。我们在什么环境中讨论过类似的算法？这些算法有哪些相似之处？又有哪些不同？

3. 文件和目录以及文件夹和档案柜之间有什么相似性吗？显然，"文件"这个名字来自这些概念。那么对于"文件"来说，哪些地方具有上述相似性，哪些地方没有呢？

4. Internet 上的垃圾邮件就像推销电话一样。目前美国有法律允许电话用户请求从推销员的电话列表中删除自己的名字。那么是否应该对垃圾邮件建立相似的法律保障呢？

5. 以你的观点，带兜售信息的垃圾邮件是合理的商业策略还是一种电子骚扰？为什么？

6. "选择加入"或"选择退出"哪个更好？

|第六部分|
Computer Science Illuminated, Seventh Edition

应 用 层

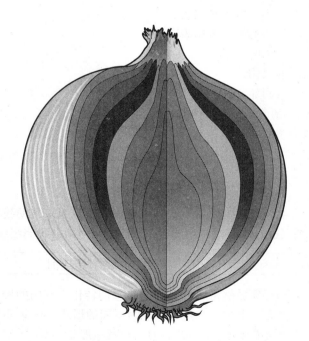

信 息 系 统

　　大多数人都在应用层与计算机打交道。也就是说，即使一个用户对应用层之外的各个计算层一无所知，也可以使用应用软件。关于这一层，我们的目标是让你了解各种应用系统是如何运作的。划分应用软件的方式多种多样。本章的重点是一般的信息系统。第 13 章将讨论人工智能领域的应用，第 14 章的重点是模拟、图形学和游戏。

　　计算机是用来管理和分析数据的。当今，计算机的效应在我们的生活中几乎无处不在。我们用通用信息系统来管理所有数据，从运动统计数字到薪酬的数据，无所不包。同样，收银机和 ATM 都有大型的信息系统支持。本章将分析一些多功能软件，特别是电子制表软件和数据库管理系统，它们将有助于我们组织和分析大量的数据。

目标

　　学完本章之后，你应该能够：
- 定义通用信息系统的角色。
- 解释电子数据表的结构。
- 为数据的基本分析创建电子数据表。
- 用内置函数定义适用的电子数据表公式。
- 设计可扩展的、灵活的电子数据表。
- 描述数据库管理系统的元素。
- 描述关系数据库的结构。
- 在数据库的各元素间建立关系。
- 编写基本的 SQL 语句。
- 描述实体 – 关系图。
- 定义并解释电子商务在当今社会的角色。

12.1　信息管理

　　本书不止一次地把数据定义为原始事实，信息表示组织起来帮助我们回答问题以及解决问题的数据。**信息系统**（information system）一般被定义为帮助我们组织和分析数据的软件。

> **信息系统**（information system）：帮助我们组织和分析数据的软件。

　　将数据转换为信息需要原数据源，并且需要将它们转化为有用的形式。为了让这些数据有用，它们可能必须被分类、聚类，或是被转化为不同的形式。这些都是信息系统的任务。

　　通常情况下信息不会被单独处理，处理信息的过程一般是典型的合作过程，与同事和数据专家共同工作来理解数据源，并从其他很多方面理解数据源的重要性。很少会有人能够独自获得为了检验相关假设和解释结果而需要的必要的理解。你可能会认为数据分析是枯燥的一个人的活动，但实际上它经常需要很多人来提供需要的见解。因此，好的信息系统支持这些合作。

任何应用程序都是管理数据的，有些程序采用特定的结构以特定的方式管理数据。还有一些专用应用程序使用特定的技术解决问题。例如，下一章将介绍为支持人工智能这个计算领域需要的分析而提供的各种组织数据的方式。

然而，大多数情况是一般性的，实际上它们不需要特别考虑。我们只需要管理数据，捕捉数据间的关系。这种情况不需要任何特别的组织和处理。它们需要的是灵活的应用软件工具，能够让用户指示和管理数据的组织，具备用多种方式分析数据的基本处理能力。

三种最流行的一般应用信息系统是电子表格、数据库管理系统和电子商务。基于可扩展的公式的电子表格是一个进行基本数据分析的方便的工具，这些公式定义了数据之间的关系。数据库管理系统是面向管理大量常常被搜索的数据，并将其组织成相应的分段。

整本书已经写了关于电子表格和数据库管理系统是如何设置和使用的。这一章的目标不是详尽地探索这些系统，而是介绍两者的实用性和通用性。讨论之后，你应该能够创建任何系统类型的基本版本，然后会在拥有一定基础知识的水平上探讨信息系统的更多细节。

从 20 世纪 70 年代起，电子表格和数据库管理系统便已经存在了。与之相比，电子商务是比较新的，是随着万维网而出现的。这些系统管理着互联网上购买和销售的各个环节。

Ellis Island

Ellis Island 移民局记录了从 1892 ～ 1954 年的所有移民的信息，Ellis Island 网站（www.ellisisland.org）拥有可检索数据库，其中存放了到达美国的 2500 万乘客的姓名、年龄和原始国籍，甚至包括他们抵达时乘坐的轮船。据估计，当前 40% 的美国公民都可以在 Ellis Island 追溯到至少一个祖先。

12.2　电子制表软件

目前可用的电子制表软件多种多样。即使没有什么背景知识，你很可能已经使用过电子制表软件。虽然每种电子制表软件的功能和语法都有细微差别，但它们依赖的通用概念是相同的。本章讨论的重点在于这些通用的概念。我们使用的示例与 Microsoft Excel 电子制表软件的语法和功能一致。

所谓**电子制表软件**（spreadsheet），是一种软件应用程序，它允许用户用带标签的**单元格**（cell）组织和分析数据。单元格可以存放数据或用于计算值的公式。存储在单元格中的数据既可以是文本，也可以是数字或其他特殊数据（如日期）。

电子制表软件（spreadsheet）：允许用户用单元格组织和分析数据的程序。

单元格（cell）：电子数据表中用于存放数据或公式的元素。

如图 12-1 所示，可以用行列标号引用电子数据表的单元格，通常用字母指定列，用数字指定行。因此，可以用诸如 A1、C7 和 G45 这样的标号来引用单元格。对于第 26 列之后的列，电子制表软件用两个字母作为列标号，所以，有些单元格有像 AA19 这样的

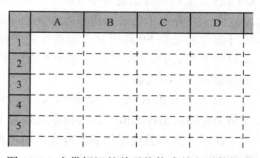

图 12-1　由带标记的单元格构成的电子数据表

标号。通常，电子数据表有一个合理的最大行数，如 256。另外，大多数电子制表程序会把
多个表格组合在一个大的交互系统中。

[389]

　　许多情况下都会用到电子制表软件，它们常常要管理大量的数值和计算。我们来看一个
小型的示例，以说明电子数据表的基本原理。假设我们搜集了几周以来向一组辅导教师求助
的学生的数据。我们掌握了 5 周以来每周分别向三位辅导教师（Hal、Amy 和 Frank）求助的
学生的人数。现在想对这些数据执行一些基本的分析，可以得到图 12-2 所示的电子数据表。

	A	B	C	D	E	F	G	H
1								
2				Tutor				
3			Hal	Amy	Frank	Total	Avg	
4		1	12	10	13	35	11.67	
5		2	14	16	16	46	15.33	
6	Week	3	10	18	13	41	13.67	
7		4	8	21	18	47	15.67	
8		5	15	18	12	45	15.00	
9		Total	59	83	72	214	71.33	
10		Avg	11.80	16.60	14.40	42.80	14.27	
11								
12								

图 12-2　包含数据和计算的电子数据表

　　这张电子数据表包含待分析的原始数据和其他数据。例如，单元格 C4 存放的是 Hal 在
第 1 周辅导过的学生数。从 C4 到 C8 存放的是 Hal 在这 5 周中每周辅导的学生数。同样，
Amy 辅导的学生人数存放在 D4 到 D8 中，Frank 辅导的学生人数存放在 E4 到 E8 中。可以
把一行中的数据看作是意义相同的。在上面的例子中，每行中的数据是在任意指定的一周中
辅导教师辅导过的学生人数。

　　在单元格 C9、D9 和 E9 中，电子制表软件计算并显示出每位辅导教师在 5 周中帮助过
的学生的总数。在单元格 C10、D10 和 E10 中，还计算并显示了每位辅导教师平均每周帮
助的学生人数。同样，从 F4 到 F8 显示了每周受到（所有辅导老师）帮助的学生的总数。从
[390] G4 到 G8 是每周每位老师辅导的学生的平均数。

　　除了计算每位老师每周辅导的学生的总数和平均数外，电子制表软件还能够计算其他的
统计值。单元格 F9 是所有老师在 5 周中一共辅导过的学生人数。F10 是所有老师平均每周
辅导的学生人数，G9 是每位老师 5 周中平均辅导的学生人数。最后，G10 是每位老师平均
每周辅导的学生人数。

　　第 A 列和第 B 列中的数据以及第 2 行和第 3 行中的数据只是用作标签，说明了其余单
元格中存储的是什么值。这些标签只是为了便于人们理解，与计算无关。

　　注意，大多数电子制表软件允许用户控制单元格中的数据的外观和格式。用户可以设置
数据的字体、样式、颜色和对齐方式（如居中或左对齐）。对于实数值（如上面例子中的平

均数），可以设置显示多少位小数。在大多数电子制表软件中，用户还能够设置是否显示网格线（这个例子显示了网格线）、背景颜色或单元格的图案。用电子制表软件中的菜单选项或按钮可以设置这些用户首选项。

12.2.1 电子数据表公式

前面的例子中执行的几个运算使我们对辅导情况有了全局了解。这个例子说明执行这些运算相对来说是比较简单的。你可能会说，用计算器也能很快得到同样的统计数字。不错，不过电子数据表的好处在于易于修改和易于扩展。

如果已经正确建立了电子数据表，那么可以添加辅导老师，添加更多周的数据，或者更改已经存在的数据，对应的计算结果会自动更新。例如，尽管我们的例子中只有三位老师的数据，但这个表还可以处理几百位老师的数据。此外，它还可以轻松地处理一年的数据，而不只是 5 周的。

电子数据表的这种能力源于我们创建并存储在单元格中的公式。图 12-2 的例子中的所有总值和平均值都是用公式计算的。把公式存储在一个单元格中，这个单元格就会显示该公式的结果。因此，在查看电子数据表中的值时，有时很难分辨出单元格中的数据是直接输入的还是通过公式计算出的。

图 12-3 展示的电子数据表与图 12-2 中的相同，只是标示出了存放公式的单元格。这个例子中的公式（和许多电子制表软件一样）都是以等号（=）开头的。电子数据表就是通过这一点知道哪些单元格存放的是要计算的公式。

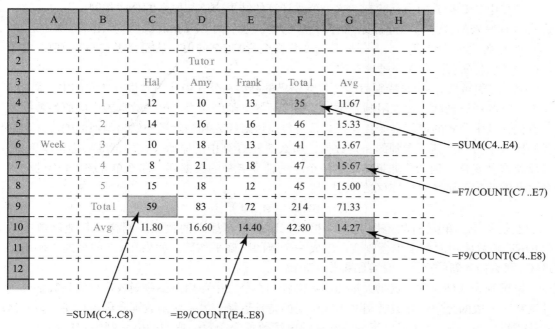

图 12-3 一些单元格中的公式

这个例子中的公式（通过列标号和行标号）引用了特定的单元格。在计算公式时，将用所引用的单元格中的值计算结果。每当电子数据表有变化，其中的公式都会被重新计算，所以表中的数据总是最新的。电子数据表是动态的，能对变化立即做出响应。如果改变第 2 周

中 Frank 辅导的学生数，那么使用这个值的总值和平均值都会被立刻重算，以反映修改过的
数据。

392 　　电子数据表中的公式可以利用使用标准符号（+、−、*和/）的基本数学运算，还可以
利用软件内置的**电子数据表函数**（spreadsheet function）。在前面的例子中，单元格 C9 使用
了 SUM 函数来计算 C4、C5、C6、C7 和 C8 的和。

　　电子数据表函数（spreadsheet function）：电子制表软件提供的可用于公式的计算函数。

　　由于函数通常作用于一系列连续的单元格，所以电子制表软件提供了一种便捷的方式来
指定单元格的**范围**（range）。从语法上来讲，范围是由两个圆点及两端加两个单元格标号构
成的。一个范围可以是一行中的一组单元格，如 C4..E4，也可以是一列中的一组单元格，如
C4..C8。此外，范围还可以是一个矩形块，指定了左上角的单元格标号和右下角的单元格标
号。例如，C4..E8 中包括单元格 C4 到 C8、D4 到 D8 和 E4 到 E8。

　　范围（range）：用端点指定的一组连续单元格。

　　图 12-3 中所示的几个公式使用了 COUNT 函数，用于计算指定范围内非空单元格的数
目。例如，单元格 G7 中的公式是用单元格 F7 中的值除以范围 C7..E7 中的非空单元格数
（即 3）。

　　G7 中的公式可以改写为下列形式：

$$=SUM（C7..E7）/3$$

　　根据电子数据表的当前状态，这个公式计算的结果应该与原来的公式相同。不过，这个
公式没有原来的公式那么好，原因有两点。其一，C7 到 E7 的和已经计算出来了（存在 F7
中），所以没必要再计算一次。任何数据变化都会影响 F7 的值，从而会影响 G7 的值。电子
数据表应该将所有这种关系考虑在内。

　　其二（更重要），除非特别适合，否则要尽量避免在公式中使用常量。在本例中，使用 3
作为预定的辅导老师人数就限制了添加或删除辅导老师的能力。电子数据表中的原始数据发
生变化，其中公式的值就会变化，公式自身也应该对插入和删除操作做出类似的响应。如果
我们插入了另一个辅导老师的一列数据，那么 F 和 G 列中的原始公式的范围将会自动更新，
以反映这种变化。例如，如果插入了一个新的辅导老师的数据列，那么单元格 F4 中的公式
会自动转移到单元格 G4，现在的公式是：

$$=SUM（C4..F4）$$

　　也就是说，单元格的范围会自动扩展，以加入新插入的数据。同样，其他函数中的
COUNT 函数使用的范围也会改变，生成一个新的正确平均数。如果在 G7 的公式中使用常
393 量 3，那么插入新的列后，计算结果就不正确了。

　　电子制表软件通常会提供大量的函数供我们在公式中使用。一些函数执行的是数学或统
计运算、一般的金融计算或者是文本或日期的特殊运算。另一些函数则允许用户建立单元格
间的逻辑关系。图 12-4 列出了一些常见的电子数据表函数。典型的电子制表程序会提供许
多这样的函数，以便用户在公式中使用。

　　电子数据表的另一灵活之处是能够整行或整列地复制值或公式。复制公式时，单元格
间的关系都将维持不变，因此很容易设置一整套类似的计算。例如，在上面的例子中，要在
单元格 F4 到 F8 中输入总值的计算公式，只需要在 F4 中输入这个公式，然后把它复制到整

个列即可。在复制的公式中，对单元格的引用会被自动更新，以反映新的公式所在的行。由于我们的例子比较小，只记录了 5 周的数据，所以复制操作不会节省太多操作。但请想象一下，如果我们记录了整年的数据，要创建 52 个求和公式，通过制表软件的复制功能，只需要一个操作就可以完成了。

函数	计算
SUM(val1, val2, ...) SUM(range)	指定的一组值的和
COUNT(val1, val2, ...) COUNT(range)	非空单元格的个数
MAX(val1, val2, ...) MAX(range)	指定的一组值中的最大值
SIN(angle)	指定角度的正弦值
PI()	π的值
STDEV(val1, val2, ...) STDEV(range)	指定的采样值的标准差
TODAY()	今天的日期
LEFT(text, num_chars)	指定文本的最左边的字符
IF(test, true_val, false_val)	如果test是true，则返回true_val，否则返回false_val
ISBLANK (value)	如果指定的值引用的是一个空单元格，则返回true

图 12-4　一些常见的电子数据表函数

另一位老年护理人员

　　Lively 是一款具有传感器的产品，可以向子女们反馈独居老人的状况。例如，老人是否从冰箱里拿出了东西？是否打开前门？是否打开了处方药瓶？随着美国 65 岁及其以上的人口的增加，在 2010 年至 2030 年间，预计从 4000 万增长到 7200 万，这种监视器的需求也必然会增加。[1]

394

Daniel Bricklin

　　本书中的许多传记介绍的都是计算机科学界的最高奖 ACM 图灵奖的获得者。除了图灵奖，ACM 还为 35 岁以下的年轻人设立了 Grace Murray Hopper 奖，以奖励他们的杰出贡献。这个奖项的要求是：

　　　　奖给本年度杰出的年轻计算机工作者……选拔的唯一标准是近来的学术贡献……候选人在做出具有候选资格的贡献时年龄不能超过 35 岁。

Daniel Bricklin 赢得了 1981 年的 Hopper 奖，颁奖辞如下：

　　　　"为了他对个人计算，尤其是 VisiCalc 的设计做出的贡献而授予他这个奖。Bricklin 在开发 Visual Calculator 时不遗余力，正体现了 ACM 要通过这个颁奖活动而维持的优秀和优雅的科学研究品质。"

Daniel Bricklin 生于 1951 年，是计算机时代的一员。他的大学生涯开始于 1969 年，在麻省理工学院就读数学专业，

注：Louis Fabian Bachrach/
Dan Bricklin 提供

不过很快就转读了计算机科学。他曾经在 MIT 的计算机科学实验室工作过，从事交互式系统的开发，并在此遇到了以后的商业合作伙伴 Bob Franksten。毕业后他受雇于 Digital Equipment Corporation（DEC）公司，致力开发计算机化的排版系统，协助设计 WPS-8 字处理产品。

1977 年，Bricklin 报读了哈佛商学院的 MBA 课程。在此期间，他开始构思一种能够像字处理器操作文本一样操作数字的程序。这种程序会对商业界带来巨大的冲击。他和昔日 MIT 的搭档 Bob Franksten 联手把这个梦想变成了现实。Bricklin 负责设计，Franksten 负责编程，第一款电子制表软件 VisiCalc 就这样诞生了。1978 年，他们成立了 Software Arts 公司，开始生产 VisiCalc，并把它推向市场。1979 年秋制造出了适用于 Apple Ⅱ 的版本，每个拷贝售价 100 美元。1981 年制造出了适用于 IBM PC 的版本。

Bricklin 相信软件不应该私有化，所以决定不为 VisiCalc 申请专利。尽管没有专利，但是这家公司在 4 年间雇员已经达到了 125 人。不过，一家新公司 Lotus 的出现对 VisiCalc 的销售造成了严重的冲击，他们发布的制表软件包 Lotus 1-2-3 功能更强大，用户界面也更友好。Software Arts 的销售受阻。经过 Software Arts 和 VisiCorp（营销 VisiCalc 的公司）之间漫长而昂贵的法庭之争后，Bricklin 被迫将公司出售给 Lotus Software。此后，Microsoft 公司的 Excel 胜过了 Lotus 1-2-3。无论 Lotus 1-2-3 还是 Excel，都是以 VisiCalc 为基础的。

在 Lotus Software 短期地担任顾问后，Bricklin 再次组建了一个新公司 Software Garden。作为这家公司的总裁，他开发了以软件为模型模拟软件的其他部分的程序，为此他获得了 1986 年由 Software Publishers Association 颁发的"最佳程序设计工具"奖。1990 年，他创立了 Slate 公司，为笔输入计算机开发应用软件。笔输入计算机是一种小型计算机，使用手写笔代替键盘输入。成立 4 年后，Bricklin 结束了 Slate，回归 Software Garden 公司。

1995 年，他成立了 Trellix 公司，这是一家发布技术的私人站点的领先提供商。2003 年，Trellix 被 Interland 收购。2004 年初，Bricklin 就作为主席回归 Software Garden 公司。2013 年，Bricklin 作为首席技术官加入 Alpha Software 公司。

当 Bricklin 被要求分享他对互联网的看法时，他回答说："大多数人都不理解。他们无法把握其基础的能力。"他把网络比喻成机动车早期的原始小路，当时没人预见到有一天会出现这么庞大的高速公路系统。"我们需要理解的不是那么多技术，"他解释道，"而是技术的发展以及它能创造什么。像电流和电话一样，电子商务使我们可以用技术来实现我们在做的事，而且做得更好。"

12.2.2　循环引用

电子数据表的公式中可以有**循环引用**（circular reference），即这种引用是不可能求解的，因为一个公式的结果最终是基于另一个公式的，反之亦然。例如，如果单元格 B15 中的公式如下：

$$=D22+D23$$

而单元格 D22 中的公式是：

$$=B15+B16$$

这就是一个循环引用。B15 的结果要使用 D22 的值,而 D22 的结果又是由 B15 决定的。

> **循环引用**(circular reference):在计算结果时要错误地彼此依赖的一组公式。

循环引用通常不会这么明显,可能会涉及多个单元格。图 12-5 展示了一个更复杂的情况。最终,单元格 A1 的结果是由 D13 决定的,反之亦然。电子制表软件通常能探测出这些问题并提示错误信息。

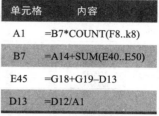

单元格	内容
A1	=B7*COUNT(F8..k8)
B7	=A14+SUM(E40..E50)
E45	=G18+G19–D13
D13	=D12/A1

图 12-5 不能解决的循环引用

12.2.3 电子数据表分析

电子数据表之所以有用,原因之一是它们具有多功能性。电子数据表的用户可以决定其中的数据表示什么以及数据间的关系。因此,电子数据表分析可以应用于任何领域。例如,我们可以用电子数据表来执行下述任务:

- 跟踪销售情况。
- 分析运动统计数字。
- 维护学生的成绩单。
- 保存汽车的维修记录。
- 记录和总结旅行开销。
- 跟踪项目活动和日常安排。
- 计划股票购买。

事实上,潜在的应用是无限多的。一般说来,电子数据表的运算在商业领域的大量特定情况中是不可或缺的。如果没有电子制表软件,你可能会无所适从。

电子数据表的动态特性也使得它极其有用。一旦正确建立了电子数据表公式,那么运算会将数据的更改、添加或删除自动考虑在内。

电子数据表的动态特性还提供了进行**模拟假设分析**(what-if analysis)的强大功能。我们可以在电子数据表中设置一些假设,然后通过改变适当的值来质疑这些假设。

> **模拟假设分析**(what-if analysis):修改电子数据表中表示假设的值,以观察假设的变化对相关数据有什么影响。

例如,假设我们创建了一张电子数据表用于估计举办一个研讨会的花费和潜在利润。我们可以输入参加者的人数、门票价格、资料费、会议室租金以及其他可能影响最终结果的数据,然后问自己假设分析的问题,看看随着各种条件的变化会出现哪些情况:

- 如果参加者人数减少了 10% 将会怎样?
- 如果门票价格增加了 5 美元将会怎样?
- 如果把资料费减少一半将会怎样?

在问这些问题的同时改变相应的数据。如果已经正确建立了所有公式间的关系,那么每个改变都会立刻向我们展示其他数据发生了哪些变化。

商业分析师以各种方式标准化了这一过程,电子制表软件成了他们日常工作的主要工具。成本效益分析、收支平衡计算以及预计销售估计都是通过组织电子数据表中的数据和公式来考虑适当的关系。

电子表格可视化

人们常说，图像胜过千言万语。这句话同样适用于数字。阅读原始数据往往很困难，并且极少能够提供像优秀的数据可视化表达提出的一样的见解。数据分析的目标是提供可以与他人进行交流的对数据的见解。

现代电子表格应用程序通常可以提供在电子表格中以多种形式的图表来展示数据的功能，例如条形图或饼图。事实上，图的类型可以不断拓展，而且可以通过最能传达你想强调的观点的方式进行定制。由 Microsoft Excel 绘出的一个图表如图 12-6 所示。

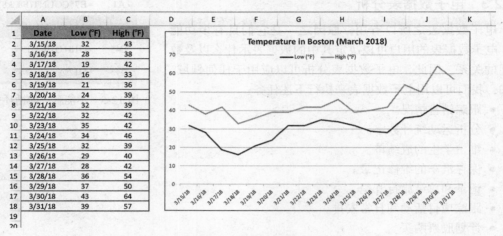

图 12-6 使用电子表格数据绘制出的图表

对于模拟假设分析，当数据变化的时候，产生的图表也会进行更改以反映变化。

12.3 数据库管理系统

几乎所有复杂的数据管理情况都要依靠下层的数据库和允许用户（人或程序）与之交互的支持结构。**数据库**（database）可以简单定义为结构化的数据集合。**数据库管理系统**（Database Management System，DBMS）是一组软件和数据的组合，由下列三部分构成：

- 物理数据库——存放数据的文件的集合。
- 数据库引擎——支持对数据库内容的访问和修改的软件。
- 数据库模式——存储在数据库中的数据的逻辑结构的规约。

> **数据库**（database）：结构化的数据集合。
>
> **数据库管理系统**（database management system）：由物理数据库、数据库引擎和数据库模式构成的软件和数据的组合。

数据库引擎与专用的数据库语言交互，这种语言允许用户指定数据的结构，添加、修改和删除数据，**查询**（query）数据库以获取指定的存储数据。

数据库**模式**（schema）提供了数据库中的数据的逻辑视图，独立于数据的物理存储方式。假设以一种有效的方式实现了数据库的物理结构，那么从数据库用户的观点来看，逻辑模式是更加重要的数据库视图，因为它展示了数据项之间的关系。

图 12-7 展示了数据库管理系统的各个组件之间的关系。用户先与数据库引擎软件交互，

398

决定或修改数据库的模式。然后再与数据库引擎软件交互，访问和修改存储在磁盘上的数据库的内容。

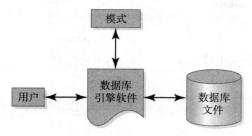

图 12-7 数据库管理系统的组件

> **查询**（query）：从数据库检索数据的请求。
> **模式**（schema）：数据库中数据的逻辑结构的规约。

12.3.1 关系模型

流行的数据库管理模型有几种，但是多年来占统治地位的还是**关系模型**（relational model）。在关系 DBMS 中，用**表**（table）组织数据项和它们之间的关系。表是**记录**（record）的集合。记录是相关**字段**（field）的集合。数据库表的每个字段都包含一个数据值。表中的每个记录都包含相同的字段。

> **关系模型**（relational model）：用表组织数据和数据之间的关系的数据库模型。
> **表**（table）：数据库记录的集合。
> **记录（或对象、实体）**（record（or object，entity））：构成一个数据库实体的相关的字段的集合。
> **字段（或属性）**（field（or attribute））：数据库记录中的一个值。

数据库表中的记录又叫数据库对象或实体。记录中的字段有时又叫作数据库对象的属性。

例如，考虑图 12-8 所示的数据库表，其中包含的是有关电影的信息。表中的每一行对应一条记录。表中的每个记录由相同的字段构成，其中存储了特定的值。也就是说，每条电影记录都包括 MovieId 字段、Title 字段、Genre 字段和 Rating 字段，存放了这条记录特有的数据。数据库表都有一个名字，在这个例子中是 Movie。

通常，表中会有一个或多个字段被标识为**键**（key）字段。键字段在表的所有其他记录中唯一标识了这个记录。也就是说，存储在表的每条记录的键字段中的值必须是唯一的。在 Movie 表中，MovieId 字段是键的合理选择，因为两部电影可能重名。当然，Genre 和 Rating 字段在这个例子中不适合作为键字段。

> **键**（key）：在表的所有记录中唯一标识一个数据库记录的一个或多个字段。

键字段 MovieId 中的每个值都必须是唯一的。大多数 DBMS 可以自动生成这种字段，以确保实体的唯一性。不过这并不要求键值是连续的。上表中的最后三个实体包含的是截然不同的电影标识编号。只要它们是唯一的，MovieId 字段就可以作为键。

MovieId	Title	Genre	Rating
101	Sixth Sense, The	thriller horror	PG-13
102	Back to the Future	comedy adventure	PG
103	Monsters, Inc.	animation comedy	G
104	Field of Dreams	fantasy drama	PG
105	Alien	sci-fi horror	R
106	Unbreakable	thriller	PG-13
107	X-Men	action sci-fi	PG-13
5022	Elizabeth	drama period	R
5793	Independence Day	action sci-fi	PG-13
7442	Platoon	action drama war	R

图 12-8　由记录和字段构成的数据库表 Movie

图 12-8 中的 Movie 表碰巧是按照 MovieId 值的升序排列的，也可以用其他方式（如电影名的字母顺序）排列表中的记录。在这个例子中，数据表中的行之间没有任何内在的关系。关系数据库表只是数据的逻辑视图，与底层的物理组织（记录是如何存储在硬盘上的）毫无关系。只有在查询数据库的特定值时，记录的排序才比较重要，例如查询所有 Rating 是 PG 的电影，这时我们可能想按照电影名对查询的结果排序。

表的结构反映了它所表示的模式。也就是说，模式是表中的记录的属性的表达式。可以如下表示上例中的数据库的模式：

Movie (MovieId:key, Title, Genre, Rating)

有时，在模式表示法中还会说明每个字段中存储的数据的类型，如数字或文本，此外还可能说明某个字段可用的值集合。例如，在这个例子的模式中，可以说明 Rating 字段的值只能是 G、PG、PG-13、R 或 NC-17。整个数据库的模式由其中每个表的模式构成。

假设我们想创建一项电影租赁业务。除了出租的电影的清单外，还要创建一个信息库表存放客户信息。图 12-9 中的表 Customer 存放了客户的信息。

CustomerId	Name	Address	CreditCardNumber
101	Dennis Cook	123 Main Street	2736 2371 2344 0382
102	Doug Nickle	456 Second Ave	7362 7486 5957 3638
103	Randy Wolf	789 Elm Street	4253 4773 6252 4436
104	Amy Stevens	321 Yellow Brick Road	9876 5432 1234 5678
105	Robert Person	654 Lois Lane	1122 3344 5566 7788
106	David Coggin	987 Broadway	8473 9687 4847 3784
107	Susan Klaton	345 Easy Street	2435 4332 1567 3232

图 12-9　存放客户数据的数据库表 Customer

与 Movie 表一样，Customer 表也有一个作为键的 CustomerId 字段。某些 CustomerId 的值与 MovieId 的值相同，这无关紧要。键的值只需要在同一张表中是唯一的。

在真实的数据库中，最好把 Customer 表的 Name 字段分为 FirstName 和 LastName 两个字段。此外，完整的地址也可分为几个部分，如 City 和 State。在这个例子中，我们尽量把事情简单化。

Movie 表和 Customer 表说明了如何用独立的表中的记录组织数据。不过，关系数据库管理系统的真正强大之处在于能创建把各个表从概念上联系起来的表，下一节将讨论这项功能。

它们会停止吗？

以下是另一个电子邮件诈骗："我是新加坡 UOB 银行查账委员会的主席 Cham Tao Soon，这里有一个一亿五千万欧元的项目很适合您，成功转让之后，我们将按照您 40% 我们 60% 的比率进行分摊，回复可以了解详情。"请当心任何这些听起来太好以至于不可能为真的信息！[2]

12.3.2 关系

回顾一下，记录表示的是独立的数据库对象，记录的字段是这些对象的属性。可以创建一个记录来表示对象之间的关系，包括记录中的属性关系。因此，可以用一张表来表示对象间的关系的集合。

继续使用上面关于出租电影的例子，我们要能够表示特定的客户租了特定电影的情形。由于"租用"是客户和电影之间的关系，所以可以把它表示为一个记录。租用的日期和到期日是记录中这种关系的属性。图 12-10 中的表 Rents 就是表示当前被租用的电影的关系记录的集合。

CustomerId	MovieId	DateRented	DateDue
103	104	3-12-2018	3-13-2018
103	5022	3-12-2018	3-13-2018
105	107	3-12-2018	3-15-2018

图 12-10　存储当前被租用的电影的数据库表 Rents

Rents 表包含有关关系中的对象（客户和电影）的信息和关系的属性。不过要注意，它并不包含客户和电影的所有数据。在关系数据库中要尽量避免数据重复。例如，在 Rents 表中没有必要保存客户的名字和地址，Customer 表已经存储了这些数据。当需要这些数据时，用存储在 Rents 表中的 CustomerId 来查找 Customer 表中该客户的详细数据。同样，当需要出租的电影的数据时，用 MovieId 检索 Movie 表即可。

注意，在 Rents 表中，CustomerId 的值中出现了两次 103，这说明同一个客户可以租借两部电影。

数据库表中的数据会根据需要被修改、添加和删除。当给库存添加了电影或从中删除电影时，Movie 表中的记录都要更新。当有新客户加入时，需要把他们添加到 Customer 表中。随着电影不断地被租出去或还回来，还要添加或删除 Rents 表中的记录。

通用产品代码

　　在查看大多数产品的包装时，你会发现通用产品代码（UPC）和与之关联的条形码，如插图所示。使用 UPC 是为了加快在商店购买商品的速度，以及帮助跟踪库存。

　　UPC 符号由机器能识别的条形码和人能识别的 12 位 UPC 编号组成。UPC 编号的前 6 位数字是制造商的身份编号。例如，General Mills 的制造商身份编号是 016000。接下来的 5 位数字是项目编号。每种类型的产品和同一产品的不同包装都有一个唯一的项目编号。例如，两升装的可口可乐与两升装的健怡可乐项目编号不同，10 盎司装的 Heinz 番茄酱与 14 盎司装的项目编号也不同。

UPC 符号

　　最后一位 UPC 编号叫作校验数位，扫描器可以用它确定扫描的 UPC 编号是否正确。校验数位是通过对 UPC 编号的其余数位的计算得来的。在读入 UPC 编号后，扫描器将对它执行运算，用校验数位进行验证（更多有关校验数位的信息请参阅第 18 章）。

　　针对某些产品，尤其是小产品，开发了新的 UPC 编号法，通过减少某些数位（所有 0）从而缩短了 UPC 编号。采用这种方法，可以减小整个 UPC 符号的大小。

　　注意，UPC 编号并不存储产品的价格。当收银机（更正式的叫法是电子收款系统，POS）扫描一个产品时，它将使用 UPC 编号中的制造商编号和项目编号在数据库中检索该项目，而数据库则包含大量的产品信息，包括它的价格。UPC 编号中只保留基本的信息，这样不必更改产品的标签，就可以很容易地更改其他信息（如价格）。不过，无论是否是有意的，这样容易产生"扫描器欺骗"的问题，即一个产品在数据库中的价格与它在货架上的价格不符。

402
~
403

12.3.3　结构化查询语言

　　结构化查询语言（Structured Query Language，SQL）是一种用于管理关系数据库的综合性数据库语言，它包括指定数据库模式的语句和添加、修改及删除数据库内容的语句。顾名思义，它还具有查询数据库以获取特定数据的功能。

> **结构化查询语言**（Structured Query Language，SQL）：用于管理和查询数据的综合性关系数据库语言。

　　SQL 的原始版本是 20 世纪 70 年代由 IBM 开发的 Sequal 语言。1986 年，美国国家标准化组织（ANSI）发布了 SQL 标准，这是访问关系数据库的商用数据库语言的基础。

　　SQL 不区分大小写，因此其中的关键字、表名和属性名可以是大写的、小写的或大小写混合的。空格被用作语句中的分隔符。

1. 查询

　　首先我们来介绍简单的查询。select 语句是查询的主要工具。基本的 select 语句包括一个 select 从句、一个 from 从句和一个 where 从句：

select *attribute-list* from *table-list* where *condition*

select 从句决定了返回哪些属性。from 从句决定了使用哪个表进行查询。where 从句限制了返回的数据。例如：

select Title from Movie where Rating = 'PG'

这个查询的结果是 Movie 表中所有 Rating 为 PG 的电影名的列表。如果不需要特殊的限制，可以省略 where 从句：

select Name, Address from Customer

这个查询返回的是 Customer 表中所有客户的名字和地址。select 从句中的星号（*）表示要返回选中的记录中的所有属性：

select * from Movie where Genre like '%action%'

这个查询返回的是 Movie 表中 Genre 属性包含单词 action 的记录的所有属性。SQL 中的 like 操作符执行的是字符串的模式匹配，符号 % 与任何字符串都匹配。

select 语句还可以用 order 从句指定查询结果的排序方法：

select * from Movie where Rating = 'R' order by Title

这个查询返回的是 Rating 为 R 的电影的所有属性，按照电影名排序。

SQL 支持的 select 语句的变体比我们这里介绍的多得多。我们的目标只是给你介绍数据库的概念。要精通 SQL，你还需要掌握更多的细节。

2. 修改数据库的内容

用 SQL 中的 insert、update 和 delete 语句可以改变表中的数据。insert 语句可以给表添加一条新记录。每个 insert 语句都指定了新记录的属性值。例如：

insert into Customer values (9876, 'John Smith', '602 Greenbriar Court', '2938 3212 3402 0299')

这个语句在 Customer 表中插入一条指定了属性的新记录。

update 语句可以改变表中的一条或多条记录的值。例如：

update Movie set Genre = 'thriller drama' where title = 'Unbreakable'

这个语句将把电影 Unbreakable 的 Genre 属性改为 thriller drama。

delete 语句可以删除表中与指定的条件匹配的所有记录。例如，如果要删除 Movie 表中所有 Rating 为 R 的电影，可以使用下列 delete 语句：

delete from Movie where Rating = 'R'

与 select 语句一样，insert、update 和 delete 语句也有许多变体。

SQL 的数学基础

SQL 的操作中混有代数，用于访问和操作关系表中的数据。这种代数是由 IBM 的 E.F.Codd 定义的，他的贡献使他赢得了图灵奖。SQL 的基本操作包括：

- *Select* 操作，用于识别表中的记录。
- *Project* 操作，用于生成表中列的子集。
- 笛卡儿乘积操作，用于连接两个表的行。

其他还有集合操作联合、求差、求交集、自然连接（笛卡儿乘积的子集）和除法。

12.3.4 数据库设计

要想使数据库完成自己的任务，那么从开始就要认真设计它。早期拙劣的计划会导致数据库不能支持必要的关系。

一种常用的设计关系数据库的方法叫作**实体关系（ER）建模**（Entity-Relationship（ER）modeling）。ER 建模的主要工具是 ER 图。**ER 图**（ER diagram）用图形化的形式捕捉重要的记录类型、属性和关系。数据库管理员可以根据 ER 图定义必要的模式，创建适合的表来支持由图指定的数据库。

> **实体关系（ER）建模**（Entity-Relationship（ER）modeling）：设计关系数据库的常用方法。
>
> **ER 图**（ER diagram）：ER 模型的图形化表示。

图 12-11 所示的 ER 图展示了电影租赁这个例子的各个方面。ER 图用特定的形状来区分数据库的不同部分。矩形表示记录的类型（可以把它看作数据库对象的类），椭圆表示记录的字段（或属性），菱形表示关系。

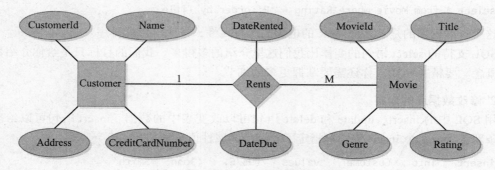

图 12-11　电影租赁数据库的 ER 图

虽然 ER 图中各个元素的位置并不重要，但认真布置它们会使图更易于阅读。注意，像 Rents 这样的关系也可以有自己的关联属性。

此外还要注意关系连接线上的标签，一边是 1，另一边是 M。这些标号说明了关系的**基数约束**（cardinality constraint）。基数约束限制了一次可以存在的关系数量。一般的基数关系有三种：

- 一对一
- 一对多
- 多对多

> **基数约束**（cardinality constraint）：在 ER 图中，一次可以存在于实体间的关系数量。

客户和电影之间的关系是一对多的。也就是说，一位客户可以租借多部电影，但（任何时刻）一部电影却只能租借给一位客户。基数约束有助于数据库设计者表达关系的细节。

12.4　电子商务

计算机应用得越来越广的领域是**电子商务**（electronic commerce）领域。电子商务中的购买行为是通过万维网进行的，它包括市场、营销以及购买产品和服务的所有方面，还包括

诸如银行交易的其他金融服务。近期，越来越多的人转向网购，并将其作为他们购物的第一
选择。

> **电子商务**（electronic commerce）：使用万维网买卖物品及服务的过程。

当网络在 1994 年第一次冲进公众视野时，很多人预测它将对我们做生意的方式产生很
大的影响。事实上，电子商务用了很多年从没有被人们充分信任，而且功能也不足以扎根于
我们的文化产业。2001 年 ".com" 崩溃，电子商务不但没有减少，似乎还帮助组织为合法
的商业模式铺平了道路，创造了为自己在网上推广的地方。在此期间，除了新兴纯粹的网上
业务大量涌现外，传统的实体企业也开始出现在线上。

Amazon.com（亚马逊网）是网络上最悠久的电子商务网站之一，在开始的很多年并没
有从中获利。但是，通过坚韧的（有时是痛苦的）成长，它已成为一个新型的电子商务购物
平台。eBay（易趣）是一个流行的拍卖网站，允许任何人在网上销售自己的产品，即使至今
依然没有正式的基础业务。如今，许多零售商只通过 eBay 进行交易。像 PayPal（贝宝）这
样的企业通过抽象买方的财务细节使得网上购物的过程变得容易得多，这也正是其在电子商
务成功的关键。事实上，eBay 在 2002 年收购了 PayPal。像许多在线网站一样，eBay 使用
PayPal 作为电子支付系统的唯一支付平台。

网络技术的发展和背后的驱动力是电子商务成功的一个主要因素。在线应用程序能够提
供增强的用户交互能力在这一增长中是至关重要的，因为安全协议和其他允许电子资金安全
传输的技术在同时发展。

电子购物车是电子商务过程中的一个关键组成部分，它允许用户保持一个持续购买物品
的容器，并允许用户在一个单一的交易中购买这些物品。许多电子商务网站跟踪用户的购买
行为，并为用户提出其可能感兴趣的其他产品的建议。这是电子商务不容易被传统商店购买
所复制的一个方面。

电子商务成功的另一个重要方面是消费者对网店卖家如何售卖的理解的演变。也就是
说，最好的电子商务网站允许用户用各种方法搜索并比较各种产品。同样，这些功能使得用
户的体验经常超过逛实体店时的用户体验。

电子商务还有的最大挑战之一就是需要确保在固有的财产交易过程中的安全性。很多人
仍对在网上开展业务表示很大的担忧，但是人们对网上交易的信任正在迅速增长。事实上，
计算机所需的安全性比以前更大了。

> **二手市场**
>
> 可以很容易地在像 eBay 和 Craigslist 这样的网站上出售不需要的用品。有专家预测，二次拍
> 卖行业最终可能会改变人们买东西的思维方式。当物品变得更加容易转售时，人们在购买物品时就
> 会将这个因素考虑在内。这种趋势可能会导致出现越来越多的商品的临时所有权，人们有效地 "租
> 赁" 东西，而不是购买物品之后将其废弃。

12.5 大数据

本章所讨论的信息系统可以处理很多数据，然而数字化时代正在以各种各样的方式改变
着整个领域。我们的每一个举动几乎都会产生数据。当我们网上购物时，当在社交媒体发帖
时，当使用手机的 GPS 追踪时，我们都留下了数字化的痕迹。专家认为，如今每两天人类

总共产生的数据就和从上古时代到 2000 年产生的数据总量相等。

这种境况孕育出了术语**大数据**（big data），它指的是数据集在非常巨大和复杂的情况下，我们至今讨论过的信息系统（如电子表格和数据库）无法处理它们。大数据技术的细节已经超出了本书的范畴，但是理解到它日益增长的重要性非常重要。

> **大数据**（big data）：不能够使用传统管理办法（如电子表格和数据库）处理的大数据集。

大数据会带来更广阔的眼界。对于某些事情的了解越多，就能更好地如你所愿地管理和使用这些数据。大数据技术允许我们比较更多的数据、展示之前被隐藏起来的关系。

大数据对于电子商务的好处非常多，对于数据的额外发现可以展现消费者想要买的东西，以及他们何时会想购买这些商品。它还可以帮助公司更高效地运作。在未来，使用数据驱动并且将数据作为战略资产的企业将会比那些没有使用的企业占据更多的优势。

大数据还对传统的商业模型产生了巨大的影响。医疗组织正在使用大数据手段来分析大量的药物记录和图像，这可以帮助它们诊断病情和开发新药物。海量的传感器数据正被用来预测和对自然灾害做出响应。公安力量正在使用公开和私有数据集来预测和防止犯罪。

但是这种新的发现会付出一些代价，大数据面临着以下挑战：

- 大数据集经常包含各种各样的数据——不仅仅是基本数字数据、文档、图像，还包括多媒体元素（如音频、视频和动画等）。
- 储存大数据需要大量的辅助存储器。
- 为了进行分析并且转换成有用的信息，数据需要被选取和组织，而这需要强大的处理能力。
- 大数据通常包含敏感的个人信息，而保护大数据需要妥善的技术和有条理的规划。

为了处理大数据而建立的信息系统必须能够快速而全面地对数据进行分级，这也就意味着当获得新数据的时候，信息系统采取的技术必须能够承担负载。如果信息系统不能够充分分级，那么为了不停止运作，它就会限制使用数据的方式。

因此，处理大数据需要进行严密的规划以及具体的可计算的解决方案。这经常涉及基于数据进行模拟以及重试直到找出解决方案的自动化过程。

电子表格和数据库很有可能会一直在计算领域扮演重要的角色，因为不是所有的问题都必须通过大数据来解决。然而，理解到未来大数据在计算领域起到的日益增长的重要作用非常重要。

小结

信息系统是让用户组织和管理数据的应用软件。一般信息系统软件包括电子制表软件和数据库管理系统。其他领域（如人工智能）也有自己专用的数据管理技术和支持。

电子制表软件是用单元格来组织数据和用于计算新值的公式的应用软件。用行列标号可以引用单元格，如 A5 或 B7。公式通常会引用其他单元格中的值，还会使用内置函数来计算结果。此外，公式还可以使用一个单元格范围内的数据。如果单元格中存放的是公式，那么单元格中真正显示的是公式计算出的值。对于电子数据表中的公式，避免循环引用（两个或多个单元格的计算结果要互相依赖）很重要。

电子数据表具有多功能性和可扩展性。它们适用于多种不同的情况，能够对变化动态地做出响应。如果电子数据表中的值被改变了，相关的公式会自动重新计算，生成最新的结果。如果给电子数据表添加了行或列，那么公式的范围也会被立刻校正。电子数据表尤其适用于模拟假设分析，其中的假设值将被不断修改，以了解对系统其他数据的影响。

数据库管理系统包括存储数据的物理文件、支持数据访问和修改的软件以及指定数据库的逻辑布局的数据库模式。关系模型是目前最常用的数据库方法。它用表组织数据，表由记录（对象）构成，记录由字段（属性）构成。每个表会被指派一个键字段，键字段的值唯一标识了表中的每个记录。

数据库元素之间的关系可以用新的表表示，这些表也可以有自己的属性。关系表并不是重复其他表的数据，而是存储数据库记录的关键值，以便需要的时候能够查找详细的数据。

结构化查询语言（SQL）是查询和操作关系数据库的语言。select 语句用于查询操作，它具有很多变体，能够访问数据库中的特定数据。其他 SQL 语句能对数据库执行添加、修改和删除数据的操作。

数据库一定要仔细设计。实体 – 关系建模和其相关联的 ER 图是常用的数据库设计方法。ER 图图形化地描述了数据库对象之间的关系，说明了它们的属性和基数约束。

电子商务是通过互联网购买和销售服务的过程。随着电子商务已经变得越来越流行，在互联网上销售的物品不得不采取越来越严格的安全措施来确保其诚信度。

大数据是用来形容无法使用电子表格和数据管理系统来处理的大规模数据。使用大数据技术分析出的结果非常重要，但还需要我们克服存储、管理和分析比人类曾经管理过的更多的数据的挑战。

道德问题：政治与网络

互联网已经改变了总统竞选的方式。只要看看近几届总统大选就可以看出网络资源展现的强大的影响力，它影响了竞选资金、政客的举止以及选民的立场。

筹集总统竞选捐款的单日纪录是由罗恩·保罗（共和党）创造的。通过互联网捐款，他在 2007 年的一天筹集了 600 万美元。更值得注意的是霍华德·迪恩（民主党），他于 2004 年使用互联网作为他"50 州战略"的基本工具。虽然在选举中被击败，但是没有人能否认迪恩在互联网开拓"100 美元革命"筹集竞选资金的成功，有 200 万美国人为迪恩的竞选捐献了 100 美元，使他能够与共和党候选人乔治 W. 布什相争夺。在迪恩之后，奥巴马也有大量竞选资金来自互联网和小额捐助者，占到了他 6.39 亿美元竞选资金的近一半，其中有 300 万捐助者捐助了 300 美元或更少。由于了解一个成功的竞选活动依赖于它的现金流，因此奥巴马利用大量时间在社交网络和互联网上直接筹集竞选资金。

在 2008 年的大选中，候选人的网站成为他们的竞选支持者和获取信息犹豫不决的人的焦点。两人还使用其他互联网工具，还有成千上万的个人博客网站和论坛。互联网可以让候选人能够迅速通过简单编辑的文本和视频对负面评价做出快速的回应。

在 2012 年，大家普遍认为奥巴马是通过他的团队对互联网的数据挖掘技术而赢得的选举。引用 *Time* 的评论，"数据驱动决策在第 44 届总统大选的第二阶段非常重要，也会是 2012 年更为密切研究的因素之一。"对于 2012 年的竞选，奥巴马的团队管理人 Jim Messina 承诺将会由公制驱动。当年竞选的数据分析部门的规模是 2008 年竞选时数据分析部门规模的 5 倍。两年来他们一直对数据进行收集、存储和分析。而这种数据采集和挖掘帮助奥巴马获得了 1 亿美元的资金，并且还建立了处于摇摆状态的选民的细节模型。除此之外，这种技术还更新了投放电视广告的方式。[3]

2016 年的总统大选见证了互联网以全新的方式影响了总统政治，虽然这种方式有时很让人困扰。在互联网的高峰段，筹集资金和信息共享充斥着互联网，而政客向选民传达的信息也会有有趣的转折。政客们往往会想尽一切可以诋毁对手的方法，但是 Donald Trump 通过社交媒体采用了前所未有的方式。

在共和党初选阶段，唐纳德·特朗普（Donald Trump）使用 Twitter 来称呼他的对手的名字，Marco Rubio 被称为"Little Marco"，而 Ted Cruz 被称为"Lyin' Ted"，Jeb Bush 被称为"Low-Energy Jeb"。随着特朗普赢得初选的形式逐渐明朗，他将目光转向了民主党，称 Hillary Clinton 为"Crooked Hillary"，称 Bernie Sanders 为"Crazy Bernie"。

特朗普对社交媒体的使用方式震惊到了很多人，人们认为这种方式并不是总统所为，而且涉及了网络欺凌。然而特朗普的支持者却说，他们支持特朗普因为"他只是说了他看到的东西。"许多人认为特朗普最终会改善他的言辞，然而事实并非如此。在他赢得总统大选之后，他继续使用 Twitter 记录日常，抨击那些反对他或者反对他观点的人。

在特朗普的任期内，他的职员有的时候会惊讶地通过 Twitter 得知一项政策决定，导致他们抓狂。在 2018 年，时任国务卿 Rex Tillerson 还是在 Twitter 上才知晓他被特朗普炒了鱿鱼。[4]

特朗普对 Twitter 的使用对于美国政府的每日活动产生了重要影响，而这种影响是好是坏至今仍在争议。

其他国家也通过社交媒体影响着投票。美国情报局认为俄罗斯政府干涉了美国 2016 年总统大选，损害 Hillary Clinton 的竞选活动而鼓吹了她的对手参选人。

再者，俄罗斯政府通过专门创建的用户和在线广告（用卢布进行支付），在社交媒体（如 Facebook）积极地散布虚假新闻。[5]

411
~
412
截至本文所写之际，由特别检察官 Robert Mueller 领导的调查正在进行中，它对俄罗斯的干扰进行调查，并且试图发掘 Donald Trump 竞选和俄罗斯政府之间的联系。

关键术语

大数据（big data）	键（key）
基数约束（cardinality constraint）	查询（query）
单元格（cell）	范围（range）
循环引用（circular reference）	记录（或对象、实体）(record（or object，entity）)
数据库（database）	关系模型（relational model）
数据库管理系统（database management system）	模式（schema）
电子商务（electronic commerce）	电子制表软件（spreadsheet）
实体关系（ER）建模（entity-relationship（ER） modeling）	电子数据表函数（spreadsheet function）
ER 图（eR diagram）	结构化查询语言（structured Query Language，SQL）
域（或属性）(field（or attribute）)	表（table）
信息系统（information system）	模拟假设分析（what-if analysis）

练习

判断练习 1～20 中的陈述的对错：

    A. 对   B. 错

1. 电子数据表中的单元格只能存放原始数据。

2. 可以以各种方式格式化电子数据表中的值。

3. 应该使电子数据表能够自动反映出数据的变化。

4. 电子数据表函数是用户为计算而编写的程序。

5. 可以指定一行单元格作为单元格的范围，也可以指定一列，但是不能同时用行列指定一块单元格。

6. 电子数据表中的循环引用是很强大、很有用的特性。

7. 电子数据表对执行模拟假设分析很有用。

8. 模拟假设分析一次只会影响电子数据表中的一个值。

9. 数据库引擎是支持对数据库内容的访问的软件。

10. 物理数据库表示了数据库中数据的逻辑结构。

11. 查询是对数据库信息的请求。

12. 可以采用多种方式结构化查询的结果。

13. 分层模型是目前最常用的数据库管理模型。

14. 数据库表是记录的集合，记录是域的集合。

15. 表的键字段的值能唯一标识表中的一个记录。

16. 数据库引擎要访问和修改数据库，通常需要与一种特定的语言交互。

17. 实体 – 关系（ER）图以图形的形式表示了主要的数据库元素。

18. 关系的基数限制了一次能够存在的关系的数量。

19. 电子商务是在线保留财务记录（如可支付商户）的过程。

20. .com 的崩溃促进了电子商务。

为练习 21 ～ 25 中的问题找到匹配的答案。

A. 动态的	B. 函数
C. 循环	D. 范围
E. 模式	F. 字段

21. 电子数据表是 _____，因为它能够立即响应数据的变化，更新所有受影响的数据。

22. 电子数据表的公式可以对单元格的 _____ 进行操作，如 C4..C18。

23. 数据库 _____ 是数据库中的数据的逻辑结构规约。

24. 当一个公式的结果最终由另一个公式决定，反之亦然时，将发生 _____ 引用。

25. _____ 只包含一个数据值。

练习 26 ～ 38 是问答题和简答题。

练习 26 ～ 34 使用下列学生成绩单的电子数据表。

	A	B	C	D	E	F	G	H
1						Grades		
2				Exam 1	Exam 2	Exam 3	Average	
3								
4			Bill	89	33	80	67.3333	
5			Bob	90	50	75	71.6666	
6			Chris	66	60	70	65.3333	
7			Jim	50	75	77	67.3333	
8		Students	Judy	80	80	80	80	
9			June	83	84	85	84	
10			Mari	87	89	90	88.6666	
11			Mary	99	98	90	95.6666	
12			Phil	89	90	85	88	
13			Sarah	75	90	85	83.3333	
14			Suzy	86	90	95	90	
15		Total		893	839	912	881.333	
16		Average		81.1818	76.2727	82.9090	80.1212	

26. Exam 2 的成绩是多少？

27. Exam 1 的平均分是多少？

28. Sarah 的平均分是多少？

29. Mari 第三次测验的成绩是多少？

30. Suzy 的测验成绩是多少？

31. F15 存放的公式是什么？

32. D16 存放的公式是 D15/COUNT（D4..D14），与之计算结果相同的公式是什么？

33. E13 存放的公式是什么？

34. 如果 Phil 的 Exam 2 成绩被更正为 87，那么哪些值会改变？

35. 什么是电子数据表循环引用？它有什么问题？

36. 图 12-5 展示了一个非直接的循环引用，再给出一个这样的例子。

37. 什么是模拟假设分析？

38. 如果要用电子数据表来制定计划并跟踪某些股票的购买情况，请列举一些模拟假设分析的问题。请解释如何建立一个电子数据表来帮助回答这些问题。

练习 39 ～ 42 使用本书网站上提供的数据表表单或使用真正的电子制表软件来设计电子数据表。对于这些问题，你的导师可能会提供更明确的指示。

39. 设计一个电子数据表，记录你喜欢的棒球联赛队的统计信息，包括跑垒、击球、失误和击球跑垒得分（RBI）的数据。计算每个队员的统计数据和整个队的统计数据。

40. 设计一个电子数据表来维护一组学生的成绩表。包括测验和项目的成绩，在计算每位学生的最终成绩时要进行加权。计算全班学生每次测验和每个项目的平均分。

41. 假设你要进行一次商务旅行。设计一个电子数据表记录你的开销，创建一个总计值。要包含旅行的方方面面，如车程、机票费用、酒店费用等（如出租车费和小费）。

42. 设计一个电子数据表，预测一个特定项目的活动，然后跟踪这些活动。列出这些活动、预测的活动日期和实际的活动日期以及时间安排的偏差。还可以添加其他合适的数据。

43. 比较数据库和数据库管理系统。

44. 什么是数据库模式？

45. 描述关系数据库的一般组织形式。

46. 什么是数据库的字段（属性）？

47. 在图 12-8 的数据库表中还可以再加入哪些字段（属性）？

48. 在图 12-9 的数据库表中还可以再加入哪些字段（属性）？

49. 什么是关系数据库表的键？

50. 请说明图 12-9 中的数据库表的模式。

51. 在关系数据库中如何表示关系？

52. 定义一个 SQL 查询，返回 Customer 表中的所有记录的所有属性。

53. 定义一个 SQL 查询，返回 Rating 为 R 的所有电影的 MovieId 编号和名字。

54. 定义一个 SQL 查询，返回 Customer 表中住在 Lois Lane 的每位客户的地址。

55. 定义一个 SQL 语句，把电影 Armageddon 插入 Movie 表。

56. 定义一个 SQL 语句，更改 Customer 表中 Amy Stevens 的地址。

57. 定义一个 SQL 语句，删除 CustomerId 是 103 的客户。

58. 什么是 ER 图？

59. 在 ER 图中如何表示实体和关系？

60. 在 ER 图中如何表示属性？

61. 什么是基数约束？在 ER 图中如何表示它们？

62. 三种一般的基数约束是什么？

63. 设计一个数据库，存储有关图书馆中的图书的数据、使用它们的学生的数据和一段时间内借书能力的数据。创建这个数据库的 ER 图和样表。

64. 设计一个数据库，存储有关大学开设的课程的数据、教授这些课程的老师的数据和选择这些课程的学生的数据。创建这个数据库的 ER 图和样表。

65. 哪些基于网络的技术使电子商务可行？

66. 什么是大数据？它是怎么和电子表单与数据库联系在一起的？

67. 列举大数据分析的三个挑战。

思考题

1. 除了本章列举的例子，另外想出 5 个需要使用电子数据表的情况。

2. 除了本章列举的例子，另外想出 5 个需要建立数据库的情况。

3. 使用计算机化的数据库是不是意味着可以抛弃文件夹呢？哪种类型的文件夹仍然是必需的？

4. 美国选举花费如此之高的原因之一是选举持续很长时间。英国只有大约六个候选人竞选周。缩短选举周期是一个好主意吗？使用互联网传播信息是否会影响你的回答？

5. 互联网如何改变政治竞选的经费？对于经费的变化是好事还是坏事？

6. 你是否曾参与过近些年的竞选呢？又是从哪里得到信息的呢？你认为那些信息源是怎么影响你的立场的呢？

7. 互联网对于民主化进程的利弊为何？

8. 互联网是否支持了政治极端分子呢？

9. 你如何看待特朗普对 Twitter 的使用呢？

人工智能

计算的一个子学科——人工智能（Artificial Intelligence，AI）在许多方面都非常重要。它向许多人展示了计算的未来：计算机发展得更像人类了。对另一些人来说，人工智能则是应用新技术来解决问题的途径。

提到人工智能，可能会唤起你各种各样的联想，如会下棋的计算机或者能够做家务的机器人。这些当然属于人工智能，不过人工智能远远不止于此。从普通的到怪异的，AI 对许多类型的应用程序的开发都有影响。人工智能打开了新世界的大门，这是计算领域的其他子学科做不到的。它在采用最新技术的应用程序开发中扮演着至关重要的角色。

目标

学完本章之后，你应该能够：

- 区分人类可以解决得最好的问题和计算机能够解决得最好的问题。
- 解释图灵测试。
- 定义知识表示的含义，并说明在语义网中如何表示知识。
- 为简单的情况开发检索树。
- 解释专家系统的处理。
- 解释生物神经网络和人工神经网络的处理。
- 列出自然语言处理的各个方面。
- 解释自然语言理解中的各种二义性。

418
~
419

13.1 思维机

计算机是令人吃惊的设备。它们可以绘制复杂的三维图像，处理整个公司的工资表，判断正在建造的大桥是否能承受预计的交通压力。然而要它们理解一个简单的对话却很困难，它们可能分不清什么是桌子，什么是椅子。

当然，有些事计算机会比人类做得好。例如，要用纸和笔求 1000 个 4 位数的加法，虽然你也可以做，但是要花很长的时间，还很可能出错。计算机却只要不到 1 秒的时间就能给出准确无误的计算结果。

但是，如果要指出图 13-1 中所示的猫，你会毫不犹豫地指出它。而计算机就很难做到这一点，而且很可能出错。人类对这种类型的问题具有大量的知识和推理能力，我们仍然在努力尝试用计算机执行类似人类的推理。

在现代技术中，虽然计算机擅长计算，但却不擅长需要智能的任务。**人工智能**（Artificial

420

注：Amy Rose 提供

图 13-1　计算机可能很难认出图中的猫

Intelligence，AI）就是研究对人类思想建模和应用人类智能的计算机系统的学科。

> **人工智能**（Artificial Intelligence，AI）：研究对人类思想建模和应用人类智能的计算机系统的学科。

13.1.1　图灵测试

1950 年，英国数学家 Alan Turing 发表了一篇具有里程碑性质的论文，其中提出了一个问题：机器能够思考吗？在慎重地定义了术语"智能"和"思维"之后，最终他得出的结论是我们能够创造出可以思考的计算机。但他又提出了另一个问题：如何才能知道何时是成功了呢？

他对这个问题的答案叫作**图灵测试**（Turing test），即根据经验来判断一台计算机是否达到了智能化。这种测试的基础是一台计算机是否能使人们相信它是另一个人。

> **图灵测试**（Turing test）：一种行为方法，用于判断一个计算机系统是否是智能的。

虽然多年来出现了各种图灵测试的变体，但这里的重点是它的基本概念。图灵测试是这样建立的：由一位质问者坐在一个房间中，用计算机终端与另外两个回答者 A 和 B 通信。质问者知道一位回答者是人，另一位回答者是计算机，但是不知道究竟哪个是人，哪个是计算机。如图 13-2 所示。分别与 A 和 B 交谈之后，质问者要判断出哪个回答者是计算机。这一过程将由多个人反复执行。这个测试的假设是如果计算机能瞒过足够多的人，那么就可以把它看作是智能的。

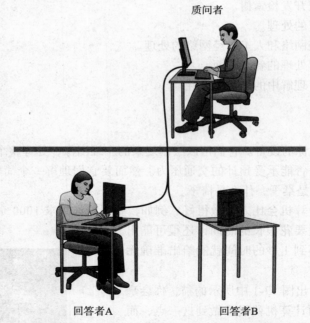

图 13-2　在图灵测试中，质问者必须判断出哪个回答者是计算机，哪个是人

有些人认为图灵测试很适合测试计算机的智能，因为它要求计算机处理各种各样的知识，还要具有处理交谈中的变化所必需的灵活性。要瞒过质问者，计算机需要掌握的不仅仅是事实知识，还要注意人的行为和情绪。

另一些人则认为图灵测试并不能说明计算机理解了交谈的语言，而这一点对真正的智能来说是必需的。他们提出，程序能够模拟语言的内涵，可能足够使计算机通过图灵测试，但只凭这一点并不能说计算机智能化了。

通过图灵测试的计算机具有**弱等价性**（weak equivalence），即两个系统（人和计算机）在结果（输出）上是等价的，但实现这种结果的方式不同。**强等价性**（strong equivalence）说明两个系统使用的是相同的内部过程来生成结果。有些 AI 研究人员断言，只有实现了强等价性（即创造出了能像人一样处理信息的机器），才可能存在真正的人工智能。

> **弱等价性**（weak equivalence）：两个系统基于其结果的等价性。
>
> **强等价性**（strong equivalence）：两个系统基于其结果和实现这种结果的处理方法的等价性。

纽约的慈善家 Hugh Loebner 组织了首次正式的图灵测试。从 1991 年起，每年举行一次这样的竞赛，其中反应与人类的反应最难区别的计算机将获得 100 000 美元的奖金和一块金牌。迄今为止，奖金争夺战仍在进行中。此外，每年还会给予相对来说最像人类的计算机 2000 美元的奖金和一块铜牌。对于热衷人工智能的人来说，**Loebner 奖**（Loebner prize）比赛已经成了每年重要的赛事。

421
~
422

目前已经开发了各种程序来执行这种人机交互，它们通常叫作**聊天机器人**（chatbot）。从万维网上可以找到许多这样的程序，它们都着重于某个特定的主题。如果这些程序设计得足够好，它们就可以执行合理的对话。不过，大多数情况下，用户用不了多久就能发现对话中的难用之处，这就暴露了人类的思维并不能决定反应的事实。

> **Loebner 奖**（Loebner prize）：正式的图灵测试，每年举行一次。
>
> **聊天机器人**（chatbot）：用于执行人机对话的程序。

13.1.2 AI 问题的各个方面

人工智能这个领域有许多分支。这一章的整体目标是让你了解人工智能涉及的主要问题以及还未解决的难题。本章余下的部分将探讨下列 AI 问题：

- 知识表示——用于表示知识以便计算机系统能够用来解决智能问题的技术。
- 专家系统——嵌入人类专家知识的计算机系统。
- 神经网络——模拟人脑处理的计算机系统。
- 自然语言处理——处理人类用来交流的语言的难题。
- 机器人学——关于机器人的研究。

13.2 知识表示

表示一个对象或事件所需的知识会根据情况而有所不同。针对要解决的问题，我们需要特定的信息。例如，如果要分析家族关系，那么就要知道 Fred 是 Cathy 的父亲，至于 Fred 是水管工、Cathy 有部掘土机这些信息就无关紧要了。而且我们需要的不仅仅是特定的信息，还需要一种形式，使我们能有效地检索和处理信息。

表示知识的方法有许多种。可以用自然语言描述知识。例如，可以用一段英文描述一个学生以及他与外界联系的方式。尽管自然语言的说明性很强，但它不容易处理。所以我们需要形式化的语言，这里用一个近似于数学符号的符号表示学生。这种形式化更适合严格的计

423

算机处理，但却难以理解和正确使用。

一般来说，我们想独立于数据的底层实现来创建它的逻辑视图，以便能用特定的方式处理数据。不过，在人工智能领域，我们想捕捉的信息常常会产生有趣的新的数据表示法。我们想捕捉的不只是事实，还有它们之间的关系。要解决的问题的类型决定了要施加于数据的结构。

当研究过特定的问题领域后，新的知识表示方法就会出现。这一节将分析其中的两种——语义网和检索树。

13.2.1 语义网

语义网（semantic network）是一种知识表示法，重点在于对象之间的关系。表示语义网的是有向图。图中的节点表示对象，节点之间的箭头表示关系。箭头上的标签说明了关系的类型。

> **语义网**（semantic network）：表示对象之间关系的知识表示法。

语义网借用了许多在第 9 章讨论过的面向对象的概念，包括继承和实例化。继承关系说明一个对象是（is-a）另一个对象更具体的版本。实例化（instance-of）是一个真正的对象和这种对象的说明（如类）之间的关系。

图 13-3 展示了一个语义网，其中既有 is-a 关系，也有 instance-of 关系。此外，它还有其他类型的关系，如 lives-in（John 住在继承的产业中）等。在语义网中，关系的类型基本上没什么限制。

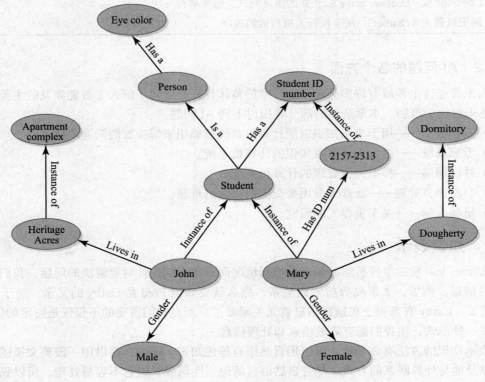

图 13-3 语义网

在这个语义网中还可以表示更多的关系。例如，可以说明每个人是惯用左手还是惯用右手，或者说明 John 有一辆 Honda 牌的汽车，又或者说明每个学生的 GPA（平均分数）。我们要表示的关系完全出于个人的选择，取决于回答我们面对的各种类型的问题所需要的信息。

建立关系的方法也有多种。例如，可以不说明每个学生所住的公寓，而说明每个公寓住了哪些学生。换句话说，可以反转箭头，把 lives-in 关系改为 houses 关系。同样，这种选择也是在设计语义网时由我们自己决定的。哪种方式更适合描述我们的问题呢？在某些情况下，我们会将两者都选用。

Herbert A. Simon

Herbert A. Simon 是我们这个时代一个多才多艺的人。他所获得的是政治学博士学位，但他的诺贝尔奖是有关经济学的，他的主页上包罗了计算机科学、心理学和哲学的内容。

Simon 博士于 1916 年出生在密尔沃基。他的父亲是位工程师，后来成了一位职业律师，母亲是位有造诣的钢琴家。1936 年，Simon 收到了芝加哥大学颁发的学士学位，之后从事了几年编辑和行政工作。1943 年，Simon 在芝加哥大学攻读完了政治学的博士学位，从此开始了长达 58 年的学术生涯，其中的最后 52 年都是在卡内基梅隆度过的。

卡内基梅隆大学提供

1955 年，Simon 博士和 Allen Newell 及 J.C.Shaw（程序员）一起编写了 Logic Theorist，这个程序能够揭示几何定理的证明。与此同时，Simon 还与 E. A. Feigen-baum 一起致力于 EPAM 的开发，这个程序能够对他们关于的感觉和记忆力的理论建模。这些程序以及此后有关人类思维模拟、问题求解和言语学习的论文标志着人工智能领域研究的开端。1988 年，ACM 为 Simon 和 Newell 在人类问题求解方面所做的贡献授予他们图灵奖。1995 年，在人工智能国际联合会议上，Simon 获得了 Research Excellence 奖。

Simon 博士在信息处理和决策方面的兴趣促使他建立了经济学理论"有限合理性"，为此他得到了 1978 年的诺贝尔经济学奖。经典的经济学认为人们会进行合理的选择，用最好的价格买到最好的物品。Simon 博士的推理是不可能做出"最好"的选择，因为选择太多，根本没有时间对它们进行分析。因此，人们总是选择第一个足够满足他们要求的选项。他的诺贝尔颁奖辞是"为了他对经济组织内的决策过程所做的开拓性研究"。

在漫长的职业生涯中，Simon 博士一直保持着非凡的生产力。在他的文献列表中，1960 年之前的条目有 173 条，20 世纪 60 年代的有 168 条，70 年代的有 154 条，80 年代的有 207 条，90 年代的有 236 条。此外，Simon 博士还喜欢弹钢琴，尤其喜欢和演奏小提琴、中提琴及其他乐器的朋友合奏。他于 2001 年 2 月逝世，在此之前的几周，他还继续着自己的研究以及和学生们的交流。

语义网所表示的关系的类型决定了哪些问题是可以轻松解答的，哪些是更难解答的，哪些是不能解答的。例如，用图 13-3 所示的语义网，回答下列问题相当简单：

- Mary 是学生吗？
- John 的性别是什么？

- Mary 住在宿舍还是公寓？
- Mary 的学生 ID 是什么？

但是，回答下面的问题却很困难：

- 有多少女生，多少男生？
- 谁住在 Dougherty 堂？

注意，语义网中具有回答这些问题所必需的信息，只是不那么明显罢了。上面的两个问题需要找到所有学生，但是不存在使这种信息一目了然的关系。这个网络是为表示学生个体与整个世界之间的关系而设计的。

这个网络不能回答下列问题，因为它没有表示必需的知识：

- John 开的是什么牌子的车？
- Mary 的眼睛是什么颜色的？

我们知道 Mary 的眼睛具有一种颜色，因为她是学生，所有学生都是人，而所有人的眼睛都具有特定的颜色。只是根据网络中存储的信息，我们不知道她的眼睛究竟是什么颜色。

语义网是表示大量信息的强有力而通用的方式。难点在于建立正确的关系模型并用精确完整的数据填充整个网络。

13.2.2　检索树

第 8 章提到过使用树结构组织数据，这种结构在人工智能领域扮演着重要的角色。例如，在对抗性情况（如博弈）中，可以用树表示各种可能的选择。

检索树（search tree）是表示游戏中所有可能的移动（包括你和你的对手的移动）的结构。你可以创建一个游戏程序，最大化它获胜的机会。在某些情况下，甚至可以保证它总是获胜。

检索树（search tree）：表示对抗性情况（如博弈）中的所有选择的结构。

在检索树中，一条路径表示玩家做出的一系列决定。每一层的决定说明了留给下一个玩家的选项。树中的每个节点表示一步移动，这个移动是以游戏中迄今为止已经发生的所有移动为基础的。

让我们定义一个简单的 Nim 游戏作为示例。在这个例子中，一行有一定数量的空格。第一位玩家可以在最左边的一组空格中放入一个、两个或三个 X。然后第二个玩家可以紧接着 X 放入一个、两个或三个 O。游戏就这样由两个玩家轮流继续下去。谁把自己的符号放入了最后一个（最右边的）空格，谁就获胜。

下面是 Nim 游戏的玩法示例，其中使用了 9 个空格。

初始状态：_ _ _ _ _ _ _ _ _

玩家 1：X X X _ _ _ _ _ _

玩家 2：X X X O _ _ _ _ _

玩家 1：X X X O X _ _ _ _

玩家 2：X X X O X O O _ _

玩家 1：X X X O X O O X X　　　玩家 1 获胜

图 13-4 所示的检索树展示了有 5 个空格（而不是上例中的 9 个空格）的 Nim 游戏的所有可能移动。在这个树的根节点中，所有空格初始时都是空的。接下来的一层展示了第一位

玩家的三种选择（即放入一个、两个或三个 X）。第三层根据第一位玩家所做的移动，展示了第二位玩家的所有可能选择。

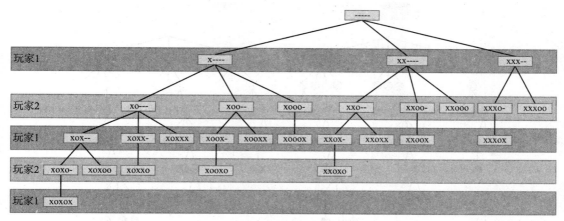

图 13-4　Nim 简化版的检索树

注意，如果一次放入了大量的符号，那么下一个玩家的选项就会比较少，路径也会比较短。从根出发选择不同的路径移动，就可以知道每个玩家选择的选项。这个树表示了简化的游戏中的每个选项。

我们故意简化了 Nim 游戏，是为了可以展示一个简单的检索树。真正的 Nim 游戏有许多重要的不同之处，如其中有多个行，是从每行中删除项目，而不是添加项目，等等。不过，即使是简化的版本，也说明了一些有趣的数学思想。

检索树分析的概念还适用于其他更复杂的游戏，如国际象棋。对于这种复杂的游戏，检索树要复杂得多，将具有许多节点和路径。考虑你在国际象棋游戏中第一步要做的所有可能的移动，然后考虑你的对手可能做出的所有反应。一个完整的国际象棋检索树包括每一层所有可能的移动，由于这样的树太大，所以即使具备现代的计算能力，在合理的时间限制内，也只能分析部分的树。

随着计算机变得越来越快，能够分析的部分检索树也越来越大，但仍然不能分析所有的分支。程序员在想方设法"删减"检索树，把那些人类玩家认为不合理的路径削减掉。不过，检索树仍然太大，不能对每一步都进行完整的分析。

因此，问题变成了是采用**深度优先法**（depth-first approach）总是对希望产生成功移动的向下可选路径进行分析，还是选用**广度优先法**（breadth-first approach）分析所有可能的路径而不是沿树向下的短距离路径。图 13-5 展示了这两种方法可能都漏掉关键可能性。这个问题在 AI 程序员之间争论了很多年，然而广度优先法趋向于生成最好的结果。一贯坚持无误的保守移动看来比偶尔采用惊人的移动的效果好。

> **深度优先法**（depth-first approach）：优先沿着树的路径向下检索，而不是优先横向检索每层的检索法。
>
> **广度优先法**（breadth-first approach）：优先横向检索树的每层，而不是优先向下检索特定路径的检索法。

目前，大师级的下棋程序已经十分常见了。1997 年，IBM 公司用专家系统开发的下棋

428

程序深蓝在 6 局制的比赛中战胜了世界冠军 Garry Kasparov。这是计算机第一次在大师级的
比赛中打败人类冠军。

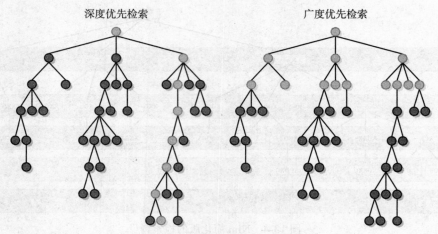

图 13-5 深度优先检索和广度优先检索

电视的力量

　　最近发现，电视的发明推动了 John F. Kennedy 在 1960 年获选。在一场和共和党候选人
Richard Nixon 的总统辩论中，Kennedy 以英俊博学和放松的姿态展现在观众面前，而与之相对的，
Nixon 展现的很不自然，并且还留着胡子。据称，这场辩论使得投票者一边倒地将票给了 Kennedy。
一些不服气的分析师认为如果电视在 1860 年就出现，那么伟大却长得不这么英俊的 Abraham
Lincoln 也不会获选。电视是否干扰到了民主的进程？你认为因特网又是如何影响民主进程的呢？

429

13.3 专家系统

　　我们常常需要依靠专家对特定领域独一无二的知识和理解。当健康有问题时，我们会去
看医生；当车子不能启动时，我们会找机修工；当需要建造什么时，我们会找工程师。

　　基于知识的系统（knowledge-based system）是嵌入并使用一套特定信息（有组织的数据）
的软件系统，可以从中提取和处理特定的片段。术语**专家系统**（expert system）和"**基于知
识的系统**"一般是通用的，不过专家系统通常嵌入的是一个特定领域的知识，对这个领域的
专业人员的专门技术进行了建模。当用户面临特定的问题时，会咨询专家系统，该系统将利
用它的专门技术建议用户如何解决这个问题。

> **基于知识的系统**（knowledge-based system）：使用特定信息集合的软件。
>
> **专家系统**（expert system）：基于人类专家的知识的软件系统。

　　专家系统使用一套规则来指导处理，因此又叫作**基于规则的系统**（rule-based system）。
专家系统的规则集合又叫作它的*知识库*。**推理机**（inference engine）是专家系统的一部分，
决定了如何执行规则以及从而会得到什么结论。

> **基于规则的系统**（rule-based system）：基于一套 if-then 规则的软件系统。
>
> **推理机**（inference engine）：处理规则以得出结论的软件。

医生是一种活的专家系统。他们通过提问或化验收集信息。你的答案和化验结果可能会导致更多的问题和化验。医生知识库中的规则让他们知道接下来要问什么问题，然后他们用收集到的信息排除各种可能性，最终得出诊断结果。一旦识别出问题，他们就可以根据特定的知识提出适当的治疗方案。

让我们来演练一次专家系统的处理过程。假设你要问的是：我应该对草坪进行哪些修理？

嵌入了园丁知识的专家系统能够指导你如何做决定。我们来定义几个变量，以便在园丁系统中可以简化规则。

- NONE——这次不作任何修理。
- TURF——进行铺草皮修理。
- WEED——进行除草修理。
- BUG——进行除虫修理。
- FEED——进行施肥修理。
- WEEDFEED——进行除草和施肥修理。

这些值表示了专家系统在分析过当前情况之后可能得出的各种结论。接下来的布尔变量表示草坪当前的状态：

- BARE——草坪具有大块的空地。
- SPARSE——草坪普遍比较稀疏。
- WEEDS——草坪中有许多杂草。
- BUGS——草坪有虫子存在的迹象。

假设专家系统最初没有任何关于草坪状态的直接数据。例如，必须问用户草坪是否具有大块的空地。通过某些计算或其他数据库可以得到专家系统能直接使用的另一些数据：

- LAST——最后一次修理草坪的日期。
- CURRENT——当前的日期。
- SEASON——当前的季节。

现在可以公式化一些系统用于得出结论的规则。这些规则采用 if-then 语句的形式。

```
if (CURRENT - LAST < 30) then NONE
if (SEASON = winter) then not BUGS
if (BARE) then TURF
if (SPARSE and not WEEDS) then FEED
if (BUGS and not SPARSE) then BUG
if (WEEDS and not SPARSE) then WEED
if (WEEDS and SPARSE) then WEEDFEED
```

注意，这只是这种系统中可能存在的规则的示例。真正的专家系统具有上千条规则以协助分析状况。即使对于我们使用的小例子，这套规则也没有覆盖所有的状况。

LISP 是 AI 使用的语言

LISP（LISt Processor）通常被看作 AI 最常见的程序设计语言之一。LISP 的基本数据结构是一种有序的元素序列，叫作列表，其中的元素可以是单独的实体，也可以是其他列表。从专家规则到计算机程序，从思维处理到系统构件，列表几乎可以用于表示所有事物。LISP 程序使用的是递归而不是循环。LISP 和它的语系都属于函数范型。[1]

在执行过程中，推理机将选择一条规则，确定它是否可行。只需要向用户提问也许就能

确定规则的可行性。如果这条规则是可行的，那么它可能会影响到其他规则的可行性。推理机将继续应用规则，直到没有可行的规则为止。不要把规则想成线性的（按序排列的）；推理机将应用所有能用的规则，反复循环，直到得出结论。

推理机的执行可能会生成下列的交互过程：

系统：草坪有大块的空地吗？

用户：没有

系统：草坪有虫子的迹象吗？

用户：没有

系统：草坪普遍比较稀疏吗？

用户：是的

系统：草坪中有大量杂草吗？

用户：是的

系统：你应该进行除草和施肥修理。

注意，专家系统不会对任何它可以查到的信息提问，如最后一次修理的日期。显然我们的情况不是发生在冬天的，因为系统就潜在的虫害问题进行了提问。如果是冬天，虫害问题应该被省略。

比起其他的建议技术，专家系统具有许多优点。首先，它是面向目标的：它的重点不是抽象信息或理论信息，而是如何解决特定的问题。其次，它非常有效：它将记录之前的反应，不会问无关的问题。最后，即使你不知道某些问题的答案，一个真正的专家系统也会通过精心构造的规则集合提供有用的指示。

13.4　神经网络

我们曾经说过，一些人工智能研究员着重研究人脑究竟如何工作，从而构造出以相同方式工作的计算设备。计算机中的**人工神经网络**（artificial neural network）就是在尝试模拟人体神经网络的动作。让我们首先来看看生物神经网络是如何工作的。

人工神经网络（artificial neural network）：尝试模拟人体神经网络的计算机知识表示法。

13.4.1　生物神经网络

神经元是传导基于化学的电信号的单个细胞。人脑包含数十亿个连接成网络的神经元。神经元在任何时刻都处于兴奋状态或抑制状态。处于兴奋状态的神经元将传导强信号，处于抑制状态的神经元则传导弱信号。一系列相连的神经元构成了一条路径。这条路径上的信号将根据它经过的神经元的状态被加强或减弱。一系列处于兴奋状态的神经元将创造出一条强信号路径。

生物神经元具有多个输入触角（叫作树突）和一个主输出触角（叫作轴突）。神经元的树突接收来自其他神经元的轴突的信号，从而构成了神经网络。轴突和树突之间的空隙叫作神经键。如图 13-6 所示。神经键的化学结构调节输入信号的强度。神经元的轴突上的输出是所有输入信号的函数。

神经元可以接受多个输入信号，然后根据相应的神经键给予每个信号的"重要性"控制它们的强度。如果有足够多的加权输入信号是强信号，那么神经元就进入兴奋状态，生成一个强输出信号。如果足够多的加权输入信号是弱信号，或者被该信号的神经键的加权因子削弱了，那么神经元将进入抑制状态，生成一个弱输出信号。

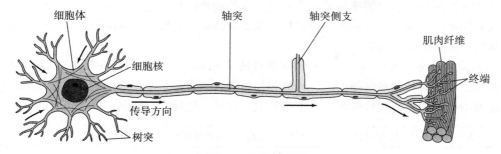

图 13-6　生物神经元

神经元每秒要跳动 1000 次，因此神经网络路径中的流量是稳定的。大脑的活动会使某些路径的信号加强而某些路径的信号减弱。在我们学习新事物时，大脑中将构成新的强神经路径。

13.4.2　人工神经网络

人工神经网络中的每个处理元素都类似于一个生物神经元。一个元素接受一定数量的输入值，生成一个输出值 0 或 1。这些输入值来自于网络中的其他元素的输出，因此输入值也只会是 0 或 1。每个输入值有一个数字权。元素的**有效权**（effective weight）是所有输入值与它的权的乘积之和。

> **有效权**（effective weight）：人工神经元中输入值和相应的权的乘积之和。

假设一个人工神经元接受的三个输入是 v1、v2 和 v3。每个输入值的权分别是 w1、w2 和 w3。那么它的有效权就是：

$$v1*w1 + v2*w2 + v3*w3$$

每个元素都有一个数字阈值，元素的有效权将与这个阈值进行比较。如果有效权大于阈值，这个元素将生成 1。如果有效权小于等于阈值，该元素将生成 0。

这种处理方法严密地反映出了生物神经元的活动。输入值对应于树突传入的信号。权值对应于神经键对每个输入信号的控制效果。阈值的计算和用途对应于如果有"足够"的加权输入信号是强信号，则生成强信号的神经元。

让我们看一个真实的例子。在这个例子中，假设处理元素有四个输入值，因此有四个相应的加权因子。假设输入值是 1、1、0 和 0，相应的权是 4、–2、–5 和 –2，该元素的阈值是 4。有效权是：

$$1（4）+ 1（-2）+ 0（-5）+ 0（-2）= 2$$

由于有效权小于阈值，所以该元素的输出是 0。

虽然输入值只能是 0 或 1，但是权却可以是任何值，甚至可以是负数。这里我们用整数作为权和阈值，不过它们也可以是实数。

每个元素的输出都是所有输入值的函数。如果输入信号是 0，那么它的权就无关紧要。如果输入信号是 1，那么权的数值无论是正数还是负数，都对有效权有很大影响。无论计算出的有效权是什么，它都要与元素的阈值进行比较。也就是说，有效权是 15，对一个元素来说，足够生成输出为 1，但对另一个元素来说，则会生成输出 0。

人工神经网络中建立的路径是每个处理元素的函数。每个处理元素的输出将根据输入信号、权和阈值而改变。不过输入信号只是其他元素的输出信号，因此改变单个处理元素的权和阈值就可以影响神经网络的处理。

调整神经网络中的权和阈值的过程叫作**训练**（training）。训练神经网络可以生成任何需要的结果。初始时，神经网络的权、阈值和初始输入通常都是随机产生的。这样生成的结果将与想要的结果相比，然后再调整其中的各个值。这一过程将持续到实现了想要的结果。

434 | **训练**（training）：调整神经网络中的权和阈值以实现想要的结果的过程。

考虑一下本章开头提出的问题：找出一幅相片中的猫。假设用神经网络解决这个问题，每个像素对应一个输出值。我们的目标是为属于猫的图像的每个像素生成输出 1，为其他像素生成 0。这个神经网络的输入值是像素的颜色表示。我们用多个包含猫的图像训练这个神经网络，使权和阈值逐渐接近想要的（正确的）输出。

想想看这个问题多么复杂！猫的形状、大小和颜色各不相同，而且它们出现在图像中的方向也千奇百怪，可能混在背景中，也可能没有混入背景。处理这个问题的神经网络难以置信地大，要将所有情况考虑在内。对神经网络的训练越多，它生成精确结果的机会就越大。

那么神经网络还适合做什么呢？它们已经被成功地应用于上千个应用领域，如商业和科学工作。它们可以用来决定是否可以贷款给某个客户，也可以用于光学字符识别，使计算机能够"读入"印刷文档，甚至还可以用在机场来探测行李箱中的塑胶炸弹。

神经网络之所以具有这样的通用性，是因为网络的权和阈值没有任何内在含义。它们的含义来自于我们施加给它们的解释。

13.5　自然语言处理

在科幻电影中，常常可以看到人们在和计算机交谈。宇宙飞船的船长可能会说："计算机，具有能治疗 Laharman 综合征的医疗设备的最近空间站是哪个？"计算机可能会回答道："42 号空间站，距离 14.7 光年，具有必需的设备。"

科幻电影和现实的差距有多远呢？先不提星际旅行和高级药物，为什么我们还不能与计算机交谈呢？其实，我们可以在有限的程度上与计算机交谈。虽然我们还不能做到流畅的口头交流，但仍然取得了一定进展。有些计算机经过设置，可以对特定的口头命令做出响应。

诸如 Amazon Echo 和 Google Home 的设备就是基于语音交互的现代设备。这些机器有时也被称作智能扬声器（见图 13-7）。你可以提问一些简单的问题，比如，"天气怎么样？"、435 | "Mississippi 怎么拼？"，接着机器就会给出回答。如果想要让机器识别出是你在和它进行交流，那么可以在问题前面加上关键字，比如"Hey, Google"或者"Alexa"（Echo 的代号），你还可以用它们来听音乐、读新闻和打游戏。

要进一步探讨这个问题，首先必须认识人机语音交互过程中的三种基本处理类型：

- **语音识别**（voice recognition）——识别人类所讲的话
- **自然语言理解**（natural language comprehension）——解释人类传达的信息
- **语音合成**（voice synthesis）——再现人类的语音

注：©pianodiaphragm/Shutterstock，©James W Copeland/Shutterstock

图 13-7   Google Home 和 Amazon Echo 智能扬声器

语音识别（voice recognition）：用计算机来识别人类所讲的话。

自然语言理解（natural language comprehension）：用计算机对人类传达的信息做出合理的解释。

语音合成（voice synthesis）：用计算机制造出人类的语音。

计算机首先必须识别出独立的单词，其次理解这些单词的含义，最后（确定了答案后）生成组成响应的单词。

这些问题的共同点在于针对的都是**自然语言**（natural language），即人们用于交流的各种语言，如英语、波斯语或俄语等。自然语言固有的语法不规则性和二义性使得处理它们具有很大的挑战性。

自然语言（natural language）：人们用于交流的语言，如英语。

计算技术在所有这些领域都取得了很大的进展，尽管有些领域比其他领域进展更多。让我们逐个地详细探讨这些问题。

436

13.5.1   语音合成

语音合成是个很好理解的问题，有两种基本的解决方法——动态语音生成和录制语音。

要采用动态语音生成法生成语音输出，计算机要分析构成单词的字母，生成这些字母对应的声音序列以试图发声。人类的语音可以被划分成特定的声音单元——**音素**（phoneme）。图 13-8 展示的是美国英语的音素。

音素（phoneme）：任何指定的语言中的基本声音单元的集合。

选中合适的音素后，计算机将根据使用这个音素的上下文修改它的音调。此外还要确定每个音素的持续时间。最后，计算机要把所有音素组合在一起形成独立的单词。声音本身是通过电子方式生成的，模拟了人类声带的发声方式。

这种方法的难点在于不同人的发声方式不同，而且控制字符在每个单词的发音中所占的分量的规则也不一致。动态语音生成系统生成的语音虽然每个单词都可以听懂，但是通常听起来都很机械、不自然。

辅音				元音	
符号	示例	符号	示例	符号	示例
p	Pipe	k	Kick, cat	i	Eel, sea, see
b	Babe	g	Get	I	Ill, bill
m	Maim	ŋ	Sing	e	Ale, aim, day
f	Fee, phone, rough	š	Shoe, ash, sugar	ε	Elk, bet, bear
v	Vie, love	ž	Measure	æ	At, mat
θ	Thin, bath	č	Chat, batch	u	Due, new, zoo
ð	The, bathe	ǰ	Jaw, judge, gin	ʊ	Book, sugar
t	Tea, beat	d	Day, bad	o	Own, no, know
n	Nine	ʔ	Uh uh	ɔ	Aw, crawl, law, dog
l	Law, ball	s	See, less, city	a	Hot, bar, dart
r	Run, bar	z	Zoo, booze	ə	Sir, nerd, bird
				ʌ	Cut, bun

半元音			双元音	
w	We		aj	Bite, fight
h	He		aw	Out, cow
j	You, beyond		ɔj	Boy, boil

图 13-8　美国英语的音素

　　另一种语音合成方法是对人声进行数字录音。语句是把单词按照适当的顺序排列得到的。有时，常用的短语或一组总是一起使用的单词会被录制为一个实体。电话语音邮件系统通常采用这种方法："要给 Alex Wakefield 留言，请按 1。"

　　注意，每个单词或短语都要单独录制。此外，由于单词在不同的上下文中发音不同，所以有些单词要录制多次。例如，问句结尾的单词比用在句中时音调高。对灵活性的要求越高，录制语音解决方案的难度就越大。

　　虽然动态语音生成技术一般不能生成真实的人声，但是它能发出每个单词的声音。录音回放功能提供的语音更真实；它使用的是真正的人声，不过它的词汇量仅限于预先录制好的单词，因此必须拥有存储所有所需单词的内存容量。通常在使用的单词量比较小时才使用录音回放功能。

13.5.2　语音识别

　　在交谈的过程中，由于你不理解别人在讲什么，所以可能需要重复某些语句。并不是说你不理解别人言辞的含义，而只是说你不知道别人说了什么。发生这种情况有几种原因。

　　首先，每个人的发音不同。我们每个人的嘴、舌头、喉咙和鼻腔的形状都不同，它们影响了我们发音的语调和共振。因此，我们可以说"识别"出了某人的声音，就是从他的发音方式认出了他。不过，这还意味着每个人对指定单词的发音都不同，这就大大复杂化了识别单词的任务。口吃、喃喃自语、音量、方言和发声者的健康状况进一步复杂化了这个问题。

　　此外，人们是以连贯流畅的方式讲话的。单词排列起来构成了句子。有时，我们说得太快，以至于两个单词听起来像一个。人们具有把一系列发音分割成单词的能力，但是如果讲话的人说得过快，我们甚至都会听不明白。

　　与之相关的问题是单词自身的发音。有时，很难区分 ice cream 和 I scream 这两个短语。而同音异字词（如 I 和 eye 以及 see 和 sea）的发音完全一样，但却是不同的单词。人们通常可以根据语句的上下文澄清这种情况，但这种处理需要更深的理解。

因此，如果连人偶尔都会遇到不能理解他人言语的问题，可想而知，这个问题对计算机来说有多难了。现代的语音识别系统仍然难以处理连续的交谈。最成功的系统采用的是不连贯的语音，其中每个单词都被明确地分割了出来。

当"训练"语音识别系统来识别特定的人声和单词集合后，语音识别取得了更大的进展。语音可以被录制为**声波纹**（voiceprint），绘制了讲特定单词时声音频率的变化。训练语音识别系统时，由一个人多次重复一个单词，使计算机记录下这个人对这个单词发音的平均声波纹。此后，将用所讲的单词与记录的声波纹进行比较，以确定这个单词是什么。

没有经过特定声音和单词训练的语音识别系统将与通用的声波纹比较以识别单词。虽然精确性差了一点，但使用通用声波纹可以避免耗时的训练过程，而且使任何人都可以使用语音识别系统。

声波纹（voiceprint）：表示人声随着时间推移的频率变化的图。

13.5.3　自然语言理解

即使计算机能够识别人们所讲的单词，要理解这些单词的意思也完全是另外一个任务。这是自然语言处理最具挑战性的一个方面。自然语言固有二义性，也就是说，同样的语法结构可能有多种有效的解释。产生这种二义性的原因有几种。

问题之一是一个单词可能有多种定义，甚至可以表示语言的多个部分。例如，单词 light 既可以是名词，也可以是动词。这种二义性叫作**词法二义性**（lexical ambiguity）。如果计算机想给语句附加含义，就要确定如何使用其中的单词。请考虑下面的句子：

Time flies like an arrow.（光阴似箭。）

词法二义性（lexical ambiguity）：由于单词具有多种含义而造成的二义性。

早期机器翻译的承诺并未实现

早期的机器翻译并不顺利。使用大量的双语词典和逐字翻译的方法把英语"The spirit is willing, but the flesh is weak."（精神上乐意接受，但肉体上却很虚弱。）翻译成俄语，就成了"The vodka is acceptable, but the meat is spoiled."（伏特加酒是可以接受的，但肉已经坏了。）

这个句子的意思是时光流逝的速度就像射出去的箭一样快。这可能是你读到这个句子时的解释。但要注意，单词 time 还可以是动词，如给参加赛跑的运动员计时。而单词 flies 还 439 可以是名词。因此这个句子还可以解释为一条指示，即"让时间像箭头记录飞行时间一样飞逝"。由于箭头不会对任何事物计时，所以你不会采用这种解释。但对别人来说，它同样有效。根据这些单词的定义，计算机不能判断出哪个解释是正确的。注意，这个句子甚至还有第三种解释法，即说明了一种特殊物种 time fly 的爱好是 arrow，就像 fruit fly（果蝇）喜欢香蕉一样。这种解释对你来说听起来很荒诞，但是对计算机来说，这些二义性给它理解自然语言带来了很大的麻烦。

自然语言的句子还会有**句法二义性**（syntactic ambiguity），因为短语的组合方式不止一种。例如：

I saw the Grand Canyon flying to New York.
（在飞往纽约的途中我看到了大峡谷。）

由于峡谷不会飞，所以这个句子只有一种符合逻辑的解释。但是这个句子的结构却给了它两种有效的解释。要得到想要的结论，计算机必须知道峡谷是不会飞的，将这点考虑在内。

使用代词时，可能会发生**指代二义性**（referential ambiguity）。考虑下面的句子：

The brick fell on the computer but it is not broken.

（砖头落在了计算机上，但是它却没有被砸坏。）

什么没有被砸坏，砖头还是计算机？在这个例子中，我们可以假设代词"它"指代的是计算机，但这未必是正确的解释。事实上，如果是个花瓶落在了计算机上，那么在没有其他信息的情况下，即使是我们人类也未必判断得出"它"指代的是什么。

自然语言理解是一个很大的研究领域，远远超出了本书所能涵盖的范围。不过，理解为什么这一领域极具挑战性是相当重要的。

> **句法二义性**（syntactic ambiguity）：由于句子的构造方式有多种而造成的二义性。
>
> **指代二义性**（referential ambiguity）：由于代词可以指代多个对象而造成的二义性。

13.6　机器人学

机器人是我们所熟知的。从电视广告中的机器狗到午夜新闻中的太空探索再到制造啤酒、汽车或装饰品的装配线，机器人已经成了现代社会的一部分。机器人学是研究机器人的科学，可以把机器人分为两大类——固定机器人和可移动机器人。你在装配线上看到的就是固定机器人，这些机器被固定在装配线上，产品从它们下面经过。由于固定机器人的世界非常有限，所以它的任务就内置在硬件上。因此，固定机器人几乎都应用于工业工程的领域。而可移动机器人可以到处移动，必须与周围的环境进行交互。为可移动机器人的世界建模需要使用人工智能的技术。

13.6.1　感知－规划－执行范型

可移动机器人学（mobile robotics）研究的是能相对于环境移动并具有一定自治能力的机器人。为可移动机器人的世界建模的原始方法利用了规划。规划系统是一种大型的软件系统，它能够根据给定的目标、起点和结局生成有限的动作集合（一套规划），如果（通常由人）执行这套动作，将实现预期的结果。这种规划系统综合了大量的领域知识，可以解决一般的问题。对于可移动机器人来说，领域知识来自机器人的传感器的输入。采用这种方法，机器人的世界被表示成复杂的语义网，机器人上的传感器用于捕捉数据，构建网络。即使是简单的传感器，组装这种网络也很耗时；如果传感器是照相机，那么处理过程将极其耗时。这种方法叫作感知－规划－执行（Sense-Plan-Act，SPA）范型[2]，如图13-9所示。

图13-9　感知－规划－执行（SPA）范型

传感器数据由世界模型解释，然后生成一个动作规划。机器人的控制系统（硬件）执行规划中的步骤。一旦机器人移动，它的传感器就会得到新的数据，这个周期会反复执行，把新的数据引入语义网。如果处理新的传感器数据的速度不能满足它的使用速度，就会发生问题。（在世界模型识别出光照亮度的变化是由一个洞而不是阴影引起的之前，机器人可能已经掉进洞里了。）这种方法的缺陷在于机器人世界在一般系统中被表示成了领域知识，这种表示法太笼统，太宽泛，不适用于机器人的任务。

机器人胡须

> 研究人员通过研究自然界中的胡须（尤其是老鼠的胡须），已经开发出了能够感知 3D 环境的机器人。老鼠使用它们的胡须收集三个坐标的信息——类似于纬度、经度和高度，并以此感知出物体的 3D 轮廓。研究人员已经制作出了一种机器人，它可以利用安装在应变计上的钢丝胡须获取数据，并使用数据成功绘制人脸的 3D 图像。

13.6.2　包孕体系结构

1986 年，Brooks 引入了包孕体系结构（subsumption architecture）[3] 的概念，从而使机器人学中的范型发生了转变。新的范型不再一次模拟整个机器人世界，而是赋予机器人一套简单的行为，每种行为与它所必需的一部分机器人世界关联在一起。除非这些行为有冲突，否则它们可以并行运行，在有冲突的情况下，每种行为要达到的目标的顺序决定了下一条要执行的是什么行为。这种体系结构的名字来源于行为的目标是可以排序的这一思想，或者说一种行为的目标包含在另一种行为的目标中。

图 13-10 所示的模型中，当离一个对象太近时，避开障碍行为具有优先权，否则一直向左（或右）前进行为具有优先权。采用这种方法建模的机器人可以在房间中漫步几个小时而不会撞到任何对象或移动中的人。

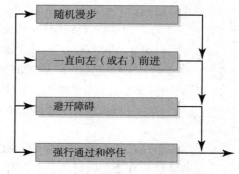

图 13-10　新的控制范型

Isaac Asimov 定义的机器人学的三条定律完全适用于这种包孕体系结构。[5] 如图 13-11 所示。

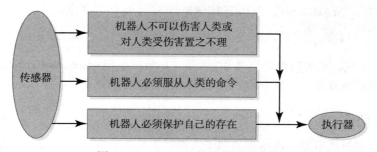

图 13-11　Asimov 的机器人学定律

另一种转变是把机器人的世界看作一个统一的坐标格，每个单元格表示等量的真实空间，而整个世界是一个拓扑地图。拓扑地图把空间看作一幅由弧连接的地点图，具有相近和顺序的概念，但没有距离的概念。机器人可以局部地从一个地点移动到另一个地点，从而最小化了出错的机会。此外，在内存中表示拓扑地图比表示统一的坐标格更有效。

进入遥远的红色未知空间

用飞镖或者箭射中牛眼非常困难吗？试试看把两吨重的宇宙飞船发送到 3.1 亿英里之外的火星轨道上。2006 年 3 月，NASA 的火星探测轨道飞行器（Mars Reconnaissance Orbiter，MRO）开始围绕火星飞行，它被誉为火星大气层之上成像最美的到达者。宇宙飞船自距离这个行星表面将近 200 英里的地方将数据发送回 NASA。它的任务是为未来任务寻找新的着陆点。

ELIZA

ELIZA 是一个早期的自然语言程序。在下面的脚本中，该程序扮演一个精神治疗师。计算机的响应都用大写字母表示。

Men are all alike.（男人都一样。）

IN WHAT WAY？（哪些方面？）

They are always bugging us about something or another.（他们总是用这种事或那种事来烦我们。）

CAN YOU THINK OF A SPECIFIC EXAMPLE？（能给出一个具体的例子吗？）

Well，my boyfriend made me come here.（我的男朋友让我来这里。）

YOUR BOYFRIEND MADE YOU COME HERE？（你的男朋友让你来这里？）

He says I'm depressed much of the time.（他说我经常情绪低落。）

I AM SORRY TO HEAR YOU ARE DEPRESSED.（很遗憾听到你情绪不好。）

It's true. I am unhappy.（是真的，我觉得不开心。）

DO YOU THINK COMING HERE WILL HELP YOU NOT TO BE UNHAPPY？（你认为到这里来可以帮助你摆脱不开心的感觉吗？）

I need some help，that much seems certain.（显而易见，我需要帮助。）

...

WHAT ELSE COMES TO MIND WHEN YOU THINK OF YOUR FATHER？（当你想到自己父亲时还会想到什么？）

Bullies.（恶棍。）

DOES THAT HAVE ANYTHING TO DO WITH THE FACT THAT YOUR BOYFRIEND MADE YOU COME HERE？（这与你的男朋友要你来这里有什么关系吗？）[3]

---

20 世纪 90 年代，一种叫作混合思考 / 反馈（hybrid deliberate/reactive）的改进方法流行了起来，它把规划与分布式世界中的一组行为结合了起来。

13.6.3　物理部件

我们已经讨论过使机器人展示出类似于人类行为的各种方法，但是却忽略了机器人的物理部件。机器人是由传感器、执行器和计算部件（一个微处理器）构成的。传感器负责收集周围的数据，执行器负责移动机器人，计算部件负责给执行器发送指令。传感器是一种转换器，可以把物理现象转换成微处理器能够处理的电信号。有些传感器可以指示有光、无光或光的强度。近红外线接近探测器、运动探测器和爆炸探测器都可以用作传感器。此外，照相机和麦克风也可以用作传感器。机器人移动所需的三种最常用的系统是轮子、履带和机械腿。

Sojourner 探测器

Sojourner 是人类第一次尝试远程控制位于另一个星球上的汽车。当飞船着陆之后，Sojourner 沿着安装在登陆器踏板上的一个悬梯开了出来。地球上几千万个发烧友观看到了这个出场和此后的一系列探索工作。这个任务是要在一个火星日之内在登陆器和地球上的操作员之间传递信息。Sojourner 能够以有指导的自控形式执行她的任务，这种形式将把目标位置（沿途停车点）或移动命令提前发给探测器，然后 Sojourner 将自行导航并安全地移动到这些位置。[4]

AIBO 迷悼念 AIBO

Sony 公司沉痛地宣布了 AIBO 的逝世，AIBO 这只机器狗能够学习自己主人的名字、发怒（眼睛变成红色的）以及表达开心之情（眼睛变成绿色的）。它的大小与玩具狗一样，销量达到了 150 000 多只。

© Chris Willson/Alamy Stock Photo

NASA 发射了一对孪生机器人

2003 年 7 月，NASA 向火星发射了一对孪生机器人。自从到达火星，Spirit 和 Opportunity 兄弟两个就开始不停地工作，以帮助科学家更好地了解这个红色行星。2004 年 4 月这两个机器人完成了他们在火星的原始任务，之后通过大量的任务扩展继续探索星球的另一个方向。2010 年 3 月 Spirit 停止向 NASA 发送数据，但是直到 2018 年的 1 月，Opportunity 仍然在向 NASA 发送数据，并且已经在火星表面行进了 45 千米。

NASA/JPL-Caltech 提供

小结

人工智能处理的是人类思想的建模和应用。图灵测试是确定一台机器是否能像人一样思考的衡量方法，采用的方式是模拟人类对话。

AI学科有很多需要研究的问题。最基本的问题是如何用可以被有效处理的形式表示知识。语义网是知识的图形化表示，它捕捉了对象在真实世界中的关系。根据网络图的分析可以回答问题。检索树是表示对抗性移动（如比赛）的知识的重要方法。复杂的游戏（如国际象棋）的检索树非常大，因此要有效地分析这种结构，还需要提出新的策略。

专家系统嵌入了人类专家的知识。它采用一套规则来定义条件，在这种条件下，可以得出某些结论。专家系统适用于多种类型的决策过程，如医疗诊断等。

人工神经网络模拟了人脑神经网络的处理。人工神经元将根据多个输入信号生成一个输出信号，输入信号的重要性由它们的权来决定。这一点模拟了人类神经元的活动，即由神经键调节从一个神经元到下一个神经元的输入信号强度。

自然语言处理操作的是人们用来交流所用的语言，如英语。通过模拟人声的音素或重放预先录制的单词可以合成语音。在单词分离的情况下，可以最好地实现语音识别，训练系统识别特定人的音波纹也可以实现比较好的语音识别效果。所谓自然语言理解，就是给予谈话的内容一个解释，这是自然语言处理的核心。自然语言中存在的各种二义性（即一个句子有多种解释）大大复杂化了对自然语言的理解。

机器人学是研究机器人的科学，重点是两大类——固定机器人和移动机器人。固定机器人是被固定起来等待要处理的对象经过它们的机器人。移动机器人则能够移动，需要利用人工智能的技术对它们所处的环境进行建模。

道德问题：首次公开发行 [6-8]

IPO是什么？如果你曾在电视上看到相关新闻，或是阅读了本章节，那么你就应该知道IPO代表首次公开发行（initial public offering）。IPO代表着一家私下创办公司到公司公开创办的转变。所有其中的公司都可以向一小部分人发售股票。为了赚得更多的钱，股票必须公开发售。

为了成为IPO，一家公司必须向美国财政交易委员会（SEC）进行注册，并准备公开募股。这个过程必须包含计划书和若干法律文件。计划书需要包含这个企业的任何情况——好的，坏的，还有其他的。

接下来，公司必须和投资银行进行联系，对待售股份进行处理和签字。公司和承销商根据收益、潜在收益以及他们认为的市场将承受的压力来决定开盘价。承销商向公司承诺，将在发行日按照开盘价买走所有的股票，这其中去掉公司的佣金。

承销商接着就会向主要经纪公司提供大量的股票，这些股票之后会向大型零售客户和机构客户提供购买权。每一个人都会在这个过程中获利。因此当独立投资人有资格获取股票的时候，股票已经经手好几次了。如果这个股票很火，那么价格就会高于它首次发行的价格，但如果股票不是特别火，则投资人拿到股票的价格肯跟会低于它原先的价格。

在互联网繁荣发展之前，企业要想被大众所知就必须拥有强有力的资金支持和坚实的基础。许多已经公布的互联网公司在成为IPO之前几乎从未获得过利润，在不远的未来也可能不会获利。它们是靠风险投资而生存下来的。这样的公司有Facebook和Twitter，Facebook的IPO价格过高，早期的投资人——那些以原先价格购买股份的投资人——在股价下降的时候也看到了他们投资的缩水。Twitter的最初价格很低，因此在股价上涨剧烈的时候他们能够获利。这些早期的投资人是承销商涉及的银行用户。当然这两家公司的股票最终都远远地超过了它们的首次发行价值。

公司在没有展示其盈利能力就首次对外出售的过程是否是道德问题呢？对于某些投资人来讲，这个过程既是灾难性的，也是暴利的。这是否是这个系统的缺陷呢，还是说它只是投机投资的一部分呢？

关键术语

人工智能（Artificial Intelligence，AI）

人工神经网络（artificial neural network）

广度优先法（breadth-first approach）

聊天机器人（chatbot）

深度优先法（depth-first approach）

有效权（effective weight）

专家系统（expert system）

推理机（inference engine）

基于知识的系统（knowledge-based system）

词法二义性（lexical ambiguity）

Loebner 奖（Loebner prize）

自然语言（natural language）

自然语言理解（natural language comprehension）

音素（phoneme）

指代二义性（referential ambiguity）

基于规则的系统（rule-based system）

检索树（search tree）

语义网（semantic network）

强等价性（strong equivalence）

句法二义性（syntactic ambiguity）

训练（training）

图灵测试（turing test）

语音识别（voice recognition）

语音合成（voice synthesis）

声波纹（voiceprint）

弱等价性（weak equivalence）

练习

为练习 1～5 中的例子找出匹配的二义性类型。

A. 词法二义性　　　B. 指代二义性

C. 句法二义性

1. "Stand up for your flag."

2. "Go down the street on the left."

3. "He drove the car over the lawn mower, but it wasn't hurt."

4. "I saw the movie flying to Houston."

5. "Mary and Kay were playing until she came inside."

判断练习 6～21 中的陈述的对错：

A. 对　　　　　　B. 错

6. 计算机执行某些任务比人类执行得好。

7. 人类执行某些任务比计算机执行得好。

8. 能够通过图灵测试的计算机系统可以看作是智能的。

9. 有些 AI 研究人员认为，在计算机能够像人脑一样处理信息之前，我们不能实现真正的人工智能。

10. 语义网是用来对关系建模的。

11. 如果信息存储在语义网中，那么很容易回答与之有关的问题。

12. 在大师级的国际象棋比赛中，计算机从来没有赢过人类。

13. 推理机是基于规则的专家系统的一部分。

14. 生物神经元接受一个输入信号，生成多个输出信号。

15. 人工神经网络中的每个元素都有数字加权。

16. 语音合成是自然语言处理中最难的部分。

17. 每个人的声波纹都是唯一的，可以用于训练语音识别系统。

18. 计算机对单词 light 有多种解释。

19. 句法二义性对自然语言理解来说不成问题。

20. 机器人使用感知 - 规划 - 执行范型来控制它的移动。

21. Isaac Asimov 定义了机器人学的三条基本定律。

为练习 22～30 中的任务找出能最轻松解决它的对象。

A. 计算机　　　　　　B. 人

22. 识别图片中的一只狗。

23. 求 100 个四位数的和。

24. 解释一首诗。

25. 指纹匹配。

26. 绘制一幅风景画。

27. 进行谈话。

28. 学习发音。

29. 判断有罪或无罪。

30. 给予关爱。

练习 31 ～ 76 是问答题或简答题。

31. 什么是图灵测试？

32. 如何组织和管理图灵测试？

33. 什么是弱等价性？如何把它应用于图灵测试？

34. 什么是强等价性？

35. 什么是 Loebner 奖？

36. 列举并简单说明本章介绍的 5 个 AI 问题。

37. 列举并定义两种知识表示法。

38. 第 8 章定义的数据结构是如何用于表示语义网的？

39. 为你的家族成员之间的关系建立一个语义网。列出 5 个能用你的语义网轻松回答的问题，再列出 5 个稍有难度的能回答的问题。

40. 创建一个语义网，捕捉一篇报纸文章的一节中的信息。

41. 语义网借用了哪些面向对象的属性？

42. 什么是检索树？

43. 为什么复杂游戏（如下棋）的检索树都很大？

44. 请区分深度优先检索和广度优先检索。

45. 删减检索树是什么意思？

46. 请区分基于知识的系统和专家系统。

47. 请区分基于规则的系统和推理机。

48. 请举出一个人类专家系统的例子。

49. 模拟具有某个领域的专业知识的专家的基于知识的系统叫作什么？

50. 为什么专家系统又叫作基于规则的系统？

51. 专家系统中决定如何执行规则以及可以得出什么结论的软件部分叫作什么？

52. 在专家系统中如何表示规则？

53. 专家系统有哪些优点？

54. 传导基于化学的电信号的单个细胞叫什么？

55. 一系列相连的神经元可以构成什么？

56. 信号依靠什么在特定的路径中传输？

57. 生物神经元中的多个输入触角是什么？

58. 生物神经元的主输出触角是什么？

59. 一个神经元的树突从哪里接收来自另一个神经元的信号以构成网络？

60. 树突和轴突之间的空隙叫什么？

61. 调节神经键强度的是什么？

62. 神经键的作用是什么？

63. 在人工神经网络中如何模拟神经键？

64. 人工神经元的有效权是什么？

65. 如何计算一个人工神经元的输出值？

66. 如果人工神经网络中的一个处理元素接受了 5 个输入信号，分别为 0、0、1、1 和 0，它们相应的权是 5、–2、3、3 和 6，阈值是 5，那么这个元素的输出是什么？

67. 如果人工神经网络中的一个处理元素接受了 5 个输入信号，分别为 0、0、1、1 和 0，它们相应的权是 5、–2、3、3 和 6，阈值是 7，那么这个元素的输出是什么？

68. 什么是音素？

69. 描述两种实现语音合成的方式。

70. 哪些问题会影响识别人类语音中的单词的效果？

71. 如何训练语音识别系统？

72. 为什么个人化的语音识别系统比通用的系统好得多？

73. 列举并描述两种机器人。

74. 什么是规划系统？

75. 什么定义了包孕体系结构？

76. 机器人是由什么组成的？

思考题

1. 如果你在图灵测试中担任质问者，请考虑 5 个你可能提出的问题。为什么计算机难以很好地解答这些问题？

2. 你认为强等价性是可能的吗？如何证明这一点？

3. 当你想到机器人，会想到些什么？是想到机器人在地板上疾走吗？还是生产汽车的装配线？

4. 在阅读本章之前，你是否听说过 IPO 呢？你是否投资过 IPO 呢？

5. 你是否在最近的新闻中听说过新的互联网企业 IPO 呢？如果听说过，它的价格是高、低还是正好呢？

6. Facebook 和 Twitter 的 IPO 经常剧烈变化。是什么导致了价格过高或过低呢？

模拟、图形学、游戏和其他应用

使用模型表示现象、对象或情况的技术叫作模拟。飞机制造商通过建立风洞来研究新的飞行器设计中的机翼周围的气流。飞行模拟器是一种模型，可以再现飞行器对飞行员所做动作的反应，因此为了让飞行员能够在进入真实飞机之前学习控制飞行器，飞行员要在飞行模拟器上花费大量的时间。在新的超级市场的规划方案定稿之前，可以运行一个计算机程序，以根据预计的顾客流量协助确定需要多少个收银台。

这一章将介绍模拟背后的理论知识，并且研究几个具体的例子，包括预报天气的模型。然后介绍另外三种应用，即计算机图形学、计算生物学和游戏，以此结束关于应用层的讨论。

目标

学完本章之后，你应该能够：

- 定义模拟。
- 举出复杂系统的例子。
- 区分连续事件模拟和离散事件模拟。
- 解释如何应用面向对象的设计原理构造模型。
- 列举并讨论排队系统的四个部分。
- 解释天气和地震模型的复杂性。
- 描述图形图像生成中的重要主题。
- 解释与单一图像相比动画需要关注的更多问题。

14.1 什么是模拟

模拟是研究复杂系统的有力工具。所谓**模拟**（simulation），就是设计复杂系统的模型以及为观察结果而对其进行实验性操作。模型既可以是纯物理性的（如风洞），也可以是软件控制的物理对象（如太空船或飞行模拟器），还可以是纯逻辑性的（如用计算机程序表示的模型）。

模拟（simulation）：设计复杂系统的模型并为观察结果而对该模型进行实验。

从 20 世纪 50 年代中期开始，计算机模拟就被用于协助决策。复杂系统的计算机模型使决策者们能够逐渐了解系统的性能。一个银行需要多少出纳员？如果两个操作台之间的距离加大，那么生产线上的原料流会不会加快？明天的天气怎么样？哪里是设置新消防队的最佳地点？通过模拟，我们可以对所有这些问题有相当多的了解。

14.1.1 复杂系统

系统是那种只能凭直觉理解而很难定义的术语。字典给出了几种系统的定义，它们的共同之处即把系统定义为一组以某种方式相互作用的对象，这些对象可以是有生命的，也可以是无生命的。一组软件和硬件就构成了计算机系统。一组铁轨和火车就构成了铁路运输系统。一组老师和学生就构成了学校系统。

最适合模拟的系统是动态的、交互式的和复杂的系统，[1]也就是说，这些系统应该是难以理解和分析的。动态系统的行为将随着时间而改变。这种行为变化的方式可以通过数学公式理解和捕捉，例如，导弹通过非扰动的大气层的飞行。有些行为只能被部分理解，但却服从统计表示，如一个交通信号灯处到达的人流量。系统的定义暗示了其中的对象具有交互性，系统中的交互性越多，这个系统就越适合模拟。例如，处于空中交通控制下的飞机的行为。飞机自身的性能特征、与空中交通控制员的交流、天气状况以及由于地面问题引起的航线变化都对飞机的行为有影响。最后，系统应该由许多对象构成，否则模拟它就是浪费时间。

14.1.2　模型

模型是另一个能够理解但难以定义的术语。字典中有两种定义与模拟有关，其一是一种类比，用于帮助可视化某些不能直接观察到的东西，其二是一组由实体或事件状态的数学表达法表示的假设、数据和推理。虽然这两个定义看来有很大不同，但它们有一共同之处，即模型都是某种事物的抽象。在第一种定义中，模型表示的是不能被完全理解的事物，我们被迫说它像其他某种事物。在第二种定义中，对系统的理解足以用一组数学规则来描述它。

在模拟中，**模型**（model）是真实系统的抽象。它是系统中的对象和管理这些对象相互作用的规则的表示。这种表示可以是具体的，如太空船和飞行模拟器，也可以是抽象的，如分析所需的收银台数量的计算机程序。在余下的有关模拟的讨论中，模型都是抽象的，其实现都在计算机程序中。

> **模型**（model）：真实系统的抽象，是系统中的对象和管理这些对象相互作用的规则的表示。

14.1.3　构造模型

构造模型的关键是确定一个足以描述被调查的行为的特征或特性的小集合。记住，模型是真实系统的抽象，而不是系统本身。因此，在能够精确描述系统行为的特征太多和太少之间有一条精密的分界线。我们的目标是构造一个能够描述相关行为的最简单模型。

有两种不同的模拟类型，为每种类型选择特征或特性集合的过程不同。这两种类型的区别在于表示时间的方式，一个采用的是连续变量，另一个采用的是离散事件。

1. 连续模拟

连续模拟把时间看作是连续的，用一组反映特征集合中的关系的微分方程表示时间的变化。因此，为系统建模而选择的特征或特性的行为必须是能够用数学表达的。例如，气象模型就属于这种类型。天气模型的特征包括风力、气温、湿度、云层、降水量等。可以用一组偏微分方程对这些成分随着时间而产生的相互作用建模，这组方程能估量出这些成分在三维空间中的变化率。

由于连续模拟中的特征具有理论本质，所以工程师和经济学家们经常使用这种技术。在这些领域中，可用的特征和它们之间的相互作用已经为人熟知了。在后面的小节中，我们还会详细地介绍气象模拟。

2. 离散事件模拟

离散事件模拟由实体、属性和事件构成。实体表示真实系统中必须明确定义的对象。也就是说，系统的特征或特性是对象。例如，如果要对一个制造厂建模，那么各种机器和要生产的产品就是实体。属性是一个特定实体的特征。识别号、购买日期和维修历史是某部机器的属性。事件是实体之间的相互作用。例如，把一台机器的输出发送给下一台机器作为输入就是一个事件。

流经系统的对象通常被表示为实体。例如，一台机器的输出可以是传递给下一台机器的对象。未加工的制品流就这样从一台机器传送到另一台机器（一系列事件），最终生成可爱的新产品。实体也可以表示其他实体所需的资源。例如，在银行模型中，出纳员就是一种资源。如果没有空闲的出纳员，客户就要排队等候，直到有出纳员为之服务为止。

构造一个好模型的关键是选择实体以表示系统，并正确地决定定义事件结果的规则。Pareto 定律认为，在每个实体集合中，都有一些必需的实体和许多微不足道的实体。平均说来，一个系统约 80% 的行为都可以用 20% 的成分的动作解释。[2] 模拟定义的第二部分"为观察结果而对模型进行实验"给了我们从何着手的线索。要观察什么结果呢？这个问题的答案是确定模型中必须表示的真实系统中实体的着手点。实体和定义实体相互作用的规则必须足以生成要观察的结果。

由于抽象模型是用计算机程序实现的，所以可以应用面向对象的设计来解决建模问题。模型中的实体即对象类。实体的属性即类的属性。那么事件相当于什么呢？事件就是实体的责任。定义实体相互作用的规则由类的协作表示。

14.2   特殊模型

这一节我们将讨论三种模拟模型。

14.2.1   排队系统

让我们来看一种非常有用的模拟——排队系统。排队系统是一种离散事件模型，它使用随机数表示事件的到达和持续。排队系统由服务器和等待服务的对象队列构成。第 8 章介绍过，队列是先进先出（FIFO）的结构。我们的日常生活中时常会用到排队系统。当你在杂货店排队等候结账或者在银行排队提款时，使用的就是排队系统。当你向大型机提交了一个"批作业"（如编译）后，你的作业必须排队等候 CPU 完成它之前的各项作业。当你致电航空公司预订机票时，会听到这样的录音："谢谢您致电 Air Busters。接线员忙，您的电话很快会被接听，请稍候。"此时你使用的还是排队系统。

1. 请等待

等待是个严重的问题。排队系统的目的是尽可能地完全利用服务器（出纳员、收款员、CPU、操作员等），使等待时间处于合理的限度。要实现这一目标，通常需要在花费和客户满意度之间进行折中。

从个人角度来说，没有人愿意排队。如果给超级市场中的每个顾客配备一个收银台，顾客们一定非常乐意。但是这样超级市场的买卖就不可能做得太久。因此，折中的办法是根据超级市场的预算限制收银台的数量，同时一般不让顾客等候太久。

那么一个公司如何决定服务器数量和等待时间之间的最佳折中呢？一种方法是靠经验，即尝试使用不同数量的服务器，看多少服务器可以解决问题。这种方法有两个问题，即昂贵且耗时。另一种方法是使用计算机模拟。

要构造一个排队模型，必须知道四点：

1）事件的数量以及它们如何影响系统，以确定实体相互作用的规则。

2）服务器的数量。

3）到达时间的分布情况，以确定是否把一个实体加入系统。

4）预计的服务时间，以确定事件的持续时间。

模拟使用这些特征来预测平均等待时间。可以改变服务器的数量、到达时间的分布情况和服务时间，从而分析平均等待时间以确定什么是合理的折中。

2. 一个示例

考虑只有一个出纳员的免下车银行的例子。每辆车平均要等候多久？如果生意扩大，车辆到达得更加频繁了，对平均等待时间有什么影响？银行何时需要增设第二个免下车窗口？

这个问题具有排队模型的特征。实体是服务器（出纳员）、受服务的对象（车内的顾客）和等待服务的对象（车内的顾客）的队列。平均等待时间是观察的目标。这个系统中的事件是顾客的到达和离开。

SIMULA 是为模拟而设计的

位于奥斯陆的挪威计算中心（Norwegian Computing Centre，NCC）的 Ole-Johan Dahl 和 Kristen Nygaard 在 1962 年到 1967 年设计并构建了程序设计语言 SIMULA，这是一种为离散事件模拟而设计并实现的语言。此后，SIMULA 被扩展并重新实现成了一种完整的通用程序设计语言。虽然 SIMULA 从未得到过广泛的应用，但它对现代程序设计方法有着深远的影响。SIMULA 引入了面向对象这种重要的语言构造，如类和对象、继承以及多态性。[3]

让我们看看用时间驱动的模拟如何解决这个问题。在时间驱动模拟中，每隔固定的时间间隔（如 1 分钟）就观察一次模型。为了模拟时间单元（如 1 分钟）的流逝，我们累计时间，预定运行模拟的时间，如 100 分钟。（当然，模拟的时间通常比真正的时间流逝得快，模拟的 100 分钟在计算机中只是一闪而过。）

把模拟想象成一个大循环，每次循环为时钟的一个值（在我们的例子中是从 1 到 100）执行一套规则。下面是循环主体处理的规则：

规则 1：如果一个顾客到达了，他将进入队列。

规则 2：如果出纳员空闲，而且有顾客在等待，那么队列中的第一个顾客将离开队列，前进到出纳员的窗口。开始为该顾客的服务计时。

规则 3：如果顾客位于出纳员的窗口，那么这位顾客剩余的服务时间将减少。

规则 4：如果有顾客在排队，那么要增加他们在队列中等待的时间记录。

这个模拟的输出是平均等待时间。我们用下面的公式计算这个值：

平均等待时间 = 所有顾客的总等待时间 / 顾客总数

银行可以根据这个输出判断他们的客户是否在某个出纳员系统之前等候太久了。如果判断结果是顾客等候过久，那么银行将增设两个出纳员。

还没有结束！还有两个问题没有解答。如何知道一个客户到达了？如何知道一个客户的服务结束了？为此，必须提供到达时间和服务时间的数据模拟。在模拟中用变量（参数）表示它们。我们不可能精确地预测顾客何时到达以及每个客户将占用多少服务时间，但是可以根据经验猜测，例如每隔 5 分钟会有一个顾客到达，大多数顾客需要 3 分钟服务时间。

那么在这个计时单元系统中，如何知道一个作业是否到达了呢？答案是两个因子的函数，即顾客到达的时间间隔（这里是 5 分钟）和可能性之间的分钟数。可能性？排队模型是基于可能性的？不完全如此。让我们用另一种方式表示顾客到达的时间间隔，即每个指定的计时单元中作业到达的概率。概率的范围是 0.0（没可能）到 1.0（绝对的事情）。如果平均每隔 5 分钟到达一个新作业，那么任何分钟内有顾客到达的可能性是 0.2（5 个可能性之一）。因此，在特定分钟内有新顾客到达的概率是 1.0 除以到达间隔的分钟数。

那么如何表示这种可能性呢？在计算机术语中，可以用随机数发生器表示可能性。我们编写了一个生成 0.0 到 1.0 的随机数的函数来模拟顾客的到达，采用的规则如下：

1）如果随机数在 0.0 和到达概率之间，说明作业已经到达了。

2）如果随机数大于到达概率，那么在这个计时单元中，没有作业到达。

通过改变到达速率，可以模拟每个交易需要 3 分钟的单出纳员系统随着到达车辆的增多会出现哪些情况。我们也可以基于概率模拟服务时间的长度。例如，可以这样模拟：60% 的顾客需要 3 分钟的服务时间，30% 的人需要 5 分钟，另外 10% 需要 10 分钟。

模拟并没有给我们特定的答案，甚至不是一个答案。模拟只是尝试回答"假设"问题的一种方法。我们构造模型，然后运行模拟多次，尝试各种可能的参数组合，观察平均等待时间。如果车辆到达得太快会出现什么情况？如果服务时间缩短 10% 会出现什么情况？如果增加了一个出纳员会出现什么情况？

3. 其他类型的队列

前面的例子使用的队列是 FIFO 队列，即受到服务的实体是在队列中停留时间最久的实体。另一种队列是优先队列。在优先队列中，每个项目都有一个优先级。每次出列的项目都是优先级最高的项目。优先队列的操作就像治疗类选法，当伤员到达后，医生会给每个病号一个标签，标明他的受伤严重程度。伤势最严重的伤员将优先进手术室。

还有一种排序事件的模式是采用了两个 FIFO 队列，一个用于较短的服务时间，一个用于较长的服务时间。这种模式有点像超级市场的快速通道，如果你要买的物品少于 10 件，就可以进入快速通道的队列，否则必须进入正常通道的队列。

14.2.2　气象模型

上一节用离散输入和输出进行了相当简单的模拟。下面将讨论的是一种连续模拟——预测天气。天气预测的细节只有专业气象学家才知道。一般说来，气象模型是以时间相关的流体力学和热力学的偏微分方程为基础的，这些方程的变量包括两个水平风速、垂直风速、气温、气压和水汽浓度。图 14-1 展示了一些这样的方程。不要担心，这些方程的使用超出了本书的范围，

气压：
$$\frac{\partial p^* p'}{\partial t} = -m^2 \left[\frac{\partial p^* u p' / m}{\partial x} + \frac{\partial p^* v p' / m}{\partial y} \right] - \frac{\partial p^* p' \sigma}{\partial \sigma} + p' DIV$$

$$- m^2 p^* \gamma p \left[\frac{\partial u / m}{\partial x} - \frac{\sigma}{m p^*} \frac{\partial p^*}{\partial x} \frac{\partial u}{\partial \sigma} + \frac{\partial v / m}{\partial y} - \frac{\sigma}{m p^*} \frac{\partial p^*}{\partial y} \frac{\partial v}{\partial \sigma} \right]$$

$$+ p_0 g \gamma p \frac{\partial w}{\partial \sigma} + p^* p_{0gw}$$

气温：
$$\frac{\partial p^* T}{\partial t} = -m^2 \left[\frac{\partial p^* u T / m}{\partial x} + \frac{\partial p^* v T / m}{\partial y} \right] - \frac{\partial p^* T \sigma}{\partial \sigma} + T \, DIV$$

$$+ \frac{1}{\rho c_p} \left[p^* \frac{Dp'}{Dt} - p_0 g p^* w - D_{p'} \right] + p^* \frac{Q}{c_p} + D_T$$

其中
$$DIV = m^2 \left[\frac{\partial p^* u / m}{\partial x} + \frac{\partial p^* v / m}{\partial y} \right] + \frac{\partial p^* \sigma}{\partial \sigma}$$

$$\sigma = -\frac{p_{0g}}{p^*} w - \frac{m\sigma}{p^*} \frac{\partial p^*}{\partial x} u - \frac{m\sigma}{p^*} \frac{\partial p^*}{\partial y} v$$

图 14-1　气象模型中使用的一些复杂公式

459
460

我们只是想说明这些类型的模型中有些复杂的处理。

为了预测天气，首先输入观察得来的这些变量的初始值，其次求积分得到这些变量的值。[4]用预计的值作为初始条件，再次求这些方程的积分。用上一次求积分的预计值作为当前积分的观察值，可以随时给出天气预测。这些方程描述的都是实体在模型中的变化率，因此每个解决方案的答案给出的值可以用于预测下一组值。

这些模拟模型的计算花费是很高的。考虑到方程式的复杂性以及这些模型必须时刻保持大气层中的真实性，所以只有高速的并行计算机才能在合理的时间内计算出它们。

461

Ivan Sutherland

Ivan Sutherland 在学术、工业研究以及商业领域都受过专业训练。Sutherland 在他的网页上列出的头衔包括工程师、企业家、资本家和教授。他曾获得过 ACM 颁发的图灵奖、Smithsonian 计算机世界奖、美国国家工程院颁发的 First Zworykin 奖和 Price Waterhouse Information Technology Leadership 奖的终身成就奖。

Sutherland 拥有 Carnegie 理工学院的学士学位、加州理工学院的硕士学位和麻省理工学院的博士学位。他的博士论文 "Sketchpad：A Man-Machine Graphical Communications System" 开创了用光笔在屏幕上直接绘图的先河。图形的模式可以存储在内存中，此后再像其他数据一样被读取和操作。画板（Sketchpad）是第一种 GUI（Graphical User Interface，图形用户界面）设备，此时 GUI 这个术语还没有出现，它开创了计算机辅助设计（CAD）这个领域。

© Kenichiro Seki/
Xinhua Press/Corbis

20 世纪 60 年代初，美国国防部和国家安全局（National Security Agency，NSA）都是计算研究的先锋部队。Sutherland 毕业后被劝导加入了陆军，分配到了 NSA。1964 年，他被调到了国防部的高级研究规划署（ARPA，以后的 DARPA），担任 ARPA 的信息处理技术办公室的主管，负责管理计算机科学的研究项目。退出军队后，他在哈佛担任副教授。开发使人们能够用图像与计算机进行交互的设备（画板）成了他的工作。他的目标是"终极显示"，即要包括全彩色和满足用户各种视角的立体显示。由于头盔式显示器（HMD）非常重，所以把理论变为现实比假想难得多。因此，最初的实现显示在墙上或天花板上，而不是头盔中，这使它有了个外号"达摩克利斯之剑"。

1968 年，Sutherland 来到犹他大学，继续从事 HMD 系统的研究。他和犹他大学的另一位教员 David Evans 共同创建了 Evans & Sutherland 公司，专卖模拟、训练和虚拟现实应用所需的可视系统的硬件和软件。1975 年，Sutherland 返回加州理工学院，担任计算机科学系的主任，在此，他协助在课程中引入了电路设计。

1980 年，Sutherland 离开了 Caltech，建立了 Sutherland, Sproull, and Associates，这是一家咨询和风险投资公司。后来，他成为 Sun Microsystems 公司的副总裁和合伙人。他具有 8 项计算机制图和硬件方面的专利，并继续从事他在硬件技术方面的研究。

1988 年，Sutherland 的图灵奖颁奖辞是：

他以画板开创了计算机制图领域，并不断地提出具有远见的想法。虽然画板是 25 年前编写的，但他引入的许多技术即使在今天仍然非常重要，这其中包括刷新屏幕用的显示文件、图形对象建模用的递归遍历的层级结构、几何变换用的递归方法和面向对象的程序设计风格。之后的创新还包括观察立体和彩色图像用的长柄望远镜、显示数字化图像的算法、剪裁多边形的算法和用隐线表示曲面的算法。

2020 年，Sutherland 获得 Kyoto 先进技术奖。暂且不提 Sutherland 收到的各种荣誉，最近他宣布了最令自己骄傲的杰作是他的四个孙子。

1. 天气预报

"早晨为红色天空，海员警告"是常被引用的天气预报。在计算机出现之前，天气预报是以民俗和观察为基础的。20 世纪 50 年代早期，出现了第一批为天气预报开发的计算机模型。这批模型采用了非常复杂的偏微分方程。随着计算机逐渐改进，天气预报的模型也越来越复杂。

如果天气预报员使用计算机模型来预报天气，那么为什么电视和收音机预报的同一个城市的天气会不同呢？为什么它们有时是错的？计算机模型用于辅助天气预报，而不是代替预报员。计算机模型输出的是预测的将来的变量值。这些值的含义是由预报员决定的。

462 ~ 463

注意，上一段引用了多个模型。存在不同的模型是因为它们采用的假设不同。但是，所有计算机模型都用间隔相同的网格点来模拟地球表面和表面之上的大气层。两点之间的距离决定了网格框的大小或分辨率。网格框越大，模型的分辨率越低。嵌套网格模型（NGM）的水平分辨率是 80 km，垂直方向有 18 个分层，大气层被划分成了 18 层方块。小方块的网格嵌套在大方块的网格中，以便聚焦在特定的地理区域。NGM 模型每隔 6 小时预报一次未来48 小时的天气。

> **海啸观测**
>
> 海啸专家在开发一种更好的方式，以便人们能够知道何时会有海啸。现在，科学家利用放置在海底电缆上的传感器来检测海啸经过海面时引起的非常轻微的波动。当传感器检测到海啸时，放置在它附近的浮标就会通过卫星把信号发送回地面。美国国家海洋和大气管理局（NOAA）的太平洋海洋环境实验室（PMEL）位于西雅图，设计了深海海啸评估和报告（DART）浮标。这些系统能检测出小于一毫米的海平面变化。

模型输出统计（MOS）模型由一组为美国各个城市定制的统计方程构成。ETA 模型是以考虑地形特征（如山脉）的 ETA 坐标系统命名的，它是非常类似于 NGM 模型的新模型，但分辨率更高（29 km）。[5] WRF 则是 ETA 的扩展，WRF 使用了可变尺寸的方格，如 4 到12.5 和 25 到 37 层。

天气模型的输出既可以是文本格式，也可以是图形格式。天气预报员的工作是解释所有输出。任何优秀的天气预报员都知道，不同模型输出结果的好坏都与微分方程的输入有关。输入数据的来源包括无线电高空测候器（测量高空的湿度、气温和气压）、无线电探空测风仪（测量高处的风速）、飞行器的观测报告、地面观测报告、卫星和其他遥感数据源。任何一个输入变量的小错误都会在积分过程中使结果中的错误不断增多。另一个问题是模型的分辨率太低，以至于天气预报员不能靠直觉精确地解释结果。

不同的天气预报员可能会相信预测的结果，也可能从其他因素判断出预测有错。此外，不同的模型还可能提供冲突的信息。哪些信息是正确的是由天气预报员决定的。

2. 飓风跟踪

由于飓风跟踪的模型是应用于移动目标的，所以它们叫作浮动模型。也就是说，模型预报的飓风的地理位置是变化的。地球物理及流体力学实验室（Geophysical and Fluid Dynamics Laboratory，GFDL）为了改进飓风登陆地点的预测功能，开发了一种最新的飓风模型。

GFDL 飓风模型于 1995 年开始运作。直到国家气象局的高性能超级计算机用于并行计算之后，该模型中的公式计算速度才能够满足预报的需要，并行计算的运行时间比顺序计算的时间少 18%。图 14-2 展示了这种模型在飓风跟踪方面比以前的模型进步了很多。

GFDL 被一种叫作 HWRF 的特殊版本的 WRF 所代替。HWRF 使用 27 km × 9 km 分布于 42 个等级的网格单元。它同样会从一种叫作普林斯顿洋流模型的第二模拟中获取信息，这种模型也从洋流和温度中获取数据。

一些研究员正在研发把其他模型的输出组合在一起的模型。这种组合模型叫作"超级组合"，其生成的结果比独立模型生成的结果更好。该模型运行的时间越长，结果越好。在预测未来三天的飓风轨迹时，组合模型的误差为 21.5 英里 / 小时，而独立模型的误差为 31.3 英里 / 小时到 32.4 英里 / 小时。

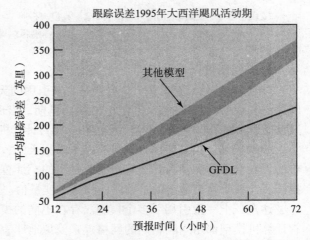

注：经国家科学技术委员会许可转载，《高性能计算和通信：推进信息技术的前沿》

图 14-2　飓风模型的改进

3. 专用模型

气象模型可以被改编为专用模型。例如，大气运动的数字模型模拟和空气化学模型组合在一起，可以为各种空气质量应用判断大气的气流和扩散情况。其中一项研究分析了美国亚利桑那州的大峡谷地区的地形在空气污染的移动中所起的作用。

另一项研究表明，在模型演化过程中，通过消化和吸收观察到的数据，模型的性能可以比采用最初观察到的数据有极大的提高。这点考虑到了专用模型采用的输入是改进了的大气数字表示法。[6]

高级气象建模系统可以用于为军事或航空业的复杂系统提供指导。例如，天气对炮弹运动有影响，在战场上这是必须考虑的因素。在航空工业中，气象数据有多种用途，包括决定要携带多少燃料以及决定何时移动飞机以避免雹灾等。

撒哈拉的粉尘影响到飓风的预测

每年，美国国家海洋和大气管理局都会预测已命名的风暴的数量及其严重程度。2013 年预测了 13 个风暴，其中 11 个已经达到了飓风的强度。但是 2013 年经历了近 70 年以来第四个最平静的飓风季。所以发生了什么？原来是因为撒哈拉沙漠的风切变和粉尘大爆发比预期要强烈。即使是最好的预测模型也只能根据它们的输入进行预测。[7]

14.2.3 计算生物学

计算生物学（computational biology）是一种通过计算机、应用数学以及统计学的知识解决生物学问题的交叉性学科。其中应用到的技术包括建模、计算机模拟以及图形学。包括基因研究在内的很多生物学研究现在都通过计算与建模技术进行，而不是同往常一样在'潮湿'的实验室里把玩化学制品。到 2003 年计算工具使得基因组研究人员可以比对完整的人类基因组，这比使用传统排序方法缩短了许多年。计算技术同样在测算许多致病基因的研究中起到了很大的帮助，而这使得相应的治疗药品得以被研制出来。

计算生物学整合了许多其他领域的知识，包括：

- **生物信息学**：一种将信息技术应用到分子生物学的学科，涉及对生物信息在计算机和网络中的查询、存储、操作、分析以及可视化。
- **计算生物建模**：对生物学系统进行计算建模。
- **计算基因组**：对基因组序列进行解密。
- **分子建模**：对分子进行的建模。
- **蛋白质结构预测**：尝试进行三维的蛋白质序列建模，这在实验中还尚未被实现。

466

> **计算生物学**（computational biology）：一种通过计算机、应用数学以及统计学的知识解决生物学问题的交叉性学科。

14.2.4 其他模型

就某种意义来说，每个计算机程序都是一种模拟，因为程序表示的是在问题求解阶段设计的解决方案的模型。当程序执行时，就模拟了这个模型。但我们并不想就此深入探讨，否则这一节将无休无止了。不过，有几个明显的领域使用了模拟。

股票市场是否将继续走高？零售价格是否会上扬？如果增加广告投入，销售额会增加吗？预报模型可以帮助解答这些问题。不过，这些预报模型不同于天气预报的模型。天气模型的基础因素是大家所熟知的，可以用流体力学和热力学的偏微分方程建模。商业和经济预测模型则是基于变量的历史数据建模的，因此它们采用回归分析作为预测的基础。

地震模型能够预测地震波在地壳中的传播。地震波既可以来自自然事件（如地震或火山爆发），也可以来自人为事件（如受控制的爆炸、贮水引起的地震或（工业或交通造成的）文明噪声）。对于自然事件，传感器会检测到地震波。用观察到的数据作为输入的模型能够决定引起波动的原因和震级。对于人为事件，根据事件的规模和传感器数据，整个模型可以映射地球的表面。这种模型用于探测石油和天然气。地震数据用于在开始钻探前给地质学者提供油藏和气藏高度详细的三维地图，从而最小化钻探干井的可能性。

14.2.5 必要的计算能力

我们介绍的构建连续模型的许多公式都是多年前就已经开发好的。也就是说，定义模型中的实体之间的相互作用的偏微分方程是众所周知的。但是，基于这些公式的模型并不能及时地模拟出来以备使用。20 世纪 90 年代中期引入的并行高性能计算改变了这一格局。更新、更大、更快的计算机使科学家们能够在更短的时间内解决更大范围中更复杂的数学系统。这些新机器的运行速度足以解决复杂的方程，及时地提供答案。数字天气预报与其他应用不同的是必须赶超时间，昨天的天气预报如果今天还没有收到，那就没有任何用途了。

467

14.3 计算机图形学

我们大体上可以将计算机图形描述为计算机屏幕上的像素值的设置。记得第 3 章讨论过的计算机图像吗？图像是由红、绿和蓝值定义的一组像素值。虽然那时的讨论指的是能够扫描并显示在计算机上的图片，但它适用于所有显示在计算机屏幕上的东西。

计算机图形学在计算机科学的许多领域都扮演着一定的角色。最常见的应用是现代操作系统中的图形用户界面（GUI）。文件和文件夹都由屏幕上的图标表示，图标还能说明文件的类型。与计算机交互涉及指向、点击和拖曳，这些都会改变屏幕上显示的图形。计算机图形学决定了如何设置像素的颜色来显示图标以及在屏幕上拖曳图标时如何改变像素值。

字处理软件和桌面出版软件也是计算机图形学的应用。通过设置像素在屏幕上的值，它们能够展示打印出的文档是什么样的。也许在你想到计算机图形学时不会考虑屏幕上的黑白文本，但它们确实也是其中的一部分。用户手册中的插图也是由计算机图形学生成的。这个应用在生成图像时采用了一些特殊技术，会高亮显示正在处理的部分，而不是创建出完整的真实图像。

公司也利用计算机图形学来设计和制造产品。工程师使用计算机辅助设计（CAD）系统，采用几何建模技术创建新元件的规范，如图 14-3 所示。这些组件可以显示在屏幕上，甚至可以对某些可能断裂的点进行压力测试。这些绘图最终会用于指导装配线生产这些组件。

468

艺术家以多种方式应用计算机图形学。有些艺术家把计算机当作高科技的画布。有了绘图程序，艺术家就能用计算机代替画笔和画布进行创作。利用图像处理软件，摄影家能够润色照片，或者通过合成多个图像制作出特殊效果。此外，艺术家还用计算机作为艺术创作的主要部分。例

注：©ArtyFree/Shutterstock, ©Stephen Sweet/Shutterstock

图 14-3 几何建模技术

如，1982 年 Jane Veeder 创建了 WARPITOUT 计算机装置，用户可以用它拍摄数字照片，然后在它成为近代画的轮换陈列室的一部分之前，处理这些照片。

469

毫无疑问，科学实验和模拟会生成大量的数据。只在纸上研究数字的科学家可能会错过这些数据中的趋势或模式。一种分析方法是用图形格式表示数据的科学可视化。有了科学可视化系统，用户就能够修改不同值的颜色，通过数据建立交叉的部分，以便协助发现模式或趋势。一个相关的应用是医学成像。诸如 CT、超声波和核磁共振（MRI）这样的测试结果都以图形显示，医生或者技术人员能够利用它们进行诊断。

虽然存在大量的计算机图形学的应用，但是当你想到计算机图形学时，很可能想到的还是计算机游戏、动画片或者电视和电影中的特效。这些都是计算机图形学最有趣的应用，也

是最复杂的应用。这种复杂性源自于需要模拟非常复杂的过程，即光与对象的交互、简单和复杂对象的形状建模以及人物和对象的自然移动。本节后面的部分将更详细地介绍这些主题。你会看到，计算机图形学中有很多细节，这使它成为一门既复杂又有趣的学科。由于计算机图形学可以用整本教科书来讲解，所以这一节只是给出一些基本提示。

通过触碰进行交流

触觉论是一门有关于触觉的学科，也就是触觉的科学技术。触觉设备模拟和触觉相关的感觉，例如压力、温度、质地。力反馈方向盘和操纵杆是简单触觉装置的例子。如今，触觉设备被用作训练医生的手术模拟。在这种系统出现之前，受训的医生会在橘子上进行练习！触觉技术的急速发展，尤其是机器人学领域的发展，使得探索人类触觉系统的运作成为可能。

14.3.1　光的工作原理

人的视觉系统能够发挥作用是因为物体可以反射光线，使光线进入我们的眼睛。眼睛的晶状体在光线触及眼底时会把它集中起来。眼底由视锥和杆状细胞构成，它们会对投射而来的光线产生反应。根据光线的波长，视锥可以分为长、中和短三种。长视锥反应的是红色，中视锥反应的是绿色，短视锥反应的是蓝色。杆状细胞只对光的强度有反应，所以它们缺乏颜色敏感度。人的视觉系统和大脑可以解释视锥和杆状细胞的反应，从而确保我们能看到面前的物体。

现实世界的光线会投射到物体，然后反射回来。虽然我们认为只有镜子和抛光的物体才能反射光线，但事实上所有物体都可以反射光线。反射的光线量由可用的光线量决定。晴天看到的物体就比阴天或者夜晚看到的物体清楚。

|470|

除了光线量之外，物体的外观还受物体成分的影响。例如，塑料、木头和金属的属性不同，用它们制造的物体看起来就不同。塑料物体中嵌有颜色粒子，但表面非常光滑。无论物体本身是什么颜色，在高光下看来都与光的颜色一样。木质物体受木头中的纹理影响，这些纹理会对光进行漫反射。在显微镜下可以看到金属物体的表面凹凸不平，所以它们的表面发亮，但不像塑料物体那么亮。

想象一面平面镜。镜子所指的方向可以用与镜子表面垂直的法向量（N）来说明，如图 14-4 所示。光线在镜子上的反射角（θ）与光线进入的方向和法向量之间的夹角（即入射角）相同。如果你位于视向量（V）的方向，那么你所看到的会受所有这些向量的影响。整个过程非常复杂，因为光线可能从不同的方向投射到镜子上。当你从镜子中看到自己时，光线在进入你的眼睛之前，已经从各个方向经过了脸和衣服的反射。

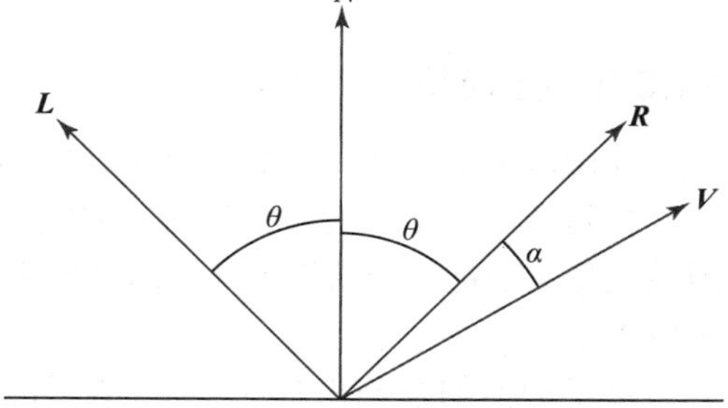

图 14-4　法向量（N）、光线向量（L）、视向量（V）和反射向量（R）

阴影也是现实世界的一个重要组成元素，它给我们提供了物体和光源位置的视觉线索。此外，它还能给我们提供两个物体相对位置的线索。例如，如果两个物体在一起，那么一个物体投射的阴影就会与另一个物体投射的阴影非常接近。随着两个物体渐渐离开，阴影也会根据光线条件发生变化，甚至会消失。这就解释了为什么早期手绘的卡通看起来很奇怪，因为其中有些人物有阴影，有些却没有。Micky Mouse 有阴影，但是 Fred Flintstone 却没有。结果就是 Mickey 看起来是在地上走，而 Fred 看起来则像在空中飘。

要生成真实的图像，计算机必须进行计算，以模拟光和物体之间的交互、各种纹理的物体的不规则表面以及光线强度随位置在阴影中的变化。这些计算可能花费大量的时间。动画片和电影特效的效果看起来比计算机游戏的好，就是因为游戏中用到了一些简化的算法来实时地生成图像。这种处理的另一个重要元素是如何在图像中表示物体的形状，接下来将讨论这一点。

14.3.2 物体形状

物体的形状也会影响物体的外观。如果一个物体是平的（如镜子），那么物体上的任何位置都不存在法向量。如果物体不是平的，那么各个位置的法向量的方向都不同。这种法向量方向的变化改变了突出的形状，这就给了我们关于物体形状的视觉线索。

还记得数学课上用方程描述线、面、球体、圆柱体和其他形状的物体吗？计算机图形学使用这些方程说明物体的形状。环顾一下四周，你会发现物体的形状各异，比那些简单的数学对象复杂多了。计算机图形学还提供了描述曲面形状的数学方式，这样就可以把复杂的物体定义为独立曲面的集合。

即使真实世界中的物体是实心的，计算机图形学也只处理物体的表面，因为我们看到的只是表面。此外，这些数学方程式只能定义平滑的表面，而真实的物体表面是不规则的。例如，砖块和混凝土块的表面是粗糙的，与光滑的表面相比，这种粗糙的表面会向各个方向散射光线。图形软件利用纹理映射技术模拟粗糙的表面。

> **旅行者 1 号和旅行者 2 号在何方？**
>
> 旅行者 1 号和旅行者 2 号于 1977 年发射到太空。它们在 1979 年经过了木星，并在 1980 年和 1981 年经过土星系统。旅行者 2 号在 1986 年飞过天王星，并且在 1989 年到达了海王星。这两个探测器正在探索星际空间，在 2025 年电池耗尽之前，它们将持续对空间进行探索。在 2018 年 3 月，旅行者 1 号已经飞离地球 13 亿英里，是迄今为止飞行最远的人造物体。[8]

14.3.3 光模拟

在图形学中，许多技术用于模拟光和物体之间的交互。有些技术比较简单，而有些技术则计算起来非常复杂。一般来说，对光在物体上的一点的交互的模拟叫作照明模型，而利用照明模型来确定整个物体的外观的处理叫作明暗处理模型或者明暗处理。创建整个图像的过程叫作绘制。

最早的照明模型出现在 1971 年，它使用了三种元素，即环境光、漫反射和镜面反射。环境光是没有方向的通用光。有了这种光，我们才能看到没有光直接照射的物体。当光直接投射到物体表面时就会发生漫反射。这种反射发生在各个方向，是由入射方向和表面法向量之间的夹角决定的（即图 14-4 中的 θ）。入射角越小，漫反射的影响越大。镜面亮点是由于镜面反射而出现在物体上的亮点。镜面反射是由反射方向和观察者方向之间的夹角决定的（即图 14-4 中的 α）。这个角度越小，镜面反射的影响越大。物体的外观是由环境光、漫反射和镜面反射共同决定的。虽然这种模型很早就被研发出来了，但它依然是当今图形软件中常用的照明模型。

这种照明模型有一个著名的问题，即它使得所有物体看来都像用塑料制成的。因此，对它生成的金属物体或有纹理的物体都要进行一些调整。此外，照明模型也不能处理透明物体或者具有镜子那样的表面的物体。

第二种明暗处理方法叫作光线跟踪。采用这种方法，要将观察者的位置标识为空间中的一点。然后判断显示器屏幕（即要绘制图像的地方）的位置。现在，可以从观察者的位置开始绘制图像中的一条线的每个像素。这些线或光线有下面几种情况：如果这条线没有遇到任何物体，该像素将被设为背景色；如果它遇到了物体，就会执行照明计算，该像素将被设为计算出的颜色。如果遇到的物体具有反射性，如镜子，就会计算反射线的方向，然后计算该方向上的像素的颜色。如果遇到的物体是透明的，那么计算折射线的方向，然后计算该方向上的像素的颜色。更复杂的物体可能既有反射性又是透明的，那么会执行两种计算，结果会被组合在一起。因为光线传播的可能性就这么几种，所以光线跟踪既可以处理透明物体，也可以处理有反射性的物体。

你可能注意到了，有时你的 T 恤衫的颜色会反射到你的脸或胳膊上。这种现象叫作颜色扩散。另一个例子是当某人穿了一件亮红色的 T 恤衫站在白色的墙边时，这个人旁边的墙看起来会是粉色的，因为光线在投射到墙上之前经过了红色 T 恤衫的反射。迄今为止讨论的明暗处理方法都不能模拟这种光交互，不过一种叫作辐射度算法的技术可以处理颜色扩散。在辐射度算法中，光线被当作能量。这种复杂的算法计算一个场景中有多少能量从一个物体传递到另一个物体。对于一个大物体（如墙）来说，各部分接收到的能量不同，所以在进行能量计算之前，会把大物体分割成多个小物体。

在一个场景中，两个物体之间传递的能量的量是由两个物体相距多远以及物体的指向决定的。两个物体相距越远，传递的能量越少。两个物体相距越近，传递的能量越多。这一过程会更加复杂，因为物体 A 会把能量传递给物体 B，相反，物体 B 也会把能量传递给物体 A。此外，物体 A 能够传递给物体 B 的能量还部分地由物体 A 从物体 B 得到的能量决定。同样，物体 B 传递给物体 A 的能量也由物体 A 传递给物体 B 的能量决定。

辐射度算法极其复杂，不仅因为要考虑所有潜在的能量传递组合，还因为一个场景中可能存在 100 000 个需要确定能量传递的物体。

14.3.4　复杂对象的建模

前面介绍过简单物体的形状可以用简单的数学对象和曲面建模。在现实世界中，许多物体的形状及其与光线的交互方式要复杂得多。这是图形学研究人员正在研究的一个领域，即如何在合理的时间内生成一个自然现象的真实模拟。这一节将大概看一下其中涉及的问题。

自然景观要求有看起来真实的地形，看起来合理的溪流，看起来自然的植物，这些是对图形学的综合挑战。图 14-5 展示了一个计算机生成的看起来自然的景观。可以用不规则碎片模型或腐蚀模型对地形建模。不规则碎片模型采用的是中点细分技

注：经允许转载自 Oliver Deussen 等的
"Realistic Modeling and Rendering of Plant Ecosystems." SIGGRAPH(1998):275-286©1998 AMC,Inc. [http://doi.acm.org/10.1145/ 280814.280898]

图 14-5　计算机生成的自然景观

术，即从 1 个三角形碎片入手，找出每个边的中点，连接这些顶点形成新的边，就构成了 4 个三角形碎片。对这 4 个三角形碎片分别重复上述过程，就生成了 16 个三角形碎片。这个结果自身并不那么有趣。但是，如果在细分过程中把中点上下随机移动一些，那么就能生成不规则的地形形状（如图 14-6 所示）。腐蚀模型可以用于构造溪流和它周围的地形。在腐蚀模型中，首先选定溪流的起点和终点，然后让溪流沿着地形随机流动。溪流的每个位置都设置了地形高度，这样溪流周围的区域就有不规则的层次。

植物生长建模采用了语法和可能性方法。基于语法的树模型在说明植物的各个部分如何变化时采用的规则与英语语法相似。例如，一条规则可能说明嫩芽变成了花，而另一条规则则可能说明嫩芽变成了树枝，在树枝尾部还长了一个嫩芽。不同的规则集合创造出的植物类型不同。在一套集合中的选择不同，生成的同一类型的植物也不同。根据植物的复杂度，用 5～10 条规则就可以描述一种植物的生长。采用可能性模型，要研究真正的植物，看它们是如何生长的。事件的可能性有很多，例如，植物的嫩芽处于休眠状态，或者长成了花然后死了，或者长成了一个新树枝或一簇树枝，或者直接死了，这些可能性都会被计量。树枝的长度和它们的相对位置也会被测量。然后计算机利用这些可能性生成所绘制植物的形状。

液体、云、烟和火对图形应用来说是特殊的挑战。科研人员已经开发出了方程来近似模拟液体、气体和火的表现。图形学研究人员就利用这些方程创建这些现象的图像。在计算机图形学中为液体和气体建模时，液体或气体占用的空间被划分为立方体的单元。这些方程用到了气压、密度、重力和外部压力的数据来决定物质如何在这些单元间移动。图 14-7 展示了一个用这种方法生成的水的示例。基于单元的云的模型会考虑当前单元和邻近单元中的湿度和云的存在性来决定云是否应该出现在当前单元中。此外，还会用随机数来影响云的构成和移动。这些技术可以生成看似真实的云，如图 14-8 所示。由于烟和火是物质燃烧的结果，所以烟和火的流动都是热度造成的。此外，还有用于火的速度和烟粒子的建模的方程，这样可以生成图 14-9 和图 14-10 所示的图像。

475

476

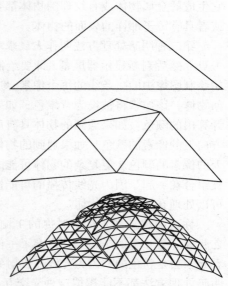

图 14-6　创建不规则碎片地形的中点细分技术

注：经允许转载自 Douglas Enright 等的" Animation and Rendering of complex Water surfaces." SIGGRAPH 21 (2002):275-286©2002 AMC,Inc. [http://doi.acm.org/10.1145/566654.566645]

图 14-7　倒入玻璃杯的水

注：经允许转载自 Yoshinori Dobashi 等的"A Simple, Efficient Method for Realistic Animation of Clouds"SIGGRAPH (2000): 19-28 ©2000 AMC,Inc. [http://doi.acm.org/10.1145/344779.344795]

图 14-8　基于单元的云

注：经允许转载自 Duc Quang Nguye 等的"Physically Based Modeling and Animation of Fire"SIGGRAPH (2002): 721-728 ©2002 AMC,Inc. [http://doi.acm.org/10.1145/566570.566643]

图 14-9　营火

注：经允许转载自 Ronald Fedkiw 等的"Visual Simulation of Smoke"SIGGRAPH (2001): 15-22 ©2001 AMC,Inc. [http://doi.acm.org/10.1145/383259.383260]

图 14-10　流动的烟

布料主要分为两种，即梭织的和针织的。梭织的布料由互相垂直的两套线构成。在织布过程中，水平的线上下交织在垂直的线中。加入下一条水平线时，垂直线的上下位置会改变。线的颜色和哪条线在上哪条线在下会使生成的织物呈现出不同的图案。梭织布可以拉伸，但是只能拉伸一点点，这是由采用的线和编织图案决定的。另外，针织布是由一根长线或纱织成的，其中用针圈打了很多结。针织布中的图案是用纱线在针圈中缠绕或回转构成的。针织布具有很强的拉伸性，而且物体周围很容易变形。

从图形学的观点来看，平铺的布并没有什么稀奇，布移动或打褶的方式才引人注目。根据构成布料的线的形状就能对梭织布的褶皱建模。由于重力作用，两个支杆之间悬挂的绳子的形状叫作垂曲线。对两个支杆之间悬挂的布建模可以通过使构成布的线形成垂曲线完成。这种方法的难点在于要确保布料不与自身相交，也不与其他物体相交，这个难题可以通过使用制约技术确保布料的计算不与其他物体相交来解决。当第一组计算不能阻止相交时，还可以使用其他技术把布料分离出来。图 14-11 展示的是一块有褶的折叠起来的布。

注：由 Robert Bridson 提 供，©2004 Robert Bridson

图 14-11   折叠和有褶皱的布

针织布的问题完全不同，因为当它有褶皱时，布料会被拉伸。这种拉伸会使构成布料的针圈变形。此外，由于针织布采用的是较粗的纱线，纱线会挡住部分光，所以织物纤维中会有阴影。纱线的粗细和绒性也会影响布的外观。一种生成针织布的图形学技术是将布中的纱线的路径作为一个长曲线。曲线中的点与针织纤维建模平面中的点相关。要把纤维放在一个物体上，这个平面就会变成物体的形状。平面的变形会改变曲线上点的位置。这些点的新位置就会反映出针织纤维的拉伸和折叠。绘制纤维从而变成了绘制纱线在变形曲线上的路径。

皮肤的形状和外观需要特殊的图形学技术来处理。皮肤是柔软的，它的形状取决于皮下的肌肉和骨骼。肌肉伸缩时，身体的形状会改变，所以皮肤会随之变形。此外，随着关节的移动，皮肤还会拉伸、起皱或者有折痕。在图形学中，可以用隐式表面这种高级技术对皮肤的外形建模。例如，球面方程（$x^2 + y^2 + z^2 = r^2$）并没有明确给出球面上的 x、y 和 z 值。我们可以尝试不同的 x、y 和 z 值，直到发现一组满足半径 r 的值为止。这样，就可以隐式地找到球面上的一点。对于皮肤，有更复杂的一组方程用于声明隐式表面。

确定了皮肤的形状后，绘制皮肤的方式与大多数物体不同。当光打到皮肤表面时，部分光被皮肤表面的油性物质反射了，部分光则穿透了皮肤的表层。穿入皮肤的光线在从皮肤穿出之前会被下面的皮层、色素粒子和血液反射。看看你的手，你可能会注意到，除了能清楚地看到外部的皮肤外，还能看到下面的血管，甚至斑点。为了精确地绘制皮肤，图形学应用程序必须考虑这种表面之下的光线散射。在精确地绘制大理石或者牛奶这样的食品时，也要处理这种表面之下的散射。

14.3.5   让物体动起来

迄今为止，我们都是从单一图像的角度来讨论图形学的，但是游戏和动画片都要求有许多图像。电影每秒钟需要使用 24 幅图像，视频每秒钟需要 30 幅图像。这些图像要迅速显示，这样才能把图像之间的变化构成连续的动作。一部 60 分钟的动画片需要 86 400 幅图像，而一个 60 分钟的视频则需要 108 000 幅图像。即使这些图像只是图像序列的一部分，绘制每幅图像的工作量也是一样的。

480

　　如果想创建出可信的物体运动，那么动画的确带来了新的挑战。如果想让运动看起来真实，就要仔细确定图像之间如何改变物体的位置。某些情况下，可以根据物理属性生成真实的运动。例如，把球抛向空中，我们可以根据万有引力定律预测球在落到地面之前是如何减速以及如何停止的。

　　一个物体在 10 秒之内从地点 A 移动到地点 B 并不只是把 10 秒之内用到的 300 幅图像等分到 299 个点上那么简单。这样的结果看起来并不真实，因为物体移动过程中会加速，在动画中叫作"渐进"。在渐进过程中，每帧图像相比，物体移动的距离小幅增加。此外，物体不会突然停止，而是放慢速度，逐渐停止，这在动画中叫作"渐出"。因此，在结束图像序列中，每帧图像相比物体移动的距离小幅减少。

　　动画图像其实比上述更复杂。由于我们非常熟悉人和动物的移动，所以运动中即使很细小的问题都会看来明显地不自然。我们非常擅长识别人的运动，当一个人远在不能看清他的脸的地方时，我们就能根据他走路的方式判断出他是自己的朋友。有时，即使没有听到任何脚步声，我们也能判断出某人正在靠近自己。

　　试想一下取东西的过程。在我们要取东西时，整个手臂都会移动。如果够不到要拿的物体，肩膀就会移动，上半身会从腰部开始弯曲，或者扭腰。要做到这一点，手臂的所有部位和关节的位置都要改变。用动画模拟取东西的动作，可以先确定手需要放哪里，然后确定关节的角度。在动画过程中，可以使关节的角度从起始值变化到终止值。虽然这种方法能够生成所需的运动，但结果看起来可能不那么真实。如果还要计算运动的路径以避开场景中的其他物体，这个过程就更复杂了。

　　图形学研究人员利用人类和动物运动的研究结果来开发能够自动生成更自然的运动的系统。有一种欺骗性的方式，即运动捕捉。采用运动捕捉方法，会在人身体的重要位置上放置传感器。然后人根据角色要求来移动。整个移动过程中，传感器的位置会被记录下来。传感器的位置说明了角色的相应部分在移动过程中所处的位置。采用这种方法，传感器的位置就告诉了图形学应用在动画的每幅图像中角色所处的位置。这种方法非常适用于动画片，因为角色的移动是已知的。但它却不适用于计算机游戏，因为角色的移动是由游戏中所发生的情况决定的。

481

　　在日常生活中，我们做很多事情都是无意识的。我们看到物体不会想到它的光照明模式。我们自身移动或移动物体时不会想到关节的位置，也不会想如何避免碰到其他物体。但在计算机图形学中，必须考虑所有因素，因为我们必须编写计算机程序来创建展示这种事物所需的图像。

14.4　游戏

　　计算机游戏（computer gaming）是一种引入真实世界玩家作为参与者的对某个虚拟世界的计算机模拟。尽管计算机游戏可以被用作教学工具，但大部分时间游戏只是在发挥它的娱乐功能。

> 计算机游戏（computer gaming）：计算机模拟的虚拟世界。

虚拟世界通常也可以被当作是一个数码的或者模拟的世界，是一个充满交互的由计算机生成的环境。虚拟世界通常被用来代替真实的世界，同时可以加上一些现实世界并不适用的充满想象力的设定。不同类型的虚拟世界有一些共同的基础特征，除维护停机外，它们通常全天在线，不论玩家是否登录都一直存在。许多玩家可以同时参与游戏，实时发生和现实时间同步的交互。

虚拟世界强调社交属性，鼓励玩家组队（团队、社区、俱乐部）。与 Solitaire 之类的一维游戏不同，当今许多游戏建立在三维基础之上，从而让玩家沉溺其中。

对于搭建计算机游戏中的虚拟世界来说，创造力和精妙超前的科学技术是必不可少的。除了基础的数学知识之外，设计者必须对计算机图形学、人工智能、人机交互、仿真、软件工程和计算机安全等方面有所了解。为了使虚拟世界中的人物、物品和环境等更加真实，程序员和设计者还必须对物理学中与力学、光学、弹性和声学相关的定律有所涉猎。游戏可能会使用虚假的物理，但是虚假的物理的规则必须能够在游戏环境中一致且可信。

14.4.1　游戏的历史

"游戏"这个词的通常含义在过去的几十年中一直在不断地发展。在 20 世纪 40 年代，第一个电子游戏被开发出来，它是通过让玩家控制屏幕上移动的点来模拟子弹射击目标的感觉。在 1971 年，第一个硬币控制的视频游戏在商业市场上出现。到了 1977 年，随着 Atari 2600 和 Pong 的发明，游戏才真正地开始流行。Atari 游戏控制台的流行为 Nintendo 和 Sony 等公司提供了商机，许多流行的游戏主机得以出现，比如 Nintendo 64、Nintendo Wii 和 Sony PlayStation 等。

有一种分类游戏的方法是通过它们使用的游戏平台进行分类，比如手持式的 Nintendo 的 Game Boy、连接电视的 Nintendo 64 和 Microsoft 的 Xbox，或是本地或互联网上的计算机游戏。不管在什么平台，在后台总有一台计算机不断进行模拟。

另一种分类方法是通过**游戏玩法**（gameplay）对游戏进行分类。游戏玩法是玩家在游戏过程中交互与体验的类型。动作游戏要求玩家快速反应从而克服障碍。动作游戏有许多子类型，如一对多战斗，如 beat'em up 和 hack-and-slash 这两个游戏。与之相对，格斗游戏强调一对一战斗。另一类动作游戏则直接将虚拟世界放到迷宫当中。

> 游戏玩法（gameplay）：玩家在游戏过程中交互与体验的类型。

射击游戏强调在战斗中使用枪械。动作冒险游戏呈现短期和长期的障碍，玩家必须克服这些障碍从而通关成功。生活模拟游戏允许玩家控制一个或者多个虚拟生命。角色扮演游戏允许玩家在游戏中扮演一个故事线的主角。策略游戏则要求玩家具备问题解决和策划能力，从而在游戏中取得胜利。

14.4.2　创建虚拟世界

所有的游戏都在称为**游戏引擎**（game engine）的软件系统中被创建。游戏引擎提供具有以下功能的工具：

- 渲染图形的引擎

- 提供碰撞检测和动态仿真从而解决被模拟物体的力学特征问题的物理引擎
- 声音生成单元
- 独立于游戏驱动代码的脚本语言
- 动画
- 人工智能算法（例如，寻径（path-finding）算法）
- 场景图，一种利用图形场景来表示空间场景的通用数据结构

当这些工具被组合起来，它们帮助游戏开发者创造游戏中的虚拟世界。所有的游戏引擎都必须包括一个渲染器，这需要占用 CPU 大量的处理资源。渲染器用来可视化场景，将游戏环境通过屏幕展现在玩家的眼中。除此之外，3D 对象保存为 3D 世界中的顶点，从而计算机可以决定在屏幕上何处展现图像。这些都是渲染器功能的一部分。

> **游戏引擎**（game engine）：创造计算机游戏的软件系统。

物理引擎模拟基于牛顿经典物理学的模型，根据密度、速度、摩擦和风阻计算决定哪种效果会在现实世界中出现，从而使这些物理效果可以在游戏引擎中被完美复制。模拟的精确性依赖于用于创造内容的系统的处理能力。高精度的物理引擎通常使用更多处理能力进行模拟计算，因此它们也多次被应用于动态电影的制作。计算机游戏中的物理引擎对游戏中的计算进行了适当的简化，从而保证了实现实时的动作响应。

碰撞检测算法精确检测碰撞点或者两个固体的交错作用。举例来说，在保龄球游戏中，碰撞检测算法用来确定保龄球和球瓶之间碰撞的精确性。这些计算可被应用到固体、液体甚至"人物"角色的碰撞模拟之中。布娃娃物理学是一种精确展示"将死"的角色移动或者正在战斗角色的移动的仿真方法。与简单的人物无精打采地坠落到地面上不同，这种物理学通过将角色的"骨头"和一系列连接点联合起来从而模拟现实中的运动。

484

人工智能对于非人类角色的行为和动作提供了一种智能的错觉。基本上来说，人工智能赋予了非人类角色关于问题解决、人类思维模拟以及决策制定的一种数学化方案。尽管这听上去并不十分复杂，但每一种想法必须通过数学表达式或者计算人类玩家临时的或可能的预期反应的脚本来表达。这些非玩家角色需要拥有语言、规划和认知的相关"知识"，同时需要有从附近玩家的动作不断学习的能力。

14.4.3　游戏设计与开发

游戏的设计过程从一个概念开始，最好是一个从来没有人看到过的概念。通过许许多多次的头脑风暴之后，设计师会完成游戏设计文档，列出游戏中的难点，其中包括故事线、艺术、角色以及相应的环境。在项目交给初始团队开始执行之后，关于游戏的技术想法开始被讨论，这需要设计师、程序设计员以及艺术家一同保证游戏中使用了他们所掌握的最前沿的科技。

一旦游戏技术处在一个可以被试玩的节点，其设计工作通常会分解为一些更基础的任务，比如，构建一个小的游戏片段，而接下来的部分将被创建在之前完成的一个个小部分之上。举例来说，当需要创建角色移动模型的时候，设计师通常首先开发一个个单独的角色移动，他们通常会先从让角色能够前进、后退并向各个方向移动开始，通过这些保证了整个游戏中基本导航的正常运行。接下来，跑步、跳跃或蹲伏等动作被建模。随着游戏中一个个新部分的完成，开发团队需要保证之前开发出的功能仍然能够正常使用。

针对新的虚拟环境的开发需要决定游戏中所需要的图形和仿真技术的先进程度。开发者需要提前决定到底开发 2D 还是 3D 游戏，甚至要决定在其中使用哪种人工智能技术。3D 图像通过渲染过程来生成，这是一种利用计算机程序通过模型生成图像的方法。和艺术家渲染一幅图像的流程很像，计算机模型通常包含几何、视角、文字、光线和阴影等信息，所有这些保证了 3D 图像可以用尽可能多的细节被创建。

Siri 帮助自闭症孩童

Siri 是苹果 iPhone 的语音助手，它逐渐成了一个 13 岁自闭症男孩最好的朋友，它耐心地解答孩子新奇和重复的问题而从不会生气。Siri 甚至还会在孩子骂人的时候对其加以教育。[9]

485

设计师需要在故事线、角色描述、环境说明等基础上发展他们自己的创意想法。简单来说，设计师需要思考这些角色和环境会怎样交互。这些游戏的视觉方面的效果在达到设计师、程序员和艺术家都满意的程度之前需要经过大量的微调。不可避免地，设计中用到的某些元素会丢失，需要在以后的开发过程中适当加以补充。比如，角色在移动时是行走还是散步？角色的衣服会随着角色移动吗？如果游戏的场景是在室外，那么所有真实的自然元素都需要被包括吗？风会吹吗？天空中会有鸟和云吗？玩家是自己设定其游戏角色的历史，还是说这些信息都会提前在脚本中被写好？如果游戏是科幻游戏，那么游戏角色会拥有什么样的能力？设计师需要思考的元素是无穷无尽的。

尽管第一阶段的开发已经为游戏的设计设定了基本参数，但这种设计在整个开发和生产过程中是不断演化和变化的。由于游戏的开发需要涉及力学、艺术、程序设计、音频、视频和脚本等许多方面，一直保持最开始的设计几乎是不可能的。这些方面互相依赖，并且都要随着其他特征的变化而发生变化。很大一部分游戏的设计过程是当它变得明显需要沿一个新的方向发展时能够放弃大部分已经完成的工作。随着游戏的进展，游戏的内容需要不断改变，许多特征需要被增添或者删除，艺术性需要改进，甚至整个游戏的背景很可能发生改变。

14.4.4　游戏编程

当所有设计决策已经做出时，程序员将开始编写代码从而创造出游戏中的虚拟世界。编码的过程是游戏生产中的最大耗时过程，因为要运行它来呈现游戏的各个方面。Java 是在 Android 游戏编写中常用的语言，苹果开发者经常会使用 Objective C 来开发移动手机游戏。C#、JavaScript 和 Lua 语言也是开发游戏的常用语言。一些著名的游戏引擎开发者提供了基于自身引擎的自定义语言，比如 Epic Game 游戏公司为 Unreal 引擎开发的 UnrealScript 和 Unity 3D。

各种应用编程接口（API）和库可以帮助开发者完成游戏开发中的关键编程任务。对 API 的调用决定了程序员为了实现某种服务需要调用哪种对话交互。目标游戏平台决定了程序员将使用哪种服务。一些库允许跨平台开发，可以简化开发过程，并使程序员利用一种语言编写的代码可以运行在许多平台上（比如基于微软 Windows 系统的 PC 主机、任天堂的 Wii 主机和索尼的 Playstation 主机等）。同时，由于图形学在当今游戏产业中的重要地位，图形 API（比如 Direct3D）为高级应用程序中渲染 3D 图形提供了强大的服务。

486

编码的过程从创造"游戏循环"开始。不管玩家是否产生输入，游戏循环负责管理游戏世界。例如，游戏循环可以更新敌人在游戏中的动作，检查胜利/失败条件，在整个游戏范围内更新所有游戏元素，并在必要时处理玩家输入。通俗来说，游戏循环管理着游戏中的整个仿真环节。

通常，大型的设计团队会有不同的程序员专注于游戏的不同方面。例如，资深引擎程序员可以编写和维护"游戏循环"的代码，设计游戏引擎编辑器，并确保文件格式对于输入和输出 2D 和 3D 艺术包文件和音频/视频文件来说是可接受的。三维软件程序员可以设计和实现 3D 图形组件，而用户界面程序员负责游戏引擎的 API。程序员们一起工作，从而建立一个产品线化的、工作良好的游戏。

尽管进行游戏测试和示例演示，新的计算机游戏仍然经常存在错误，但在线游戏开发的优美之处在于，任何"修补"、维护或新功能的添加和升级可以在不中断正在进行的动作的情况下实现。

小结

模拟是计算的一个主要领域，它涉及为复杂系统构建计算机模型，并为观察结果而用模型进行实验。模型是真实系统的抽象，在模型中，系统被表示为一组对象或特征以及管理它们的行为的规则。

有两种主要的模拟类型，即连续模拟和离散事件模拟。在连续模拟中，变化是由反映对象之间的关系或特征的偏微分方程表示的。在离散事件模拟中，行为被表示为实体、属性和事件，其中实体即对象，属性即实体的特征，事件即实体之间的相互作用。 487

排队系统是一种离散事件模拟，其中等待时间是要分析的因素。随机数字可以模拟事件的到达和持续，如汽车开进了银行或人们进入了超级市场。气象模型和地震模型是连续模拟的例子。

计算机图形学是结合了计算机、科学和绘画艺术的领域，令人着迷。它依赖数学方程来模拟图像中要呈现的自然现象。计算机图形学把光的交互、对象的属性（如透明度和表面纹理）、对象的形状和物理属性组合在一起，生成了接近真实照片的图像。

计算机游戏是一个玩家可以与系统以及玩家之间交互的虚拟世界。游戏开发者、软件设计师和程序员用游戏引擎来创建一个游戏虚拟世界。 488

道德问题：游戏成瘾

"成瘾"是指痴迷、冲动或心理上过度依赖于像毒品、酒精、色情、赌博和食品这样的东西。专家们一直在探索一种新的"成瘾"：视频游戏。游戏成瘾表现出与其他冲动控制障碍相同的症状。这些症状包括：工作或学校中的问题，跟家人和朋友们撒谎，对个人健康注意力降低，腕管综合征，眼睛干涩，不能停止玩游戏和睡眠障碍等。

斯坦福大学医学院研究发现，视频游戏的确有使人上瘾的特征。马萨诸塞州 McLean 医院的临床心理学家 Maressa Hecht Orzack 称多达 40% 的《魔兽世界》(一个广受欢迎的大型多人在线角色扮演游戏（MMORPG）) 的玩家上瘾，他同时指出这些游戏应该有警告标签，就像香烟包装上的告示那样。专家认为，这些成瘾都是由个人对人际关系的需求引起的，这些需求可能无法在现实世界中实现，但在虚拟世界中更容易实现。

2007 年，Hariis 互动调查了美国 8～18 岁的人群，结果表明在视频游戏上花费的平均时间随着年龄和性别的不同有所变化，十几岁的男性和女性相比平均每星期多花费五小时以上。Hariis 调查称，被调查的青少年中 8.5% 可以被"认为病理上'沉迷于'玩视频游戏"。作为斯坦福研究的一部分，MRI 研究表明，当玩视频游戏时，产生满意情绪的大脑区域在男性中表现得比女性更加兴奋。

一些国家已经颁布了用户可以玩在线游戏的时间长度的限制。举例来说，中国 2005 年限制在线游戏时间为三小时。然而，在 2007 年这个规则被改变，允许超过 18 岁的玩家无限长时间进入游戏，但超过五个小时后游戏内角色将不会获得任何经验。

许多国家（包括中国、荷兰、美国和加拿大）都开辟了治疗中心，让"上瘾"的视频游戏玩家去戒瘾。然而，视频游戏玩家上瘾的治疗不同于酒精或毒品的戒瘾。由于计算机在一个人的日常生活中（在学校或工作中）扮演着重要角色，视频游戏成瘾患者必须学会有节制地使用计算机，而不是避免和计算机在一起。

2013 年 5 月，视频游戏成瘾被添加进了美国精神病的精神障碍诊断统计手册（DSM）中"进一步研究的情况"章节中的"网络游戏障碍"。2014 年 1 月，互联网游戏障碍已经作为正式诊断。

关键术语

计算生物学（computational biology）
计算机游戏（computer gaming）
游戏引擎（game engine）
游戏玩法（game play）
模型（model）
模拟（simulation）

练习

为练习 1 ~ 8 中的例子找出匹配的模拟类型。

A. 连续模拟　　　　B. 离散事件模拟

1. 天气预报
2. 股票投资建模
3. 地震探查
4. 飓风跟踪
5. 预计新银行需要的出纳员数量
6. 确定医生办公室需要的候诊室数量
7. 天然气探查
8. 空气化学物质传播

判断练习 9 ~ 24 中的陈述的对错：

A. 对　　　　　　　B. 错

9. 简单系统最适合模拟。
10. 复杂系统是动态的、交互式的、结构复杂的系统。
11. 模型是真实系统的抽象。
12. 模型的表示法可以是具体的，也可以是抽象的。
13. 在计算机模拟中，模型是具体的。
14. 模型表示的特征或特性越多越好。
15. 连续模拟由实体、属性和事件表示。
16. 离散事件模拟由偏微分方程表示。

17. CAD 是计算机辅助制图（computer-aided drafting）的缩写。
18. 时间驱动的模拟可以看作是为每个时间值执行一套规则的大循环。
19. 用计算机程序实现的模型是抽象模型。
20. 具体模型可以用计算机程序实现。
21. 如果光源是红色，那么在绿色塑料球表面，红色是一个高亮点。
22. 计算机图形学中常用的照明模型是 20 世纪 70 年代创建的。
23. 在计算机图形学中，环境光、漫反射和镜面反射是常用的阴影模型的三个元素。
24. 计算机图形学依赖其他科学领域对图像创建所用的方程的研究。

练习 25 ~ 52 是问答题或简答题。

25. 定义模拟，并给出日常生活中 5 个模拟的例子。
26. 构建模型的要素是什么？
27. 列举两种模拟类型，说明两者间的不同。
28. 构造一个好模型的关键是什么？
29. 在离散事件模拟中，什么定义了实体之间的相互作用？

30. 面向对象的设计和模型构造之间有什么关系？

31. 定义排队系统的目的。

32. 构建排队系统的四条必要信息是什么？

33. 随机数发生器在排队模拟中扮演什么角色？

34. 一个加油站只有一台加油泵，每隔 3 分钟到达一辆汽车，服务时间是 4 分钟，为这个排队模拟编写规则。

35. 你认为练习 34 中的加油站能长期维持下去吗？请解释你的答案。

36. 重写练习 34 中的模拟，每隔 2 分钟到达一辆汽车，服务时间是 2 分钟。

37. 为航空公司预订柜台的排队系统编写规则。柜台前只有一个队列，有两名办事员，每隔 3 分钟到达一个客户，处理时间为 3 分钟。

38. 请区分 FIFO 队列和优先队列。

39. SIMULA 对面向对象的程序设计方法学有哪些贡献？

40. 气象模型一般是基于哪些域的时间相关的方程的？

41. 气象学家需要掌握多少数学知识？

42. 为什么天气预报模型不止一种？

43. 为什么不同的气象学家使用同样的模型也会给出不同的天气预报？

44. 什么是专用的气象模型？它们如何使用？

45. 地震模型有什么用途？

46. 随机数发生器可以用于改变服务时间和到达时间。例如，假设 20% 的顾客需要花费 8 分钟服务时间，80% 的顾客需要 3 分钟。如何用随机数发生器反映这种分布状况？

47. 为什么我们说模拟给出的不是答案？

48. 模拟和电子制表软件有哪些共同之处？

49. 请解释为什么阴影在图形学应用中很重要。

50. 要创建一个桌面的模型，需要使用哪种类型的数学对象？

51. 请解释为什么在计算机动画中让对象移动很困难。

52. 列举计算生物学包括的 5 个领域。

思考题

1. 优先队列（PQ）是非常有趣的结构，可以用它们模拟栈。如何用 PQ 模拟栈？

2. 优先队列还可以用于模拟 FIFO 队列。如何用 PQ 模拟 FIFO 队列？

3. 第 8 章介绍过图数据结构。图的深度优先遍历要使用栈，广度优先遍历要使用 FIFO 队列。你能解释为什么吗？

4. 这一章介绍的排队系统是每个服务器有一个队列。还有其他类型的排队系统。例如，在机场，通常多个服务器对应一个队列。当一个服务器空闲时，队列前端的客户将访问该服务器。你可以用模拟表示这种类型的系统吗？

5. 用优先队列还可以对哪些生活场景建模？

6. 现在 CAD 系统已经普及了。去一家计算机商店看看有多少能帮助你进行设计（从厨房设计到吉他作曲设计）的程序。

7. 你或者你的朋友中有人对视频游戏上瘾吗？如果有，这影响你们的学业吗？

8. 你周围是否有人可能对视频游戏上瘾呢？

通 信 层

网　　络

多年以来，计算机除了在计算领域扮演着重要的角色外，在通信领域也有着同样的地位。这种通信是通过计算机网络实现的。就像复杂的高速公路系统用各种方式把公路连接在一起，从而使汽车能够从出发点开到目的地一样，计算机网络也构成了一种基础设施，使数据能够从源计算机传送到目标计算机。接收数据的计算机可能近在咫尺，也可能远在天涯。这一章将探讨计算机网络的一些细节。

目标

学完本章之后，你应该能够：

- 描述与计算机网络相关的核心问题。
- 列出各种类型的网络和它们的特征。
- 解释局域网的各种拓扑。
- 解释为什么最好用开放式系统实现网络技术。
- 比较家庭 Internet 连接的各种技术。
- 解释包交换。
- 说明各种网络协议的基本职责。
- 解释防火墙的功能。
- 比较网络的主机名和 IP 地址。
- 解释域名系统。
- 描述云计算和它的优势。

15.1　连网

计算机网络（computer network）是为了通信和共享资源而以各种方式连在一起的一组计算设备。电子邮件、即时消息和网页都依赖于底层计算机网络中发生的通信。我们使用网络共享那些无形的资源（如文件）和有形的资源（如打印机）。

计算机之间的连接通常是靠物理电线或电缆实现的。但是，有些连接使用无线电波或红外信号传导数据，这种连接是**无线连接**（wireless）的。网络不是由物理连接定义的，而是由通信能力定义的。

计算机网络中的设备不只是计算机。例如，打印机可以直接连入网络，以便网络中的每个用户都可以使用它。此外，网络还包括各种处理网络信息传输的设备。我们用通用的术语**节点**（node）或**主机**（host）来引用网络中的所有设备。

计算机网络的一个关键问题是**数据传输率**（data transfer rate），即数据从网络中的一个地点传输到另一个地点的速率。我们对网络的要求一直在提高，因为我们要靠网络来传递更多更复杂（更大）的数据。多媒体成分（如音频和视频）是使通信量大增的主要贡献者。有时，数据传输率又叫作网络的**带宽**（bandwidth）。（在第 3 章讨论数据压缩时介绍过带宽。）

計算機网络（computer network）：为了通信和共享资源而连接在一起的一组计算设备。
无线连接（wireless）：没有物理电线的网络连接。
节点（主机）(node（host））：网络中任何可寻址的设备。
数据传输率（带宽）(data transfer rate（bandwidth））：数据从网络中的一个地点传输到另一个地点的速率。

计算机网络的另一个关键问题是使用的**协议**（protocol）。我们在本书其他地方提到过，协议是说明两个事物如何交互的一组规则。在连网过程中，我们使用明确的协议来说明如何格式化和处理要传输的数据。

计算机网络开创了一个新的计算领域——**客户 / 服务器模型**（client/server model）。计算机不再只是具有你面前的那部机器的功能。软件系统分布在整个网络中，在这个网络中，客户向服务器请求信息或操作，服务器则对之做出响应，如图 15-1 所示。

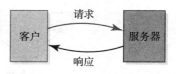

图 15-1　客户 / 服务器的交互

496

例如，**文件服务器**（file server）是网络中为多个用户存储和管理文件的计算机，这样每个用户不必都有自己的文件副本。**Web 服务器**（web server）是专用于响应（来自客户浏览器的）网页请求的计算机。随着我们的日常生活对网络依赖性的增加，客户 / 服务器关系也变得越来越复杂。因此，客户 / 服务器模型在计算世界中也变得越来越重要了。

此外，客户 / 服务器模型变得不止有基本的请求 / 响应功能，它开始逐渐支持并行处理，即像第 5 章介绍的那样把一个问题分解成若干小问题，然后用多台计算机来解决它们。使用网络和客户 / 服务器模型，就可以通过让客户请求多台机器执行同一个问题的特定部分来实现并行处理。客户收集到每台机器的响应后再把它们构成一个完整的解决方案。

计算机网络交互的另外一种方法是 **P2P 模型**（P2P model），也叫作对等网络（peer-to-peer network），与客户机从中央服务器处获取信息不同，这种网络是分散的，每一个节点都和其他节点共享资源。根据请求的不同，一个节点可能是服务器，也可能是客户机。

协议（protocol）：定义如何在网络上格式化和处理数据的一组规则。
客户 / 服务器模型（client/server model）：客户发出对服务器的请求，服务器做出响应的分布式方法。
文件服务器（file server）：专用于为网络用户存储和管理文件的计算机。
Web 服务器（web server）：专用于响应网页请求的计算机。
P2P 模型（P2P model）：在许多"伙伴"计算机中共享资源和责任的一种分散的方法。

15.1.1　网络的类型

计算机网络的分类方式有多种。**局域网**（Local-Area Network，LAN）是连接较小地理范围内的少量计算机的网络。LAN 通常局限在一个房间或一幢建筑中。有时，它们也可能延伸到几幢相距较近的建筑。

管理 LAN 的各种配置叫作拓扑。**环形拓扑**（ring topology）把所有节点连接成一个封闭的环，消息在环中沿着一个方向传播。环形网络中的节点传递消息，直到它们到达了目的

497 地。**星形拓扑**（star topology）以一个节点为中心，其他节点都连接在中心节点上，所有消息都经过中心节点发送。星形网络给中心节点赋予了巨大的负担，如果中心节点不工作了，那么整个网络的通信就瘫痪了。在**总线拓扑**（bus topology）中，所有节点都连接在一条通信线上，消息可以在通信线中双向传播。总线上的所有节点将检查总线传输的每个消息，不过如果消息所寻的地址不是该节点，它会忽略这条消息。图 15-2 展示了各种拓扑。

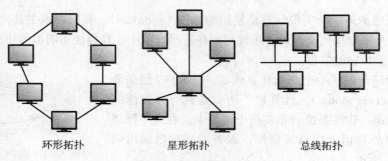

环形拓扑   星形拓扑   总线拓扑

图 15-2   各种网络拓扑

> **局域网**（Local-Area Network，LAN）：连接较小地理范围内的少量计算机的网络。
> **环形拓扑**（ring topology）：所有节点连接成封闭环的 LAN 配置。
> **星形拓扑**（star topology）：由中心节点控制所有消息传输的 LAN 配置。
> **总线拓扑**（bus topology）：所有节点共享一条通信线的 LAN 配置。

广域网（Wide-Area Network，WAN）是连接两个或多个相距较远的局域网的网络。广域网使得较小的网络之间可以互相通信。LAN 中通常会有一个特殊节点作为**网关**（gateway），处理这个 LAN 和其他网络之间的通信，如图 15-3 所示。

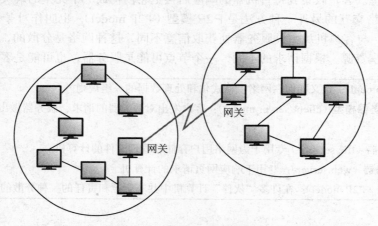

网关   网关

图 15-3   连接两个远距离的局域网构成一个广域网

网络之间的通信叫作网际互连。我们现在所熟知的 Internet（因特网）本质上就是一个最大的广域网，遍布整个地球。Internet 是巨大的小网络集合，这些小网络都采用相同的协议进行通信，而且会传递消息使它们能够到达最终目的地。

术语**城域网**（Metropolitan-Area Network，MAN）有时用来指覆盖校园或城市的大型网络。与一般广域网相比，MAN 更适合于特定的组织或区域使用。为院校服务的 MAN 通常与各个建筑或院系的局域网互连。有些城市在它们的地域组建了 MAN，用于服务大众。城域网通常是通过无线连接或光纤连接实现的。

> 广域网（Wide-Area Network，WAN）：连接两个或多个局域网的网络。
>
> 网关（Gateway）：处理它的 LAN 和其他网络之间通信的节点。
>
> Internet：遍布地球的广域网。
>
> 因特网（Internet）：跨越全球的广域网。
>
> 城域网（Metropolitan-Area Network，MAN）：为大城市开发的网络基础设施。

498

无线和移动计算

如今我们通常会使用无线设备（比如手机、平板和笔记本）随时随地进行计算。**无线网络**（wireless network）是指将至少一个节点作为无线接入点（wireless access point），使得设备在没有物理连接的情况下和其他网络资源交互。而从传统意义上讲，这个接入点通常是和其他网络节点相连的。

例如，你可能会在家里或公司有一个这样的无线接入点，它可以使你的平板连接上网。通过使用无线电波，平板和无线接入点间进行信息传输，接着就可以和其他网络资源（包括和因特网相连的节点）进行通信。

无线网络给用户带来了巨大的自由和灵活性，通过减少运行线缆，它们可以极大地降低安装成本。然而，相比较有线网络，它们更容易产生电磁干扰，也必须解决有线连接没有遇到过的存取控制的挑战。

从一个小的方面来说，**蓝牙**（bluetooth）技术允许设备在较短的距离内进行交互。蓝牙设备使用特定带宽的无线电波，因而与其他设备相比，在范围上严重受限。然而，它解决了短范围的问题，例如你的手机和头戴式耳机之间、多媒体设备和车载系统之间、计算机和无线键盘、鼠标或触控板之间的交互。

> 无线网络（wireless network）：设备通过无线接入点进行通信的网络。
>
> 蓝牙（bluetooth）：短距离间的无线通信技术。

499

15.1.2 Internet 连接

那么谁拥有 Internet 呢？没有一个人或公司拥有 Internet，甚至不能完整地控制它。作为一个广域网，它由多个小网络构成。这些小网络通常属于某个人或某个公司。这些网络之间是如何连接的才真正定义了 Internet。

这些互连的网络的速度决定了你获取结果的速度。网络系统的**延迟**（latency）是指发送请求和接收响应之间的时间。网络的目标是最小化网络的延迟，这决定了网络的最终速度。

Internet 骨干网（Internet backbone）指的是承载 Internet 通信的一组高速网络。这些网络是由 AT&T、Verizon 和 British Telecom 这样的公司以及几家政府或学院支持的资源提供的。骨干网使用的都是具有高数据传输率（从每秒 40Gb 到每秒 100 多 Gb）的连接。在不久的将来，新技术可能会进一步提高这些速度。记住，Internet 网络（包括骨干网）有大量的冗余，所以根本没有真正的中央网络。

Internet 服务提供商（Internet Service Provider，ISP）是给其他公司或个人提供 Internet 访问的公司。电视天线和卫星公司已经具备通信的基础设施，因此经常会提供 ISP 服务。

ISP 并不总是一个商业组织，尽管有些是作为社区或非营利组织建立的。ISP 直接连接到 Internet 骨干网或连接到更大的 ISP。

> 延迟（latency）：发送请求和接收响应之间的时间。
> Internet 骨干网（Internet backbone）：承载 Internet 通信的一组高速网络。
> Internet 服务提供商（Internet Service Provider，ISP）：提供 Internet 访问的公司。

最早把家用计算机连接到 Internet 上的方法是使用电话调制解调器，如今，最流行的两种方式是数字用户线路（DSL）或线缆调制解调器。下面我们将分别介绍每种连接方法。

在 Internet 连接的需求出现之前，电话系统早就进入了千家万户。因此，以电话调制解调器作为家庭网络通信的首选方式就在情理之中。术语调制解调器（modem）是调节器（modulator）和解调器（demodulator）的缩写。**电话调制解调器**（phone modem）把计算机数据转换成模拟音频信号，以便在电话线中传输，目的地的调制解调器把模拟音频信号转换回计算机数据。一种音频用于表示二进制的 0，另一种用于表示 1。

> **电话调制解调器**（phone modem）：把计算机数据转换成模拟音频信号，然后再把模拟音频信号转换回计算机数据的设备。

> ### SETI @ home
> SETI@home 是一个分布式的计算实验项目，它利用连接到 Internet 的计算机搜寻地球以外的生命（Search for Extraterrestrial Intelligence，SETI）。这是由加州大学伯克利分校空间科学实验室主持的一个项目。SETI@home 利用用户计算机上的空闲计算资源分析 Arecibo 射电望远镜收集的数据，该望远镜一直在搜寻来自地球以外的生命的无线电广播。该项目全世界有数百万参与者，并被载入历史上最大计算的吉尼斯纪录。

500

要使用电话调制解调器，必须首先在家用计算机和永久连接到 Internet 的计算机之间建立电话连接。你的 ISP 就是通过这个连接为你提供服务的。你每个月付给 ISP 一定的费用，就可以连接几台专用的计算机（最理想的是本地计算机）。一旦建立了连接，就可以通过电话线把数据发送给你的 ISP，ISP 将把这些数据发送到 Internet 骨干网。传回的数据将被路由到你的 ISP，进而发送到你的家用计算机上。

因为这种方法不需要电话公司做任何特殊工作，所以实现起来非常简单。由于数据被当作语音谈话处理，所以除了在两端之外，不需要特殊的转换操作。不过这种简便是有代价的。这种方法的数据传输率被限制在模拟语音通信的数据传输率，通常最多每秒 64 KB。

如果把数据当作数字信号而不是模拟信号，那么电话线可以提供相当高的传输率。**数字用户线路**（Digital Subscriber Line，DSL）就是使用常规的铜质电话线给电话公司的核心办公室传输数字数据。由于 DSL 和语音通信使用的频率不同，所以同一根电话线就可以满足这两种用途。

> **数字用户线路**（Digital Subscriber Line，DSL）：用常规电话线传输数字信号的 Internet 连接方式。

要建立 DSL 连接，你的电话公司必须是你的 ISP，或者它们把电话线的使用权卖给了第三方 ISP。为了提供 DSL 服务，电话公司必须建立专用计算机来处理数据通信。

使用 DSL，不必像电话调制解调器那样用拨电话的方式建立网络连接。DSL 线路在你的家用计算机和 ISP 的计算机之间维护了一个活动连接。不过，由于数字信号在两点间传输的过程中会减弱，所以若要使用 DSL 技术，你家不能离电话公司的核心办公室太远。

家庭连接的最流行的方式是**线缆调制解调器**（cable modem）。在这种方法中，传输数据的线缆就是传输有线电视信号的线缆。北美几家主要的有线电视公司都与 ISP 共享它们的资源，提供线缆调制解调器的服务。

> **线缆调制解调器**（cable modem）：使用家庭的有线电视网络进行计算机网络通信的设备。

DSL 连接和线缆调制解调器都属于**宽带**（broadband）连接。根据位置和访问是否通过卫星、电话线、视频电缆或光纤，宽带的下载速度不会低于 25 兆位每秒（Mbps）。越来越多的家庭为满足计算网络需求，不再使用电话调制解调器的宽带解决方案。关于 DSL 和线缆调制解调器通信哪个能统治市场的争论逐渐进入了白热化。这两种方法提供的数据传输率都在每秒 1.5 MB 到 3 MB。

501

> **宽带**（broadband）：提供的数据传输率大于 25 Mbps 的网络技术。

DSL 和线缆调制解调器的**下载**（download）（从 Internet 上把数据传到家用计算机上）速度可以和**上传**（upload）（把家用计算机上的数据发送到 Internet 上）速度不同。家庭 Internet 用户的大部分数据通信都是下载网页，浏览和接收存储在网络其他地方的数据（如程序或音频和视频剪辑）。当你发了一封电子邮件，提交了一个基于 Web 的表单，或请求一个新网页时，都在执行上传操作。由于下载的数据通信量远远大于上传的数据量，所以许多 DSL 和线缆调制解调器的提供商提供的下载速度比上传速度快。

> **下载**（download）：在家用计算机上接收 Internet 上的信息。
>
> **上传**（upload）：从家用计算机给 Internet 上的目标机器发送数据。

Doug Engelbart

"一只鼠标通天下。鼠标让你看尽万象，而你却忘却了其发明者的名字。"这是庆祝鼠标诞生 20 周年的一篇文章中的开篇语。[1]

1968 年，鼠标在 Fall Joint Computer 会议上首次亮相，它是后来被 Andy van Dam 称为"the mother of all demos"的演示的一部分，由 Doug Engelbart（就是被世界遗忘的名字）和斯坦福研究院的年轻科学家和工程师们设计。这次历史性的演示预示了人机交互和连网技术的诞生。但是，直到 1981 年才出现第一台使用鼠标的商业计算机。1984 年，Apple Macintosh 把鼠标引入了主流。至今为止，没人知道术语"鼠标"出自何处。

Engelbart 是在俄勒冈州的波特兰附近的农场长大的，此时正值经济萧条时期。二战期间，他在 Philippines 的海军服役，担任电子技师。1948 年，他在俄勒冈州立大学获得电气工程学位，转移到了海湾地区。1955 年，他获得了加州大学伯克利分校的博士学位，然后加入了斯坦福研究院。

Doug Engelbart
Institute 提供

在 1962 年发表的有创见性的论文"Augmenting Human Intellect: A Conceptual Framework"中，Engelbart 把计算机想象成人类交流能力的延伸和增加人类智慧的资源。他从来没忘记过自己的梦想。[2]

支持开源运动的程序员会协作开发高级的复杂的软件，这给了他很大的鼓舞。他当时正在设计一个可以在 Internet 上免费分发的开源软件系统。

虽然公众的赞誉来得有些迟，但在 1987 年到 2001 年，Engelbart 获得了 32 个奖项，其中包括 1997 年的图灵奖和 2000 年的美国国家技术奖。这两个奖项的颁奖辞如下：

（图灵奖）为了他对交互式计算的将来的创见以及为实现这种创见而发明的关键技术。

（美国国家技术奖）为他创立的个人计算的基础，包括基于阴极射线管显示器的连续实时交互技术、鼠标、超文本链接、文本编辑、在线期刊、共用屏幕的远程会议和远程协作。

Engelbart 于 2013 年 7 月在加利福尼亚州阿瑟顿的家中与世长辞，享年 88 岁。

15.1.3 包交换

为了提高在共享线路上传输数据的有效性，消息被分割为大小固定、有编号的**包**（packet）。每个包将独立在网上传输，直到到达目的地，它们将在此被重新组合为原始的消息。这种方法叫作**包交换**（packet switching）。

每个消息的包可以采用不同的路由线路到达最终的目的地。因此，它们到达目的地的顺序可能与发送顺序不同。需要把包按照正确顺序排列之后再组合成原始消息。图 15-4 展示了这一过程。

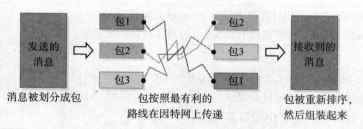

图 15-4　通过包交换技术发送的信息

502
～
503

包在到达最终目的地之前，会在各种网络的计算机之间跳跃。用于指导包在网络之间传输的设备叫作**路由器**（router）。中间的路由器不能规划包的整个传输路线，每个路由器只知道到达它的下一个目的地的最佳步骤。最终，消息将到达一个知道目的地机器的路由器。如果由于下行机器的问题中断了路径，或者选中的路径当前具有很大的通信量，那么路由器可能会把包沿另一个路由发送。

如果通信线跨越的距离很长（如跨海的），那么线路上将安装**中继器**（repeater），以周期性地加强和传播信号。第 3 章介绍过，如果数字信号减弱太多，它会损失信息。中继器会阻止这种情况发生。

包（packet）：在网络上传输的数据单位。
包交换（packet switching）：把包单独发送到目的地然后再组装起来的网络通信技术。

路由器（router）：指导包在网络上向最终目的地传输的网络设备。

中继器（repeater）：在较长的通信线路上加强和传播信号的网络设备。

15.2 开放式系统与协议

人们已经定义了很多协议来支持网络通信。由于许多原因（通常是历史原因），某些协议的地位比其他协议高。这一节将着重介绍一些 Internet 通信常用的协议。但在讨论具体的协议之前，需要讨论一些开放式系统的概念，以便提供一些背景。

什么是协议？

协议被定义为严格遵守正确的规矩和程序（如在外交交流）的代码。计算术语借用了这个词来描述与其他计算机交流时应该使用的正确规矩。

15.2.1 开放式系统

在计算机网络发展的早期，销售商提出了许多希望商家能够采用的技术。问题是这些**专有系统**（proprietary system）都有自己特有的差别，不同类型的网络之间不能进行通信。随着网络技术的发展，对**互通性**（interoperability）的需求越来越明显，我们需要一种使不同销售商出售的计算系统能够通信的方式。

开放式系统（open system）的基础是网络体系结构的通用模型，它的实现采用了一系列协议。开放式系统最大化了互通性的可能。

国际标准化组织（ISO）建立了**开放系统互连参考模型**（Open Systems Interconnection（OSI）reference model）来简化网络技术的开发。它定义了一系列网络交互层。图 15-5 展示了OSI 参考模型。

序号	层次
7	应用层
6	表示层
5	会话层
4	传输层
3	网络层
2	数据链路层
1	物理层

图 15-5　OSI 参考模型

专有系统（proprietary system）：使用特定销售商的私有技术的系统。

互通性（interoperability）：多台机器上的来自多个销售商的软件和硬件互相通信的能力。

开放式系统（open system）：以网络体系结构的通用模型为基础并且伴有一组协议的系统。

开放系统互连参考模型（Open Systems Interconnection（OSI）reference model）：为了便于建立通信标准而对网络交互进行的 7 层逻辑划分。

每一层处理网络通信的一个特定方面。最高层处理的是明确与应用程序有关的问题。最低层处理的是与物理传输介质（如线型）相关的基础的电子或机械问题。其他层填补了其他各个方面。例如，网络层处理的是包的路由和寻址问题。

每一层的细节不在本书的讨论范围内，但是要知道，之所以存在今天我们所熟知的连网技术，都归功于开放式系统的技术和方法（如 OSI 参考模型）。

15.2.2 网络协议

随着时代的发展，最早的网络协议（一系列技术）不断进行演化，价格也越来越低，以太网（Ethernet）就是其中之一。如今许多个人计算机厂商直接在计算机母板内加入以太网接口，而不再需要独立的网卡。

以太网先于 OSI 模型，在一开始与物理和逻辑总线拓扑进行挂钩。经过不断地进化，如今的以太网更确切地说应该跨越了 OSI 参考模型的物理层和数据链路层。

网络协议参照 OSI 参考模型的基本概念也进行了分层，以便 OSI 参考模型中的每一层都能依靠自己的基础协议，如图 15-6 所示。这种分层有时叫作**协议栈**（protocol stack）。采用分层的方法可以在不舍弃低层基础结构的前提下开发新的协议。此外，这样还最小化了新网络协议对网络处理其他方面的影响。有时，同一层中的协议提供与该层其他协议同样的服务，但是采用的方式却不同。

图 15-6   关键网络协议的分层

504 ~ 505

> **以太网**（Ethernet）：集成在大多数个人计算机中的网络通信协议。
>
> **协议栈**（protocol stack）：彼此依托的协议分层。

协议在某种意义上只是一种共识，规定了特定的数据类型必须按照特定的方式格式化。虽然文件格式的细节和数据域的大小对创建网络程序的软件开发者来说很重要，但是这里不必探讨它们的细节。这些协议的重要之处在于，它们提供了一种在连网的计算机间进行交互的标准方式。

图 15-6 中的最低两层构成了 Internet 通信的基础。其他协议有时叫作高层协议，负责处理特定类型的网络通信。这些层本质上是 OSI 参考模型的特定实现，以各种方式对应于该模型中的分层。让我们详细探讨一下这些分层。

15.2.3   TCP/IP

TCP 是**传输控制协议**（Transmission Control Protocol，TCP）的缩写，IP 是**网际协议**（Internet Protocol，IP）的缩写。TCP/IP 的读法是 T-C-P-I-P，它指的是一组协议和支持低层网络通信的工具程序。TCP/IP 这种写法也反映了它们之间的关系，即 TCP 是在 IP 的基础之上的。

IP 软件处理的是包通过互相连接的网络传递到最终目的地的路由选择。TCP 软件负责把消息分割成包，交给 IP 软件传递，目的地机器上的 TCP 则负责把包排序，重新组合成消息。TCP 软件还要处理所有发生的错误，如一个包永远不能到达目的地。

UDP 是**用户数据报协议**（User Datagram Protocol）的缩写。它是 TCP 的替代品。也就是说，UDP 软件的角色基本上与 TCP 软件一样。主要的不同之处在于 TCP 牺牲了一定的性能，提供了高度可靠性，而 UDP 更快，但不那么可靠。注意，UDP 是 TCP/IP 协议组的一部分。由于 TCP 是高度可靠的，并且出于一定的历史原因，所以这套协议叫作 TCP/IP 协议。

IP 程序 ping 可以用于测试网络指派的可达性。每个运行 IP 软件的计算机都会对 ping

请求做出回应，这使得 ping 成了一种方便的测试方式，无论特定的计算机是否在运行，也无论是否能通过网络达到它。ping 这个名称来源于潜水艇发送一个声呐脉冲，然后侦听返回的回声所采用的术语。由于 ping 是在 IP 层运行的，所以即使高层协议没有响应，它常常也会做出反应。网络管理员之间通常把 ping 用作动词，如"ping 一下计算机 X，看它是否开着。"

　　另一种 TCP/IP 工具叫作**跟踪路由程序**（traceroute），用于展示包在到达特定目的节点的过程中经过的路线。跟踪路由程序输出的是作为中转站的计算机的列表。

　　图 15-7 所展示的截图具体说明了跟踪路由程序的用法。它展现了 Florida 计算机和 google.com 使用的服务器之间用来通信的跳。

　　传输控制协议（Transmission Control Protocol，TCP）：把消息分割成包，在目的地把包重新组装成消息，并负责处理错误的网络协议。

　　网际协议（Internet Protocol，IP）：网络协议，处理包通过互相连接的网络传递到最终目的地的路由选择。

　　TCP/IP：一组支持低层网络通信的协议和程序。

　　用户数据报协议（User Datagram Protocol，UDP）：牺牲一定可靠性实现较高传输速率的网络协议，是 TCP 的替代者。

　　ping：用于测试一台特定的网络计算机是否是活动的以及是否可到达的程序。

　　跟踪路由程序（traceroute）：用于展示包在到达目的节点的过程中经过的路线的程序。

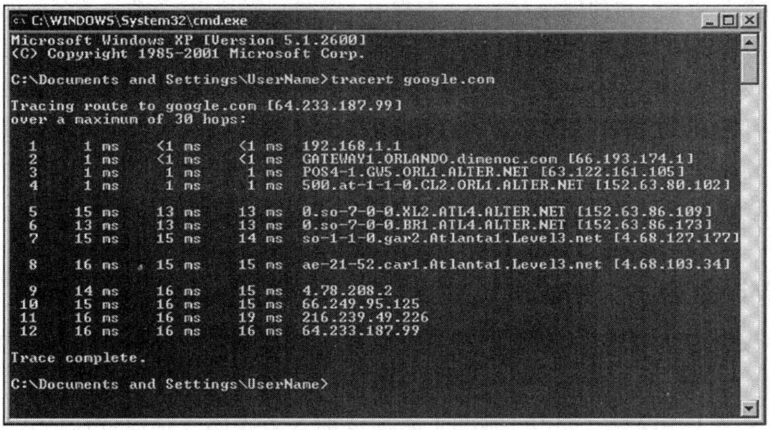

注：经 Microsoft 许可使用

图 15-7　跟踪路由程序的使用

15.2.4　高层协议

　　其他协议都是在 TCP/IP 协议组建立的基础之上构建的。一些关键的高层协议如下：

- 简单邮件传输协议（SMTP）——用于指定电子邮件的传输方式的协议。
- 文件传输协议（FTP）——允许一台计算机上的用户把文件传到另一台机器或从另一台机器传回文件的协议。
- telnet——用于从远程计算机登录一个计算机系统的协议。如果你在一台特定的计算机上拥有允许 telnet 连接的账户，那么就可以运行采用 telnet 协议的程序，连接并登录到这台机器，就像你坐在这台机器面前一样。

- 超文本传输协议（HTTP）——定义 WWW 文档交换的协议，WWW 文档通常是用超文本标记语言（HTML）写成的。第 16 章将详细讨论 HTML 语言。

协议	端口
Echo	7
文件传输协议（FTP）	21
Telnet	23
简单邮件传输协议（SMTP）	25
域名服务（DNS）	53
Gopher	70
Finger	79
超文本传输协议（HTTP）	80
邮局协议（POP3）	110
网络新闻传输协议（NNTP）	119
Internet 中继聊天（IRC）	6667

这些协议都是构建在 TCP 之上的。还有些高层协议构建在 UDP 之上，主要是为了利用它提供的速度。不过，由于 UDP 的可靠性不如 TCP，所以 UDP 没有 TCP 那么流行。

有些高层协议具有特定的端口号。**端口**（port）是对应于特定高层协议的数字标号。服务器和路由器利用端口号控制和处理网络通信。图 15-8 列出了常用的协议和它们的端口。有些协议（如 HTTP）具有默认的端口，但也可以使用其他端口。

图 15-8 一些协议与它们使用的端口

端口（port）：特定高层协议对应的数字标号。

比尔爵士？

比尔·盖茨是微软公司的创始人之一，与保罗·艾伦一起是 PC 革命最著名的创新者。他一直被列为世界上最富有的人之一。他最后在微软全日制工作是 2008 年 6 月，之后他把注意力转向了他与他妻子成立的比尔和梅林达·盖茨基金会的慈善机构，这是目前世界上最大的透明操作的慈善基金会。2005 年，在白金汉宫举行的一场私人宴会上，英国女王授予 Microsoft 公司创始人之一比尔·盖茨荣誉爵士称号。这一荣誉是为了表彰他在世界各地从事的慈善活动以及他为英国的高科技产业所做的贡献。

15.2.5　MIME 类型

与网络协议和标准化相关的概念是文件的 **MIME 类型**（MIME type）。MIME 是多用途网际邮件扩充（Multipurpose Internet Mail Extension）的缩写。虽然 MIME 类型没有定义网络协议，但它定义了给文档（如电子邮件）附加或加入多媒体或其他特殊格式的数据的标准。

应用程序根据文档的 MIME 类型可以决定如何处理其中的数据。例如，用于阅读电子邮件的程序会分析电子邮件附件的 MIME 类型，以决定如何显示它（如果可以）。

MIME 类型（MIME type）：定义电子邮件附件或网站文件的格式的标准。

许多常用应用程序创建的文档和来自特定领域的数据都有 MIME 类型。例如，化学家和化学工程师为各种与化学相关的数据类型定义了一大套 MIME 类型。

15.2.6　防火墙

防火墙（firewall）是一台机器，它的软件作为网络的特殊网关，保护它免受不正当的访问。防火墙过滤到达的网络通信，尽可能地检查消息的有效性，可能会拒绝某些消息。防火墙的主要作用是保护（从某种程度上讲是隐藏）驻留在它"后边"的一组管理较松懈的机器。图 15-9 展示了这个过程。

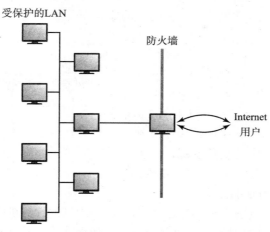

图 15-9　保护 LAN 的防火墙

防火墙会强制执行一个组织的**访问控制策略**（access control policy）。例如，一个特定的组织可能只允许它的用户和外界通过电子邮件进行网络通信，拒绝其他任何通信方式，如站点访问等。另一个组织可能允许用户自由访问 Internet 的资源，但不想让一般的 Internet 用户渗透到它的系统中或访问它的数据。

> **防火墙**（firewall）：一台网关机器，它的软件通过过滤网络通信来保护网络。
> **访问控制策略**（access control policy）：一个组织建立的一组规则，规定了接受和拒绝什么类型的网络通信。

组织的系统管理员为他们的 LAN 设置防火墙，接受"可接受"类型的通信，拒绝其他类型的通信。实现这一策略的方法有很多，最直接了当的方法是拒绝特定端口的通信。例如，可以建立防火墙，通过拒绝由端口 23 进入的所有通信，能够阻止 LAN 之外的用户创建对 LAN 之内机器的 telnet 连接。

更复杂的防火墙系统能维护有关经过它们的通信的状态的内部信息和数据本身的内容。防火墙能够决定的通信状态越多，就越能够保护它的用户。当然，这种安全性是有代价的。有些复杂的防火墙会给网络通信带来明显的延迟。

防火墙是一个低级别的网络通信机制。还有许多每个用户应该知道的有关信息安全性的问题，这些问题将在第 17 章讨论。

15.3　网络地址

当你通过一个计算机网络进行通信时，最终都是在与世界上某处的另一台计算机通信。标识特定的机器以建立通信是一种相当复杂的机制。

主机名（hostname）是 Internet 上的计算机的唯一标识。主机名通常是易读懂的单词，中间由点号分隔。例如：

matisse.csc.villanova.edu
condor.develocorp.com

在处理电子邮件地址和站点时，我们倾向于使用主机名，因为它们容易理解和记忆。但是，网络软件却要把主机名翻译成对应的 **IP 地址**（IP address），这样更便于计算机使用。IP 地址通常是 4 个十进制数，中间由点号分隔。例如：

205.39.155.18
193.133.20.4

一种形式的 IP 地址长为 32 位，称为 IPv4。IP 地址中的每个数对应 IP 地址中的一个字节。由于一个字节（8 位）可以表示 256 种事物，所以 IP 地址中的数字的范围是 0 到 255。如图 15-10 所示。地址是分层级的，前两部分的数字代表网络，第三部分的数字表示子网，最后一部分代表特定的主机。

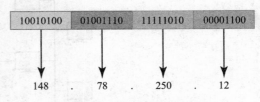

图 15-10　4 字节长的 IP 地址

IPv4 协议的一个主要问题是，它限定了可以唯一识别的计算机的数量（40 亿左右）。随着互联网使用的增加，特别是随着移动计算设备（如智能手机和平板电脑）的普及，4 字节独特 IP 地址的供应迅速减少。2011 年年初，IPv4 地址的最后一个块也被分配了出去。

主机名（hostname）：由点号分隔的单词构成的名字，唯一标识了 Internet 上的机器；每个主机名对应一个特定 IP 地址。

IP 地址（IP address）：由点号分隔的四个数值构成的地址，唯一表示了 Internet 上的机器。

IPv6 协议是 IPv4 协议的继承者，与之前使用的 32 位（使用 4 个组别的 8 位）的 IPv4 协议不同，IPv6 地址使用 8 个组别的 16 位共 128 位地址。IPv6 地址通常写作十六进制数字来保持长度可控，比如：

FE80:0000:0000:0000:0202:B3FF:FE1E:8329

除了提供更多的地址，IPv6 协议还提供几种改进网络通信管理的附加功能。IPv6 与 IPv4 寻址并行运作，创造两个平行网络。

15.3.1　域名系统

主机名由计算机名加**域名**（domain name）构成。例如，在主机名

matisse.csc.villanova.edu

中，matisse 是计算机名，csc.villanova.edu 是域名。域名由两个或多个部分组成，它们说明了计算机所属的组织或组织的一个子集。在这个例子中，matisse 是 Villanova 大学的计算机科学系的一台计算机。

域名（domain name）：主机名中说明特定的组织或分组的部分。

域名仅限于由特定组织控制的一组特定网络。注意，两家组织中的计算机可以重名，因为从域名可以分辨出引用的是哪一台计算机。

域名中的最后一部分叫作**顶级域名**（Top-Level Domain，TLD）。图 15-11 列出了主要的

顶级域名。有些 TLD（图 15-11 中带星号的）从 Internet 建立伊始就存在了，而其他的则相对较新。

ICANN 代表赋值名称与数字互联网公司，是管理顶级域名（TLD）的国际权威。

> **顶级域名**（Top-Level Domain，TLD）：域名中的最后一部分，声明了组织的类型或所属国家。
> **ICANN**：批准顶级域名的国际组织。

510
～
511

顶级域名	用　　途
.aero	航空业
.biz	商业
.com*	美国商务部（不受限）
.coop	合作团体
.edu*	美国教育部
.gov*	美国政府
.info	信息（不受限）
.int*	国际组织
.jobs	雇佣
.mil*	美国军队
.museum	博物馆
.name	个人和家庭
.net*	网络（不受限）
.org*	非营利组织（不受限）
.pro	专业

图 15-11　一些顶级域名和它们的用途（* 代表初始的 TLD）

TLD 通常用于特定类型的组织，如 .com 用于商业组织，.edu 用于大学和学院。有些 TLD 是受严格控制的（如 .edu），只有真正属于这种类型的组织才能注册。其他的 TLD 则没那么严格。除美国外，其他国家通常采用两字母的国家代码作为顶级域名。图 15-12 列出了部分国家代码（国家代码有几百个）。

国家代码 TLD	国家
.au	澳大利亚
.br	巴西
.ca	加拿大
.gr	希腊
.in	印度
.ru	俄罗斯
.uk	英国

图 15-12　一些基于国家代码的顶级域名

由于 .com、.org 和 .net 这样的域名不受控制，所以最初任何人或组织都可以注册自己的域名，只要这个名字还没有被使用即可。随着 Internet 不断扩大，命名系统成了问题。最令 Internet 新用户烦恼的是最好的域名已经被他人占用了。有时，域名是被类似的公司占用了，但有时则是被某些人占用了，他们尽可能多地申请常用的名字，希望能卖给大型公司。

这种做法被称为**域名抢注**（domain squatting），一般被认为是不道德的。为了缓解这个问题，额外的顶级域名已经被批准并可用。使用新的顶级域名注册一个域名的能力一定程度上得到了控制，给了持有特定名称商标的组织优先特权。

512

2011 年，为了应对更多域名的需求，ICANN 批准通用顶级域名扩展，允许公司和组织提交对于潜在新 TLD 的申请。

一些顶级域名由特定的公司品牌所控制，但是其他的域名可以被大众使用，现在已经有超过 1500 个顶级域名了。

以下是选取的一小部分可以获取的 TLD：

social	furniture	dental	paris	media
career	town	rocks	cooking	rodeo
myc	trade	webcam	vote	actor
vacations	industries	wiki	productions	flights
rentals	catering	dating	bargains	cool
pics	guitars	tax	dance	email
farm	education	ninja	coffee	shoes
menu	kitchen	land	support	associates
institute	camp	center	directory	florist

完整的列表可以参考以下网站：www.iana.org/domains/root/db，IANA 是 ICANN 的一个部门。

域名系统（Domain Name System，DNS）主要用于把主机名翻译成数字 IP 地址。在 DNS 系统建立前，斯坦福的一个研究小组负责维护一个文件主机表。每建立一个新主机名，斯坦福小组就把它添加到该表中（每周两次）。系统管理员会不时读取修改过的主机表，更新它们的**域名服务器**（domain name server)(把主机名翻译（解析）成 IP 地址的计算机）。

> **域名抢注**（domain squatting）：购买域名，目的仅仅是为了高价卖给真正想使用它的人或组织。
>
> **域名系统**（Domain Name System，DNS）：管理主机名解析的分布式系统。
>
> **域名服务器**（domain name server）：把主机名翻译成 IP 地址的计算机。

随着主机名数量的增长，只用一个表记录主机名已经不可行了，对于更新和分发信息来说，它不是一种实用的方法。1984 年，网络工程师设计出了目前使用的复杂域名系统。DNS 是一种分布式数据库，没有一个组织负责更新主机名 /IP 映射。

当你在浏览器窗口或电子邮件地址中指定了一个主机名时，浏览器或电子邮件软件将给附近的域名服务器发送一个请求。如果这台服务器可以解析主机名，则进行解析，否则这台服务器将把这个请求转发给另一台域名服务器。如果第二台服务器也不能解析它，则会继续转发这个请求。最终该请求到达一台能够解析它的服务器，或者该请求因为解析时间太长而过期。

15.3.2　谁控制因特网

如今是互联网发展的有趣时期，值得一提的是，最近有两项发明可能会对互联网的使用产生重要影响。

因特网起源于美国国防部的 ARPANET 项目，起初，美国严格控制着 IP 地址和域名的分发和管理。1998 年，国际非营利组织 ICANN 承担了一部分职责，然而美国仍然是主要负责方。

2014 年 3 月，美国政府宣布将减少在分发和管理过程中承担的责任，大家普遍希望美国的主导角色可以最终消失，但是这种情况遭到了诸如 NSA 的美国情报部门的阻拦，它们对网络流量进行截取。

正如你所料，很多人对于这种新型的管理组织具体是如何运作的表示担忧，在做出重要决策时，来自全世界的声音将会百家争鸣。

另外一个和因特网相关的话题来自于由美国联邦通讯委员会（FCC）允许 ISP 运营商提供对特定用户的"优先"访问。当前，在用户之间没有特定的区别。技术允许的情况下，信息尽可能地传送到任何一个用户中。而这项新规定将会使得一些 ISP 运营商给那些付费用户更快的传送速度，也许无意间就会降低那些未付费用户的速度。 514

这个争论的重点在于**网络中立性**（network neutrality），它禁止对互联网消费者有任何优先权。这个主题具有高度的政治性，而且它展示了互联网产生的巨大影响。

> **网络中立性**（network neutrality）：ISP 应该平等地给每一个用户传送数据，传输速度应该尽可能快。

> **错失的机会**
>
> 1976 年，一名 Hewlett-Packard 的工程实习生建造了个人计算机的原型。他主动提供给了 HP，但是他们驳回了这台原型机，并且给了他这个产品的所有权。这个实习生名叫 Stephen Wozniak，而这台机器是苹果初代计算机，这是他和 Steve Jobs 在他们的车库里制造的。[4]

15.4　云计算

我们在第 1 章中介绍了云计算的概念。**云计算**（cloud computing）是计算系统资源（计算能力、存储空间等）由第三方提供并通过互联网通信来进行管理的范式。

> **云计算**（cloud computing）：计算系统资源由第三方提供并通过互联网通信来进行管理的范式。

云计算这个名字来自如图 15-13 所示的结构，图中表明网络通信通过穿越云团到达资源。云计算的重点在于我们不必知道或关心资源在哪里或通信如何获取路由，获取资源即可。

你可能已经在基于一个邮箱账户的小范围中使用了云计算的概念。例如，电子邮件服务，比如谷歌的 Gmail 在谷歌公司自有的网络服务器上存储和管理你的电子邮件。当你使用浏览器或其他电子邮件客户端来访问你的电子邮件时，它会把邮件下载到你的计算机或移动设备上。这样，你在访问邮箱账户的过程中就不用担心使用了什么计算机或者何时何处访问邮箱。

图 15-13　使用云描绘互联网通信

云计算是一个较大规模的概念。企业或个人不仅可以存储电子邮件，还可以在网络服务器（而不是本地计算机）上存储文档、图像、视频等。这种方法的好处是，存储这些信息的设备的管理基本上由其他人来完成，并且在任何可以找到 Internet 连接的地方都可以使用。 515

云服务往往也提供其他好处。云服务可以备份你的数据，减轻你相关的备份任务。一些云服务将网页寄存功能作为其服务的一部分。还有一些支持同步服务，让类似浏览器书签的东西在多个设备上自动同步。

云计算已经成为企业管理资源的流行方式，这使得企业从可能产生的昂贵软硬件资源开销中解脱，并同时节省了在本地管理这些相关数据资源的人工成本。主要的云计算提供商有 Amazon Web Services、Google Cloud 和 Microsoft Azure。

目前有几种不同类型的云服务：

- **公有云**：允许任何订阅用户访问。
- **私有云**：专门为一个特定的组或组织建立，并限制在该组织团体内访问。
- **社区云**：在拥有相似需求的多个组织之间进行云共享。
- **混合云**：上述云服务类型的一些组合。

有些云服务是免费的，而收费的云服务在收取的服务费用方面有很大差别。如果你对云计算感兴趣，认真去研究吧！

打游戏可能很危险

2005 年，一名韩国男子在持续打游戏 50 个小时之后死亡。2012 年，一名田纳西州男子被发现死于自己的游戏椅中，死因为心脏病，而该男子的胳膊仍然伸在自己的计算机上。[3] 尽管计算机游戏通常情况下并不是造成死亡的直接原因，但是游戏成瘾可能会导致过早死亡，因为它会让人养成不活动的生活方式和不健康的生活习惯。

15.5　区块链

区块链（blockchain）是基于网络的技术，它最开始用来支持比特币（一种从 2009 年开始使用的电子货币）。电子货币与纸质货币或其他物理意义上的货币不同，它是仅仅存在于虚拟世界的货币。但是如今区块链的传播远远地超过了电子货币，许多人认为它代表着网上交易的未来。

区块链（blockchain）：不会被改变的交易公开分类账。

区块链就像是一个公开的分类账，它记录了关于电子交易的重要数据。尽管它最初被用来为金融交易服务，但是后来它被用于记录各种有价值的内容，例如合同、药物数据和选票数据。

块是指新交易的记录。只要使用建好的算法和加密技术进行验证，交易就被添加到块中，而这个块会被添加到正在进行的交易中（区块链）。

区块链技术令人心动的原因之一在于交易的记录是不会改变的。交易的分类账是分布式的，这也就是说，它不仅仅存在于一个地方，而是通过因特网存在于多台计算机上。它同时可以自己查账：每十分钟，账本就进行网络同步。因此不存在单个节点失败的问题，不存在黑客可以入侵的中心化的信息。同样它也不会被任何个体所控制。

区块链开创了疏通事务相关的传统实体的功能，例如银行，甚至政府。

区块链还被认为可能对全世界人的经济地位产生重要影响。就像任何人都可以在因特网上发声一样，区块链也可以在经济上给予人们能力，例如，区块链可以使人们登记产权，而没有使用区块链的人们不能够获得这样的服务。

小结

网络是一组连接在一起以共享资源和数据的计算机。网络技术注重的是底层协议和数据传输速度。随着我们对网络的依赖性不断增长，出现了客户 / 服务器模型这种重要的软件技术。

通常根据网络的作用域对它们分类。局域网（LAN）覆盖的是一个小的地理区域以及相对较少的互联设备。广域网（WAN）网络互连的概念，把网络连接在一起，覆盖较大的地理区域。城域网（MAN）是专为大型城市设计的。LAN 拓扑包括环形拓扑、星形拓扑和总线拓扑。以太网已经成了局域网的标准拓扑。

开放式系统的基础是通用的网络体系结构模型和协议，具有互通性。OSI 参考模型在开放式系统的原则上把网络处理分成了 7 层。

Internet 骨干网是由不同公司提供的一组高速网络。Internet 服务提供商（ISP）直接连接到骨干网或连接到其他的 ISP，为家用计算和商业计算提供网络连接。常用的家庭连接技术包括电话调制解调器、数字用户线路（DSL）和线缆调制解调器。电话调制解调器以音频信号的形式传输数据，因此数据传输速率相当慢。DSL 仍然使用电话线，但以数字形式传输数据。线缆调制解调器也是以数字形式传输数据，不过采用的是有线电视的线路。

Internet 上传输的消息被分割成了包，每个包被独立传送到目的地，在此所有包被重新组合成原始消息。在到达目的地之前，包可能会在网络中进行多次中转。路由器是指导包在网络中传递的网络设备。中继器在数字信号减弱太多之前强化它们。

网络协议也有分层，这样高层协议将以低层协议为支持。支持 Internet 通信的关键低层协议是 TCP/IP。IP 协议和软件负责包的路由。TCP 协议和软件负责把消息分割成包以及在目的地把包重组为消息，此外还要处理发生的错误。高层协议有 SMTP 负责电子邮件通信，FTP 负责文件传输，telnet 负责远程登录会话，HTTP 负责 Web 通信。一些高层协议具有端口号，用于协助控制和处理网络通信。许多类型的文档和特殊数据格式都有 MIME 类型。

防火墙可以保护网络免受不正当的访问，给网络施加组织特定的访问控制策略。有些防火墙只会阻止特定端口上的通信，而有些复杂的防火墙则可以分析网络通信的内容。

Internet 的网络地址必须精确到一台特定的机器。主机名由易读懂的单词构成，中间由点号分隔。IP 地址由四个数字构成，中间由点号分隔，主机名将被翻译成 IP 地址。IP 地址的一部分标识了网络，另一部分标识了该网络中的特定主机。如何划分 IP 地址是由该地址引用的网络类别（A、B 或 C）决定的。

域名系统（DNS）负责把主机名翻译成 IP 地址。DNS 已经从最初的包括所有信息的单个文件发展成了把任务分配给几百万个域名服务器的分布式系统。顶级域名（如 .com 和 .edu）已经变得拥挤不堪了，因此通过了新的顶级域名（如 .info 和 .biz）。

云计算是一种在互联网上提供存储空间和其他资源的服务，主要是把你从管理数据的任务中解放出来，并且使得无论你在哪里都能访问到数据。有各种不同成本的云服务可供选择。

道德问题：社交网络的影响 [5-6]

社交网站（如 Facebook、Twitter、Instagram 和 LinkedIn）是许多人进行交流的媒介。学生、家长、企业、名人甚至连总统候选人都使用这些网站。在某些情况下，这些网站用于帮助用户保持与家人、朋友和同事联系，并让别人获知自己生活当中发生的新鲜事。

517
518

到 2013 年 9 月为止，73% 的互联网用户使用社交网站。2011 年，95% 的 12～17 岁的青少年使用因特网，其中 81% 使用社交网络。截至 2017 年，81% 的美国公民有社交网络账户。

名流经常使用 Twitter 作为一种接触大众的方式，在 Twitter 上发布关于他们电视节目中即将出演的嘉宾、新项目或者他们最喜欢的书籍或食谱的信息。在 2012 年的美国总统竞选上，巴拉克·奥巴马总统和 Mitt Romney 州长使用社交媒体来展示自己，而在 2016 年的总统选举中，Donald Trump 更是以前所未有的方式使用了 Twitter。

社交网站的流行一定程度上弥补了不同社会阶层之间的鸿沟，尤其是对于青少年一代。一些内向的青少年可以通过社交网站接触到更多的同龄人。社交网络也使大学生有了巨大的变化，这使得他们不仅仅接触到在课堂上遇见的学生。这些网站也是一种宣传社团、会议、音乐会和其他正在发生事件的重要方式，能让更多的学生了解校园事件和社交聚会。

当然，社交媒体和网站也有其负面的一些因素。例如，在网站上的信息可能是不准确的。同样，网站可以成为羞辱和欺凌的主要途径，现在这被称作网络欺凌。四分之一的青少年承认自己曾经有过网络欺凌的行为。同样，一项新的调查表明，花更多的时间在社交网络上的青少年更容易对酒精和香烟上瘾。当然，这些调查不能直接证明因果关系，但还是令人十分担忧。

真正的问题在于，线上社交网络的存在是否利大于弊？这些网站给人们提供了一种更简单的沟通方式，与朋友保持联系，让信息被更多人知道，但使用这些网站的用户应当被告知将自己暴露在这种形式的论坛中的风险。

519

关键术语

访问控制策略（access control policy）

区块链（blockchain）

宽带（broadband）

网络地址（network adress）

节点（主机）(node (host))

开放式系统（open system）

开放系统互连（OSI）参考模型（Open Systems
    Interconnection（OSI）reference model）

云计算（cloud computing）

计算机网络（computer network）

数据传输率（带宽)(data transfer rate（bandwidth））

数字用户线路（Digital Subscriber Line，DSL）

域名（domain name）

域名服务器（domain name server）

域名系统（domain name system）

域名抢注（domain squatting）

下载（download）

以太网（Ethernet）

文件服务器（file server）

防火墙（firewall）

局域网（Local-Area Network，LAN）

城域网（Metropolitan-Area Network，MAN）

MIME 类型（MIME type）

总线拓扑（bus topology）

线缆调制解调器（cable modem）

客户/服务器模型（client/server model）

包（packet）

包交换（packet switching）

电话调制解调器（phone modem）

Ping

端口（port）

专有系统（proprietary system）

协议（protocol）

协议栈（protocol stack）

中继器（repeater）

环形拓扑（ring topology）

路由器（router）

星形拓扑（star topology）

TCP/IP

网关（gateway）

主机号（host number）

顶级域名（Top-Level Domain，TLD）

ICANN

因特网（Internet）

Internet 骨干网（Internet backbone）

网际协议（Internet Protocol，IP）

Internet 服务提供商（Internet Service Provider，ISP）

互通性（interoperability）

无线连接（wireless）

主机名（hostname）

跟踪路由程序（traceroute）

传输控制协议（Transmission Control Protocol，TCP）

上传（upload）

用户数据报协议（User Datagram Protocol，UDP）

Web 服务器（Web server）

广域网（Wide-Area Network，WAN）

IP 地址（IP address）

延迟（latency）

520

练习

为练习 1～6 中的定义或空白找出匹配的单词或缩写。

| A. LAN | B. WAN | C. 网关 |
| D. 总线拓扑 | E. 以太网 | F. Internet |

1. Internet 是_____。

2. LAN 的业界标准。

3. 处理 LAN 和其他网络之间通信的节点。

4. 连接其他网络的网络。

5. 星形拓扑是一种_____配置。

6. 以太网使用的是_____。

为练习 7～15 中的定义或空白找出匹配的单词或缩写。

| A. DSL | B. TCP/IP | C. UDP |
| D. IP | E. TCP | F. 宽带 |

7. _____和语音通信可以使用同一条电话线。

8. DSL 和线缆调制解调器是_____连接。

9. 通过常规电话线使用数字信号的 Internet 连接。

10. 提供的数据传输率一般大于 25 Mbps 的网络技术。

11. 把消息分解成包，在目的地再把包组装起来，并且负责处理错误的网络协议。

12. 支持低层网络通信的协议和程序组。

13. TCP 的替代者，能够实现较高的传输速率。

14. 处理包路由的软件。

15. _____比 UDP 可靠。

为练习 16～20 中的说明或定义找出匹配的协议或标准。

A. SMTP   B. FTP

C. Telnet   D. HTTP

E. MIME 类型

16. 传输电子邮件。

17. 登录远程计算机系统。

18. 把文件传到另一台计算机或从另一台计算机传回。

19. 电子邮件附件的格式。

20. WWW 文档的交换格式。

判断练习 21～28 中的陈述的对错：

A. 对   B. 错

21. 对等网络建立起了用来管理通信的单一的门户。

22. 端口是特定高层协议对应的数字标号。

23. 防火墙可以保护局域网不受物理损害。

24. 每个公司都可以建立自己的访问控制策略。

25. 有线电视公司不能成为互联网服务提供商。

26. 有些顶级域名是注册的组织所属的国家的代码。

27. 如今域名系统中有成百上千的顶级域名。

28. 两个组织中的计算机不能重名。

练习 29～67 是问答题或简答题。

29. 什么是计算机网络？

30. 计算机是如何连接在一起的？

31. 节点（主机）指的是什么？

32. 列出并说明与计算机网络相关的两个关键问题。

33. 数据传输率的缩写是什么？

34. 请描述客户/服务器模型，并讨论它如何改变了我们对计算的看法。

35. 对等网络是什么?

36. 局域网到底有多"局部"?

37. 请区分下列 LAN 拓扑: 环形、星形和总线形。

38. 拓扑形状如何影响 LAN 上的信息流。

39. 什么是 MAN? MAN 和 LAN 有什么不同?

40. 请区分 Internet 骨干网和 Internet 服务提供商(ISP)。

41. 请列出并说明把家用计算机连接到 Internet 的三种技术。

42. ISP 在练习 41 中的三种技术中扮演什么角色?

43. 练习 41 中的技术各有哪些优缺点?

44. 电话调制解调器和数字用户线路(DSL)使用同样的电话线来传输数据。为什么 DSL 比电话调制解调器快很多?

45. 为什么 DSL 和线缆调制解调器的提供商分配给下载的速度快于分配给上传的速度?

46. Internet 上发送的消息将被分割成包。什么是包? 为什么要把消息分割成包?

47. 请解释术语包交换。

48. 什么是路由器?

49. 什么是中继器?

50. 包交换会引起哪些问题?

51. 什么是专有系统? 它们为什么会引发问题?

52. 我们把多个销售商发售的多平台上的软件和硬件的通信能力叫作什么?

53. 什么是开放式系统? 它如何实现互通性?

54. 比较专有系统和开放式系统。

55. 网络交互的 7 层逻辑分类叫作什么?

56. 什么是协议栈? 为什么要把它分层?

57. 什么是防火墙? 它能实现什么? 是如何实现的?

58. 什么是主机名? 它是如何构成的?

59. 为什么为 IP 地址创建 IPv6 协议?

60. IPv4 和 IPv6 协议之间的主要区别是什么?

61. 什么是域名?

62. 什么是顶级域名?

63. 什么是网络中立性?

64. 当前的域名系统如何解析主机名?

65. 什么是云计算?

66. 比较云计算和电子邮件服务(如 Gmail)。

67. 云计算服务的四种类型是什么?

68. 什么是区块链?

思考题

1. 你们学校安装的网络设备有哪些? 是否有什么缺点?

2. 如果你想注册一个域名,如何申请? .biz、.info、.pro、.museum、.aero 和 .coop 是新的顶级域名。使用这些新的顶级域名有什么限制吗?

3. 你认为 Internet 这个名字合适吗? Intranet 是不是更合适?

4. 你常用的社交网站有几个? 你见到过哪些滥用技术的情况呢?

5. 你认为社交网站的好的影响多还是坏的影响多?

万　维　网

　　万维网的发展已经使许多用户开始使用网络通信,如果不是万维网,这些用户恐怕根本不会使用计算机。顾名思义,Web 在整个地球上建立了一个像蜘蛛网一样的连接,有了这种基础设施,只要点击一下鼠标,就可以得到想要的信息和资源。几种不同的基本技术使 Web 成了今天这种极具价值的工具。这一章将介绍它们中的一部分,建立一个基于 Web 原则的基础,这是将来所有技术的基础。

目标

　　学完本章之后,你应该能够:

- 比较 Internet 和万维网。
- 描述一般的 Web 处理。
- 编写基本的 HTML 文档。
- 描述几种 HTML 标记和它们的用途。
- 描述 Java 小程序的处理和 Java 服务器页。
- 比较 HTML 和 XML。
- 定义基本的 XML 文档和它们对应的 DTD。
- 解释如何观看 XML 文档。

16.1　Web 简介

　　许多人认为 Internet 和 Web 这两个词是等价的,事实上,它们有着本质的不同。第 15 章讨论过计算机网络的一些细节。从 20 世纪 50 年代开始,网络就用于连接计算机。虽然 Internet 已经用于通信多年了,但早期的通信几乎都是采用基于文本的电子邮件和基本的文件交换实现的。

　　与 Internet 相比,**万维网**(World Wide Web)(或简称 **Web**)是个相对较新的概念。Web 是与使用网络交换信息的软件结合在一起的分布式信息的基础设施。**Web 页**(Web page)是包括或引用各种数据的文档,这些数据包括文本、图像、图形和程序。Web 页还包含对其他 Web 页的**链接**(link),以便用户能够使用计算机鼠标提供的点击界面随心所欲地“到处移动”。**网站**(website)是一组相关的 Web 页,这组 Web 页通常是由同一个人或公司设计和控制的。

万维网(World Wide Web,Web):信息和用于访问信息的网络软件的基础设施。

Web 页(Web page):包含或引用各种类型的数据的文档。

链接(link):两个 Web 页之间的连接。

网站(website):一组相关的 Web 页,通常由同一个人或公司设计和控制。

　　Internet 使通信成为可能,而 Web 则使通信变得更轻松、更丰富、更有趣。虽然大学和

一些高科技公司已经使用了多年 Internet，但是直到 20 世纪 90 年代中期出现万维网之后，Internet 才进入了普通家庭。突然之间，ISP 就像雨后春笋一样冒了出来，使人们从家里就能够连接到 Internet。Internet 成了商业的主要通信工具，很大程度上归功于万维网。电子购物、财务事项往来和小组管理是常见的在线活动。Web 已经完全改变了我们的日常生活方式和商业模式。

在使用 Web 时，我们常常会说"访问"一个网站，就像真的到了这个站点一样。事实上，我们只是说明了想要的资源，它们就会呈现在我们面前。访问站点的概念是很容易理解的，因为在"进入"一个站点之前，我们通常不知道这个站点中有什么。

我们使用 **Web 浏览器**（Web browser）在 Web 上通信，如 Firefox 或 Google 的 Chrome。Web 浏览器是处理 Web 页的请求并在它到达后将其显示出来的软件工具。图 16-1 展示了这一过程。

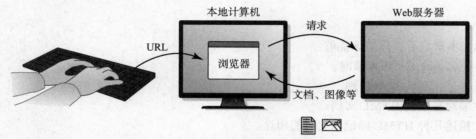

图 16-1　浏览器获取一个 Web 页

被请求的 Web 页通常存储在另一台计算机上，这台计算机可能就在楼下，也可能在世界的任何角落。用于响应 Web 请求的计算机叫作 **Web 服务器**（Web server）。

在浏览器中，我们用 Web 地址说明想要的 Web 页，例如：

www.villanova.edu/academics.html

Web 地址是**统一资源定位符**（Uniform Resource Locator，URL）的核心部分，URL 唯一标识了存储在世界各处的 Web 页。注意，URL 的一部分是存储信息的计算机的主机名。第 15 章详细讨论过主机名和网络地址。

> **Web 浏览器**（Web browser）：获取并显示 Web 页的软件工具。
> **Web 服务器**（Web server）：用于响应 Web 页请求的计算机。
> **统一资源定位符**（Uniform Resource Locator，URL）：说明 Web 地址的标准方式。

除了文本，Web 页通常还包括一些独立的元素，如图像。在请求 Web 页之后，所有与这个页面相关的元素都会被返回。

网站的设计和实现技术多种多样。本章的目标是介绍其中几种。在本书的站点上可以找到更多有关这个主题的信息。

16.1.1　搜索引擎

Web 搜索引擎是帮助你找到其他 Web 站点的站点。你可能已经多次使用过搜索引擎，如 Google、Bing 或 Yahoo!。通过输入关键字，说明你想找的信息的类型，搜索引擎就会提供一个有可能满足要求的站点的列表。

搜索引擎是通过搜索具有上百万个 Web 站点的信息的数据库来生成候选站点列表的。好的搜索引擎会保持自己的数据库是最新的，而且具有匹配关键字和 Web 页内容的有效技术。

大多数搜索引擎是用用户输入的关键字与作为站点索引的一组关键字进行比较。有些搜索引擎几乎把每个 Web 页上的每个单词都作为索引存入数据库，只是除去 a、an 和 the 这样的常用单词。有些搜索引擎则只用 Web 页的部分内容作为索引，如文档的标题和题名等。有些索引技术区分大小写，有些则不。 527

关键字搜索非常具有挑战性，因为自然语言（如英语）本身具有二义性（第 13 章也讨论过这个问题）。例如，术语 hard cider（烈性苹果酒）、hard brick（坚硬的砖）、hard exam（很难的测验）和 hard drive（硬盘驱动器）中的 hard 意思都不同。如果提供了足够多的关键字，搜索引擎就能够正确地区分匹配站点的优先次序。但在没有上下文的情况下，基本的关键字匹配是很有限的。

有些搜索引擎执行基于概念的搜索（concept-based search），即尝试判断所执行的搜索的上下文。如果它们运行得很好，返回的候选页会包含你要搜索的主题的相关内容，无论这个页面中的单词是否与查询中的关键字完全匹配。

执行基于概念的搜索的技术有几种。它们通常以复杂的语言理论为基础，这已经超出本书的讨论范围。基本前提是聚类（clustering），即对比相近的单词。例如，在医学范畴内，心脏这个词可能与动脉、胆固醇和血这些词相近。

基于概念的搜索比关键字搜索复杂得多，基于概念的搜索技术很不完善，不过一旦有所改进，这种技术的潜力不可限量。

Google 跳舞的蜘蛛

　　Google 上的高检索量的排名主要集中在在线商务上。Google 使用一种蜘蛛"机器人"，这种搜索程序会"遍历"一万亿个 URL，在在线世界中被称为"Google 的舞蹈"。专门从事搜索引擎优化（SEO）的公司通过调整 Google 的蜘蛛"机器人"评估的客户端 Web 站点来帮助在线商务保持高的搜索排名。最好的 SEO 可以显著提高其客户搜索排名。相比之下，采用过于激进的技术（如关键字堆砌）的 SEO 公司的客户端网站在搜索结果中将被禁止。

16.1.2　即时消息

即时消息（Instant Messaging，IM）应用程序可以让你实时地发送短消息。如果发送者和接收者同时运行了即时消息应用程序，那么消息一到达就会立刻弹出来，这样两个人就能够进行在线"交谈"。

即时消息（Instant Messaging，IM）：实时发送短消息的技术。

IM 和发短信在很多方面都不相同。发短信只能使用手机，并且必须根据手机号码发送给接收方，而即时消息是根据用户在 IM 应用程序注册的用户名发送给对方的。IM 应用程序既可以在笔记本电脑和桌面电脑上运行，也可以在手机端运行。通过使用聊天室功能，一些 IM 应用程序还允许多名用户参与同一个聊天。

IM 应用程序允许用户定制联系人列表，设置默认的答复（用于未登录状态），还可以发送订制的图形。大多数 IM 应用程序采用专有的协议，规定通过网络发送消息的格式和结构。 528

即时消息虽然方便，但却不安全。通过各种 IM 协议发送的消息并没有加密，可能会被网络通信途中的中间点截获。未加密的电子邮件也同样不安全。

16.1.3　博客

weblog 简称为博客（blog），是在网站定期发表文章的一种途径。根据发表的作者、主题和博客的性质，发表的文章可以只是一段，也可以是长篇大论，能够与报纸或杂志上的文章相媲美。

一个网站可以完全被组织成一个博客，也可以把博客作为一个站点的一部分，该站点还可以有其他元素。许多创建和发表博客的工具和在线服务都使新手能够容易地搭建并运行自己的站点。

从 20 世纪 90 年代末 weblog 首次出现以来，它已经得到了巨大的改进。虽然我们仍然能看到许多博客发表的是作者自己的无稽之谈和无聊琐事，但还是有许多博客为各种严肃话题提供了出路。有些博客是某种特定问题的重要信息资源，拥有很多追随者。2004 年，Merriam-Webster Dictionary 宣布"博客"一词为该年度的重要用词。

有些博主自称是公民记者，这就提出了一种新想法，即他们的博客是其他媒体有效且有价值的信息源。彰显这一变化的标志性事件是，2004 年美国总统大选期间，CBS 的 Dan Rather 报道了一篇由 Bush 的前指挥官所写的批判 George W. Bush 的兵役的文章，因为文章中的打字错误百出，许多博主都以此质疑这篇文章的真实性。CBS 和 Rather 为文章的真实性据理力争了两个星期，最终还是承认它可能是伪造的。这个事件是网络为普通人提供平台来挑战传统信息的明证。

由于博客是在线发布系统，所以它们对时事的反应比传统的印刷媒体快多了。出于这种原因，许多新闻记者都开辟了自己的博客，以便辅助自己在传统媒体领域的工作。

保护树

环保主义者指出，生产一周中周日的报纸需要砍伐 500 000 棵树。单单回收星期日《纽约时报》就可以保护 75 000 棵树。每吨回收报纸可以保护 17 棵树，17 棵树每年能吸收空气中 250 磅的二氧化碳。燃烧同样重的纸将释放 1500 磅的二氧化碳。越来越多的人开始通过在线新闻和博客来获取每日新闻，这也推动了环保绿色的趋势。如今，报纸和广告的销售量大幅下跌，大多数报社都处于财政困境，如果他们要生存，就需要尽快进行自身改造。两大救市策略分别是在线视频营销和在线报纸收费订阅。

529

16.1.4　cookie

cookie 是另一种基于 Web 的技术，对于用户而言，它增强了 Web 的实用性。cookie 是 Web 服务器存储在你的计算机硬盘上的一个小文本文件。网站可能会在用户的机器上存储一个 cookie，以捕捉之前这台机器和站点之间发生的交互。

cookie 中存储的信息段是名字 – 值对以及存储信息的站点的名字。例如：

UserID　　KDFH547FH398DFJ　　www.goto.com

如这个例子所示，Web 站点可能会为每个访问它的计算机生成一个唯一的 ID 编号，并将其存储在本地计算机上。更复杂的 cookie 会存储计时信息，如这台机器访问了站点多久，浏览了哪些内容。

cookie 对于 Web 站点来说用途很多。有些 Web 站点用 cookie 来确定有多少不同的访问者。还有些 Web 站点用 cookie 存储用户的喜好，以便为用户定制站点的交互。购物车也是用 cookie 来实现的。

使用 cookie 的一个问题是人们通常会共用一台计算机来访问 Web。由于 cookie 是基于连接到 Web 的计算机而不是基于个人的，所以用 cookie 个人化站点的访问并不总是行得通。

关于 cookie 有些常见的误解。cookie 不是程序，不会在你的计算机上执行任何操作。它也不能收集有关你或你的计算机的个人信息。不过，由于种种原因，cookie 还没有被广泛接受。

16.1.5　Web 分析

分析，指的是从数据中找到一些模式，以用来判断趋势，从而帮助企业做出决策。**Web 分析**是指网站使用情况的数据分析与采集。运行网站的个人或组织通常会使用 Web 分析应用程序来追踪访问他们网站的用户的数量和行为。

> **Web 分析**：网站使用情况的数据分析和采集。

例如，Google Analytics 就是任何人都可以用来对网站流量进行分析的 Web 分析应用程序，用户可以通过它来确定访问网站的人，也就是说这些访问者的地理位置和引用这个网站的网站（在这个网站上可以通过点击访问你的网站）。它跟踪用户在你的网站中具体浏览了哪些页面，他们在每个页面待的时间，以及在他们离开网站时所在的页面。 │530│

图 16-2 展示了 Google Analytics 的仪表盘的多种版本，其中的信息以图表和数字形式进行展示。为了获取更多的见解你可以通过各种方式研究这个分析。你还可以通过定制仪表盘来显示那些对你来说最重要的信息。

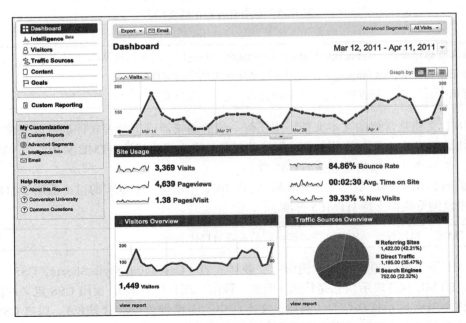

注：Google 及其徽标是 Google Inc 的注册商标，经由许可使用

图 16-2　Google Analytics 仪表盘

16.2　HTML 和 CSS

Web 页是用**超文本标记语言**（HyperText Markup Language，HTML）创建的。术语超文本（hyper text）指的是不像一本书那样线性地组织信息，而是嵌入其他信息的链接，根据需要可以从一个地方跳转到另一个地方。现在更精确的术语是超媒体（hypermedia），因为除了文本之外，我们还要处理很多其他类型的信息，如图像、音频和视频。

|531|

之所以叫作**标记语言**（markup language），是因为这种语言的主要元素都是采用插入文档的**标记**（tag）的形式，用于注释存储在该处的信息。就像你拿到了一份打印出的文档后用特殊符号标示一些其他细节一样，如图 16-3 所示。

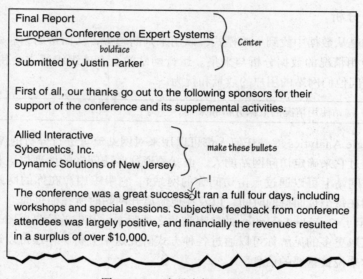

图 16-3　一个具有标记的文档

> **超文本标记语言**（HyperText Markup Language，HTML）：用于创建 Web 页的语言。
>
> **标记语言**（markup language）：使用标记来注释文档中的信息的语言。
>
> **标记**（tag）：标记语言中用于说明如何显示信息的语法元素。

HTML 文档是常规的文本文档，用任何一般的编辑器或字处理软件都可以创建它。也有用于协助创建 Web 页的专用软件，但这些工具最终生成的都是 HTML 文档。当 Web 页被请求时，在 Web 上传输的是这些 HTML 文档。

当前 HTML 标准的版本是 HTML5，它在 2012 年发布。本章节的讨论适用于 HTML5，所有的主流浏览器都支持 HTML5 标准。

> **HTML5**：精简标记系统和支持动态内容的最新 HTML 标准。

HTML 和另外一项技术搭配使用：**层叠样式表**（Cascading Style Sheets，CSS）。通常情况下，HTML 标签表示信息是什么（例如，段落、图片或列表），而由 CSS 定义的样式信息体现你想怎么展示这些信息（例如，文本居中、图像带边框或背景色）。脱离 CSS 讨论 HTML 是没有意义的，因此我们将同时介绍这两种技术。

|532|

让我们看一个浏览器中显示的 Web 页的例子，然后分析它的 HTML 文档。图 16-4 展示

了 Firebox 浏览器中显示的一个 Web 页。这个页面包含的是一个学生组织 Student Dynamics 的信息。

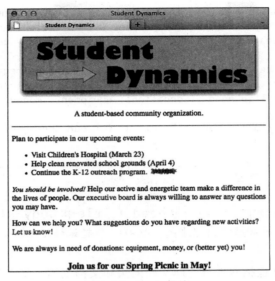

注：John Lewis 提供

图 16-4　Firefox 浏览器显示的 Student Dynamics 的 Web 页

这个 Web 页的顶部有一幅图像，展示了该组织的名字。图像之下是一句话，位于两条水平线之间。短语之下是有关这个组织的信息，包括即将发生的事件的公告列表和几个短小的段落。最后一个事件结尾处的小图像说明这条信息最近更新过。蓝色的文本表示链接，用鼠标点击这些链接就可以打开一个新的 Web 页。

533

图 16-5 展示了这个 Web 页的底层 HTML 文档。

```
<!DOCTYPE HTML>
<html>
<head>
    <title>Student Dynamics</title>
    <style type="text/css">
        img.banner {display:block; margin:auto;}
        a:link {color:#0000FF; text-decoration:none;}
        a:visited {color:#00FF00; text-decoration:none;}
        a:hover {color:#FF00FF; text-decoration:underline;}
    </style>
</head>
<body>
    <img class="banner" src="stuDynamics.gif"  />
    <hr />
    <p style="text-align:center;">A student-based community organization.</p>
    <hr />
    <p>Plan to participate in our upcoming events:</p>
    <ul>
        <li>Visit Children's Hospital (March 23)</li>
        <li>Help clean renovated school grounds (April 4)</li>
```

图 16-5　定义 Student Dynamics Web 页的 HTML 文档

```
    <li>Continue the <a href="outreach.html">K-12 outreach program.</a>
      <img src="updated.gif" /></li>
  </ul>
  <p><em>You should be involved!</em> Help our active and energetic team make
      a difference in the lives of people. Our <a href="execBoard.html">
      executive board</a> is always willing to answer any questions you may
      have.</p>
  <p>How can we help you? What suggestions do you have regarding new
      activities? <a href="suggestions.html">Let us know!</a></p>
  <p>We are always in need of donations: equipment, money, or (better yet)
      you!</p>
  <h3 style="text-align:center;">Join us for our Spring Picnic in May!</h3>
</body>
</html>
```

534

图 16-5 （续）

标记都封装在尖括号中（<...>）。像 head、title 和 body 这样的单词叫作元素，指定了标记的类型。标记通常是成对出现的，具有一个起始标记（如 <body>）和对应的结束标记（如 </body>）。

每个 HTML 文件都包括两部分，即文档的头和文档主体。文档头包含的是有关文档自身的信息，如文档标题。文档的主体存放的是要显示的信息。

整个 HTML 文档封装在标记 <html> 和 </html> 中。文档的头和主体是以类似的方式说明的。标记 <title> 和 </title> 之间的文本将在页面显示时出现在 Web 浏览器的标题栏中。

浏览器将根据这些标记和由 CSS 定义的样式来决定如何显示 Web 页。它会忽略 HTML 文档中的格式，如回车符、空格和空行。文档中行的缩进只是为了便于人们阅读，与它的最终显示方式无关。浏览器会考虑浏览器窗口的宽度和高度。在调整浏览器窗口的大小后，Web 页的内容会被重新格式化，以适应新的窗口大小。

浏览器会尽量搞清楚标记标示文档的方式，从而显示出 Web 页。如果 HTML 标记冲突，或者顺序错误或嵌套错误，那么显示的结果会令人吃惊，一点都不美观。

16.2.1　基本的 HTML 元素

让我们来研究 HTML 的几个核心元素吧。本节的内容将只关注于 HTML 功能的一些表面，但是即使这样你也可以通过它们来创造出相当美观和有用的网页了。

段落标记（<p>...</p>）说明了应该将其中的文本作为单独的段落处理。浏览器通常会用新的一行开始新段落，而且段落前后还有空行，以便与其前后的段落分隔开。

标记 <hr /> 将在页面中插入一条水平线，通常用于把 Web 页分割成几个部分。这个元素不包含内容，因此该标签的起始和结束合并成了一个，因此在最后需要加上 "/"。

535

我们通常需要显示项目列表。ul 元素表示无序列表，li 元素表示一个列表项。在 Student Dynamics 这个示例中，标记 <ul>...</ul> 封装了三个列表项。大多数浏览器都采用项目符号显示无序列表。如果使用有序列表元素（ol），那么列表项将被顺序编号。无序列表和有序列表都可以嵌套，从而创建列表分层。无序嵌套列表的每一层使用的项目符号都不同。有序嵌套列表的每一层都会重新开始编号。

定义文档标题的元素有几种。在 HTML 中，有 6 种预定的标题元素，即 h1、h2、h3、

h4、h5 和 h6。例如，封装在标记 <h3>...</h3> 中的文本将被当作 3 级标题，用比 4 级标题大、比 2 级标题小的字号显示，字体也默认是粗体。标题标记并非一定要用于设置标题文本，任何想改变字体大小的地方都可以使用它们。

em 元素对于那些应该被强调的文本进行了突出，通常情况下，浏览器会将被强调文本用斜体字表示。strong 元素的效果类似，默认情况下以粗体进行显示。

请注意，浏览器展示这些元素的默认方式可能随着浏览器的不同而发生细微的改变，因此根据你所使用的浏览器的类型，同样的网页可能看起来是不一样的。但是任何元素的样式都可以通过 CSS 样式进行修改。

16.2.2　标记的属性

许多标记都具有**属性**（attribute），说明了有关信息的额外细节或如何显示封装的信息。属性的形式如下：

属性名 = 值

例如，在 Student Dynamics 页的标题图片下方的段落元素包含以下属性：

```
style="text-align:center"
```

这其中的 CSS 样式表明段落的文字需要在网页中水平居中。

属性（attribute）：标记中用于提供有关元素的额外信息的部分。

例如，可以用 img 元素把图像嵌入 Web 页，img 元素的属性可以标识要显示的图像文件。属性名是 src，表示图像的来源。img 元素没有结束标记。例如：

```
<img src="myPicture.gif" />
```

这个标记将把图像 myPicture.gif 插入 HTML 文档。

在 Student Dynamics 这个例子中，图像被用作整个页面的标语。在另一个位置，一个小图像被用来说明站点上的这条信息最近被更新过。

在 HTML 中，链接是用元素 a 声明的，a 表示锚（anchor）。该标记的属性 href 指定了目标文档的 URL。例如：

```
<a href="http://google.com/">Google It!</a>
```

这个标记将在屏幕上显示文本"Google It!"，这是一个链接。当用户用鼠标点击这个链接时，Google 的主页将被读取并显示在浏览器中，代替当前的 Web 页。

默认情况下，大多数浏览器都会将链接文本显示成蓝色字体，并且具有下划线。对于其他元素来讲，默认的样式可以通过 CSS 样式进行重写。让我们具体来研究一下 CSS。

16.2.3　关于 CSS 的更多内容

我们刚刚已经见识到了 CSS 样式是如何定制 HTML 中的元素的：

```
<p style="text-align:center">This text is centered!<p>
```

在这个例子中，样式的属性表明，本段落的文本必须居中对齐而不是像默认左对齐。但是这个样式仅仅适用于这一个段落。如果我们让这个样式适用于网页的所有段落，应该怎么做呢？

536

　　CSS 样式也可以在 HTML 文档的头部分进行表示。例如，我们可以将 **style** 标记（不是属性，而是标记）放在 **<head>** 和 **</head>** 标记之间：

```
<style type="text/css">
    p {color:#00FF00;}
</style>
```

537

　　如果我们将这个标记放在文档的头部，那么它就会作用于文档中所有的段落（除非某一段写的标记属性覆盖这个标记）。在本例子中，这个标记就会将所有的段落文本都变成绿色。

　　在 Student Dynamics 例子中，文本头部分的 style 标记如下：

```
<style type="text/css">
    img.banner {display:block; margin:auto;}
    a:link {color:#0000FF; text-decoration:none;}
    a:visited {color:#00FF00; text-decoration:none;}
    a:hover {color:#FF00FF; text-decoration:underline;}
</style>
```

　　本例子中，第一条 style 规则作用于所有命名为 **banner** 类的 **img** 标记（使用 **class** 属性）。元素类被用来指定元素的一个特定子集。在 Student Dynamics 例子中，**banner** 类仅仅作用于网页最顶端的图片。通过将边缘（**margin**）设置为 **auto**，我们将图片置于网页的水平居中位置。

　　其他三条 style 规则对链接的不同状态做了规定。回想一下，默认情况下，链接使用蓝色下划线字体表示。如果将 **text-decoration** 设置成 **none**，那么下划线就会去掉。因此，这些规则规定，当链接没有被访问的时候，用蓝色字体表示，没有下划线；访问过的链接将会用绿色字体表示，没有下划线；而当鼠标置于链接上时，链接将会用紫色字体表示，并且显示下划线。

　　除了能够在元素层级和文档层级定制样式之外，CSS 样式规则也可以被放到单独的外部文件夹中。如果使用这种方式，多个页面，甚至整个网站都可以使用一套一致的样式规则。这也就是级联样式表中级联的出处：样式可以在多个层级被定制，也可以根据需要在较低的层级进行覆盖。

Tim Berners-Lee

　　Tim Berners-Lee 是麻省理工学院的计算机科学和人工智能实验室的第一任 3COM（Computer Communication Compatibility，计算机通信兼容性）主席。他在麻省理工学院电气工程和 CSAIL 联合任职，担任 3COM 创始人教授。与其说 Berners-Lee 是一位学者，不如说他是一位研究员、传道者和预言家。他是协调全世界的 Web 开发的 World Wide Web Consortium 的指导者。这个联盟与麻省理工学院、法国的 ERCIM 和日本的 Keio 大学的共同目标是使 Web 的潜力全部发挥出来，在其高速发展和用途变革转型的过程中确保它的稳定性。

　　Tim Berners-Lee 是如何得到这个重要职位的呢？当他还是牛津女王学院的学生时，就创建了自己的第一台计算机。毕业之后，他在 Plessey Telecommunications Ltd（英

© Hank Morgan/Science Source

国一家主要的电信设备制造商）工作了两年，然后做了一年半独立顾问，之后在 Image Computer Systems Ltd 工作了三年。这一时期他做过的项目有实时控制固件、图形和通信软件以及通用宏语言。

1984 年，他获得了日内瓦的欧洲核子研究中心（CERN）提供的经费，从事为获取科学数据和系统控制的异质远程过程调用系统和分布式实时系统的开发。1989 年，他提出了一个全球化超文本项目——万维网。人们通过这种技术可以用超文本文档的 Web 把自己的知识结合起来，从而实现协作。他编写了第一个万维网服务器 httpd 和第一个客户端 World Wide Web——一个所见即所得的超文本浏览器 / 编辑器。这项工作开始于 1990 年 10 月，同年 12 月 CERN 就可以使用程序 World Wide Web 了，1991 年夏天，它开始在 Internet 上广泛流行起来。

1991 年到 1993 年，Berners-Lee 继续从事 Web 的设计工作，根据 Internet 用户反馈的信息对其进行修改。随着 Web 技术的普及，他最初制定的 URL、HTTP 和 HTML 规约都被细化和推广了。日内瓦的物理实验室显然不适合开发和监管 Web。1994 年 10 月，Berners-Lee 在麻省理工学院的计算机科学实验室建立了 World Wide Web Consortium。

在 1995 年《纽约时报》的一篇访问中，就有关统占 Web 标准来营利的私人公司的问题，Berners-Lee 回答道："这种由某个公司统占市场并控制 Web 标准的危险一直存在。"不过他个人认为不会出现这种情况。"Web 的本质是它是一个全球化的信息源，"他说，"如果把它局限于某个公司，那么它就失去了这种全球性。"

麻省理工学院计算机科学实验室的主管 Michael Dertouzos 说过，Berners-Lee 先生看来是把自由理想主义融入了 Internet 文化。"他承担了保持 Web 为公众所有的义务，"Dertouzos 先生说道，"这是他的使命。"Berners-Lee 总结道："合理的竞争会加速创新。公司将会也应该增强它们的浏览器和应用程序的专有性。但是 Web 导航技术应该是公开的。如果有一天浏览万维网需要 6 个浏览器，那么万维网就不再是万维网了。"

Berners-Lee 曾被美国《时代》杂志评为 20 世纪 100 名最重要的人物之一。英国女王伊丽莎白二世为表彰他关于万维网的工作，封他为大英帝国骑士指挥官（KBE）。

2007 年 6 月，他收到了来自英国女王伊丽莎白二世的功绩勋章，这使他的名字后有资格使用 OM，同时还让他成了王室的成员以表彰他的杰出贡献。2008 年 9 月，他进一步发展了万维网的设想，从而获得 IEEE/RSE Wolfson James Clerk Maxwell 奖，他在 2009 年当选为美国国家科学院外籍院士。

在 2012 年伦敦夏季奥运会的开幕式上，Berners-Lee 被誉为"万维网之父"。他在推特上称，"这是属于所有人的。"这些字样出现在了体育场 8 万人椅子上的液晶灯上。他的哲学是"任何地方的每个人都应该付得起上网费。"他现在是廉价互联网联盟的主席，这个联盟于 2013 年 10 月成立，试图使因特网在全球范围内更加互联和廉价。[1]

16.2.4 更多 HTML5 的元素

HTML5 标准简化了以前版本中对许多问题的处理。有许多新的标记可用来表示内容，包括：

- `<section>`——定义部分网页
- `<header>`——定义页面的页眉

- <footer>——定义页面的页脚
- <nav>——定义页面上的导航元素
- <article>——定义页面文章或主要内容
- <aside>——定义可能出现在侧边栏的次要内容
- <figure>——定义注解文章的图像

538
～
540
　　HTML5 的另一个令人兴奋的方面是它的动态变化的页面内容在用户不与页面进行交互的时候仍然可以被改变。一些动态技术将在本章的后续部分讨论，尽管随着时间的推移 HTML5 可能使其中的某些部分不再必要。

　　支持 HTML5 动态内容的一个例子是使用上下文菜单呈现下拉菜单的想法。还有一个额外的属性（`async`）可以被包含在一个标记中以表明显示的内容应该是通过异步加载的，这将有助于提高网页加载的速度。

　　HTML5 中还包括几个接受来自表单的输入的新标记，用来处理时间和日期的标记，以及用于范围、邮件地址和 URL 的表单字段的标记。

　　当然，本书只是向使用 HTML 和 CSS 进行网页开发的世界投入一瞥，你可以以此为起点更加细致地研究这一领域。

16.3　交互式网页

　　HTML 首次出现时，它那种以有趣的方式格式化基于网络的文本和图像的能力令人震惊。但是，这些信息都是静态的，人们没有办法与 Web 页中的信息和图片进行交互。

　　用户强烈要求动态的 Web，为了满足这些请求，新的技术出现了。这些技术解决问题的方法各不相同。许多新想法都是从新开发的 Java 程序设计语言衍生出来的，这种语言能够充分利用 Web，因为它是独立于平台的。让我们简单地看看这些技术中的两种——Java 小程序和 Java 服务器页。

16.3.1　Java 小程序

　　Java 小程序（Java applet）是为嵌入 HTML 文档而设计的程序，能够通过 Web 传递给想运行它的用户。Java 小程序是在浏览 Web 页的浏览器中运行的。

> 　　**Java 小程序**（Java applet）：为嵌入 HTML 文档而设计的程序，能够通过 Web 传输，在浏览器中执行。

　　Java 小程序是用 **APPLET** 标记嵌入 HTML 文档的。例如：

541
```
<applet code="MyApplet.class" width=250 height=160>
</applet>
```

　　当 Web 用户引用了包含这个标记的页面时，小程序 **MyApplet.class** 将随其他文本、图像等页面包含的数据被一起发送。浏览器知道如何处理每种类型的数据：它将正确地格式化文本，根据需要显示图像。对于小程序，浏览器内置有能够执行小程序的解释器，使得用户能够与之进行交互。Web 上有成千上万个 Java 小程序，大多数浏览器都能够执行它们。

　　请考虑这种情况内在的困难。在一台计算机上编写的程序将被传递到 Web 上的另一台计算机上执行。那么如何使在一种类型的计算机上编写的程序在多种类型的计算机上都能够运行呢？关键在于 Java 程序被编译成字节码这种程序的低级表示法（如第 9 章中所提到的），而不是编译成只适用于特定 CPU 的机器码。任何有效的字节码解释器都能执行字节码, 无论运行字节码的机器是什么类型的。

Java 小程序给客户的机器增加了负担。也就是说, Web 用户把这些程序带到了自己的机器上, 在此执行它们。想起来有些可怕, 当你正在网上冲浪的时候, 突然某人的程序在你的计算机上运行起来。除非 Java 小程序只做自己分内的事情, 否则这样会带来问题。Java 语言具有仔细规划的安全模式。例如, Java 小程序不能访问任何本地文件, 也不能修改系统设置。

客户的计算机也许能胜任运行小程序的工作, 也许不能, 这是由小程序的特性决定的。由于这种原因以及小程序是通过网络传输的, 所以它们一般都比较小。虽然适用于某些情况, 但 Java 小程序不能完全满足 Web 用户的交互需求。

16.3.2　Java 服务器页

Java 服务器页 (Java Server Page, JSP) 是嵌入了 **JSP 小脚本** (JSP scriptlet) 的 Web 页。所谓小脚本, 就是与常规的 HTML 内容混合在一起的一小段可执行代码。虽然与 Java 不完全一样, 但 JSP 代码很像一般的 Java 程序设计语言。

JSP 小脚本 (JSP scriptlet): 嵌在 HTML 文档中用于给 Web 页提供动态内容的代码片段。

JSP 小脚本封装在特殊标记 **<%** 和 **%>** 之间。预定义的特殊对象可以简化某些处理。例如, 可以用对象 **out** 生成输出, 该输出将被融合到 Web 页中小脚本出现的地方。下面的小脚本将在 **h3** 的起始标记和结束标记之间生成短语 hello there。 |542|

```
<h3>
<%
out.println ("hello there");
%>
</h3>
```

这个例子的结果等价于下面的代码:

```
<h3>hello there</h3>
```

不过可以认为 JSP 小脚本具有完整程序设计语言的强大功能。我们几乎可以利用常规 Java 程序的各个方面, 如变量、条件 (从句)、循环和对象。具备了这种处理能力, JSP 页就可以进行重要的决策, 生成真正动态的结果。

JSP 是在 Web 页驻留的服务器上运行的。服务器能够在把 Web 页发送给用户之前动态地决定它的内容。当 Web 页到达你的计算机时, 所有处理都已经完成, 生成了 (动态创建的) 静态的 Web 页。

JSP 尤其适合协调 Web 页和底层数据库之间的交互。这种类型处理的细节已经超出了本书的介绍范围, 不过在 Web 上冲浪的时候, 你可能会遇到这种处理。电子店铺 (主要是为了出售商品而存在的站点) 就利用了这种处理方式。有关销售的商品的数据并非存储在静态 HTML 页中, 而是存储在数据库中。当你请求特定商品的信息时, 做出响应的可能是一个 Java 服务器页。这个页面中的小脚本将与数据库进行交互, 提取出所需的信息。小脚本和常规的 HTML 代码将正确地格式化数据, 然后把这个页面发送到你的计算机上供你浏览。

标准的重要性：Wi-Fi

　　Wi-Fi 是便携式计算机现在常用的无线联网技术。为了提高大文件（如电影）的无线传输能力，计算机制造商引入了使用较快 Wi-Fi 版本 802.11ac 的元件。802.11ac 版本把 Wi-Fi 网络的最高速度提高到了每秒 1.3 GB，对当前的 802.11n 标准有了大幅度提升。

16.4　XML

　　HTML 是固定的，也就是说，HTML 有预定义的一套标记，每个标记具有自己的语义（含义）。HTML 指定了如何格式化 Web 页中的信息，但是没有说明这些信息表示什么。例如，HTML 会说明一段文本的格式是标题，但不会说明这条标题描述的是什么。HTML 标记不能描述文档的真正内容。**可扩展标记语言**（Extensible Markup Language，XML）允许文档的创建者定义自己的标记集合，从而描述文档的内容。

　　XML 是一种元语言。单词 metalanguage（元语言）是由单词 language（语言）加前缀 meta 构成的，meta 的意思是"在……之外的"或"更复杂的"。**元语言**（metalanguage）通过使我们精确地运用常规语言而超出常规语言，是谈论或定义其他语言的语言，就像描述英语规则的英语语法书。

可扩展标记语言（Extensible Markup Language，XML）：允许用户描述文档内容的语言。

元语言（metalanguage）：用于定义其他语言的语言。

　　Tim Berners-Lee 使用称作标准通用标记语言（SGML）的元语言来定义 HTML。XML 是 SGML 的简化版本，用于定义其他标记语言。XML 把 Web 带入了一个新的发展方向。不过 XML 并没有取代 HTML，而是使它更丰富。

　　与 HTML 一样，XML 文档也是由标记数据构成的。不过在编写 XML 文档时，不必拘泥于预定义的标记集合，因为根本不存在这样的集合。你可以创建任何描述文档中数据所必需的标记。XML 文档的重点不在于如何格式化数据，而在于数据是什么。

　　例如，图 16-6 中的 XML 文档描述了一系列图书。文档中的标记注释了表示每本书的书名、作者、页数、出版商、ISBN 和价格的数据。

```xml
<?xml version="1.0" ?>
<!DOCTYPE books SYSTEM "books.dtd">
<books>
<book>
<title>The Hobbit</title>
<authors>
  <author>J. R. R. Tolkien</author>
</authors>
<publisher>Ballantine</publisher>
<pages>287</pages>
<isbn>0-345-27257-9</isbn>
<price currency="USD">7.95</price>
</book>
<book>
<title>A Beginner's Guide to Bass Fishing</title>
```

图 16-6　包含关于书籍的数据的 XML 文档

```
<authors>
  <author>J. T. Angler</author>
  <author>Ross G. Clearwater</author>
</authors>
<publisher>Quantas Publishing</publisher>
<pages>750</pages>
<isbn>0-781-40211-7</isbn>
<price currency="USD">24.00</price>
</book>
</books>
```

图 16-6 （续）

　　这个文档的第一行说明了使用的 XML 的版本。第二行说明了包含该文档的**文档类型定义**（Document Type Definition，DTD）的文件。DTD 是文档结构的规约。该文档剩余的部分是关于两本书的数据。

文档类型定义（Document Type Definition，DTD）：XML 文档结构的规约。

　　特定 XML 文档的结构是由它对应的 DTD 文档描述的。DTD 文档的内容不只是定义标记，还说明它们是如何嵌套的。图 16-7 展示了上例中的关于书的 XML 文档对应的 DTD 文档。

```
<!ELEMENT books (book*)>
<!ELEMENT book (title, authors, publisher, pages, isbn, price)>
<!ELEMENT authors (author+)>
<!ELEMENT title (#PCDATA)>
<!ELEMENT author (#PCDATA)>
<!ELEMENT publisher (#PCDATA)>
<!ELEMENT pages (#PCDATA)>
<!ELEMENT isbn (#PCDATA)>
<!ELEMENT price (#PCDATA)>
<!ATTLIST price currency CDATA #REQUIRED>
```

图 16-7　关于书籍的 XML 文档对应的 DTD 文档

　　DTD 文档中的 ELEMENT 标记描述了构成相应的 XML 文档的元素。这个 DTD 文件的第一行说明 books 标记由零个或多个 book 标记构成。在括号中单词 book 后面的星号（*）表示零个或多个。接下来的一行说明 book 标记由其他几个标记按照特定的顺序构成，即 title、authors、publisher、pages、isbn 和 price。下面一行说明 authors 标记由一个或多个 author 标记构成。单词 author 后面的加号（+）表示一个或多个。其他标记被指定为包含 PCDATA，即解析过的字符数据（Parsed Character Data），说明这些标记不能再进一步分解为其他标记。

544
～
545

　　这组标记中唯一具有属性的是 price 标记。DTD 文档的最后一行说明了 price 标记具有一个属性 currency，而且是必需的。

　　XML 提供了组织数据的标准格式，与其他特殊类型的输出无关。一种相关的技术叫作**可扩展样式表语言**（Extensible Stylesheet Language，XSL），可以把 XML 文档转换成适用于特定用户的格式。例如，可以定义一个 XSL 文档，把一个 XML 文档转换成 HTML 文档，以便能在 Web 上看到该文档。还可以定义另一个 XSL 文档，把同一个 XML 文档转换成 Microsoft Word 文档，或转换成适用于移动电话的格式，甚至可以转换成语音合成器使用的格式。图 16-8 展示了这一过程。本书并不探讨 XSL 转换的细节。

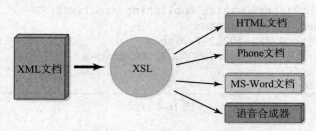

图 16-8　一个 XML 文档可以转换成多种输出格式

> **可扩展样式表语言**（Extensible Stylesheet Language，XSL）：定义 XML 文档到其他输出格式之间转换的语言。

用 XML 规定的语言还有一个方便的特征，即用这种语言编写的文档可以轻松地自动生成。有种软件系统（通常具有底层数据库）可以用来生成大量易于在线传输和分析的数据。一旦生成了，这些数据就能被转换成最适合每个用户浏览的格式。

有些组织为特定的主题开发了专用的 XML 语言。例如，化学家和化学工程师定义了化学标记语言（CML）以标准化分子数据的格式。CML 包含大量有关化学方面的标记，给化学专业人员提供了共享和分析数据的通用格式。

记住，XML 是标记规约语言，XML 文件则是数据。除非你运行显示 XML 文件的程序（如浏览器），或者运行用它们进行操作的程序（如把数据转换成另一种格式的转换器或读取数据的数据库），或者运行修改它们的程序（如编辑器），否则什么都不会发生。XML 和相关技术为信息管理和以各种方式在 Web 上有效地进行信息通信提供了强有力的机制。随着这些技术的发展，利用它们的新机会将不断出现。

16.5　社交网络演化

对许多人来说，互联网上的生活涉及大量使用社交网络来和朋友、家人、同事甚至并不认识但却想要关注的人保持联系。**社交网络**（social network）是一种在线服务和网站，允许具有共同兴趣的人进行交互。社交网络提供的功能有助于沟通以分享想法、事件和兴趣。

> **社交网络**（social network）：允许拥有共同兴趣的人们进行交流互动的在线服务。

当下一些最流行的社交网络包括 Facebook、Twitter、LinkedIn、Pinterest、Tumblr 和 Instagram，除此之外还有很多。Facebook 目前拥有超过 12 亿用户，第二大流行网站是 Twitter，拥有 2.55 亿用户。

在线社交网络有着丰富的历史。第一个在线社区成立于 1985 年，最初作为一个拨号公告板系统存在。Classmates.com 在 1995 年成立，用来和老校友保持联系。1997 年，SixDegrees.com 作为首个关注非直接关系的网站被建立。用户可以列出家人、朋友和熟人，并张贴电子公告栏条目以及向他们的第一、二和第三度关系的人发送信息。这个网站在 2000 年以 1.25 亿美元出售。一系列的社交网站在 21 世纪初期出现，其中 2005 年出现的 MySpace 是最大的一家。

Facebook 在 2004 年由 Mark Zuckerberg 在哈佛大学创建，并因为 Zuckerberg 的聪明策略让学生狂热地使用它而得以迅速获得极大关注。LinkedIn 在 2002 年作为面向职场的社交网络被创建，使得拥有相近职业发展兴趣的人之间产生联系变得方便。诞生于 2006 年的 Twitter 专注于发布被称作 tweets 的短消息。

在线社交网络通常将用户分为两大类：内部用户，参与者都在一个封闭的或私人的社区（如公司、协会或组织）之内；外部用户，对参与者没有限制。总体上，两类用户都可以描述自己，设置隐私权限，阻止不受欢迎的成员访问，建立个人页面用来上传照片或者写博客，以及建立或者参与网络中的某个社区群体。

社交网络概念的历史比我们在 Web 上看到的在线版本的时间要早很多，并且一直是社会学研究的重点。更广泛地说，社交网络是一个个人或组织进行互动的模型。在这种类型的网络中，参与对象被描述为由某种相互依存的关系（比如友情、亲情、宗教或社会经济背景）联系在一起的节点。社交网络分析将社交关系看作关于节点和节点之间联系的网络理论。在一个特定的社交网络中，节点可以通过多个不同的关系产生关联。一个网络可以被看作是对被建模对象间相关内部联系的一种描绘。

对社交网络的研究始于 19 世纪。网络已经被用于对很多情境进行建模，比如，新思想和实践方法的传播、疾病的蔓延和情感集群的形成等。一项研究表明，幸福的感觉在社会网络中是有相关性的。当一个人很幸福时，身边的朋友幸福的机会高出 25%。不幸福的感觉也体现出相似的特征。

你是否听说过"六度分离"？ [3] 小世界现象是指连接任意两个人的相识关系的社会链普遍较短的假设。Stanley Milgram 在 1967 年的社交网络研究表明，这个链通常是六步关系，从而产生了"六度分离"这个著名的短语。尽管他的方法之后被广泛质疑，但最近的一项研究发现，五到七步将足以使任意两个人通过电子邮件产生联系。

在线社交网络的影响不可低估，并遵循着悠久的社会历史中类似的相互作用，使得我们目前所从事的技术有了经验保证。

照片分享 / 打标签的隐私

许多社交网络网站允许它们的成员上传自己的照片。一旦上传，这些照片就会被标记上日期、地点，并且照片上所有成员都会被打上"标签"——有时甚至被打上标签的人并不是社交网站上的成员。Facebook 已经更改了它的政策。现在你可以更改设置，如此一来如果某些人在照片中打上了你的标签，你必须在其生效之前同意该标签。

在发表 tweet 之前请三思

在登上飞往非洲的航班之前，一名公关主管发表了一篇 tweet，"前往非洲了。希望我不会得艾滋病。开玩笑的啦！我是白种人呢。"这篇 tweet 被广泛认为带有种族主义色彩，并在互联网上广为传播。在飞机未降落之前当事人已经被解雇。 [2]

小结

虽然术语 Internet 和 Web 常被混为一谈，但它们并不相同。万维网是分散在世界各处

的计算机上的信息和访问信息的软件构成的基础设施。Web 依靠底层网络（尤其是 Internet）

在用户之间交换信息。

Web 页不仅包含信息，还包含对其他资源（如图像）的引用。由个人或公司管理的一组 Web 页叫作网站。全球各种 Web 页之间都有链接，这也是万维网这个名字的来源。

所谓访问一个 Web 站点，其实是请求存储在远程 Web 服务器上的 Web 页，把它拿到本地计算机上以便浏览。可以用统一资源定位符（URL）指定我们想浏览的 Web 文档。

有些 Web 站点（如 Google）是搜索引擎，用户只要输入单词或短语，站点就可以根据这些单词或短语搜索相关信息。搜索引擎会提供一个与用户需求可能匹配的候选站点列表。有些搜索引擎只是以用户输入的关键字为依据，而有些则会尝试解释关键字的内涵。

即时消息（IM）应用程序为 Web 提供了另一种交互方式，它允许用户进行在线交谈。经过不断的发展，IM 程序现已支持图像甚至视频。

Weblog 或 blog（博客）是定期在网络上发表文章的工具。越来越多的严肃博客成为特定主题的重要信息资源。还有一些博客造就了"公民记者"，他们的工作是对主流媒体的很好补充。

cookie 是 Web 站点存储在你的硬盘上的小文本文件，以便你返回该站点时，该站点能够得到有关你以及你上次访问的信息。它们通常用于跟踪用户的活动，对用户和使用它们的站点都很有帮助。cookie 不是程序，因此不能在你的计算机上执行代码。

超文本标记语言（HTML）是定义 Web 页的主要方法。HTML 文档由标记注释的信息构成，标记规定了如何处理和格式化特定的信息。Web 浏览器显示 HTML 页时将忽略所有额外的空格、空行和缩进。浏览器完全靠标记指引，同一个 Web 页在不同浏览器中看来可能会稍有不同。

HTML 标记既可以规定整个文档的结构，也可以执行基本的格式化，如标题、段落和居中显示文本等。用标记还可以指定字体样式，如粗体和斜体等。无序列表和有序列表都有自己的标记集合。

有些 HTML 标记具有属性，声明了额外的信息。例如，图像标记的源属性声明了存储

图像的文件。锚标记定义了链接，用一个属性声明了目标 Web 页的位置。

此外，还能够与网页交互并动态地创建 Web 页。两种支持基于 Web 的交互的技术是 Java 小程序和 Java 服务器页（JSP）。Java 小程序是嵌在 HTML 页中由 Web 浏览器执行的 Java 程序。它们具有跨平台的特性，因为 Java 小程序将被编译成 Java 字节码，它具有层次特性。

Java 服务器页把小脚本混入 HTML 代码中，由 Web 服务器执行，以协助动态地定义 Web 页的内容。小脚本具有完整语言的强大功能。JSP 尤其适用于协调 Web 页和底层数据库之间的交互。

XML 是可扩展标记语言的缩写。XML 是一种元语言，即可以用于定义其他语言。HTML 标记的重点在于显示数据的格式，XML 标记则声明了数据的本性。用户不必拘泥于使用特定的标记集合，而是可以定义任何有利于描述数据的标记。

XML 标记的格式和它们之间的关系定义在文档类型定义（DTD）文档中。XSL（可扩展样式表语言）定义了把 XML 文档转换成其他用户适用的格式的方法。

社交网络是许多人在网络上进行互动的重要组成部分。Facebook 和 LinkedIn 之类的服务方便了有相同兴趣的人之间的沟通，这种在线支持在很大程度上消除了距离的问题。社

交网络具有悠久的历史，它提供了一种研究多种互动的社会学机制，包括疾病以及思想的传播。

道德问题：赌博与互联网 [4-5]

　　大多数人认为赌博就是在拉斯维加斯的赌场里坐在一个赌桌和老虎机前，但实际上越来越多的人正在转向互联网赌博。1995 年 8 月，Internet Casinos Inc.（网上赌场公司）成为第一个接受真正的赌注的线上赌场，线上赌博业在 Internet 上迎来了爆炸式增长。此后，线上赌博已经成长为一个每年数十亿美元的业务，大多数业务正远离美国本土。2008 年，Internet 赌博网站从美国玩家手中赚取了 59 亿美元的收入，在全球总共赚取了 210 亿。

　　线上赌博网站的形式包括在线扑克游戏、轮盘赌、二十一点、巴卡拉纸牌游戏、体育博彩、在线宾果游戏以及彩票。随着智能手机的出现，移动赌博开始流行起来。截至 2011 年 3 月，几十个移动赌场可以利用手机进行操作。

　　随着在线赌博行业的增长，欺诈问题已经成为一个严重的问题。在互联网赌博网站上的潜在欺诈是相当多的。赌徒提供了信用卡信息和社会安全号码来开账户，他们相信游戏会公平运行。所有传统的赌场都是由美国博彩协会监管以确保游戏运行透明诚实。然而由于互联网网站的特定设计，让用户知道游戏是否公平操作是不可能的。相反，赌徒们必须依赖于那些他们并不认识的网站运营者的诚信。

　　网络赌博的另一个问题是它减少了国家的税收收入。州政府可以获得任何州内官方赌博组织的利润，但他们不能从赌徒利用互联网赌博网站获得的收入中收税，因为这些网站都是来自美国以外，不受国家税务限制。一些州一直依靠国家赌博的法律来遏制网络赌博：伊利诺斯、印第安纳、路易斯安那、马萨诸塞、内华达、俄勒冈、南达科他和犹他已经通过法律禁止网络赌博。然而国家规定大部分是无效的，因为互联网的存在超越了国家和民族的限制。

　　美国国会已经通过立法，将禁止网上赌博。但因为这样的禁令的范围广泛，所以立法者已经基本上被认定是不成功的。2011 年，美国司法部改变了它对互联网赌博的立场，声明 1961 联邦电汇法仅仅适用于体育博彩。而该法案声明的适用于网络赌博的立场为线上扑克触犯美国法律这一论断提供依据。从对该法案重新解释之后，美国内华达州、特拉华州、新泽西州使在线赌博合法化。2014 年 3 月，两党参议员小组提出立法，禁止大多数形式的网上赌博。

关键术语

属性（attribute）

文档类型定义（Document Type Definition，DTD）

可扩展标记语言（eXtensible Markup Language，XML）

可扩展样式表语言（Extensible Stylesheet Language，XSL）

HTML5

超文本标记语言（HyperText Markup Language，HTML）

Java 小程序（Java applet）

JSP 小脚本（JSP scriptlet）

链接（link）

标记语言（markup language）

元语言（metalanguage）

社交网络（social network）

标记（tag）

统一资源定位符（Uniform Resource Locator，URL）

Web 浏览器（Web browser）

Web 页（Web page）

Web 服务器（Web server）

网站（website）

万维网（World Wide Web，the Web）

练习

判断练习 1 ～ 14 中的陈述的对错：

A. 对　　　　　B. 错

1. Internet 和 Web 本质上是同一个事物的两个名字。

2. 响应 Web 请求的计算机是 Web 浏览器。

3. 访问 Web 站点实际上是把站点拿到我们的计算机上。

4. 大多数搜索引擎使用基于上下文的方法查找候选页。

5. Weblog 就是博客。

6. "公民记者"可以用 Weblog 在线发布文章。

7. cookie 是在你的计算机上执行的程序。

8. 在请求一个 Web 页后，所有与它相关的元素都将被带到你的计算机上。

9. HTML 和 CSS 经常一起使用。

10. CSS 用来定制 Web 页的内容。

11. 从 20 世纪 50 年代起就开始使用网络连接计算机了。

12. 直到 Web 出现才有了网络通信。

13. Web 是在 20 世纪 90 年代中期出现的。

14. 要访问 Web 必须有 Web 浏览器。

为练习 15 ～ 24 中的定义或空格找到匹配的单词或缩写。

A. JSP 小脚本　　　B. URL

C. HTML　　　　　D. 标记

E. Java 小程序　　　F. XML

15. 设计用于嵌入 HTML 文档的程序。

16. 每个 Web 页的唯一标识符。

17. _____ 是在 Web 服务器上运行的。

18. _____ 是在 Web 浏览器上运行的。

19. _____ 的标记是固定的。

20. _____ 的标记不是预定义的。

21. _____ 是一种元语言。

22. _____ 文档的结构是由对应的 DTD 描述的。

23. 标记语言中的语法元素说明了如何显示信息。

24. _____ 的一部分是存储信息的计算机的主机名。

练习 25 ～ 76 是问答题或简答题。

25. 什么是 Internet ？

26. 什么是 Web ？

27. 什么是 Web 页？

28. 什么是网站？

29. 什么是链接？

30. 为什么把万维网比喻成蜘蛛网？

31. Web 页和网站之间是什么关系？

32. Internet 和 Web 之间有什么区别？

33. 请描述 Web 用户如何获取并浏览一个 Web 页。

34. 什么是统一资源定位符（URL）？

35. 什么是标记语言？这个名字的来源是什么？

36. 请对比超文本和超媒体。

37. 请说明 HTML 标记的语法。

38. 什么是水平线？它有什么作用？

39. 什么是标记的属性？请举例。

40. 请编写一个 HTML 语句，把图像 mine.gif 嵌入 Web 页。

41. 请编写一个 HTML 语句，建立链接 http：//www. cs.utexas.edu/users/ndale/，并在屏幕上显示文本 Dale Home Page。

42. 如果用户点击了练习 41 中建立的链接 Dale Home Page，会出现什么情况？

43. 为了让一行文本居中对齐，你会使用哪一个 CSS 样式呢？

44. 对于一个 Web 页来讲，CSS 样式有哪三种表现的方式呢？

45. 为你学校的某个组织设计并实现一个 HTML 文档。

46. 创建一个或多个 HTML 文档，说明你的个人喜好。

47. 什么是 Java 小程序？

48. 如何把 Java 小程序嵌入 HTML 文档？

49. Java 小程序是在哪里执行的？

50. 对 Java 小程序有哪些限制？为什么？

51. 什么是 Java 服务器页？

52. 什么是小脚本？

53. 如何把小脚本嵌入 HTML 文档？

54. JSP 处理与小程序处理有哪些不同？

551 ～ 552

55. 什么是元语言？

56. 什么是 XML ？

57. HTML 和 XML 有哪些相同点和不同点？

58. XML 文档与文档类型定义之间有什么关系？

59. a）在 DTD 中，如何说明一个元素要重复出现零次或多次？

   b）在 DTD 中，如何说明一个元素要重复出现一次或多次？

   c）在 DTD 中，如何说明一个元素不能再分解成其他标记？

60. 什么是 XSL ？

61. XML 和 XSL 之间有什么关系？

62. 如何浏览 XML 文档？

63. 为你学校的课程定义 XML 语言（DTD），然后生成一个示例 XML 文档。

64. 为政府机关定义 XML 语言（DTD），然后生成一个示例 XML 文档。

65. 为动物园的动物定义 XML 语言（DTD），然后生成一个示例 XML 文档。

66. 本章有很多缩写。请定义下列缩写。

   a）HTML   b）XML

   c）DTD   d）XSL

   e）SGML   f）URL

   g）ISP

67. 为具有下列特性之一的 Web 页创建 HTML 文档。

   a）居中的标题

   b）无序列表

   c）有序列表

   d）链接到另一个 Web 页

   e）图片

68. 请区分 HTML 标记和属性。

69. 为什么同一个 Web 页在不同的浏览器中看来有所不同？

70. 每个 HTML 文档都具有哪两个部分？

71. HTML 文档的两部分的内容是什么？

72. 在声明 Web 页的 URL 的标记中，A 表示什么？

73. 为具有下列特性之一的 Web 页创建 HTML 文档。

   a）用大字体靠右对齐显示的标题

   b）名为 Exercise.class 的小程序类

   c）两个不同的链接

   d）两张不同的图片

74. 当今哪一个社交媒体拥有最多的用户？

75. 小世界现象是什么？

76. 术语"社交网络"当前在网上变得非常流行，之前它是什么意思？

思考题

1. Web 对你个人有什么影响？

2. 在上这一课之前，你有自己的网站吗？它有多复杂？你使用的是 HTML 还是其他 Web 设计语言？如果你使用的是其他语言，请查看你的 Web 页的源代码，看看真正格式化 Web 站点的 HTML 标记。其中有什么是本章没有介绍的吗？如果有，请查找它们的含义。（在哪里查找？当然是在 Web 上。）

3. 你曾经上过采用 Web 教学的课程吗？你喜欢这种方式吗？你认为这样学到的东西比常规在教室上的课程学到的多还是少？

4. 请想象一下 Web 的未来。

5. 网上赌博的现状如何？

计算机安全

在本书的各个章节中讨论了有关计算机安全的各种问题，比如内存管理或网络访问这些特定的主题。本章中，我们将安全性作为一个一般概念，瞄准当今网络世界中最常见的问题。本章所讨论的主题包括防止访问未经授权的信息、规避安全措施的恶意代码类型以及相关的社交媒体的安全问题。

目标

学完本章之后，你应该能够：

- 解释信息安全的三大基础。
- 描述三种鉴别凭证。
- 创建安全密码，并评估其他人密码的安全级别。
- 定义恶意软件的类别。
- 列举安全攻击的类别。
- 定义密码系统。
- 使用不同密码进行加密和解密。
- 讨论保持在线数据安全所面临的挑战。
- 讨论与社交媒体和移动设备相关的安全问题。

17.1 各级安全

本书的组织结构依据特定脉络架构而成，我们对计算系统进行宏观分析，同时采用洋葱比喻其多层的架构。与计算机安全相关的问题必须在各层上以不同的方式处理。

在前面几章中我们已经讨论过计算机安全问题的部分层面。举例来说，在第 10 章中，操作系统的多个责任之一是确保一个程序不访问另一个程序的内存地址。在第 11 章中，我们讨论了对一个文件系统建立的保护机制，并给用户特定的读取、修改或删除单个文件的权限。在第 15 章中，我们探讨了防火墙，即通过过滤流量来保护网络资源。

之前的这些例子关注的是计算系统针对特定层的某些方面的问题，而本章将揭示一些更高层领域的计算系统安全问题。这些问题在很大程度上与运行在计算机上的应用程序软件相关，与相关的程序设计、网络接入和移动计算等问题交织在一起。在这一章中，我们解决各种在前面的章节中没有涉及的安全问题。

本章分析安全问题的许多案例当中，你是那个必须处理或负责安全问题的人。虽然你并没有某些计算机安全问题的控制权限，如网络访问策略，但你负责日常生活的很多方面，这些都与你如何管理和访问信息有关。

信息安全

在本章中讨论的许多高层次的问题都涉及**信息安全**（information security），信息安全是由组织或个人执行的一套技术和政策，以确保正确地访问受保护的数据。信息安全确保数据不能被没有相应授权的任何人读取或修改，并且数据会在需要的时候对那些拥有授权的人开放。

> **信息安全**（information security）：用于确保正确访问数据的技术与政策。

从技术层面讲，信息安全不同于网络安全（cyber security）。网络安全指的是应对攻击的网络空间（因特网上可以获得的资源）使用的保护和防御。如图 17-1 所示。然而，由于大多数信息都存储在电子设备中，这些电子设备又可以联网，因此这两个概念有很大一部分重叠，有时会互用。

图 17-1　网络安全和信息安全

信息安全可以说是保密性（confidentiality）、完整性（integrity）和可用性（availability）的组合，缩写为 CIA，如图 17-2 所示。虽然这些方面的信息安全内容相互重叠和交互，但它们定义了三个特定的方式来看待问题。任何优秀的解决信息安全的方案必须有效解决这些问题。

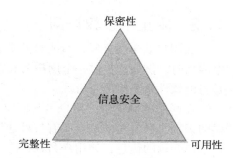

图 17-2　信息安全 CIA 组合

　　保密性（confidentiality）是指确保关键数据受到保护以免受未经授权的访问。例如，你不想让任何人有权了解你的储蓄账户里有多少钱。

　　完整性（integrity）是指确保数据只能通过适当的机制修改。它定义了你对于信息的信任程度。你不想让黑客修改你的银行存款，同样，你也不想让一个出纳员（尽管已授权访问）使用不恰当的方式在未经你的同意时就修改你的收支状况。此外，你不希望你的账户信息在数据的电子传输过程中由于电源波动而改变。

　　可用性（availability）是指授权的用户能在必要时以合法的目的访问适当信息的程度。即使数据是受保护的，如果你不能得到它，数据也没有用处。如果预防措施没有备份数据并且没有维护冗余访问机制，那么硬件问题（如硬盘损坏）就会引发可用性问题。并且，黑客还可能发动攻击，让无用的传输占据网络，从而使合法的用户无法连接到远程系统。

> **保密性**（confidentiality）：确保数据被保护，免受未经授权的访问。
>
> **完整性**（integrity）：确保数据只被合适的机制修改。
>
> **可用性**（availability）：授权用户以合法目的访问信息的程度。

　　从商业角度来看，信息安全规划需要**风险分析**（risk analysis），也就是确定哪些数据需要保护、标识数据的风险，并计算预估的风险可能成为现实的可能性。一旦风险分析完成，便可以实施计划进行相应的风险管理。风险发生之时即威胁与漏洞相匹配之时。我们要最小化让我们处在最危险境地的漏洞的威胁。这样的威胁可以是类似黑客的恶意攻击，或者是系统崩溃等偶然事件。

> **风险分析**（risk analysis）：确定关键数据风险的性质和可能性。

另一个被信息安全专家认可的原则是区分可用的数据管理权限，从而任何个人都没有对系统有重大影响的权限。这个原则的执行往往是通过冗余检查或对关键活动的审批。例如，大型金融交易通常需要一个单独的授权过程。管理员应该给一个人分配使他仅能完成自己的工作职能的权限。

数据的保密性和完整性的核心是确保未经授权的用户无法访问你的账户。这就是我们要继续对安全问题进行探讨的部分。

> **旧条形码的新生活**
>
> 条形码有 60 多年的历史，但它仍然存在着新用途。条形码现在出现在广告中甚至是建筑物上。用户使用手机扫描代码以连接到使用移动互联网的新服务。在一个名叫 Scanbuy Shopper 的服务中，扫描产品的通用产品代码（UPC）可以下载 Shopping.com 中的价格并评论。食品杂货上的条形码可以将手机直接连接到网站的食谱和健康提示页面，名片上的条形码可以指引到一个公司的网站，而建筑上的条形码（如克莱斯勒大厦）将引导游客进入该建筑的维基百科条目。

17.2　阻止未授权访问

从用户的角度来看，最明显的安全问题是阻止其他人访问你的账户信息。当你登录到一个网站时，例如，提供一个用户名和密码，你是在执行**用户认证**（user authentication），也就是告诉软件系统你的身份。

在网站的例子中，用户名和密码就是**鉴别凭证**（authentication credential），即由用户提供的识别自己身份的信息。有三种通用类型的鉴别凭证。第一种，也是最常见的，是基于一些用户*知道*的信息，如用户名和密码、个人识别码（PIN）或这些项目的组合。

第二种类型是基于一些用户*拥有*的物品，如有磁条或**智能卡**（smart card）的身份证，其中智能卡包含一个嵌入式的存储芯片。这种方法对管理者来说更复杂，往往需要特殊的硬件，但通常被认为比第一种更安全。

第三种类型是基于**生物特征**（biometric），它涉及一个人的生理特征，例如指纹分析、视网膜图案分析或声音模式分析。虽然指纹分析过程近年来成本大幅下降，但这种方法仍是最昂贵的实现。生物特征分析必须处理错误排斥（拒绝已授权个人）和错误接受（接受未经授权的个人）问题。

> **用户认证**（user authentication）：验证计算机或软件系统中特定用户凭据的过程。
>
> **鉴别凭证**（authentication credential）：用户访问计算机时提供的用于识别自身的信息。
>
> **智能卡**（smart card）：具有嵌入式内存芯片的卡，用于识别用户，进行访问控制。
>
> **生物特征**（biometric）：用人的生物特征（比如指纹）识别用户并进行访问控制。

不管使用何种机制，如果用户的认证过程被攻破，其他人登录了你的账户，他也许会改变密码从而将你阻挡在你自己的账户之外。他们可以通过你的名义发送消息和邮件信息。他们可以访问关于你记录的自己的信息，而你认为只有你自己才能看见。显然，防止未经授权的访问是高安全性的问题，你必须认真对待。

在许多情况下，比如登录到一个特定的网站，用户名/密码的组合是唯一可行的用户认证方法，这使得密码安全成为最重要的方式。下面让我们看一些有关密码的问题。

17.2.1　密码

一个账户的用户名通常是不保密的。有些系统允许你建立你自己的用户名，而有些让你使用一个特定的标识符，如电子邮件地址。这种想法是认为一个电子邮件地址通常是相对于一个特定的人，因此可以在系统中使一个特定的账户关联唯一的用户。如果一个软件系统允许输入你自己的用户名，它将在系统中对所有目前使用的用户名进行查找，如果已经有人使用了你想要的用户名，你必须选择另一个。

尽管系统中的每个用户都是独一无二的，但用户名本身并不提供任何安全保证。只有用户名与一个特定的密码组合在一起，才能够完全验证你的身份。

密码是一个字符串，只有你作为特定账户的用户才可以知道。一旦系统验证你提供的用户名是有效的，并且提供的密码和用户名匹配，你便会拥有该账户的"所有者"的权利。

基于密码的安全问题主要涉及保持你的密码不落到其他人的手中。你要确保没有人能发现你的密码，比如发现你写下密码的地方。你不能把密码给任何人，即使是你信任的人。你要确保没有人能猜出你的密码是什么。

下面是一个关于密码管理的指南：

- 创建一个你容易记住的密码，但难以被其他人猜到。
- 不要使用简单的密码，尤其是涉及个人信息的密码，像是你的狗的名字。
- 不要把密码写下来，以免其他人看到。
- 密码中使用字符组合，包括大写和小写字母、数字和特殊字符。
- 不要登入账户后离开你的计算机。
- 永远不要告诉任何人你的密码，永远都不会有让你这么做的正当理由。
- 不要把你的密码附在电子邮件中。大多数电子邮件在发送时并没有加密，可以很容易地截获。
- 不要为所有在线账户设置相同的密码。如果一个被攻破，那么所有的都会被攻破。

列表中的第一个指导原则是关键，但也有些混杂。为方便起见，你可以很容易地记住你的密码，但是如果你记起来很容易，它可能对别人（或计算机程序）来说也容易被猜到，除非你在密码的设置上花点心思。

简单的一个单词或一个词组组合很难成为一个好的密码，尤其是当它们和你的信息直接关联时。用 yahtzee（骰子）作为密码可能会让你容易记住，因为它是你最喜欢的游戏，但了解你的人可能会很容易想到这个密码。相信那些你认识的人并且相信他们不会试图访问你的账户的本意是好的，但这样的假设和安全概念相反并且不符合现实情况。

即使你选择了一个没有涉及你个人信息的词，但一些计算机程序被设计成通过反复尝试不同的密码，使用词典中包括的字的成千上万种组合来闯入你的系统。密码不应看起来像一个英语单词或短语，或任何人们说话使用的其他语言。

记住，许多软件系统会要求你创建一个有一定限制的密码，这些规则有一定的特征，使密码的破解更具挑战性。这些特征被称为**密码标准**（password criteria）。如果你想要的潜在密码不符合标准，你的密码设置将被拒绝直到你输入一个符合标准的密码。密码创建标准可

561

能包括：

- 密码必须是 6 个字符或更长。
- 它必须包含至少一个大写字母和一个小写字母。
- 它必须包含至少一个数字。
- 它必须包含至少一个特殊字符，如！或 %。

下表的例子包含了不同级别的安全密码：

密 码	安全等级
rollingrock	弱
RollingRock	稍好
Rolling_Rock_63	好
Ro11ing%Rock!%63	更好

> **密码标准**（password criteria）：创建密码时遵守的一套准则。

你可能认为像 **Ro11ing%ROCK!%63** 这样的密码不容易被记住，但如果你使用特定的方法，对这种密码的记忆将变得容易一些。例如，如果你总是用数字 1 代替字母 l，把第二个字符大写，并用 % 字符分隔单词，那么你可以很容易地记住一个看似难以理解的字符串。创建它的各个步骤没有人会猜到，但你自己会有一个相当简单的方式来回顾密码内容。

虽然你不应该养成无论是用书面还是电子方式写下密码的习惯，但如果你有大量的账户需要使用，那么一些外部的支持可能是必要的。有的软件程序（如 1Password 和 RoboForm）的目的是保持一个安全的方式来认证信息。这些程序被称为**密码管理软件**（password management software），同时它们也经常帮助存储和管理其他信息，如信用卡号码和 PIN 码。存储在密码管理软件中的信息是加密的，由一个主密码保护。许多这样的程序为你的网页浏览器提供插件，让你通过一个安全的方式访问你的信息，而不必每次输入密码。尽管这样的程序应该被评估和谨慎使用，但可以为活跃用户提供保持安全信息的一个很好的解决方案。

> **密码管理软件**（password management software）：以安全的方式帮助你管理密码等敏感数据的程序。

RFID 标签

RFID 标签包含了电子存储的追踪和认证信息。它们由磁场进行充电，在短距离内可以进行读取。和条形码不同，这些标签不需要在读者的视线之内。RFID 标签有广泛的应用场景，从追踪汽车在装配厂的进展到将丢失的宠物归还主人。[1]

17.2.2   验证码

虽然用户名和密码验证被用于绝大部分的软件系统，但其他的认证技术同样可以发挥作用。这些认证涵盖的范围从看似微不足道的情况（如发布博客评论）到高安全性、使用多层次权限的系统。

验证码（CAPTCHA）是一个用于确保通过网页提供的信息由人输入而不是由计算机程序填充的系统。例如，一些博客软件会使用验证码在用户提交评论前防止张贴包含垃圾邮件或其他不合适内容的评论。在这种情形中，验证码授权过程并不认证具体是哪个用户参与认证过程，只是保证参与的是真正的用户而不是计算机程序。

> **验证码**（CAPTCHA）：一种软件机制，用来验证一个网络表单是由一个人提交的，而不是一个自动化的程序。

验证软件的目的是提出一个很容易被所有人解决但对于自动程序难以完成的问题。CAPTCHA 的名字起源于单词 capture，是 Completely Automated Public Turing test to tell Computers and Humans Apart（用来区分计算机和人类的完全自动化的公共图灵测试）的首字母缩写。

大多数现代的验证码技术涉及向用户呈现一个单词、短语或字符串的图像，然后要求用户输入它们。这些呈现词语的图像以各种方式被扭曲使程序"阅读"这个词很难，但是使人在理论上破解很容易。图 17-3 显示了一个验证码图像实例。

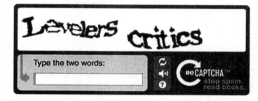

注：Google 提供

图 17-3　验证码格式验证

如果用户输入的单词或短语能够匹配验证码图像，则网页提交的表单内容将被接受；如果不匹配，则被拒绝。有时验证码图像甚至对于人也阅读困难，所以大多数系统将提供另一个图像以备不时之需。

网页开发者可以从很多地方获取到验证码插件，图 17-3 中显示的版本来自 reCAPTCHA 项目，这个项目除了提供标准的 CAPTCHA 服务，还被设计用来数字化图书。和使用随机字不同，reCAPTCHA 系统会使用光学字符阅读器很难破译的字符。当用户使用自己的感知能力输入字符的时候，所输入的信息也会传递给数字化组织。据报告，reCAPTCHA 系统每天展示超过 1 亿的表格。

17.2.3　指纹分析

如前所述，用户授权的其他技术包括当下最先进的技术，如**指纹分析**（fingerprint analysis）。指纹被用来验证一个特定的人的身份。指纹分析被认为是比用户名和密码的验证更强大的验证级别，因为它不仅依赖于用户提供的信息，而且依赖于用户自身的生理特征。564

> **指纹分析**（fingerprint analysis）：将扫描指纹与用户指纹的存储副本进行比较，用于用户身份验证的技术。

指纹分析需要使用扫描仪来读取指纹，并需要软件将它和存储在计算机中的授权用户的指纹进行对比。这种方法的花费在最近几年下降很快，并变得越来越流行了。

一些现代笔记本电脑往往将指纹扫描仪硬件纳入计算机本身，通常在靠近触控板的位置。用户通过将手指放在扫描仪上来验证自己，从而进行授权访问。对于其他系统，扫描仪是一个小而独立的连接到计算机 USB 端口的外围设备。图 17-4 显示了一个指纹扫描仪的外部特征。

最新版本的 Apple iPhone 合并了 Touch ID 和苹果自己的指纹识别技术。Touch ID 构建在手机 Home 按钮中，将手指轻轻地放在这个按钮上，你就可以打开自己的手机——并不需要输入密码。Touch ID 系统偶尔会识别不出用户，但是通过保持扫描仪清洁并且确保指纹从不同的方向多次扫描并完整录入，很多问题可以解决。

注：© LongHa2006/Getty Images

图 17-4　指纹扫描仪

Blaster 病毒

　　2003 年 8 月，Blaster 蠕虫病毒在运行微软操作系统的计算机上迅速传播。它在找到的任何有漏洞的机器上进行复制，并对微软的更新网站进行拒绝服务攻击。而使用受感染机器的用户通常意识不到他们是这个病毒的受害者，但他们的计算机的反应速度变慢，经常强制重启。这个蠕虫病毒影响了大概 500 000 台计算机。微软悬赏 250 000 美元找到这个蠕虫的开发者的信息。尽管 Blaster 变体的开发者被逮捕，但是这个病毒最初的开发者一直都没有被抓住。

17.3　恶意代码

　　我们现在探讨使用软件试图获取不正当访问或引起其他问题的行为。**恶意代码**（malicious code）或恶意软件是指任何显式地试图绕过适当的授权保障措施和执行未经授权的功能的程序代码。这样的代码通过网络或可移动介质（如 USB 记忆棒）传输到计算机。恶意代码可能会造成严重的损害，如数据的破坏，或者它可能只是创造了一个令人讨厌的东西，如发布不想要的消息。

　　恶意代码（malicious code）：一种计算机程序，尝试绕过正当的授权保护执行未许可的功能。

　　有许多类型的恶意代码。计算机病毒一词通常用来描述任何恶意代码，尽管它只代表一种类型的问题。**病毒**（virus）是一种将自己的一个副本嵌入另一个程序的程序代码。这种"被感染"的文件被称为病毒的宿主。当宿主程序被执行时，病毒代码同样运行。

　　就像病毒一样，**蠕虫**（worm）会自我复制，但蠕虫不需要感染宿主程序。蠕虫作为一个独立的程序运行。蠕虫往往在网络上把自己的副本发送到其他系统以使网络出现问题，这些问题往往由带宽消耗引起。相反，病毒破坏或删除一个特定的计算机的文件从而引起计算机系统故障。

　　关于特洛伊木马的著名故事将"木马"的名字赋予了一类恶意代码。在希腊神话中，希腊人建造了一个巨大的木马，一群战士躲在木马中进了特洛伊城，之后隐蔽的战士钻出木马，在夜色的掩护下，打开城市大门，使希腊人最终征服了特洛伊。

　　在编程中，**特洛伊木马**（Trojan horse）在某种程度上似乎是一个有用的程序，但实际执行时会导致某种问题。甚至在木马程序运行时，它可能会作为一个善意资源出现，这使得它很难被追踪。像蠕虫一样，木马是一个独立的程序；像病毒一样，它往往引起执行程序的计算机故障。

我们将讨论的最后一类恶意软件被称为**逻辑炸弹**（logic bomb），它是面向系统的事件发生时执行的恶意代码。它往往被设定在一定的日期和时间执行，如 13 号星期五或愚人节，但它可能会被多种事件触发。

病毒（virus）：能够自我复制的恶意程序，通常嵌入在其他代码中。

蠕虫（worm）：一种独立的恶意程序，目标通常是网络资源。

特洛伊木马（Trojan horse）：伪装成善意资源的恶意程序。

逻辑炸弹（logic bomb）：一种恶意程序，被设置为在某些特定系统事件发生时执行。

17.3.1　杀毒软件

恶意软件可以使用**杀毒软件**（antivirus software）抵御，这是一种专门用于检测和清除恶意代码甚至可以防止恶意软件被安装在你的计算机中的软件。当病毒开始成为需要解决的问题时，杀毒软件在 20 世纪 80 年代中期开始出现。现代的杀毒软件可以保护你免受各种恶意软件而不只是病毒的危害，所以杀毒软件这个名字可能有些误导。

杀毒软件（antivirus software）：为检测、删除和防止恶意软件而设计的软件。

566

有几十个有竞争力的开发商开发杀毒软件：Norton、McAfee 和 Symantec 是三个最受欢迎的品牌。如果你还没有安装杀毒软件，则应该仔细研究相关杀毒软件，然后安装并使用你最喜欢的那一款。

一些杀毒软件采用特征检测。这种方法通常只能在一个已知的恶意软件程序已被确定并分析时才会起作用。特征检测软件寻找可执行代码中特定的恶意软件可被识别的部分。也就是说，一个恶意软件一旦被确定，其可执行版本的关键部分将被发现。然后，当你扫描你的硬盘或者尝试安装一个新软件时，杀毒软件会试图找到这些部分。如果找到某个匹配，杀毒软件将产生报警。

杀毒软件的特征检测方法的扩展使用启发式算法来识别潜在的恶意代码。处理恶意软件的困难在于它可能会刻意变异从而变得不可辨认。与特征检测法相比，启发式算法会寻找更广泛的部分，所以它最好的预期结果是能够检测恶意软件的整个系列。

保持你的杀毒软件的更新是很重要的。杀毒软件开发公司也在不断地更新自己的特征库和启发式算法从而检测新的恶意软件。

17.3.2　安全攻击

攻击计算机系统的方法有很多。有些攻击是试图获得不正当的访问，有些是利用开发缺陷，还有一些则是依赖于数字通信的弱点。下面我们来分析一下这些类型的共同特征。

前面已经讨论过选择好的密码并保护它们的重要性。有些攻击执行的是**密码猜测**（password guessing），即用不同的密码反复尝试登录系统或应用程序。人工输入许多不同的密码是不现实的，但一个计算机程序可以通过"蛮力"的方式每秒尝试几千种可能性。这种程序通常会尝试一个在线词典中的每一个单词、这些单词的组合以及与其他字符的组合，以便看看最终是否能发现用户的密码。为了解决这一问题，有些鉴别系统在用户输入密码时只允许他们失败几次，然后就终止会话。

567

　　除了猜测密码外，其他攻击可能诱使用户自愿泄露信息。**网络钓鱼**（phishing）就是利用看起来像某个可信环境的官方网页，但实际上这个网页是用来收集诸如用户名和密码这样的关键信息的。例如，你可能会收到一封电子邮件（假设来自 eBay），向你推荐一项你可能感兴趣的业务，呈现给你一个链接。你打开的页面会要求你登录。这个页面不会让你访问你的 eBay 账户，而是把这些信息传输给一个恶意用户，这样他就可以对你的账户进行不正当的访问。

　　一些网络钓鱼模式被设计得很聪明，看起来是绝对官方的。要提防任何和你发生联系的状况（而不是你主动发起的接触）和要求提供相应安全信息的链接。这几乎不会在一个有信誉的公司发生。如果你曾经收到过一封电子邮件，其中包含一个鼓励你点击的链接，则要仔细检查链接的真正原地址（URL）。（你可以将鼠标指针悬停在链接上以显示 URL。）这经常会给你发送无效的站点。

　　密码猜测和网络钓鱼都是黑客"欺骗"计算机系统的方法。一般说来，所谓**欺骗**（spoofing），就是让一个用户伪装成另一个用户的攻击方法。

　　所谓**后门**（back door），是指程序的一个问题，通过后门可以对计算机系统或应用程序进行特殊访问，通常是授予较高的功能访问权限。程序员在系统中明确地放入一个后门，可能是为了进行测试，也可能是为了此后能绕过系统安全机制而任意妄为。无论出于哪种目的，后门都是故意嵌入程序的弱点，可能引发任何安全问题。保护系统不受后门攻击的关键是组织高质量的开发过程，由多个参与者认真审核代码，从而最小化这种弊端。

　　开发过程也可能造成其他安全问题。即使是无意识造成的系统缺陷也可能成为聪明的攻击者利用的弱点。用户利用这样的缺陷可以造成**缓存溢出**（buffer overflow），这样会导致系统崩溃，也可能会使用户的权限加大，这样他们就能做自己本来不能做的事情。所谓缓存，就是一块特定大小的内存区域。如果一个程序要在缓存中存放的信息超过了缓存的容量，系统就会崩溃。

　　这是与开发过程的质量相关的另一个问题。程序员要注意防止潜在的缓存溢出。作为用户，也要重视程序的更新。这些更新通常具有一些修复功能，可以消除潜在的安全风险，这些安全风险是在开发时最初的质量保证过程中没有发现的。

　　拒绝服务（denial of service）（DoS）并不直接破坏数据或进行不正当的访问。相反，它会使正当的用户不能访问资源，从而使系统变得根本无用。通常 DoS 攻击是通过网络进行的，即让大量通信包涌入站点或其他网络资源，使它保持忙碌状态，从而不能处理其他许可的用户请求。由于规避请求数量，它甚至会造成系统自身崩溃。

568

　　另一种网络安全问题叫作**中间人**（man-in-the-middle）攻击。网络通信从源移动到目的地的过程中，会经过许多地点和设备。通常，这样的通信会被正常传递，没有任何问题。当某人访问通信网络的某一点并对经过的消息进行"侦听"时，就是所谓的中间人攻击，这通常是借助程序实现的。它的目的是截取关键信息，如电子邮件消息中的密码。之前讨论过的部分加密方法可以预防这种问题。

密码猜测（password guessing）：通过系统地尝试来判断用户密码，从而获取对计算机系统的访问的企图。

网络钓鱼（phishing）：利用网页伪装成受信任系统的一部分，从而诱使用户暴露安全信息。

欺骗（spoofing）：恶意用户伪装成许可用户对计算机系统进行的攻击。

后门（back door）：程序的一个问题，知道它的任何人都可以利用它对计算机系统进行特殊的或未经许可的访问。

缓存溢出（buffer overflow）：计算机程序的一个缺陷，会导致系统崩溃，并让用户具有更高的访问权限。

拒绝服务（denial of service）：对网络资源的一种攻击，可以使许可的用户不能访问系统。

中间人（man-in-the-middle）：一种安全攻击，即通过获取关键数据截取网络通信消息。

17.4 密码学

密码学是指与加密信息相关的研究领域，通常我们会将保持信息安全的技术手段归类到**密码学**（cryptography）的大范畴里面来。密码学一词来源于希腊语"秘密写作"。密码学的基本概念一直被用来帮助人们保存秘密，防止它们落入别人之手，其历史可以追溯到几千年以前。本节中，我们将探讨与密码学有关的一般问题，同时介绍当前的一些密码学方法。

加密（encryption）是一个将普通的文本（在密码学术语中通常称为"明文"）转化为一种不可直接理解的形式（称为"密文"）的过程。**解密**（decryption）则是这一过程的逆向操作，将密文转化为明文。**密码**（cipher）是指加密或解密过程所用的特定算法。密码的关键是一套特定的指导算法的参数。

你以前或许玩过一些和密码学有关的游戏。**替换密码**（substitution cipher）就像名字所暗示的那样，是指将明文消息中的一个字符替换成另一个字符。要解密消息，接收者需执行相反的替换。

或许最有名的替换密码游戏是**恺撒密码**（Caesar cipher），最早被罗马的恺撒大帝用来在将军之间传递信息。恺撒密码简单地将一段信息中的字符按照字母表的向后顺序进行移动替换。比如，将字符向右移动五个位置的结果为：

原始： A B C D E F G H I J K L M N O P Q R S T U V W X Y Z
替换后：F G H I J K L M N O P Q R S T U V W X Y Z A B C D E

利用这种方法，消息 MEET ME AT THE OLD BARN 加密后变为 RJJY RJ FY YMJ TQI GFWS。

569

密码学（cryptography）：与编码信息有关的研究领域。

加密（encryption）：将明文转换为密文的过程。

解密（decryption）：将密文转换为明文的过程。

密码（cipher）：一种用于加密和解密文本的算法。

替换密码（substitution cipher）：将一个字符替换成另一个字符的密码。

恺撒密码（Caesar cipher）：将字符移动字母表中的一定数量位置的替换密码。

这个密码的关键在于移动的方向（向左还是向右）和移动字符的数量。当然，像空格这样的字符会保持不变或者用一个特殊的字符来替代，这样的情况下，分词就需要被考虑进来。当然还存在许多其他的替换密码，例如某些密码中一组字母会被同一个字符所替代，还有的密码会对消息中的不同位置执行不同的替换等。

　　转换密码（transposition cipher）以某种方式对消息中已有字符的顺序进行重排。例如，**路径密码**（route cipher）是一种通过构建字符网格并确定一条网络中的路径来解密信息的转换密码。要加密 MEET ME AT THE OLD BARN，可以将这段话写成如下的网格：

```
M T A H L A
E M T E D R
E E T O B N
```

　　我们可以加密上述消息，利用向内旋转从右上开始顺时针移动选取字符的方法，得到密文：

ARNBOTEEEMTAHLDETM

> 　　**转换密码**（transposition cipher）：将消息中的字符重新排序的密码。
>
> 　　**路径密码**（route cipher）：将消息放到网格中并按照特定方式进行遍历的转换密码。

　　密文被输送后，该消息将通过重新创建网格和向下读取列中的字母的方式被解密。该加密密钥是由加密数据的网格尺寸和路径决定的。在构建这个网格时，如果信息的字符数不能凑出一个特定尺寸网格，多余的字符可以被一些特定占位符所替代。

> **Big Brother**
> 　　关于加密的争论一直持续了几十年之久。在 20 世纪 90 年代，美国联邦调查局（FBI）提出了一项法规，要求公民公布其加密方式。政府也希望能够通过"后门"获得安全信息，绕过访问安全数据需要的解密密钥。隐私倡导者抗议这种加密限制，认为政府试图监控加密技术在本质上是"奥威尔式的"。他们也觉得后门将安全网站在黑客面前打开，强大的加密有助于保护机密信息，以免受到其他不法分子的盗用。

　　密码分析（cryptanalysis）是破译加密代码的过程。也就是说，它要在不知道密码或密钥的情况下弄清楚一个密文的明文。旧的密码学方法（例如转换密码和替换密码）对于现代计算机来说不会是一个太大的挑战。目前很多程序可以相当容易地确定这些类型的加密方法的使用并产生相应的明文消息。对于现代计算，需要更复杂的加密方法。

　　这些方法的另一个缺点是，发送者和接收者必须共享加密密钥，但密钥必须以其他方式保密。这个共享密钥是这个过程中的一大弱点，因为它必须在双方之间进行通信，并可能被截获。如果密钥被泄露，将来的所有加密消息都将处于危险之中。

　　让我们来看一个现代的加密方法，它可以最大限度地减少这些弱点。在**公开密钥密码**（public-key cryptography）中，每个用户具有一对在数学上相关的密钥。这种关系是非常复杂的，加密一个密钥的消息只能用相应伙伴的密钥来解密。一个密钥被指定为公开密钥，它可以自由地分发，另一个密钥是私有密钥。

　　具有一个加密和解密的加密方法被称为对称加密，公开密钥密码是不对称的，因此增加了它的安全性。

　　假设两个用户（比如，Alice 和 Bob）想与对方进行安全通信。请记住他们每个人都有自己的公开和私有密钥对。Alice 要发送消息给 Bob，首先她需要获得 Bob 的公开密钥，并用它来加密她的消息。现在除了 Bob 没有一个人（甚至连 Alice 也不）能解密这段消息。Alice 然后安全地发送消息给 Bob，Bob 可以通过他的私有密钥来解密。

　　同样，Bob 只能用 Alice 的公开密钥加密后发送一条消息给 Alice。Alice 用她自己的私有密钥解密消息。只要 Alice 和 Bob 双方都保密自己的私有密钥，谁得到了自己的公开密钥都会非常安全。

公开密钥加密也促使**数字签名**（digital signature）兴起，从而提供了一种通过给消息附加额外的数据来给文档"签名"的方法，该方法对发送者唯一且很难伪造。数字签名允许收件人验证该消息确实源自所述发送者并且在传输过程中没有被第三方改变。使用软件将消息压缩成消息摘要的形式，然后用发送者的私有密钥加密消息摘要来创建签名。收件人使用发送者的公开密钥解密消息摘要，然后将其与从消息本身创建的摘要比较。如果它们匹配，则该消息可能是真的且未被改变。

公开密钥加密的一个关键事实是，公开密钥可以广泛地使用和自由地分发。但是，如果有人用别人的名字创建一对密钥怎么办呢？收件人如何确保公开密钥是真实的？相关组织通过创建一个证书授权中心来解决这个风险，它为每个受信任的发件人创建了**数字证书**（digital certificate）。该证书使用发件人的个人数据和认证的公开密钥制作。然后，当一个新的消息到达时，它使用数字证书验证。如果消息来自别人，且没有数字证书，你就必须决定是否信任该消息。

密码分析（cryptanalysis）：解密不知道密码或加密密钥的消息的过程。

公开密钥密码（public-key cryptography）：一种加密方法，其中每个用户都有两个相关的密钥，一个是公开的，一个是私有的。

数字签名（digital signature）：附加在消息中的数据，利用消息本身和发送者的私有密钥以确保消息的真实性。

数字证书（digital certificate）：发送者认证的用于最小化恶意伪造的公开密钥的表示。

阿兰·图灵：密码破译专家

阿兰·图灵（Alan Turing）通常被称为计算机科学之父，也是密码分析的鼻祖。二战期间，图灵曾担任英国的密码破译中心的负责人，并负责德国海军密码分析。他成功破解了被称为"谜"的德国密码，让盟军获取了由德国军队发送的大量消息。在战争期间，这样的智慧极大地帮助了盟军。

571

17.5 保护你的在线信息

我们生活在一个网络世界。我们在网上购物（电子商务，第 14 章），在网上存储自己的信息（云计算，第 15 章），在线社交（社交媒体演化，第 16 章）。网络是如此方便、高效和有趣。

麻烦的是，为了得到所有这些美妙的互动，我们需要定期把信息公开到网上。而在几年前，我们可能只会把这些信息共享给一个亲密的朋友。在线互动会给人们带来巨大的负担，我们必须对公开哪些可用信息保持警惕和睿智。

这个问题不仅仅是确保没有人盗窃信用卡号码和密码。当涉及博客和 Facebook 帖子时，人们经常分享一些特定信息给其他人，但是人们绝不会在一对一的情况下与这些人分享这些信息，即使这些人可以很容易地在线访问到这些信息。

据一家网络安全公司 2018 年的报告：[10]

- 黑客每 39 秒就会发动攻击，影响了三分之一的美国人；

- 43% 的网络攻击针对小型企业；
- 从 2017 到 2021 年大概会有 1 万亿美元投入网络安全中；
- 全球只有 38% 的组织声称他们做好了迎接复杂网络攻击的准备。

以上信息敦促我们保护自己的网上信息。

互联网用户的一大问题在于，他们并不知道如何加强自己数据的隐私。诸如 Facebook 的社交媒体有允许用户控制自己的动态被谁可见的功能。但是很多人单纯地认为默认设定即可，更有甚者不知道这项功能的存在。

为什么人们在在线信息安全上会犯错呢？其中一些原因包括：

- 互联网可以创造一种一直匿名的错觉。
- 人们会对他们信息被保护的方式作出不切实际的期望。

572

- 人们没有想到用特别方式分享特定信息的后果。

互联网在我们和我们接触的人之间加入了一些技术手段。这一距离往往是友好的，但是这些友好的距离只存在于主观而并非现实中。感知的距离会产生一种你是匿名的且受到技术保护的感觉，但是事实却是我们正在公开比以往更多的私人生活信息。

一般来说，当谈到网上发布的信息，你应该清楚你是不能撤回的。一旦发布，它就会被复制、存档并以多种方式分发。最近的一项调查指出，几乎一半网民都后悔让某些信息发布在网上。

当你面对面与另一个人交谈时，你会以多种方式收到即时反馈：直接反应，面部表情，等等。文字回复（即使是即时的短信反馈）也很容易导致一些误解，而这在个人的交往中永远也不会发生。这并不是说远程交互不好，问题的关键是我们应该意识到在线交流的局限性。

许多网站都要求用户创建一个唯一的账户，以便个性化登录。在许多情况下，这是一个重要的步骤，并可能得到更好的在线体验。麻烦的是，我们现在已习惯了这样的请求，以至于非常轻易地就泄露了这方面的个人信息。并非所有的网站和在线组织都是平等的。调查网站的安全性的做法虽然不好玩，但往往是非常值得的努力。例如，一个网站的**安全策略**（security policy）应该说明你的信息不会与第三方共享，或者至少告知你这样的可能性。这些信息至少提供了一个让你可以判断风险的基础。通俗地说，你应该向朋友问清一个新网站的情况或查询其相关的客观介绍，以帮助你在其上做出决定时得到一些依据。

安全策略（security policy）：描述约束或行为的书面声明，包括其用户提供的信息。

最后，重要的是要考虑一些信息可能对你产生的负面影响，即使你发布信息的时候怀揣着最好的意图。你在 Facebook 上兴高采烈地告诉每个人你下周还要去度假时，你其实也告诉了一个潜在的小偷你不在家。当你发布信息说，你接孩子可能要迟到了，这也无形中让其他人知道你的孩子当前是不受保护的。你可能会认为这些信息只会被你亲密的朋友和家人看见，但事实往往不是这样的，发布这些消息可能是很不明智的。

Words with Friends

演员 Alec Baldwin 在 2013 年 12 月因为拒绝在飞机上关掉手机而被美国航空公司赶下飞机，该公司要求乘客关掉手机。他当时正在玩 Words with Friends 而不想退出游戏。Words with Friends 是一款拼字游戏。当 CNN 主持人 Brooke Baldwin（不相干人士）在 Twitter 上问 Alec Baldwin 这款游戏时，Alec 回答，"嗯……这游戏挺上瘾的。" [2-3]

573

17.5.1　共同的责任

当然，即使作为用户的我们绞尽脑汁想保护我们的数据，如果公司并不为社交媒体提供可以保护用户数据的环境，一切都无济于事。2018 年 3 月，Facebook 承认 Cambridge Analytica（一家数据分析公司）使用了 Facebook 的用户数据，这些数据的采集未经 Facebook 用户允许，总共收集超过 5 亿 Facebook 用户的数据。

Cambrige Analytica 和政治候选人进行合作，通过构建选民的心理 - 逻辑档案来帮助候选人赢得选举。这家公司和 2016 年 Donald Trump 的选举活动密切相关，现在被指责获取了那些来自用户的数据而没有严格用于学术目的。当 Cambridge Analytica 的一名员工 Christopher Wylie 将他们所使用的不恰当的数据公诸于众时，一切才真相大白。

Facebook 声称，他们的做法并没有真实地破坏数据，没有系统遭到破坏，密码也没有被盗取。Facebook 认为，当用户注册某个特定的应用时，他们就已经同意了自己的数据被获取，就像这种通过数据采集而牟利的情况一样。

在这次风波之后，Facebook 的股票急速下降。立法者要求 Facebook 的 CEO，Mark Zuckerberg，在国会前陈述这次事件以及公司提高信息安全性的措施。在本书写作之际，这次事件的全部后果才开始展现。

17.5.2　安全与可移动设备

如今，对于大多数人来说，移动计算设备（如智能手机、平板电脑和笔记本电脑）是必不可少的装备。在阅读电子邮件和上网冲浪时，我们不再受限于地理位置。添加 GPS 功能后，我们现在可以利用基于位置的服务，比如 FourSquare，以保证我们不会迷路。现在连广告都会基于我们的位置来合适地投放了。

> GPS（Global Positioning System）：一种利用卫星来精确定位任何 GPS（全球定位系统）接收器的系统。

这种灵活性也带来了新的安全挑战。最近，一些移动运营商已经在重新评估他们的政策。2011 年，众所周知，苹果 iPhone 记录 GPS 数据、小区信息和 WiFi 热点位置，并每 12 小时给苹果传送信息。运行 Android 操作系统的手机跟踪类似的数据并传送给谷歌公司。该信息被用于映射程序和其他应用程序，但存储时并未进行加密和保护。

执法机构一直在利用这些手机收集的数据来协助刑事调查。使用该数据，个人的运动轨迹都可以被追查到。读取手机中的数据的设备可以以低于 3500 美元的价格购买到，这些设备的制造商都鼓励警察使用它们。

另外一个主要的隐私问题是在什么情况下执法者可以访问该位置的历史记录。美国海关和边境保护局（CBP）组织已经公开宣称有权没收和复制存储在便携式电子设备中的信息。已经有报告显示，警方会在没有通知的情况下收集日常公交站台的信息。

随着令人振奋的新技术的出现，一起到来的还有小心运用它的责任。关于这个问题，有时候人们如果选择暂时放弃移动设备，可能会鼓励企业和立法者做出正确的改进措施。

17.5.3　维基解密

维基解密是一个目标为使用 Web 向公众传播秘密和保密信息的组织。顾名思义，该组

574

织的网站最初被设计为一个 wiki，即允许任何用户上传信息。目前它已演变成了一个用于收集来自特定来源信息的网站。维基解密不再是一个单纯的 wiki。

> **wiki：允许多个用户对内容进行创建和编辑的网站。**

"维基"这个前缀常常会造成人们将维基解密与其他有相似名字的网站相混淆，尤其在现在，维基解密已不是一个 wiki。例如，维基百科是流行的在线百科全书，但它与维基解密并没有任何关系。

维基解密公开申明其目的是为那些匿名新闻记者和告密者与可能把他们投入监狱的政府提供一定的缓冲。

经过维基解密的管理者的一番设计，政府或其他组织难以影响他们的做法。维基解密是一个国际性的非营利组织，其没有正式的总部，而且不在除了瑞典和瑞士等国家之外的国家办公，这些国家中存在强大的法律来保护记者与其资源的秘密。维基解密网站被部署在遍布整个欧洲的各个服务器上。

维基解密公布的信息有很多不同的来源，但其提供的信息中很大一部分是与美国政府相关的。例如，2010 年 7 月，维基解密发布了近 77 000 份关于美国在阿富汗战争的文件。2011 年 4 月，开始出版关于那些关押在关塔那摩湾拘留营的犯人的秘密文件。

可以想象，这种做法引发了道德问题，也引起了很多人的关注，包括美国军队中的许多人。自由社会需要更多的透明性还是需要更多的保密性以确保相关人员的安全性，这场辩论远远没有停止。

因此，可以说，维基解密以其主张的目的，成为在线安全问题的一个例子。除了这一点，维基解密也是一个管理敏感信息的网上组织，这使它成为黑客企图获得不适当访问的目标。

请记住，维基解密获得了大量的文件，并仔细决定将哪些文件公开。2011 年 9 月，它已经成为几个月来访问以前未发表的文件的一种有效方式。大量未编辑的美国国务院的文件存档在维基解密网站，并使用加密密钥进行保护（17.4 节中讨论过）。但是由于维基解密遭到黑客攻击，这些文件得以公开，解密密钥也是如此。

在 2016 年的美国总统初选阶段，维基解密公开了民主党候选人 Hillary Clinton 在担任奥巴马手下国务卿时的邮件，这些邮件是通过私人邮件进行存储的。一些政治研究员认为，这些邮件的公布从策略上压制了 Clinton 的竞选。网络安全专家认为俄罗斯情报部门是攻破 Clinton 的邮件服务器并将邮件上传到维基解密的幕后黑手，而对于这次邮件泄露，维基解密否认和俄罗斯政府进行过任何合作。

维基解密的创始人 Julian Assange 是一位前黑客和程序员。这些年来他一直在搬家，在搬家之前仅仅在某个国家住一小段时间。2012 年，厄瓜多尔向 Assange 提供了政治庇护，而伦敦的厄瓜多尔使馆就此成了他的基地。针对维基解密的混乱关系，美国已经对 Assange 采取了大量的法律手段但是至今都未将他捉拿归案。

几部关于 Assange 和维基解密的电影在 2012 到 2014 年间上映，包括一部名叫 *The fifth Estate* 的惊恐片，这部影片遭到了批评家们的抨击和影迷们的忽视。Assange 反对 *The fifth Estate* 的制作，并且对于该部影片最终的失败而感到欣慰。

Mavis Batey[4-6]：密码破译者

Mavis Batey 是布莱切利女孩的原型之一。布莱切利公园是二战期间英国政府密码加密学校（GC&CS）的中心地，位于英国 Milton Keynes 的公馆。德国 Enigma 和 Lorenz 密码在这个可爱的英式乡镇被破译，从而大大缩短了二战的时间。

Mavis 在英国伦敦学院学习了德语。1940 年，抱着成为护士救治伤兵的理想，她离开了大学。然而，当被告知自己的德语能力可以更多地为国家效力时，她开始为 GC&CS 效力。在展示自己的天赋之后，她被送往布莱切利公园，在这里她和著名的破译专家 Dilly Knox 共事。Lever 写道，"Organisation 并不是能和 Dilly Knox 挂钩的词。当我到达布莱切利的时候，他说：'哦你好，我们正在破译机器，你有铅笔吗？'仅仅这些了。我从来没有被告诉要干什么。"

1941 年 3 月，Lever 破译了一组意大利海军用 Enigma 机器加密过的信息，信息显示了意大利海军伏击皇家海军供给运输的详细计划。在这次计划失败后，意大利海军再也不能对抗皇家海军了。

1941 年年末，Lever 破译了一条贝尔格莱德和柏林之间的信息，这条信息显示，同意小组对于 Enigma 机破译机的布线。在当时 Enigma 机被视作是无法破译的。这条信息至关重要。在 20 世纪 30 年代，潜入英国的德国间谍被逮捕并变成了双重间谍。但是至于德国人是否相信双重间谍带回的信息，英国情报局并不确定。而这条被破译的情报使得英国人相信，德国人相信了双重间谍传递的消息，包括 Allied 力量将会入侵加莱的信息。此时 Lever 仅仅 19 岁。

Lever 和布莱切利的另一位"闯入"的破译专家 Keith Batey 结婚，他们在 Lever 遇到难题寻求帮助的时候相识。直到 20 世纪 70 年代这对夫妇才告诉他们的孩子在二战期间自己的工作。他们的女儿说自己总是对母亲为何如此擅长填字游戏而感到好奇。

战后，Mavis Batey 在英国外交部门工作，退休之后照看三个孩子。后来她沉迷于园艺并且出版了几本有关于园艺历史的书。在 1987 年她成为英国勋爵士团的一员，但不是因为她破译了密码，而是因为她对园林的保存和保护。

Batey 于 2013 年 11 月 12 日去世，享年 92 岁。

576
~
577

小结

安全问题在计算机系统的所有层中是普遍存在的，一些安全问题在前面的章节中进行了探讨。本章着重讨论高层次的安全问题，几乎所有的用户在当今的网络世界中都有可能遇到这些问题。

这之中的很多问题都属于信息安全的范畴，它涉及信息的保密性、完整性和可用性。保密性确保关键数据被妥善保护；完整性确保数据只能被合适的机制修改；可用性确保授权用户在需要时可进行数据访问。

用户需要进行认证后才能控制访问计算机系统和软件，用户认证即使用用户的某种凭据来验证这位用户的身份。鉴别凭证是用户知道或拥有的一些信息，比如密码或智能卡，或者用户的物理属性，比如指纹。

好的密码会让你牢牢记住，同时也让其他人很难猜到。有些系统需要特定的密码标准，如要求密码为大写字母、小写字母、数字和特殊字符的组合。在一般情况下，你不应该与任何人分享你的密码、将密码写在电子邮件中发送或多个账户使用同一个密码。密码管理软件可以以安全的方式帮助跟踪信息，如密码和信用卡号码。

除了用户名和密码控制之外，还有一些其他的访问控制技术。CAPTCHA 是一个软件机制，它要求用户输入图像中一串扭曲的字符，以确保用户是人，而不是一个自动程序。目前，指纹分析已成为成本可接受的一种识别方式，相关设备经常作为一种特殊的硬件内置到笔记本电脑中或作为一种 USB 外围设备。

目前有几类恶意代码（或恶意软件）引起了很多问题。它们包括：病毒，感染其他软件并自我复制；特洛伊木马，伪装成有益的软件但有恶意意图；逻辑炸弹，可以执行一个特定的系统事件响应。

杀毒软件用来检测、删除和防止恶意软件。尽管它的名字为杀毒软件，但它依然可以保护用户远离多种恶意软件，而不仅仅是病毒。杀毒软件使用特征检测来识别特定的威胁，或通过启发式算法总结检测过程来识别类似的威胁。

安全攻击多种多样，包括密码猜测、网络钓鱼和拒绝服务攻击，也包括编程相关的问题，如程序员故意留下"后门"用于系统访问，这也无意中创造了一个潜在的漏洞，如缓冲区溢出，给了用户一个不恰当的高特权。

密码学是有关加密信息的研究领域。各种密码可用来加密和解密消息。恺撒密码和转换密码是两种早期的技术，相对容易被破解。现代密码学涉及公开密钥加密，这也产生了数字签名和数字证书。

一般来说，用户应该努力保护他们的在线信息。社交网络服务（如 Facebook 和 Google+）提供了一种机制，从而确定谁可以看到你的什么方面的数据，但许多用户不利用这些机制，甚至不知道它们的存在。关于网络安全的错误决定大多来源于虚假的安全感和有关的网站的安全政策的假设。

保护移动设备中的数据成为当前的问题。苹果和谷歌等公司在手机上存储位置数据。最近在未经许可的情况下，这些数据被一些执法部门和其他来源进行提取和使用。这个问题目前正处于变化中，由此可能会出台新的政策和法律。

维基解密是一个在网络上发布秘密和分类文件的组织，同时也在保护可能会引起政府报复的信息来源。它运作的方式使任何人都难以影响其做法。维基解密在自由社会中促进了对信息透明的需要，他们的做法引起了人们的关注，尤其是美国军方。此外，维基解密最近遭到了网上攻击，导致了大量未编辑的美国国务院文件可供下载。

道德问题：博客和新闻

　　像网站一样，博客几乎一夜之间就无处不在。博客是指网络日志或在线日记。大多数博客是互动的，并允许读者反馈。而大多数博客写的都是平凡的事情，博客圈也成为一种另类的新闻媒体。博客对公众的影响越来越大，有时会补充或纠正主流媒体的报道。例如，2004 年，博客很快曝光了关于小布什总统的国民警卫队服务的 60 分钟故事中的文件不真实。对当地和国家新闻，许多博客也提供了一个独特的非常规的视角。

　　据《华尔街日报》报道，另类媒体的读者群正在扩大："阅读博客的美国人的数量在 2004 年上升了 58%，估计达到了 3200 万人……在 2004 年总统竞选期间，有大约 1100 万人在政治博客上寻找新闻。"[7] 到 2008 年 3 月，全球范围内读博客的人数已达 3.46 亿。

但博客不只是为在线新闻记者或政治评论员服务。有个人博客，比如一个人在大学毕业后一年就要去旅行了，他的博客让家庭和朋友们保持联系。也有企业和组织的博客，这增强了组织间的沟通和文化。博客可以按类型进行分类，如政治博客、旅游博客和古典音乐博客，还有无数其他博客。博客可以按媒体类型分类，如视频、音乐、素描和照片。博客还可以通过创建它们的设备来表征。

当然，博客圈中也存在着分享争议。2005 年，一些博客张贴了关于苹果公司尚未发布的产品的保密文件，一场争论由此爆发了。苹果公司要求知道信息的来源，但博客作者认为，他们是记者，所以应该受到联邦和国家法律保护，而不能公开信息的来源。然而，一位加利福尼亚法官不同意这个看法，要求博客必须注明来源。

不幸的是，在这种情况下，法官没有解决核心问题：博客作者是否应该享有同样的特权，以保护信息的来源？一方面，这些博客作者都像新闻记者一样报道新闻，为什么他们不应该享有与记者同样的特权？另一方面，"1000 万、2000 万或 5000 万博客作者要求享有记者特权吓坏了法官和第一修正案律师，因为他们害怕拥有一个网站的任何人如果请求由大陪审团作证，就可以要求这项特权，并拒绝合作。"[8]

在 2004 年早些时候，美国旧金山第九巡回上诉法院做出裁决，给了博客主与新闻记者相同的保护。

由于博客仍然是一个相当新的现象，因此并没有太多关于"博客伦理"的争论，但这样的争论无疑是必要的。博主们的责任是什么，特别是那些运营另类新闻网站的人？他们是否和传统媒体有相同的义务？他们应该保持相同标准的客观性吗？虽然对博客作者有太多限制可能并不是一个好主意，但他们在传达信息时受到了同样的道德准则的限制：任何时候都必须努力诚实。他们也有义务去检查信息来源并识别那些来源，以保证读者充分了解真相。在在线环境中，这通常是通过提供到其他网站的链接来实现的。

博主们也有责任避免不公正的指控，并且尽快地收回错误的信息。最后，在博客作者的客观性可能会受到损害时，作者应该考虑披露这些利益的冲突。有时作为一个博客作者，披露出为其支付工资的人或者为该网站投资的人也是十分必要的。一个博客作者解释说，"这样别人在看你的博客时会相信你并没有接受贿赂。"[9] 如果博客作者能遵循这些简单的规则，也就能与读者建立一定的信任，同时博客将有一个光明的未来。

关键术语

杀毒软件（antivirus software）

鉴别凭证（authentication credential）

可用性（availability）

后门（back door）

生物特征（biometric）

缓存溢出（buffer overflow）

恺撒密码（Caesar cipher）

验证码（CAPTCHA）

密码学（cryptography）

解密（decryption）

拒绝服务（denial of service）

数字证书（digital certificate）

数字签名（digital signature）

加密（encryption）

指纹分析（fingerprint analysis）

GPS（Global Positioning System）

密码（cipher）

保密性（confidentiality）

密码分析（cryptanalysis）

恶意代码（malicious code）

中间人（man-in-the-middle）

密码标准（password criteria）

密码猜测（password guessing）

密码管理软件（password management software）

网络钓鱼（phishing）

公开密钥密码（public-key cryptography）

风险分析（risk analysis）

路径密码（route cipher）

安全策略（security policy）

信息安全（information security）

完整性（integrity）

逻辑炸弹（logic bomb）

智能卡（smart card）

欺骗（spoofing）

替换密码（substitution cipher）

转换密码（transposition cipher）

特洛伊木马（Trojan horse）

用户认证（user authentication）

病毒（virus）

wiki

蠕虫（worm）

练习

判断练习 1 ～ 27 中陈述的对错：

A. 对　　　　　　　　　　B. 错

1. 信息完整性确保数据可以通过适当的机制进行修改。

2. 配对威胁与漏洞是风险分析的一部分。

3. 智能卡是目前最流行的身份验证凭证。

4. 生物特征识别技术是一种依赖于用户拥有一个智能卡或一个具有可读性的磁带卡的身份验证类型。

5. 密码不应该看起来像语言中的一个词或短语。

6. CAPTCHA 是一种认证特定用户后才允许其发表博客评论的软件机制。

7. reCAPTCHA 项目的另一个目的是图书数字化。

8. 最近几年，指纹分析的成本大幅下降，而且指纹分析现在内置在笔记本电脑中。

9. Touch ID 生物特征系统使用视网膜扫描仪来确定用户身份。

10. 计算机病毒通过嵌入程序中"感染"另一个程序。

11. 可互换地使用术语"木马""蠕虫"来描述特定类别的恶意代码。

12. 当一个特定的系统事件发生时，例如特定的日期和时间，逻辑炸弹就被设置为关闭。

13. 杀毒软件对非病毒类型的恶意软件是无效的。

14. 密码猜测程序每秒尝试成千上亿的密码。

15. 钓鱼是一种技术，利用欺骗性的电子邮件和网站来获取用户信息，如用户名和密码。

16. 后门威胁是由遭受攻击的系统程序员实现的。

17. 拒绝服务攻击不会直接破坏数据。

18. 解密是将明文变成密文的过程。

19. 密码是一种用于加密和解密文本的算法。

20. 转换密码是现代密码学的一个例子。

21. 在公钥密码中，每个用户都有两个相关的密钥，一个是公共的，一个是私人的。

22. 数字签名允许接收方验证该消息是否来源于所述发件人。

23. 互联网可以创造一个虚假的匿名感。

24. 社交媒体网站的用户很好地利用了控件来保护他们的信息。

25. 网站的安全策略描述了一个组织包含关于信息管理的约束和行为。

26. 许多移动电话收集和存储位置数据，然后可以被第三方读取和使用，如执法。

27. WikiLeaks 的创建者 Julian Assange 当前在美国坐牢。

练习 28 ～ 55 是一些问答题和简答题。

28. 信息安全的 CIA 是什么？

29. 除了本章所提的，给出另外三个关于数据完整性被侵犯的例子。

30. 提出授权凭据的三种一般方法是什么？

31. 列出至少四项有关密码创建和管理的指南。

32. "diningroom" 是好的密码吗？为什么呢？

33. "fatTony99" 是好的密码吗？为什么呢？

34. 什么是密码管理软件？

35. CAPTCHA 互动的目标是什么？

36. reCAPTCHA 系统的两个目标是什么？

37. 苹果 Touch ID 技术是用来干什么的？

38. 计算机病毒自我复制是什么意思？

39. 描述杀毒软件识别恶意软件所使用的两种技术。

40. 除了本章描述的，再描述一个假设的网络钓鱼攻击场景。

41. 描述木马如何攻击计算机系统。

42. 描述缓冲区溢出，以及如何使一个计算机系统容易受到攻击。

43. 中间人攻击是什么原理？

44. 使用恺撒密码，向右转移 3 位，加密信息 "WE ESCAPE TONIGHT"。

45. 用本章描述的恺撒密码，解密信息 "WJNSKTWHJRJSYX FWWNAJ RTSIFD"。

46. 用本章使用的转换密码技术，加密消息 "WHO IS THE TRAITOR?"。

47. 描述 Claire 如何使用公钥加密发送消息给 David。

48. 什么是数字签名？

49. 网站安全策略描述什么？

50. 什么是 GPS？手机应用程序是怎样支持它的？

51. 鉴于当前的手机数据收集情况，哪种滥用是可能的？

52. wiki 是什么？

53. 维基解密是什么？是一个 wiki 吗？

54. Julian Assange 是谁？

55. 描述维基解密档案最近的安全故障。

思考题

1. 创建和描述一个不同于本章介绍的用于创建具有强大安全级别的密码的过程，但也很容易让人记住。举两个遵循这个过程的例子。

2. 什么是加密？与作为学生的你有什么关系？

3. 为什么有些人不能保证他们上网的信息安全？

4. 找到在网站上发布安全策略的例子，列出其中最重要的关于信息管理的三个语句，为什么你认为你选择的语句重要？

5. 描述在手机上收集位置数据带来的安全问题。你认为在什么情况下可以收集数据，并提供给其他组织？

6. 描述维基解密组织的目标。说一说这些目标在什么情况下是有害的。哪个目标更重要？

7. 在你看来，对博客作者应有多少限制？应该与新闻记者标准相同吗？

8. 博客是一种与公众沟通有效的工具吗？或者，突出个人立场和缺乏编辑等特点，使其成为一个不可靠的信息来源？

9. 博客只能用于新闻报道，还是有其他有价值的用途？

582 ~ 585

总　　结

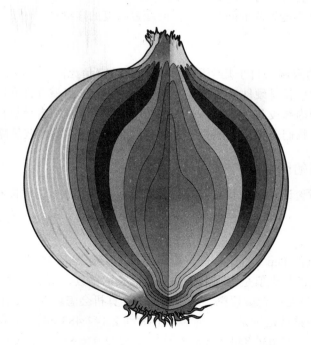

计算的限制

前 17 章介绍了什么是计算机，它们能够做什么，以及如何用它们解决问题。这一章将介绍计算机不能做什么。也就是说，我们将分析硬件、软件和问题自身强加于计算机的限制。字典对限制这个词有很多解释，其中有"界限"和"令人恼怒的或无法忍受的事物"这两种意思。这一章所指的"限制"包括这两重意思。

就像路障会阻断交通一样，这些硬件、软件和问题带来的限制也阻止了某些处理类型。

目标

学完本章之后，你应该能够：
- 说明硬件给计算问题的解决方案施加的限制。
- 讨论计算机的局限性对数字问题的解决方案造成了哪些影响。
- 讨论一定能探测出数据传输中的错误的方法。
- 说明软件给计算问题的解决方案施加的限制。
- 讨论构建更好的软件的方法。
- 说明计算问题自身固有的限制。
- 从 P 类问题到不能解决的问题，讨论问题复杂度的连续性。

18.1 硬件

硬件带给计算的限制来自于几个因素。其一，数字是无限的，而计算机的数字表示却是有限的。其二，硬件就是硬件，也就是说，它是由易坏的机械部件和电子部件构成的。其三，在把数据从一个内部设备传递给另一个内部设备，或者从一台计算机传递到另一台计算机时会发生问题。让我们来看看每种问题和最小化它们的影响的一些策略。

18.1.1 算术运算的限制

第 2 章和第 3 章讨论过数字和它们的计算机表示法。计算机的硬件对整数和实数的表示法都有限制。

1. 整数

在第 6 章讨论过的 Pep/9 机中，进行算术运算的寄存器是 16 位的。我们说过，如果只表示正数，它能存储的最大值是 65 535，如果既要表示正数，又要表示负数，它能存储的最大值是 32 767。Pep/9 是一台虚拟机，那么真正的计算机会怎样呢？如果计算机的字长是 32 位，那么它能表示的整数范围是 −2 147 483 648 到 2 147 483 647。有些硬件系统支持长字算术，范围是 −9 223 372 036 854 775 808 到 9 223 372 036 854 775 807，这样的长度足够进行任何运算吗？

Henry Walker 在他的著作 *The limits of Computing* 中讲了这样一个故事。[1] 一位国王请一个年轻聪明的姑娘为他办一件事，她说如果有丰厚的报酬，就帮国王做这件事。她给了国王两个选择，一个是把今后 5 年这个王国生产的粮食的五分之一付给她，一个是使用国际象棋棋盘给她报酬，规则如下：

- 棋盘的第一格放 1 粒稻谷。
- 棋盘的第二格放 2 粒稻谷。
- 棋盘的第三格放 4 粒稻谷。
- 棋盘的第四格放 8 粒稻谷。
- 每个后继方格中的稻谷数量是前一格的两倍，直到 64 个棋盘格放完为止。

经过一阵思考，国王选择了第二种支付方案。（你会选哪个呢？）

当要把报酬给这个姑娘时，国王开始在棋盘格中摆放稻谷。第一行有 255（1+2+4+8+16+32+64+128）粒稻谷，他想，"还好。"第二行有 65 280 粒稻谷，还不太糟糕。但是，第三行有 963 040 粒稻谷，这使国王感到了不安。在计算第四行的稻谷数时，国王先计算了棋盘最后一格的数量，现在他明白这个模式了。只是第 64 个格子就有 2^{63} 粒稻谷，约为 8×10^{18} 粒，相当于 110 000 亿蒲式耳。国王欠了这么大笔债，只好退位，精通数学的姑娘就成了女王。 588

这个故事告诉我们，整数可以增长得非常快。如果计算机字长是 64 位且只表示正数，那么最多只能表示第 64 个棋盘格中的稻谷数。如果想把 64 个棋盘格中的稻谷数加起来，我们就做不到了。这样将会发生溢出。

计算机的硬件决定了它能表示的数字（整数和实数）的限制。不过用程序可以克服这种限制。例如，可以用一系列较小的数表示很大的数。图 18-1 展示了如何通过在每个字中放一位或多位数字来表示整数。操作这种形式的整数的程序必须从最右边开始把每个数对相加，并且把进位加到左边一位的加法中。

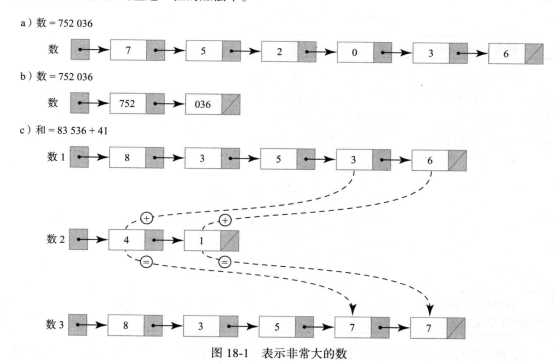

图 18-1　表示非常大的数

2. 实数

第 3 章介绍过，实数被存储为整数加上说明小数点位置的信息。为了更好地理解为什么实数会带来问题，让我们看一个表示数字和小数点信息的编码模式。

为了便于讨论，我们假设计算机的内存单元大小相同，每个内存单元由一个符号和 5 个十进制数字位组成。每当定义了一个变量或常量，赋予它的内存单元都由 5 个数字和一个符号构成。如果定义的是整数变量或常量，那么这个数会被直接存储起来。如果声明的是一个实数变量或实数常量，那么这个数将被存储为整数部分和小数部分，要表示这两部分，必须对该数编码。

让我们来看看编码后的数是什么样的以及这些编码如何表示程序中的算术值。我们从整数开始。用 5 位数字能够表示的整数范围是 −99 999 到 +99 999：

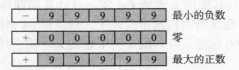

精度（precision）（最多可以表示的位数）是 5 个数位。这个范围内的每个数都能被精确表示出来。如果用其中一个数位（如最左边的第 2 位）表示指数会出现什么情况呢？例如：

表示数字 $+2345 \times 10^3$。现在，我们能表示的数的范围大得多了：

$$-9999 \times 10^9 \text{ 到 } +9999 \times 10^9$$

或

$$-9\,999\,000\,000\,000 \text{ 到 } +9\,999\,000\,000\,000$$

> **精度**（precision）：最多可以表示的有效位数。

589
～
590

现在精度只有 4 位数字。也就是说，我们只能表示每个数中的 4 位**有效位**（significant digit）（非零数字或纯粹的零）。这意味着这个系统只能精确地表示 4 位数。对于更大的数会出现什么情况呢？最左边的 4 位数字是正确的，其余的数字都被假设为 0。右边的数位或者说最低有效数位将丢失。下面的例子说明了这种情况：

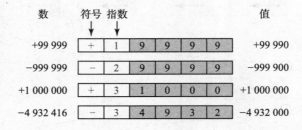

> **有效位**（significant digit）：从左边的第一个非零数位开始，到右边的最后一个非零数位（或纯粹的零）结束的数字。

注意，我们只能精确地表示 1 000 000，但不能精确地表示 −4 932 417。我们的编码模式仅限于 4 位有效位，不能表示的数字被假设为 0。

要扩展这种编码模式来表示实数，还要能够表示负指数。例如：
$$4394 \times 10^{-2} = 43.94$$
或
$$22 \times 10^{-4} = 0.0022$$

由于在我们的模式中，指数没有符号，所以必须对它稍加修改，把已经有的符号作为指数的符号，再在这个符号的左边加一个符号作为数本身的符号。

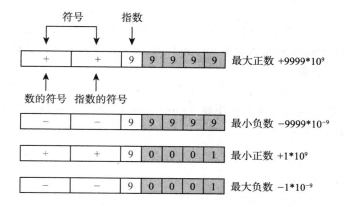

现在我们可以表示 -9999×10^{-9} 到 9999×10^{9} 之间的所有数（精确到四位）了，包括所有的小数值。

隐私很昂贵

　　《纽约时报》的一篇文章中，记者 Julia Angwin 质问，隐私是否已经成为奢侈品。"但是，就我所知，开始购买隐私并不便宜，也并不方便。"她写道，"为了更新软件或在隐私保护服务和其他冲突的时候解决技术问题，我已经花费了无数令人恼火的时间。"[2]

假设我们想用这种编码模式求三个实数 x、y 与 z 的和。可以先求 x 与 y 的和，再把 z 加到之前求得的结果上。也可以先求 y 与 z 的和，再把 x 加到之前求得的结果上。算术运算中的结合律可以证明这两种方法得到的答案一样，但结果真是这样吗？

计算机限制了实数的精度（有效位的位数）。我们用 4 位有效位加一位指数的编码模式求下列三个值的和：
$$x = -1324 \times 10^{3} \qquad y = 1325 \times 10^{3} \qquad z = 5424 \times 10^{0}$$

把 z 加到 x 与 y 的和上的结果如下：

$$
\begin{array}{lr}
\text{(x)} & -1324 \ * \ 10^3 \\
\text{(y)} & \underline{\ \ 1325 \ * \ 10^3\ } \\
& 1 \ * \ 10^3 = 1000 \ * \ 10^0
\end{array}
$$

$$
\begin{array}{lr}
\text{(x + y)} & 1000 \ * \ 10^0 \\
\text{(z)} & \underline{\ \ 5424 \ * \ 10^0\ } \\
& 6424 \ * \ 10^0 = (x + y) + z
\end{array}
$$

接下来看如果将 x 加到 y 与 z 的和上的结果如下：

(y) $1325000 * 10^0$

(z) $5424 * 10^0$
———————————————————
$1330424 * 10^0 = 1330 * 10^3$（截取 4 位数字）

(y + z) $1330 * 10^3$

(z) $-1324 * 10^3$
———————————————————
$6 * 10^3 = 6000 * 10^0 = x + (y + z)$

这两个答案的千位上的结果相同，但百位、十位和个位上的结果却不同。这叫作**表示误差**（representational error）或**舍入误差**（round-off error）。y 与 z 的和是精度为 7 位的数，但是只有 4 位被保存了下来。

除了表示误差，浮点算术还有两个要注意的问题——下溢和溢出。当计算出的绝对值太小以至于计算机不能表示时，将发生**下溢**（underflow）。采用十进制数表示法，让我们看一个涉及非常小的数的运算：

$4210 * 10^{-8}$

$* 2000 * 10^{-8}$
———————————————————
$8420000 * 10^{-16} = 8420 * 10^{-13}$

用我们的编码模式不能表示这个数，因为指数 −13 太小了。我们的最小指数是 −9。因此，这个运算的结果将被设为 0。所有因为太小而不能表示的数都将被设为 0。在这种情况下，这样做是合理的。

当计算出的绝对值太大以至于计算机不能表示时，将发生**溢出**。溢出是更加严重的问题，因为一旦发生溢出，将没有合理的解决方法。例如，下列计算的结果：

$9999 * 10^9$

$* 1000 * 10^9$
———————————————————
$9999000 * 10^{18} = 9999 * 10^{21}$

不能存储。我们应该怎么处理呢？要与下溢的处理保持一致，可以把结果设置为 9999×10^9，即模式中的最大实数值。但凭直觉就能看出这是不对的。另一种方法是停止运算并报错。

> **表示（舍入）误差**（representational（round-off）error）：由于算术运算结果的精度大于机器的精度造成的算术误差。
>
> **下溢**（underflow）：当计算的结果太小以至于给定的计算机不能表示时发生的情况。
>
> **溢出**（overflow）：当计算的结果太大以至于给定的计算机不能表示时发生的情况。

浮点数可能发生的另一种误差叫作**化零误差**（cancellation error）。当相加或相减的两个数的量级相差太大时会出现这种误差。下面是一个例子：

$$(1 + 0.00001234 - 1) = 0.00001234$$

算术运算的定律可以证明这个等式是正确的。但如果用计算机来执行这个运算会出现什么情况呢？

$$100000000 \ * \ 10^{-8}$$
$$\underline{+ \ 1234 \ * \ 10^{-8}}$$
$$100001234 \ * \ 10^{-8}$$

因为只有 4 位精度，所以结果将变为 1000×10^{-3}。计算机再减去 1：

$$1000 \ * \ 10^{-3}$$
$$\underline{- \ 1000 \ * \ 10^{-3}}$$
$$0$$

结果是 0，而不是 0.00001234。

> **化零误差**（cancellation error）：由于精度限制，当相加或相减的两个数的量级相差太大时发生的精确度损失。

我们已经讨论过实数的问题，但整数（无论负数还是正数）也会发生溢出。这一节讨论的主旨有两点。第一，实数运算的结果通常与你预期的不同。第二，如果处理的数非常大或非常小，要注意执行运算的顺序。

18.1.2　部件的限制

"我的硬盘坏了。""文件服务器崩溃了。""我的电子邮件昨晚被破坏了。"任何计算老师都听到过几百次这样的抱怨，这是学生为迟交作业所做的解释（或借口）。当然，如果提前交了作业，这些问题就都能克服了。但是，硬件故障的问题确实存在：硬盘确实会坏，文件服务器确实会崩溃，网络也确实会断。J. A. N. Lee 发明了 Titanic 效应这个词，用来形容系统崩溃的严重程度超出了设计者的想象力。[3] 硬件故障确实会发生，最后的解决方法是进行预防性维护。在计算领域，这意味着定期检查硬件的问题，替换损坏的零件。

预防性维护还要保证放置计算机的物理环境合适。大型计算机常常需要具有空调和无尘的房间。PC 不能放在防漏水管下。唉，并非所有的情况都能预计到。在集成电路出现之前就发生过这种情况。一台运行正常的计算机却开始生成奇怪的结果，最后才发现是只飞蛾进入机箱造成的。从此以后，术语"bug"就表示计算机错误。最近的一次事故是有关 DSL 连接的，它会间歇性地自我中断。最后才发现，问题出在电话线上，松鼠用它来磨牙了。

当然，关于部件限制的所有讨论都有一个前提，即计算机硬件在设计和制造阶段都经过了全面的测试。1994 年有一条关于 Intel 的 Pentium 处理器的电路缺陷的丑闻。IBM、Compaq、Dell、Gateway 2000 等公司生产的几百万台计算机都使用了 Pentium 芯片。这个电路缺陷是浮点部件的一个设计错误，会使 5 位有效位的某些除法运算生成错误的答案。

这个错误会多久影响一次运算呢？IBM 预测，电子制表软件的用户将每隔 24 天遭遇一次这样的错误。Intel 则声称每隔 27 000 年才会发生一次错误。PC Week 的测试组得出的结论是发生错误的频率为 2 个月到 10 年一次。[4] 虽然这种芯片被修正了，但 Intel 公司并没有召回有缺陷的芯片。对 Intel 公司来说，这是公共关系的灾难，不过直到今天为止，Intel 仍是领先的芯片制造商之一。

有利于窃贼的 tweet

　　在 Twitter 上，大多数用户的帖子是公开的，因此一个窃贼并不需要成为你的"跟随者"就可以知道你所有的旅行信息。当你在旅行的时候，你的房子就很可能是空着的，对于窃贼来讲是好事。[5]

18.1.3　通信的限制

　　计算机之内和计算机之间的数据流是计算生命的血液。因此，一定要保证数据不被破坏。实现这一点的策略叫作检错码和误差校正码。检错码可以判断出在数据传输过程中是否发生了错误，并警告系统。误差校正码不仅能检测出发生的错误，还能判断出正确的值是什么。

1. 奇偶校验位

　　奇偶校验位用于检测存储和读取一个字节或发送和接收一个字节的过程中发生的错误。奇偶校验位是在使用这种模式的硬件中的每个字节上附加了一个位。这个位用于确保 9 位数值（一个字节加一个校验位）中的 1 的个数是奇数（或偶数）。

　　奇校验要求一个字节加一个校验位中有奇数个 1。例如，如果一个字节中的值是11001100，那么奇偶校验位是 1，这样得到奇数个 1。如果字节中的值是 11110001，那么奇偶校验位是 0，得到奇数个 1。当从内存中读取一个字节或在传输中接收了一个字节时，将计算其中 1 的个数（包括奇偶校验位）。如果 1 的个数是偶数，则说明发生了错误。如果硬件采用这种模式，每个字节将多一个附加位，只有硬件才能访问这个位，用于检测错误。偶校验的模式与奇校验的相同，只是其中必须有偶数个 1。

2. 校验数位

　　上述模式的一种软件变体是求一个数中的每个数位的和，然后把和的个位与这个数存储在一起。例如，对于数字 34376，每个数位的和是 23，因此存储的数就是 34376-3。如果这个数中的 4 变成了 3，就可以检测到错误。但是，如果 7 变成了 6，而 6 变成了 7，那么数位的和仍然是正确的，但是数却是错的。

　　这种模式可以扩展为多一个附加位，可以是奇数位的和的个位数。例如，34376 可以存储为 34376-23，3 是所有数位和的个位数，2 是第 1 位、第 3 位和第 5 位的和的个位数。这种方法能捕捉到相邻数位之间的传输错误，但却会漏掉其他的传输错误。当然，还可以存储偶数位的和的个位数。也就是说，要检测的错误越重要，检测算法就越复杂。

3. 误差校正码

　　如果对于一个字节或一个数保存了足够的信息，那么可以推导出错误的数位应该是什么。极端的冗余是对每个存储的值都保留两个独立的副本。如果发现奇偶校验或校验数位有错，那么可以查阅另一个副本以得到正确的值。当然，两个副本可能都有错。

　　误差校正码主要用于硬盘驱动器或 CD，CD 表面的不完整性会破坏数据。

18.2　软件

　　我们都读到过有关包含错误的软件的可怕故事，这些故事听来很有趣。那么正在运行的程序中的软件错误真的经常发生吗？难道没有办法使软件错误更少一些吗？为了回答第一个问题，我们进行了 Web 搜索，关键字是 software bugs，得到的相关条目有 261 000 000 条之多。软件开发者们正在致力于解答第二个问题。在下面的几节中，我们将分析为什么开发没有错误的软件很困难，也将分析当前提高软件质量的方法，最后还将给出一组有趣的 bug。

18.2.1　软件的复杂度

如果接受"商业软件包含错误"的前提，那么逻辑问题就是"为什么？"，难道软件开发者不测试他们的产品吗？实际上这种问题并非是由懒惰引起的，而是由软件的复杂度引起的。随着机器的功能变得越来越强大，计算机能够解决的问题也变得越来越复杂。以前一个问题由一个程序员解决，现在成了一个问题由一组程序员解决，最后一个问题会由一组程序员组解决。

软件测试能够证明存在 bug，但是不能证明不存在 bug。我们可以测试软件，发现问题，修正问题，然后再测试软件。随着我们不断发现问题和解决问题，对软件的信心也会逐渐增强。但我们永远不能确保已经除去了所有的 bug。软件中可能一直潜伏着我们还没有发现的其他的 bug。

由于我们永远不知道是否已经发现了所有问题，因此何时才能停止测试呢？这成了一个风险问题。如果你的软件中还有 bug，那么你愿意承担多大的风险？如果你在编写游戏，那么面对的风险是别人捷足先登了，如果你编写的是飞机控制软件，那么要承担的风险就是整机乘客的性命。

Nancy Leveson 在 *Communications of the ACM* 中指出过，20 世纪 60 年代出现的计算分支软件工程的目标就是把工程原则引入软件开发。[7] 在过去的半个多世纪中，这方面的研究已经向目标跨进了一大步，包括对抽象的角色更深的理解、模块性的引入以及软件生命周期的概念。后面将详细介绍它们。

虽然大多数概念来自工程学，但它们必须适合处理更抽象的数据时会发生的特殊问题。硬件设计受实现设计所用的材料的指导和限制，软件则主要受人类能力的限制，而不是物理限制。Leveson 博士还指出过，"因此，前 50 年的特征是学习这个领域的限制，这与人类能够处理的复杂度的限制息息相关。"

构建软件的重点已经变了。以前是编写新软件，而今天，现有软件的维护和升级问题越来越多，逐渐占据了中央舞台。随着系统变得越来越大而且需要大的设计团队，我们必须开始分析人类协作的方式，以便设计出能辅助人们有效协作的方法。

是的，Watson？

在 2014 年，IBM 邀请移动开发者使用 Watson 作为新型智能手机应用的计算引擎。Watson 是一个计算平台，它因为在电视游戏节目《Jeopardy》中击败了两位人类冠军而一夜成名。Watson "读入"许多主题的成万上亿的信息，并且可以使用自然语言回答根据这些信息提出的问题。《Jeopardy》的问题通常具有迷惑性，这也意味着 Watson 必须筛选出其中的双重含义来得出正确解答。[6]

18.2.2　当前提高软件质量的方法

虽然不可能使大型软件系统完全没有错误，但是并不意味着我们应该放弃。我们可以采用某些策略来提高软件的质量。

1. 软件工程

第 7 章列出了计算机问题求解的四个阶段，即编写规约、开发算法、实现算法和维护程序。如果从定义明确的小任务转到大型的软件项目，那么还需要增加两个阶段，即制定软件需求和规约。**软件需求**（software requirement）是用概括而精确的语句列出软件产品提供的功能。**软件规约**（software specification）则详细说明了软件产品的功能、输入、处理、输出和特性。软件规约说明了程序能够做什么，而不是怎么做。

> **软件需求**（software requirement）：说明计算机系统或软件产品提供的功能的语句。
>
> **软件规约**（software specification）：软件产品的功能、输入、处理、输出和特性的详细说明。它提供了设计和实现软件所必需的信息。

Leveson 博士把软件生命周期看作软件工程要规划的一部分。软件生命周期指的是软件的开发和升级的全过程，而不仅仅是编码。因此，生命周期包括下列阶段：

- 需求分析
- 制定规约
- 设计（高层和低层）
- 实现
- 维护

所有阶段都要执行验证操作。需求是否精确反映了需要的功能？规约是否精确反映了满足需求所需的功能？高层设计是否精确反映了规约中的功能？设计中的每个后继层是否精确实现了上一层的功能？代码实现是否与设计相符？维护阶段实现的改变是否精确反映了想要的改变？这些改变的实现是否正确？

第 6 章和第 7 章讨论了一些小问题的设计和代码的测试。显然，随着问题的增大，验证操作也会越来越重要，越来越复杂。虽然设计和代码的测试是整个过程很小的一部分，但也是很重要的部分。在一个典型的项目中，有一半错误是在设计阶段发生的，而实现阶段发生的只是一半错误而已。这个数据会引起一些误解。如果以修正错误的代价为衡量标准，那么在设计过程中越早发现错误，修正错误的花费便越小。[8]

大型软件产品是由程序员组制作的。程序设计小组使用的两种有效验证方法是对设计和代码进行走查和审查。这些是正式的小组活动，目的是把揭示错误的责任从个人转到小组。由于测试非常耗时，而且错误发现得越晚，代价越高，所以这种活动的目标是在测试开始前发现错误。

走查（walk-through）的方法是，由一个小组用样本测试输入手动模拟设计或程序，在纸上或黑板上手动跟踪程序的数据。与全面的程序测试不同，走查并非要模拟所有可能的测试情况，它的目的只是模拟讨论程序员选择的设计或实现程序需求的方法。

在**审查**（inspection）过程中，由一位读者（绝对不是程序的作者）逐行读出程序的需求、设计或代码。审查员会预先得到相关资料，而且预期仔细阅读过这些资料。在审查过程中，审查员会根据审查报告中的记录指出错误之处。小组成员在预审时已经注释了许多错误。大声朗读的过程只是为了发现更多的错误。与走查一样，小组讨论的主要好处在于讨论是在所有小组成员之间进行的。程序员、测试员和其他小组成员的沟通会在测试阶段开始前发现更多的程序错误。

> **走查**（walk-through）：由一个小组手动地模拟程序或设计的验证方法。
>
> **审查**（inspection）：由小组成员之一逐行读出程序或设计，由其他成员负责指出错误的验证方法。

在高层设计阶段，要拿设计与程序需求进行比较，以确保设计方案包括了所有必需的功能，以及该程序或模块能够与系统中的其他软件正确地连接起来。在低层设计阶段，设计已经具有很多细节，在实现它之前，应该再次审查。完成编码后，要再审查一次编译过的清单。审查（或走查）可以确保实现与需求和设计相一致。成功地完成审查意味着可以开始进行程序测试了。

走查和审查要尽可能以一种无威胁的方式执行。这些小组活动的重点是去除产品中的瑕疵，而不是指责设计或代码的作者采用的技术方法。由于这些活动的主持人都不是作者，所以针对的是错误，而不是人。

在过去 10 年到 20 年中，Carnegie Mellon 大学的软件工程学院在规范大型软件项目的审查过程的研究方面扮演了重要的角色，开办了各种研习班和会议。SEI Software Engineering Process Group（SEPG）Conference 上的一篇论文报告了一个项目，该项目采用小组走查和正式审查结合的方式把产品的错误减少了 86.6%。这一过程应用于生命周期的每个阶段的需求打包、设计和编码。表 18-1 展示了在一个维护项目的软件生命周期的各个阶段发现的每 1000 行源代码（KSLOC）中的错误数。[9] 在维护阶段，50 多万行的程序被附加了 40 000 行源代码。除了测试活动外，每个阶段都要进行正式的审查。 599

表 18-1　维护时发现的错误

阶　　段	KSLOC 中的错误数
系统设计	2
软件需求	8
设计	12
代码审查	34
测试活动	3

我们刚才讨论的是大型软件项目。在结束这一节之前，我们有必要对"大型"进行一下量化。Space Shuttle Ground Processing System 具有 50 多万行代码；Vista 具有 5000 万行代码。大多数大型项目的代码行数介于这两者之间。

我们已经指出过，由于大型项目的复杂度较高，所以要编写没有错误的代码是不可能的。下面是预计错误量的一个参考标准：[10]

- 标准软件：每 1000 行代码 25 个 bug。
- 好的软件：每 1000 行代码 2 个错误。
- Space Shuttle 软件：每 10 000 行代码少于 1 个错误。

2. 正式验证

如果可以用工具来自动定位设计和代码中的错误而不必运行程序就好了。虽然听起来不太可能，不过考虑一个来自几何学的比喻。我们不必对每个三角形都证明一次勾股定理，这说明该定理适用于我们用过的每个三角形。我们可以用数学方法证明几何定理，为什么不能这样证明计算机程序呢？

程序正确性的验证独立于数据测试，这是计算机科学理论研究的一个重要领域。这项研究的目标是建立证明程序的方法，就像证明几何定理的方法一样。现在已经有证明代码满足规约的必要方法，但是证明通常比程序本身更复杂。因此，验证研究的重点是尝试构建自动化的程序证明器，即验证其他程序的验证程序。

600
已经有正式的方法可以成功地验证计算机芯片的正确性。一个著名的例子是验证执行实数算术运算的芯片，这项验证获得了英国女王技术成就奖（Queen's Award for Technological Achievement）。牛津大学的程序设计研究组的组长 C. A. R. Hoare 与 MOS Ltd. 一起对芯片是否满足规约进行了正式验证。同时执行的还有一种传统的测试方法。*Computing Research News* 报道说：

> "正式的开发方法在两组之间的竞赛中取得了胜利，它只用了大约
> 12 个月的时间就完成了，比预计的时间要短。此外，正式的设计指出
> 了许多非正式设计经过几个月的测试而没能指出的错误。最后的设计
> 不仅质量更高，花费更小，完成得也更快。" [11]

硬件层的正式验证技术的成功有望带来软件层验证的成功。但是，软件比硬件复杂得多，所以在不久的将来，不会出现太大的突破。

3. 开源运动 [12]

在计算早期，软件（包括它的源代码）是与计算机绑定在一起的。程序员不断地调整和改编程序，而且很高兴共享他们所做的改进。从 20 世纪 70 年代开始，公司开始保留源代码，软件从而成为一项大生意。

随着 Internet 的出现，世界各地的程序员几乎无须什么花费就可以进行协作。在 Internet 上可以得到一个软件产品的简单的版本。程序员仍然对扩展或改进程序充满兴趣。跟踪项目进展的"善意独裁者"掌控着大部分开源项目。如果一种改变或改进获得了同辈开发者们的认可并加入了新的软件版本，那么它一定非常出色。

Dijkstra 对术语 bug 的说明

自从在计算机硬件中发现了飞蛾，计算机的错误就被叫作 bug。Edsger Dijkstra 却反对我们使用这种术语。他说这种叫法会让人产生错觉，认为计算机的错误超出了程序员的控制，因为虫子可能是在无人看管的情况下偷偷潜入程序的。他认为这是一种智力欺骗，因为它隐藏了程序员自己制造错误的事实。[13]

Linux 是最著名的开源项目。Linus Torvolds 以 UNIX 为蓝图，开发了这种操作系统的第一个简单版本，并且一直在观察着它的发展。2001 年，IBM 花了 10 亿美金想把 Linux 变为一种计算标准。*The Economist* 写道：

> "有些人对 Linux 一笑置之，认为它只是个令人陶醉的偶然，不过
> Linux 更像一个即将出现的模式的教科书示例……开源运动是一个群体
> 现象，全世界已经有数以万计的志愿程序员加入了其中，而且还有人
> 在不断地加入，中国和印度的志愿者尤其多。SourceForge 是一个开发
> 者的 Web 站点，现在拥有 18 000 多个开源项目，145 000 个程序员在
> 为此忙碌着。" [14]

601
现在，14 年后，开源依然十分强劲。有些公司认为它是诸多设计选择中的一种，其他人认为它对其操作十分重要。截至 2013 年 5 月，SourceForge 上有超过 30 万个注册软件项

目，而且注册用户已超过 300 万。截至 2014 年，OpenSSL 已经被全球三分之二的 Web 服务器所使用，这是一个成立于 1998 年的开源加密工具组。然而，没有证据表明，开源运动孕育出了高质量软件。2013 年, Coverity(这是一家研究软件质量和安全性测试解决方案的公司)的一份报告显示，开源软件每千行代码出现的错误要比专有软件少。[15,16]

　　不幸的是，在 2014 年的 4 月，OpenSSL 出现了一个 bug，这个 bug 以 Heartbleed 为人所熟知。它被快速地修复了，但这引起了推进开源运动的志愿者程序员的注意。理论上来说，每一个人都会检查另一个人的作品，这样就可以带来更好的软件。但是显而易见，Heartbleed 事件中并没有做到这一点。[17]

18.2.3　臭名昭著的软件错误

　　计算领域中的每个人都有自己喜欢的软件恐怖故事。这里只列出一些小例子。

1. AT&T 停了 9 小时

　　1990 年 1 月，AT&T 的长途电话网络由于电子交换系统的软件错误中断了 9 个小时。那天 AT&T 收到了 1.48 亿个长途电话和免费电话，只有 50% 被转接了出去。这次故障还引起了数不清的间接破坏：

- 宾馆丢失了预订电话。
- 出租汽车代理丢失了租车电话。
- 美国在线的预订系统通信量降低了 2/3。
- 电话推销商估计损失 75 000 美元。
- MasterCard 不能处理 200 000 个信贷批准。
- AT&T 损失了 6000 万到 7500 万美元。

正如 AT&T 的主席 Robert Allen 所说的，"这是我从商 32 年来最可怕的噩梦。"[18]

　　怎么会出现这种情况呢？交换软件的早期版本是能够正确运行的。升级后的系统代码中的软件错误使它对故障交换响应得更快。这个错误发生在一个 C 代码的 break 语句中。[19] 像 Henry Walker 在 *The Limits of Computing* 中指出的，这次崩溃说明了许多软件故障的共同点。在该软件发布之前，它已经经过大量的测试，而且已经正确运行了约一个月。除了测试外，开发过程中还进行过代码检阅。一位程序员犯了这个错误，但是其他检阅代码的程序员却没注意到这个错误。一个相对罕见的事件序列触发了这次故障，这是事先很难预料得到的。而且这个错误出现在为改进一个正确运行的系统而设计的代码中，即出现在维护阶段。E. N. Adams 在 *IBM Journal of Research and Development* 中估计道，在尝试删除大程序中的错误时，约有 15% ～ 50% 的操作会引入新的错误。

2. Therac-25

　　流传最广的软件事故与一台计算机化的放射治疗仪 Therac-25 有关。在 1985 年 6 月到 1987 年 1 月之间，Therac-25 造成了 6 次重大的用药过量事故，导致了病人死亡或严重受伤。这些事故据说是应用医疗加速器 35 年以来最严重的放射事故。

　　我们在道德问题板块详细讨论这次事故。

3. 政府项目中的 bug

　　1991 年 2 月 25 日，海湾战争期间，一枚飞毛腿导弹击中了美国陆军的军营，造成 28 名士兵死亡，100 多人受伤。由于软件错误，位于沙特阿拉伯 Dhahran 的美国爱国者导弹发射器没能成功跟踪并阻截伊拉克的飞毛腿导弹。不过这个错误不是编码错误，而是设计错误。其中的一个运算涉及 1/10 的乘法，这个数在二进制中是无尽的。在 100 个小时的发射操作中，这种算术错误累积的误差是 0.34 秒，足够使导弹偏离它的目标。[20]

审计院总结道：

> "爱国者从来没有阻击过飞毛腿导弹，而且我们也没有预计它要连续运行这么长时间。在事故发生两周前，陆军官方收到的以色列数据说明在系统连续运行了 8 小时后，已经出现了误差。于是陆军官方修改了软件，以提高系统的精确性。但是，直到 1991 年 2 月 26 日，飞毛腿导弹事件发生后的第二天，修改好的软件才到达 Dhahran。"[21]

Gemini V 的着陆地点距预计地点 100 英里。什么原因？是导航系统的设计没有将地球围绕太阳的转动考虑在内。[22]

1999 年 10 月，美国发射的火星气候轨道探测器（Mars Climate Orbiter）进入了火星大气层，进入点比预计的低 100 千米，导致飞船烧掉了。火星气候轨道探测器任务失败调查小组的主席 Arthur Stephenson 总结道：

> "导致太空船销毁的根本原因是一个地面导航软件没能像 NASA 之前宣布的那样把英制单位转换成度量单位……失败调查小组还发现了其他导致错误的重要因素，它们使错误拖延下来，结果使飞船进入火星的路径出现了很大的误差。"[23]

1962 年 7 月美国发射的水手 1 号（Mariner 1）金星探测器几乎一发射就转变了航向，所以不得不被销毁了。这个问题是由下面这行 FORTRAN 代码引起的：

```
DO 5 K = 1. 3
```

其中的句号应该是个逗号。由于这个输入错误，价值 1850 万美元的太空探索飞船就这么被毁掉了。

软件错误并不只是美国政府才会犯。1996 年 6 月 4 日，欧洲空间局发射的无人火箭 Ariane 5 在升空 40 秒后就爆炸了。这架火箭开发了十几年，耗资 70 亿美元。火箭本身和它携带的货物价值 5 亿美元。究竟发生了什么问题呢？一个关于平台的水平速率的 64 位浮点数（大于 32 767）被转换成了 17 位的有符号整数，导致火箭转变了航迹，然后解体、爆炸。

18.3 问题

生活中总是充满了各种问题。对有些问题能够轻松地开发和实现计算机解决方案，而对有些问题能实现计算机解决方案，但不能得到日常生活中的结果。有些问题在具有足够的计算机资源的情况下能够开发和实现计算机解决方案。有些问题可以证明是没有解决方案的。在介绍这些问题分类之前，必须先介绍一下比较算法的方法。

18.3.1 算法比较

前面的章节中介绍过，大部分问题的解决方案不止一种。如果你询问去 Joe's Diner 的路（请参阅图 18-2），可能会得到两种等价的正确答案：

1）"走高速公路，到 Y'all Come Inn 之后，左转。"

2）"走弯曲的乡村公路，到 Honeysuckle Lodge 之后，右转。"

虽然这两种答案不同，但无论走哪条路，都可以到达 Joe's Diner，所以这两个答案都是正确的。

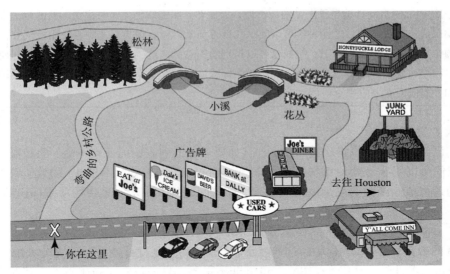

图 18-2 同一个问题的等价有效解决方案

如果问路的请求中包括特殊要求，那么一种解决方案可能比另一种好。例如，"我要迟到了，哪条路到 Joe's Diner 最快？"这时要用第一种方案。如果要求是"有没有安静的小路可以到 Joe's Diner？"就要用第二种方案。如果没有特殊要求，那么可以根据个人喜好进行选择。你喜欢哪条路？

605

关于算法的选择通常是由效率决定的。哪个算法花费的计算时间最少？哪个算法完成作业的工作量最小？这里我们关注的是计算机的工作量。

要比较两个算法的工作量，首先要定义一组客观的度量标准。算法分析是理论计算机科学的一个重要领域，在高级计算课程中，你可以看到该领域中的大量工作。这里我们只介绍这个主题的一小部分，足以让你能够比较两个任务相同的算法，并理解算法的复杂度构成了一个从易于解决到不能解决的连续统。

程序员如何衡量两个算法执行的工作呢？首先想到的是对算法编码，然后对比两个程序的运行时间。执行时间较短的算法显然是比较好的算法。是这样吗？使用这种方法，只能确定程序 A 在特定的计算机上比程序 B 更高效。执行时间是特定计算机特有的。当然，可以在所有可能的计算机上测试算法，但我们需要一个更通用的方法。

第二种方法是计算执行的指令数或语句数。但是，使用的程序设计语言不同以及程序员的个人风格不同，这些都会对这种衡量方法有影响。为了标准化这种衡量方法，可以计算算法中执行关键的循环的次数。如果每次迭代的工作量相同，那么这种方法就给我们提供了算法效率的有效衡量标准。

另一种方法是把算法中的一个特定基本操作分离出来，然后计算这个操作执行的次数。例如，假设要求一个整数列表中的元素的和。要衡量所需的工作量，就要计算整数加法操作的次数。对于有 100 个元素的列表，需要 99 次加法运算。但要注意，并非真的要去计算加法运算的次数，它是列表中的元素个数（N）的某个函数。因此，可以用 N 表示加法运算的次数，对于有 N 个元素的列表，需要 $N-1$ 次加法运算。现在可以比较一般情况的算法性能，而不必只是比较特定列表大小的情况了。

标签

　　有些纺织品制造商伪造自己产品的原产地，以便在衣服进口到美国时逃税。新的标记系统可以把信息编码成肉眼看不到，这样每年可以减少几百万美元的税收损失。这种系统用近红外扫描仪可以读取的微标记给纺织品作标记。扫描仪可以识别纺织品的产地、类型、状态和成分。即使在粗糙的制造过程中，包括冲刷、漂白和染色，这种微标记也能保存下来。这种技术还可以用于国防、存货跟踪和控制以及军事应用。

---

1. 大 O 分析

　　我们已经介绍过，以操作输入的大小（如要求和的列表中的元素个数）的函数来衡量工作量。我们可以用数量级**大 O 符号**（big-O notation）（是字母 O，不是 0）的数学符号表示这个函数的近似值。函数的数量级是以函数中随着问题的大小增长最快的项来标识的。例如，如果

$$f(N) = N^4 + 100N^2 + 10N + 50$$

那么 $f(N)$ 的数量级是 N^4，用大 O 符号表示就是 $O(N^4)$。也就是说，对于充分大的 N 值，N^4 在函数中占支配地位。$100N^2 + 10N + 50$ 并非不重要，只是随着 N 越来越大，其他的因素就会变得无足轻重，因为 N^4 支配着这个函数的量级。

　　大 O 符号（big-O notation）：以函数中随着问题的大小增长得最快的项来表示计算时间（复杂度）的符号。

　　为什么可以舍弃低数量级的项呢？举例来说，如果我们想从两家宠物店之一购买大象和金鱼，只需要对比大象的价格，因为金鱼的价格根本微不足道（见图18-3）。在算法分析中，随着问题大小增长得最快的项支配着整个函数，把其他项明显地降到了"噪声"的水平。大象的价格太高，以至于我们可以忽略金鱼。同样，对于大的 N 值，N^4 比 50、$10N$ 甚至 $100N^2$ 都大得多，以至于可以忽略这些项。这并不意味着这些项对计算时间没有影响，只是说它们在 N 比较"大"时对我们的估计没有显著影响。

　　N 值是什么？N 表示问题的大小。大多数问题涉及第8章讨论过的数据结构。我们知道，每种结构都由元素构成。要开发算法，需要把元素添加到结构中，并修改元素，或把元素从结构中删除。用 N 可以描述这些操作的工作量，其中 N 是结构中的元素个数。

　　假设要把一个列表中的所有元素写入一个文件。工作量有多大？答案是由列表中的元素个数决定的。算法如下：

```
Open the file
While (more elements)
    Get next element
    Write next element
```

　　如果 N 是列表中的元素个数，那么要实现这个任务需要的"时间"如下所示：

　　打开文件的时间 $+[N \times$（得到一个元素的时间 + 写入一个元素的时间）]

　　这个算法的时间复杂度是 $O(N)$，因为

图18-3　金鱼的价格跟大象的价格相比不值一提

执行任务所需的时间与元素个数 N 成比例（外加一点打开文件的时间）。在决定大 O 的近似值时，为什么能忽略打开文件的时间呢？假设打开文件必需的时间是一个常量，那么算法的这个部分就相当于金鱼。如果列表中只有几个元素，打开文件的时间可能会很重要，但对于大的 N，写入元素的操作与打开文件比起来就像大象。

算法的数量级并没有表明解决方案在我们的计算机上运行需要花费多少微秒。有时，我们需要这种信息。例如，一个字处理器要求该程序必须能在（特定计算机上）120 秒以内对50 页文档进行拼写检查。对于这种信息，就不能使用大 O 分析，而需要其他的衡量方法。我们可以对一种数据结构的不同实现进行编码，然后运行测试，记录测试前后的计算机时钟上的时间。这种基准测试可以告诉我们，这些操作在特定的计算机上用特定的编译器执行需要花费多少时间。但大 O 分析无须引用这些因素就可以比较算法。

布莱切利四人组

PBS 在 2013 年春天播出了一个谋杀推理电视剧。主角是战后重聚的 Bletchley 女孩，她们将破译密码用于破案。2014 年布莱切利四人组第二季播出。

家庭洗衣量：一个比喻

每周一个家庭要花多少时间洗衣服？可以用下面的函数来描述：

$$f(N) = c * N$$

其中 N 表示家庭成员数，c 是洗每个人的衣服平均需要花费的时间。这个函数的复杂度是 $O(N)$，因为整体的洗衣时间是由家庭成员数决定的。对于不同的家庭，常量 c 可能稍有不同，这是由洗衣机的容量和家庭成员叠衣服的速度决定的。也就是说，两个家庭的洗衣时间可以用下面两个函数表示：

$$f(N) = 100 * N$$
$$g(N) = 90 * N$$

总之，我们将这些函数描述为 $O(N)$。

现在，如果爷爷和奶奶来第一个家庭住一到两个星期会出现什么情况？洗衣时间的函数将变为：

$$f(N) = 100 * (N + 2)$$

我们仍然说这个函数的复杂度是 $O(N)$。为什么？多出了两个人，漂洗、烘干和叠衣服的时间不会增加吗？当然会增加。如果 N 很小（这个家庭只有妈妈、爸爸和孩子），那么增加两个人需要多花的洗衣时间还是很明显的。不过随着 N 的增大（这个家庭有妈妈、爸爸、12 个孩子和一个保姆），多两个人区别就不大了。（这家的洗衣时间就像大象；而客人的洗衣时间就像金鱼。）当用大 O 复杂度来比较算法时，我们关心的是 N 比较"大"的情况。

如果问题是"我们能及时洗完衣服赶上 7:05 的火车吗？"那么我们想要的是精确的答案。大 O 分析不能给我们这些信息，它给的是个近似值。因此，如果 $100 * N$、$90 * N$ 和 $100 * (N + 2)$ 的复杂度都是 $O(N)$，那么我们如何分辨哪个更好呢？用大 O 符号，我们不能回答哪个更好，对于较大的 N，它们基本上是等价的。我们能找到更好的洗衣算法吗？如果这个家庭中了彩票，那么他们就可以在距离他们家 15 分钟车程（往返约为 30 分钟）的专业洗衣店洗衣。现在，这个函数是：

608

$$f(N) = 30$$

这个函数的复杂度是 $O(1)$。这个答案独立于家庭成员数。如果车程变为 5 分钟，那么该函数就变为：

$$f(N) = 10$$

这个函数的复杂度仍然是 $O(1)$。采用大 O 进行比较，这两种专业洗衣店的解决方案是等价的：无论有多少位家庭成员，也无论有多少客人，这个家庭用来洗衣的时间都是个常量。（我们不关心专业洗衣店洗衣的时间。）

2. 常见的数量级

$O(1)$ **叫作有界时间** 工作量是个常数，不受问题大小的影响。给具有 N 个元素的数组中的第 i 个元素赋值，复杂度是 $O(1)$，因为可以通过索引直接访问数组中的元素。虽然有界时间通常又叫作常量时间，但工作量却不必一定是固定的，它只是有一个常量界限而已。

$O(\log_2 N)$ **叫作对数时间** 工作量是问题大小的对数。每次都把问题的数据量减少一半的算法通常都属于这个类别。用二分检索法在有序列表中查找一个值，复杂度是 $O(\log_2 N)$。

$O(N)$ **叫作线性时间** 工作量是一个常数乘以问题的大小。输出具有 N 个元素的列表中的所有元素，复杂度是 $O(N)$。在无序列表中搜索一个值的复杂度也是 $O(N)$，因为必须搜索列表中的每一个元素。

$O(N \log_2 N)$ **（由于缺乏更好的术语）叫作 $N \log_2 N$ 时间** 这类算法通常要应用 N 次对数算法。比较好的排序算法（如快速排序、堆排序和合并排序）的复杂度都是 $N \log_2 N$。也就是说，这些算法能用 $O(N \log_2 N)$ 的时间把一个无序列表转换成有序列表，不过快速排序算法对于某些输入数据的时间复杂度是 $O(N^2)$。

$O(N_2)$ **叫作二次时间** 这类算法通常要应用 N 次线性算法。大多数简单排序算法的时间复杂度都是 $O(N^2)$。

$O(2^N)$ **叫作指数时间** 这类算法非常耗时。在表 18-2 中可以看到，随着 N 的增长，指数时间增长得非常快。国王和稻谷的故事就是指数时间算法的一个例子，在这个故事中，问题的大小就是稻谷的颗粒数。（还要注意的是，最后一列的值增长得非常快，以至于这个量级的问题所需的计算时间超出了预计的宇宙生命期限！）

609 ~ 610

表 18-2 增长率的对比

N	$\log_2 N$	$N \log_2 N$	N^2	N^3	2^N
1	0	1	1	1	2
2	1	2	4	8	4
4	2	8	16	64	16
8	3	24	64	512	256
16	4	64	256	4096	65 536
32	5	160	1024	32 768	4 294 967 296
64	6	384	4096	262 144	在超级计算机上约为 5 年
128	7	896	16 384	2 097 152	以纳秒计约为宇宙年龄的 600 000 倍（估计为 60 亿年）
256	8	2048	65 536	16 777 216	不要问这个问题

$O(N!)$ **叫作阶乘时间** 这类算法甚至比指数时间的算法更耗时。货郎担这个图论算法（见 18.3.4 节）就是一个阶乘时间算法。

数量级是问题大小的多项式的算法叫作**多项式时间算法**（polynomial-time algorithm）。第 2 章介绍过，多项式是两个或多个代数项的和，每个代数项是一个常量乘以一个或多个变量的非负整数次幂。因此，多项式算法就是数量级能够用问题大小的幂表示的算法，算法的大 O 复杂度是多项式中的最高次幂。所有的多项式时间算法都被定义为 **P 类**（class P）算法。

多项式时间算法（polynomial-time algorithm）：复杂度能用问题大小的多项式表示的算法。

P 类（Class P）：由所有多项式时间算法构成的类。

611

把常见的复杂度量级看作一个个箱子，我们可以以此对算法复杂度排序（如图 18-4 所示）。对于较小的问题，一个箱子中的算法可能真的比下一个更有效的箱子中的等价算法快。随着问题的增大，不同箱子中的算法之间的差别会随之增加。在选择同一个箱子中的算法时，就不会再忽略金鱼了。

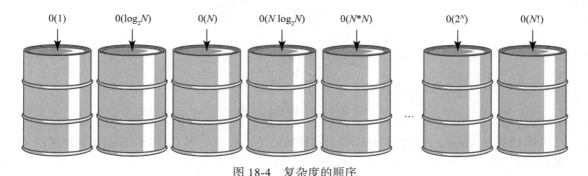

图 18-4　复杂度的顺序

18.3.2　图灵机

这本书已经不止一次提到过 Alan Turing 这个名字。是他在 20 世纪 30 年代提出了计算机器的概念。他的兴趣并非实现这台机器，而是用它作为一种模型来研究计算的限度。

这种著名的模型就是图灵机，由具有读写头的控制单元构成，能够在无限的带子上读写符号，带子被分成了单元。这个模型的基础是一个人用铅笔和橡皮在长长的纸带上进行简单的运算。纸上的每一行（一个单元）包含一个有限字符集中的符号。从第一行开始，这个人分析其中的符号，或者保留它，或者用字符集中的另一个符号替换它。然后他移到相邻的下一行，重复上述操作。

图灵机的控制单元模拟了这个人。人的决策过程由控制单元能执行的一系列指令表示。每个指令可以：

- 从带子上的一个单元读取一个符号。
- 把一个符号写入带子上的一个单元。
- 使带子向左移动一个单元，或向右移动一个单元，或者保持不动。

612

如果我们允许人用自己替换符号，这些动作其实是模拟了一个使用铅笔的人。如图 18-5 所示。

为什么这样一个简单的机器（模型）这么重要呢？一个广为接受的说法是任何能直观计算的问题都能被图灵机计算。这个说法叫作 Church-Turing 理论，是以 Turing 和 Alonzo

Church 的名字命名的，后者是开发了另一个类似的 λ 演算的数学家，是 Turing 在普林斯顿的同事。计算机科学的理论课程会深入地介绍 Turing 和 Church 的工作。

图 18-5 图灵机处理

从 Church-Turing 理论我们可以得出这样的结论：如果证明了一个问题的图灵机解决方案不存在，那么这个问题一定是不可解决的。我们将在下一节介绍这个问题。

Alan Turing

《时代》杂志把 Alan Turing 选为 20 世纪最具影响力的 100 位名人之一。Turing 的传记如下：

　　这位古怪的剑桥年轻导师所做的就是构造一台假想机，这是一台类似于打字机的相当简单的装置，能够扫描或读取理论上无限长的带子上的指令。这台扫描器从带子上的一个方格移到下一个方格，响应序列的指令，并修改它的机械响应，Turing 证明了这种过程的输出可以复制人类的逻辑思维。

　　这种假想的装置很快就有了一个名字——图灵机，Turing 的另一个构想也是如此。由于机器的行为是由带子上的指令控制的，因此改变这些指令，就可以使这台机器执行各种功能。换句话说，采用不同的带子，同一台机器既可以执行数的运算，又可以下棋，还可以执行其他所有具有计算性的任务。因此，他的装置得到了一个新的、更显眼的名字——通用图灵机。

© Pictorial Press
Ltd/Alamy Stock Photo

　　……

　　现代计算机的诞生汇集了无数的构想和高级技术，很难把它的发明归功于某个人。不过，事实上，每个在敲打键盘的人、在打开电子制表软件或字处理程序的人，都在使用具体化的图灵机。[25]

Alan Turing 生于 1912 年 6 月，他的父亲 Julius Mathison Turing 是印度行政参事会（Indian Civil Service）的成员，母亲 Ethel Sara Stoney 是 Madras 铁路的首席工程师的女儿。他的父亲和母亲大部分时间都是在印度度过，而他和他的哥哥则是在英国很多抚养孤儿的家庭中长大的，这种情况一直持续到 1926 年他们的父亲退休。

当时的英国公立学校系统不能培养创新思想，所以 Turing 适应不了这种教学方式。他的书法受到批评，英语学得很吃力，甚至数学都不能给出预期的常规答案。他 13 岁进入了 Sherborne 学校，这里的校长说，如果他是当科学家的材料，那么在公立学校只会浪费时间。但是，他的母亲非常看重公立学校的教育，所以他只好坚持下去。这一时期他的精神支柱有两个，一个是他的自学能力，另一个是他和 Christopher Morcom 的友谊，后者是比他高一年级的学生。Morcom 是他重要的精神支柱，但这种支持在两年后由于 Morcom 的猝死而消失了。

1931 年，Turing 进入了剑桥大学国王学院，开始研究数学。国王学院的学习氛围鼓励自由思想，这使他第一次找到了精神家园。1934 年毕业后，他于 1935 年凭一篇论文 "On the Gaussian Error Function"（证明了概率论的基本结果）被推举为国王学院的研究员。

从此，Turing 依据他跟 Max Newman 学过的数学基础课程，开始了可判定问题的研究。在 1936 年发表的论文中，Turing 引入了我们现在称之为图灵机的概念。

第二次世界大战爆发时，Turing 开始为英国政府效力。他被招募到位于维多利亚时代 Bletchley Park 的政府代码和密码学校工作，在破解纳粹通信用的 Enigma 码任务时他和其他人进行了合作。[26]

由于 Turing 在战争中的贡献，他于 1945 年被授予了英国皇家勋章。

他在伦敦的国家物理实验室尝试过构建一台计算机，失败之后，他回到了剑桥，继续自己的工作和写作。战争时期的团结协作精神盖过了官僚作风，但是战争结束后，这种精神就逐渐消散了，所以 ACE（自动计算引擎）再也不能构建成了。1948 年，Turing 成了曼彻斯特大学的计算实验室的副主任。接下来的几年 Turing 从事了多个主题的研究。

1950 年，他发表的一篇论文反映了他的主要兴趣之一，即机器可以思考吗？著名的图灵测试就是出自这篇文章。此外，他还对形态发生（即开发活有机体中的模式和组成）感兴趣。而且他对可判定问题和量子论的研究一直没有停止过。

1952 年，Turing 被指控犯有 "严重猥亵罪"，也就是今天的同性恋。他被判处进行一系列注射雌性激素的化学阉割。

1954 年 6 月 7 日，Turing 死于氰化物中毒，在他的床边发现了半个咬过的苹果。他的母亲相信他是在进行实验时猝死的，而验尸官则判断他是自杀的。在 2013 年，英国女王伊丽莎白二世为图灵 1952 年的审判进行了皇家赦免。

获奖作品 Breaking the Code 使观众对 Turing 这个才华横溢且复杂的人物有了简单的了解。作为一名破译密码者，Turing 的贡献还被搬到了 2014 年由 Benedict Cumberbatch 主演的《模拟游戏》中。

18.3.3 停机问题

计算（程序）终止并不总是很明显的。第6章介绍过重复一个过程的概念，第7章介绍过不同的循环类型。有些循环会明显地终止，而有的则不会（无限循环），还有些循环是根据输入的数据或循环中发生的计算终止的。在一个程序运行的过程中，很难分辨它是进入了无限循环还是需要更多的时间来运行。

因此，如果可以预言一个具有特定输入的程序不会落入无限循环，那么会是非常有用的。**停机问题**（halting problem）以下面的方式重新阐述了这个问题，即给定一个程序和它的输入，确定该程序采用这样的输入最终是否能停止。

> **停机问题**（halting problem）：确定对于指定的输入一个程序最终是否能停止的问题是不可解决的。

最明显的方法是用特定的输入运行程序，看会发生什么情况。如果它停止了，答案显而易见。如果它不停止呢？一个程序要运行多久你才会判定它落入了无限循环？显然，这种方法有问题。遗憾的是，其他的方法也都有问题。这个问题是不可解决的。这个断言的证明是"没有图灵机程序可以确定一个程序是否在指定的输入下会停止。"

613 ～ 615

那么如何证明一个问题是不可解决的，或者只是我们还没找到解决方案而已呢？可以尝试每种提出的解决方案，证明每种方法都有问题。由于已知的解决方案可能很多，而且还有很多是未知的，所以这种方法看来行不通。然而这种方法构成了图灵解决方案的基础。在他的证明中，就是从提出的解决方案入手，然后证明它们是行不通的。

假设存在一个图灵机程序 SolvesHaltingProblem，对于任何程序 Example 和输入 SampleData，它都能确定 Example 采用 SampleData 是否会停止。也就是说，程序 SolvesHaltingProblem 以程序 Example 和输入 SampleData 作为参数，如果 Example 能停止，则输出 Halts，如果 Example 具有无限循环，就输出 Loops。图 18-6 展示了这种情况。

图 18-6　为解决停机问题提出的程序

还记得吗？在计算机中，程序（指令）和数据是相似的，都是位组合。程序和数据的区别在于控制单元如何解释位组合。因此，如果把 Example 自身作为 SampleData，那么 SolvesHaltingProblem 就要以 Example 程序和它的副本作为数据来判断 Example 以其自身作为输入是否会停止。如图 18-7 所示。

图 18-7　为解决停机问题提出的程序

现在我们构造一个新程序 NewProgram，以 Example 作为程序和输入数据，采用 SolvesHaltingProblem 的算法，如果 Example 停止，就输出 Halts，如果 Example 不停止，就输出 Loops。如果输出了 Halts，NewProgram 将创建一个无限循环；如果输出的是 Loops，NewProgram 将输出 Halts。图 18-8 展示了这种情况。

图 18-8 NewProgram 的构造

看明白这个证明了吗？把 SolvesHaltingProblem 应用到 NewProgram 上，以 NewProgram 作为输入数据。如果 SolvesHaltingProblem 输出 Halts，那么 NewProgram 就落入了无限循环。如果 SolvesHaltingProblem 输出 Loops，NewProgram 将输出 Halts 并停止。无论哪种情况，SolvesHaltingProblem 所给的答案都是错的。由于 SolvesHaltingProblem 至少会对一种情况给出错误答案，所以它不适用于所有情况。因此，提出的任何解决方案都是有问题的。

616

18.3.4 算法分类

图 18-4 用箱子表示常见的数量级。现在我们知道，最右边还有一个箱子，存放的是不能解决的算法。让我们来重组这些箱子，把所有多项式算法放在 **P 类问题**（class P problem）中，把指数和阶乘算法放在一个箱子中，再加一个不可解决的算法的箱子。如图 18-9 所示。

虽然中间箱子中的算法是有解决方案的，但由于对任何大小的数据它们都要执行很长的时间，所以它们被称为难处理的算法。第 1 章在回顾计算机硬件的历史时提到过并行计算机。如果同时使用足够多的处理器，某些问题能在合理的时间（多项式时间）内解决吗？是的，可以。使用足够多的处理器能在多项式时间内解决的问题叫作 **NP 类问题**（class NP problem）。

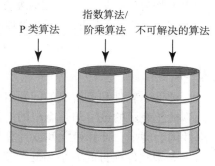

图 18-9 重组的算法分类

617

显然，P 类问题也是 NP 类问题。理论计算学中的一个未决问题是，只有用多个处理器才能解决的 NP 类问题是否也是 P 类问题。也就是说，这些问题是否存在多项式时间算法，而我们还没发现（发明）。我们不知道这个问题的答案，不过计算机科学的理论研究者一直在忙于寻求这些问题的解决方案。解决方案？是的，判断 P 类是否等价于 NP 类的问题已经被简化为找到其中一个算法的解决方案。有一类特殊的问题叫作 **NP 完全问题**（NP-complete problem）。这些问题属于 NP 类，它们的属性可以互相映射。如果找到了这个类中的一个算法的单处理器多项式时间解决方案，那么所有算法都会有这样的解决方案，因为一个解决方案可以映射到其他所有问题的解决方案。如何映射以及为什么能这样映射已经超出了本书的范围。但是，一旦其中某个算法的解决方案被发现了，你一定会立刻知道，因为这一定是计算界的头条新闻。

现在，我们应该多了个新的 NP 类复杂度箱子。这个箱子和 P 类箱子相邻的一边用虚线标示了出来，因为它们实际上是一个箱子。如图 18-10 所示。

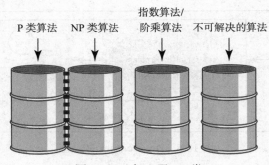

图 18-10　加入了 NP 类

> **P 类问题**（class P problem）：用一个处理器能在多项式时间内解决的问题。
>
> **NP 类问题**（class NP problem）：用足够多个处理器能在多项式时间内解决的问题。
>
> **NP 完全问题**（NP-complete problem）：NP 类问题的子集，如果发现了其中任何一个问题的单处理器多项式时间的解决方案，那么其他所有问题都存在这样的解决方案。

> **旅行商问题**
>
> 一个经典的 NP 问题叫作旅行商问题。一个商人要走访他的销售区内的所有城市。为了有效地走访每个城市，他想找到一条花费最小的路线，在返回起点之前，要经过且只经过每个城市一次。可以用图的顶点表示城市，图的边表示城市间的路。每条边上标有城市之间的距离。这个解决方案便成了著名的图论算法，它的单处理器解决方案的复杂度是 $O(N!)$。

小结

硬件、软件和要解决的问题自身都对计算机的问题求解有限制。数字本身是无限的，但计算机能表示的数字却是有限的。这种限制会导致算术运算错误，生成不正确的结果。硬件部件则会磨损，计算机之间或计算机内部的数据传输则会造成信息损失。

大型软件项目的大小和复杂度几乎一定会导致产生错误。虽然测试可以证明有错误，但却不能证明没有错误。构建好的软件的最佳方法是从项目一开始就关注它的质量，应用软件工程的规则。

从非常易于解决的到根本不能解决的问题的种类很多。使用大 O 分析可以根据由问题大小决定的增长速率来对比算法。多项式时间算法是大 O 复杂度能够用问题大小的多项式表示的算法。P 类问题是能用单处理器在多项式时间内解决的问题。NP 类问题是能用足够多的处理器在多项式时间内解决的问题。Turing 证明过，停机问题是没有解决方案的。

> **道德问题：Therac-25 灾难剖析**
>
> 线性加速器产生的高能电子束可以用于治疗肿瘤。这种电子束分为两种：对于相对较浅的组织

使用加速电子；对于较深的组织，则使用从电子束转换的 X 射线光子。Therac-6 只产生 X 射线，而 Therac-20 有着双重模式，可以生产这两种粒子。

与 Therac-20 相似，Therac-25 是双重模式机器，但它更紧凑，也更灵活。这三种 Therac 机器都是由 PDP-11 计算机控制的。其中两种早期的机器是在临床史上没有计算机控制的独立机器上设计的。对它们来说，计算机控制是附加的。Therac-25 从一开始就是在计算机控制下设计的。因此，在早期的机器中有硬件安全装置，而 Therac-25 中却没有，它基本依赖于软件。

在 1985 年和 1986 年，有六例患者在接受 Therac-25 治疗后死于过量辐射。病例发生在不同地理区域，每次都进行独立调查，同时也进行软件纠正。自 1987 年以来，没有再发生过事故。

这些问题是什么引起的呢？

- 一些 Therac-25 中使用的软件重用于早期的模型，在新的环境中没有经过充分的测试。早期的模型有内置的硬件来检查 Therac-25 所依靠的软件，即借用软件。
- 如果一个操作人员做出了迅速的输入校正，原始和更正的指令将都被发送，先被接收的指令将会被执行。这就是所谓的竞赛情况。给出了错误的信息，但却难以发现，操作人员也就不清楚发生了什么从而忽略了这个问题。
- 一个小的内部软件标志偶尔会溢出，导致算术错误，从而绕过安全检查。
- Therac-25 经常会发生一些小的故障。一位放射治疗师说每天平均出现 40 例剂量不足的故障是十分常见的。操作人员作证自己曾被教导说，有 "这么多的安全机制"，她明白几乎不可能给病人服用过量的药。

Leveson 和 Turner 的一篇在《IEEE 计算机》刊登的文章中做出以下严厉的评论：

"从 Therac-25 这个故事中应吸取教训，那就是专注于特定的软件漏洞并不能保证系统的安全。几乎所有复杂的软件都可以在特定情形下出现一些超出预期的问题。这里所涉及的基本错误就是糟糕的软件工程实践和建立了一台依赖于软件的安全运行的机器。此外，特定的编码错误并没有与软件整体出现的不安全设计同等重要。"[27]

620

关键术语

大 O 符号（big-O notation）

化零误差（cancellation error）

NP 类问题（class NP problem）

P 类（class P）

P 类问题（class P problem）

停机问题（halting problem）

审查（inspection）

NP 完全问题（NP-complete problem）

溢出（overflow）

多项式时间算法（polynomial-time algorithm）

精度（precision）

表示（舍入）误差（representational（round-off）error）

有效位（significant digits）

软件需求（software requirement）

软件规约（software specification）

下溢（underflow）

走查（walk-through）

练习

为练习 1 ～ 15 中的定义或应用找到匹配的大 O 符号。

A. $O(1)$

B. $O(\log_2 N)$

C. $O(N)$

D. $O(N \log_2 N)$

E. $O(N^2)$

F. $O(2^N)$

G. $O(N!)$

1. 阶乘时间

2. $N \log N$ 时间

3. 线性时间

4. 二次时间

5. 指数时间

6. 对数时间

7. 有界时间

8. 与问题大小无关的时间

9. 每一步都成功地把要处理的数据量减少一半的算法

10. 合并排序和堆排序

11. 选择排序和冒泡排序

12. 添加一个具有 N 个数字的列

13. 国王与稻谷的故事所证明的复杂度

14. 货郎担问题

15. 如果数据是有序的，快速排序会退化到什么复杂度

为练习 16 ～ 20 中的算法找到匹配的技术名称。

A. 偶数奇偶校验

B. 奇数奇偶校验

C. 校验数位

D. 误差校正码

E. 奇偶校验位

16. 硬件中每个字节的附加位，确保每个字节中都有偶数个或奇数个 1。

17. 极端的冗余，对每个值都保留两个副本。

18. 字节加奇偶校验位中的 1 的个数为奇数。

19. 字节加奇偶校验位中的 1 的个数为偶数。

20. 求数字中每个数位的和，然后把和的个位数与数字存储在一起的模式。

判断练习 21 ～ 30 中陈述的对错：

A. 对　　　　　　　　B. 错

21. $(1+x-1)$ 一定等于 x。

22. 表示误差就是舍入误差。

23. 软件验证活动仅限于实现阶段。

24. 软件项目中的一半错误都发生在设计阶段。

25. 大多数大型软件项目都是由一个天才人物设计，然后交给程序员组实现的。

26. 在软件生命周期中，错误发现得越晚，修正它的代价越小。

27. 程序的正式验证只停留在理论研究阶段，至今还没有实行过。

28. 大 O 符号可以告诉我们一个解决方案运行了多少微秒。

29. 软件工程是计算学的一个分支，出现于 20 世纪 60 年代。

30. 现有软件的维护和升级已经变得比构建新系统更重要。

练习 31 ～ 61 是问答题或简答题。

31. 请定义表示误差、化零误差、下溢和溢出。讨论这些术语的相关性。

32. 请说明采用下列字长能表示的整数范围。

a) 8 位

b) 16 位

c) 24 位

d) 32 位

e) 64 位

33. 当发生下溢时，还能采取符合逻辑的动作补救，但是发生溢出却没有补救措施，请解释为什么。

34. a) 说明如何用每个节点存放一个数位的链表表示数字 1066 和 1492。

b) 用链表表示这两个数的和。

c) 列出一个算法，说明如何用计算机执行上述运算。

35. 请解释 Titanic 效应与硬件故障的关系。

36. 你遇到过哪些硬件故障？请解释。

37. 给定下列 8 位代码，如果采用奇数奇偶校验，那么它们的奇偶校验位是什么？

a) 11100010　　　　b) 10101010

c) 11111111　　　　d) 00000000

e) 11101111

38. 给定下列 8 位代码，如果采用偶数奇偶校验，那么它们的奇偶校验位是什么？

a) 11100010　　　　b) 10101010

c) 11111111　　　　d) 00000000

e) 11101111

39. 给定下列数字, 它们的校验数位是什么?

    a) 1066　　　　　　b) 1498

    c) 1668　　　　　　d) 2001

    e) 4040

40. 使用练习 39 中的校验数位可以检测到什么错误?

41. 给定下列数字, 如果同时用偶数数位的和的个位数和校验数位进行验证, 额外的数位是什么?

    a) 1066　　　　　　b) 1498

    c) 1668　　　　　　d) 2001

    e) 4040

42. 给定下列数字, 如果同时用奇数数位的和的个位数和校验数位进行验证, 额外的数位是什么?

    a) 1066　　　　　　b) 1498

    c) 1668　　　　　　d) 2001

    e) 4040

43. 练习 41 和练习 42 中的表示法如何改进了简单的校验数位检测错误的功能?

44. 请解释软件生命周期的概念。

45. 在软件项目中, 错误多发于哪些地方?

46. 为什么错误发现得越晚, 修正错误的代价越高?

47. 请对比走查和审查。

48. 为什么一个程序可能被证明为正确的但却仍然是无价值的呢?

49. 请列举至少 5 处可能发生软件错误的地方。

50. AT&T 的软件错误有哪些典型之处?

51. 什么是正式验证?

52. 请解释大象和金鱼的比喻。

53. 请定义多项式时间。

54. 为什么多项式时间算法的大 O 复杂度可以舍弃除了最高项外的多项式中的其他项?

55. 给出下列多项式的大 O 复杂度测量。

    a) $4x^3 + 32x^2 + 2x + 1003$

    b) $x^5 + x$

    c) $x^2 + 124\,578$

    d) $x + 1$

56. 请解释复杂度测量的箱子这个比喻。

57. 谁制造了图灵机?

58. 图灵机如何模拟一个具有纸和笔的人?

59. 是否存在没有解决方案的问题?

60. 请说明停机问题。

61. 数据和程序在计算机中是相似的, 如何利用这一事实证明停机问题是不可解决的?

思考题

1. 在 Web 上搜索有关 Pentium 芯片错误的信息。尝试不同的关键字和关键字组合, 记录每次搜索得到的信息数量。从中选取至少 3 篇文章, 用你自己的话描述这个问题。

2. 在 Web 上搜索下列问题的答案。

    a) 俄罗斯的 Phobos 1 太空船是自行毁灭的吗?

    b) 什么原因推迟了 Denver 机场的开业时间?

    c) 修复英国伦敦的救护车调度系统软件故障的花费是多少?

    d) 1998 年, 美国军舰 Yorktown 沉入水中几个小时。是什么软件错误造成了这次事故?

3. 一位教授在地方的士兵俱乐部中做了一次关于计算限制的讲座。一位听众说"但我认为根本不存在任何限制。"如果你是这位教授, 你会如何回答他?

参 考 文 献

第 1 章

1. G. A. Miller, "Reprint of the Magical Number Seven Plus or Minus Two: Some Limits on Our Capacity for Processing Information," *Psychological Review* 101, no. 2 (1994): 343–352.
2. "Beyond All Dreams," http://www.mith.umd.edu/flare/lovelace/index.html.
3. *National Geographic News*, May 29, 2008.
4. http://en.wikipedia.org/wiki/Timeline_of_computing_hardware_2400_BC%E2%80%931949 (accessed 2/11/2014).
5. P. E. Grogono and S. H. Nelson, *Problem Solving and Computer Programming* (Reading, MA: Addison-Wesley, 1982): 92.
6. D. Schmandt-Berrerat, "Signs of Life," *Odyssey,* January/February 2002: 6, 7, 63.
7. Written by C. Weems, adapted from: N. Dale, C. Weems, and M. Headington, *Java and Software Design* (Sudbury, MA: Jones and Bartlett Publishers, 2001): 3523.
8. P. E. Cerruzzi, *A History of Modern Computing* (Cambridge, MA: The MIT Press, 1998): 217.
9. "Scientists Build First Nanotube Computer," *The Wall Street Journal,* September 25, 2013.
10. R. X. Gringely, "Be Absolute for Death: Life After Moore's Law," *Communications of the ACM* 44, no. 3 (2001): 94.
11. http://mlgnn.com/?tag=steve-jobs (accessed 9/14/2009).
12. P. E. Cerruzzi, *A History of Modern Computing* (Cambridge, MA: The MIT Press, 1998): 291.
13. http://www.computerhistory.org (accessed 2/12/2014).
14. "Newsmakers: Schools for the World," *Parade,* April 5, 2009.
15. http://www.roomtoread.org/page.aspx?pid=212 (accessed 2/21/2014).
16. S. Levy, "Back to the Future," *Newsweek,* April 21, 2003.
17. L. Kappelman, "The Future Is Ours," *Communications of the ACM* 44, no. 3 (2001): 46.
18. http://wilk4.com/humor/humore10.htm (accessed 4/10/2009).
19. http://digg.com/d1LmM (accessed 4/13/2009).
20. P. Denning, "Computer Science the Discipline," *Encyclopedia of Computer Science*, ed. E. Reilly, A. Ralston, and D. Hemmendinger (Groves Dictionaries, Inc., 2000).
21. Andrew Tannenbaum. Keynote address at the Technical Symposium of the Special Interest Group on Computer Science Education, San Jose, California, February 1997.
22. https://apcentral.collegeboard.org/pdf/ap-computer-science-principles-course-and-exam-description.pdf (accessed 6/1/2018).

23. Measuring the Information Society Report 2017, International Telecommunication Union, Geneva, Switzerland, 2017.

24. http://one.laptop.org/ (accessed July 2018).

第 2 章

1. *Webster's New Collegiate Dictionary*, 1977, s.v. "positional notation."

2. G. Ifrah, *From the Abacus to the Quantum Computer: The Universal History of Computing* (John Wiley & Sons, 2001): 245.

3. D. Schmandt-Besserat, "One, Two . . . Three," *Odyssey*, September/October 2002: 6–7.

4. http://en.wikipedia.org/wiki/United_States_Foreign_Intelligence– Surveillance_Court (accessed 2/21/2014).

5. http://www.fjc.gov/history/home.nsf/page/courts_special_fisc.html (accessed 2/22/2014).

6. Congressional Research Service, "Reauthorization of the FISA Amendments Act," R42725.

7. *The Week*, January 19, 2018.

第 3 章

1. Character set maze from draft article by Bob Bemer.

2. http://www.bobbemer.com/AWARD.HTM

3. K. Dozier, "Intelligence Chief Reveals More on NSA Authorizations," *Austin American-Statesman*, December 22, 2013.

4. http://www.nytimes.com/interactive/2013/12/18/us/recommended-changes-to-the-nsa.html?_r=0 (accessed 2/22/2014).

5. http://www.cnn.com/2014/01/17/politics/obama-nsa-changes/ (accessed 2/22/2014).

第 4 章

1. Written by C. Weems, adapted from: N. Dale, C. Weems, and M. Headington, *Java and Software Design* (Sudbury, MA: Jones and Bartlett Publishers, 2001): 2423.

2. http://www.nano.gov/nanotech-101/what/definition (accessed 9/17/2011).

3. R. Orr, "Augustus DeMorgan," http://www.engr.iupui.edu/~orr/webpages/cpt120/mathbios/ademo.htm.

4. M. Campbell-Kelly, "Historical Reflections," *Communications of the ACM*, September 2011.

5. IEEE Code of Ethics, http://www.ieee.org/about/corporate/governance/p7-8.html.

第 5 章

1. M. Campbell-Kelly, "Historical Reflections," *Communications of the ACM*, September 2011.

2. *Austin American-Statesman*, 6/20/2013, 1/10/2014, and 1/11/2014.

3. A. Perlis, "Epigrams on Programming," *ACM Sigplan Notices*, October 1981: 713.

4. *Austin American-Statesman*, 12/10/2013.

5. Webopedia, s.v. "embedded systems," http://webopedia.com/TERM/E/embedded_system.htm.

6. The Ganssle Group, "Microcontroller C Compilers," http://www.ganssle.com/articles/acforuc.htm.

7. http://en.wikipedia.org (accessed 5/14/2009).

第 6 章

1. Pep/1 through Pep/9 are virtual machines designed by Stanley Warford for his textbook *Computer Systems* (Sudbury, MA: Jones and Bartlett, 2017).
2. http://www.nytimes.com/2014/01/12/opinion/sunday/friedman-if-i-had-a-hammer.html?_r=0 (accessed 3/16/2014).
3. http://www.nytimes.com/2014/02/16/technology/intels-sharp-eyed-social-scientist.html (accessed 2/21/14).
4. http://en.wikipedia.org/wiki/Pandora_Radio (accessed 3/17/2014).
5. http://www.nndb.com/people/538/000126160/ (accessed 3/18/2014).
6. http://en.wikipedia.org/wiki/Konrad_Zuse (accessed 3/18/2014).
7. http://www.idsia.ch/~juergen/zuse.html (accessed 3/18/2014).
8. http://www-history.mcs.st-and.ac.uk/Biographies/Zuse.html
9. Software Management: Security Imperative, Business Opportunity, June 2018.
10. www.businessinsider.com/software-piracy-rates-and-value-by-country-2016-7 (accessed June 1, 2018).
11. http://news.cnet.com/8301-1023_3-20004783-93.html#-comment (accessed 8/20/2011).
12. http://expandedramblings.com/index.php/pandora-statistics (accessed 5/11/2018).

第 7 章

1. G. Polya, *How to Solve It: A New Aspect of Mathematical Method*, 2nd ed. (Princeton, NJ: Princeton University Press, 1945).
2. http://www.fbi.gov/news/stories/2013/august/pirated-software-may-contain-malware (accessed 3/16/2014).
3. S. P. Zehler, letter to the editor of *The Wall Street Journal*, March 16, 2014.
4. GNU General Public License, http://www.gnu.org/copyleft/gpl.html (accessed 8/28/2011).
5. http://en.wikipedia.org/wiki/Open-source_software (accessed 1/19/2014).
6. *The Week*, January 19, 2018.

第 8 章

1. *Austin American-Statesman*, "UTeach Program Looks for Better Uses of Classroom Technology," December 4, 2013.
2. S. Warford, *Computer Systems* (Sudbury, MA: Jones and Bartlett Publishers, 1999): 146.
3. "Who Needs Banks? PayPal and Lending Club Want to Make Small Business Loans," *Bloomberg Businessweek*, March 20, 2014.
4. Privacy Rights Clearinghouse, "Workplace Privacy and Employee Monitoring," https://www.privacyrights.org/fs/fs7-work.htm (accessed 8/26/2011).
5. "Workplace privacy? Forget it!" http://www.bankrate.com/brm/news/advice/20050718a1.asp (accessed 8/26/2011).

第 9 章

1. *Webster's New Collegiate Dictionary*, 1977, s.v. "brainstorming."
2. G. Booch, "What Is and Isn't Object Oriented Design," *American Programmer* 2, no. 78 (Summer 1989).
3. http://www.microsoft.com/en-us/news/press/2013/mar13/03-05playitsafepr.aspx (accessed 3/16/2014).
4. T. W. Pratt, *Programming Languages: Design and Implementation*, 2nd ed. (Englewood Cliffs, NJ: Prentice-Hall, 1984): 604.
5. http://www.yourdictionary.com/paradigm#americanheritage (accessed 9/4/2014).
6. http://whatis.techtarget.com/search/query?q=paradigm (accessed 9/4/2014).
7. K. C. Louden, *Programming Languages: Principles and Practice* (Boston: PWS-Kent Publishing Company, 1993).
8. SISC: Second Interpreter of Scheme Code, http://sisc-scheme.org/sisc-online.php (accessed 6/9/2009).
9. J. B. Rogers, *A Prolog Primer* (Reading, MA: Addison-Wesley, 1986).
10. O. Dahl, E. W. Dijkstra, and C. A. R. Hoare, *Structured Programming* (New York: Academic Press, 1972).
11. S. Warford, *Computer Systems* (Sudbury, MA: Jones and Bartlett Publishers, 1999): 222.
12. S. P. Zehler, letter to the editor of *The Wall Street Journal*, March 16, 2014.
13. http://www.hoax-slayer.com/ (accessed 8/22/2011).
14. http://www.ftc.gov/opa/2010/02/2009fraud.shtm (accessed 8/22/2011).

第 10 章

1. "Bitcoin Explained: Crypto Fad or the Future of Money?" *ExtremeTech*, February 7, 2014.
2. Privacy Rights Clearinghouse, https://www.privacyrights.org/fs/fs8a-hipaa.htm (accessed 8/25/2011).
3. Summary of the HIPAA Privacy Rule, United States Department of Health and Human Services.
4. http://charts.bitcoin.com/chart/price (accessed 5/17/2018).

第 11 章

1. http://www.lsoft.com/resources/optinlaws.asp (accessed 8/23/2011).
2. S. Daley of *The New York Times*, "Europe sees 'right to be forgotten' as Web privacy issue." *Austin American-Statesman*, August 15, 2011.

第 12 章

1. "New Tech Keeps Eye on Senior Parents," *Austin American-Statesman*, March 16, 2014.
2. Email to one of the authors, 4/11/2014.
3. M. Scherer, "Inside the Secret World of Quants and Data Crunchers Who Helped Obama Win," *Time*, November 7, 2012.
4. https://www.nbcnews.com/politics/white-house/trump-replaces-secretary-state-tillerson-cia-director-n856091 (accessed 6/1/2018).
5. *The Washington Post*, January 5, 2017, "U.S. Intelligence Official:

Russia meddled in election by hacking, spreading of propaganda," by Ellen Nakashima, Karoun Demirjian, and Philip Rucker.

第 13 章

1. D. Kortenkamp, R. P. Bonasso, and R. Murphy, *Artificial Intelligence and Mobile Robots* (Menlo Park, CA: AAAI Press/The MIT Press, 1998).
2. J. Weizenbaum, *Computer Power and Human Reason* (San Francisco: W. H. Freeman, 1976): 34.
3. R. A. Brooks, "A Robust Layered Control System for a Mobile Robot," *IEEE Transactions on Robotics and Automation* 2, no. 1:1423.
4. Mars Now Team and the California Space Institute, October 6, 2001.
5. J. H. L. Jones and A. M. Flynn, *Mobile Robots: Inspiration to Implementation* (Wellesley, MA: A K Peters, 1993): 175.
6. http://stocks.about.com/od/advancedtrading/a/UnderstandIPO.htm (accessed 3/27/2014).
7. https://www.briefing.com/investor/learning-center/general-concepts/how-ipos-work/ (accessed 3/27/2014).
8. http://www.investopedia.com/university/ipo/ipo.asp (accessed 3/27/2014).

第 14 章

1. M. Pidd, "An Introduction to Computer Simulation," *Proceedings of the 1994 Winter Simulation Conference*.
2. R. E. Shannon, "Introduction to the Art and Science of Simulation," *Proceedings of the 1998 Winter Simulation Conference*.
3. http://heim.ifi.uio.no/~kristen/FORSKNINGSDOK_MAPPE/F_OO_start.html.
4. D. R. Stauffer, N. L. Seaman, T. T. Warner, and A. M. Lario, "Application of an Atmospheric Simulation Model to Diagnose Air-Pollution Transport in the Grand Canyon Region of Arizona," *Chemical Engineering Communications* 121 (1993): 925.
5. "Some Operational Forecast Models," *USA Today Weather* (November 8, 2000), http://www.usatoday.com/weather/wmodlist.htm.
6. D. R. Stauffer, N. L. Seaman, T. T. Warner, and A. M. Lario. "Application of an Atmospheric Simulation Model to Diagnose Air-Pollution Transport in the Grand Canyon Region of Arizona," *Chemical Engineering Communications* 121 (1993): 925.
7. "2013 Atlantic Hurricane Season's Dire Predictions Were a Dud," WTSP.com, November 12, 2013.
8. *Austin American-Statesman*, February 20, 2014.
9. *The New York Times*, October 19, 2014. http://www.nytimes.com/2014/10/19/fashion/how-apples-siri-became-one-autistic-boys-bff.html?smprod=nytcore-ipad&smid=nytcore-ipad-share&_r=0

第 15 章

1. D. Sefton, Newhouse, News Service, *Austin American-Statesman*, April 27, 2001.
2. M. Softky, "Douglas Engelbart: Computer Visionary Seeks to Boost People's Collective Ability to Confront Complex Problems Coming at a Faster Pace," *The Almanac*, February 21, 2001.

3. "The Psychology of Video Game Addiction," *The Kernel,* February 6, 2014.
4. *The New York Times,* October 7, 2014.
5. M. O'Toole, "Social Networking Boosts Teen Drug Abuse Risk—Study," Reuters, August 25, 2011.
6. http://www.pewinternet.org/fact-sheets/social-networking-fact-sheet/ (accessed 1/23/2014).

第 16 章

1. http://en.wikipedia.org/wiki/Tim_Berners-Lee (accessed 1/23/2014).
2. *Austin American-Statesman,* December 22, 2013.
3. D. Watts, "Six Degrees: The Science of a Connected Age."
4. A. Jeffries, "Congress to Consider Banning Online Gambling," *The Verge,* March 26, 2014.
5. N. Vardi, "Department of Justice Flip-Flops on Internet Gambling," *Forbes.com,* December 23, 2011.

第 17 章

1. http://en.wikipedia.org/wiki/Radio-frequency_identification (accessed 4/9/2014).
2. "Rude Alec Baldwin Fled to Toilet, Booted from Plane," *CNN,* December 7, 2011.
3. "Alec Baldwin Thrown Off AA Flight at LAX for 'Playing Game' on Phone," *New York Post,* December 6, 2011.
4. http://en.wikipedia.org/wiki/Mavis_Batey (accessed 4/15/14).
5. "Mavis Batey—Obituary," *The Telegraph,* November 13, 2013.
6. "Mavis Batey Obituary," *The Guardian,* November 20, 2013.
7. J. Mintz, "When Bloggers Make News," *The Wall Street Journal,* January 21, 2005: B1.
8. Editorial, "The Apple Case Isn't Just a Blow to Bloggers," *BusinessWeek,* March 28, 2005: 128.
9. J. Mintz, "When Bloggers Make News," *The Wall Street Journal,* January 21, 2005: B4.
10. http://www.cybintsolutions.com/cyber-security-facts-stats/ (accessed 5/30/2018).

第 18 章

1. H. M. Walker, *The Limits of Computing* (Sudbury, MA: Jones and Bartlett Publishers, 1994). This fable and many of the ideas in this chapter come from Dr. Walker's thought-provoking little book. Thank you, Henry.
2. "Has Privacy Become a Luxury Good?" *The New York Times,* March 3, 2014.
3. *Software Engineering Note* 11, no. 1 (January 1986): 14.
4. J. Markoff, "Circuit Flaw Causes Pentium Chip to Miscalculate, Intel Admits," *The New York Times,* November 24, 1994.
5. *Austin American-Statesman,* November 27, 2013.
6. "IBM Wants Developers to Make Watson Mobile," Re/code, February 26, 2014.
7. N. G. Leveson, "Software Engineering: Stretching the Limits of Complexity," *Communications of the ACM* 40, no. 2 (February 1997): 129.

8. D. Bell, I. Morrey, and J. Pugh, *Software Engineering, A Programming Approach*, 2nd ed. (Prentice Hall, 1992).

9. T. Huckle, *Collection of Software Bugs*, http://www5.in.tum.de/~huckle/bugse.html.

10. D. Beeson, Manager, Naval Air Warfare Center, Weapons Division, F18 Software Development Team.

11. D. Gries, "Queen's Awards Go to Oxford University Computing and INMOS," *Computing Research News* 2, no. 3 (July 1990): 11.

12. "Out in the Open," *The Economist*, April 2001.

13. E. Dijkstra, "On the Cruelty of Really Teaching Computing Science," *Communications of the ACM* 32, no. 12 (December 1989): 1402.

14. "Out in the Open," *The Economist*, April 2001.

15. S. J. Vaughan-Nichols, "Coverity Finds Open Source Software Quality Better Than Proprietary Code," *ZDNet*, April 16, 2014.

16. http://en.wikipedia.org/wiki/SourceForge (accessed 4/19/2014).

17. N. Perlroth, "Heartbleed Highlights a Contradiction in the Web," *The New York Times*, April 18, 2014.

18. "Ghost in the Machine," Time, January 29, 1990: 59.

19. T. Huckle, "Collection of Software Bugs," http://www5.in.tum.de/~huckle/bugse.html.

20. Douglas Arnold, "The Patriot Missile Failure," http://www.ima.umn.edu/~arnold/disasters/patriot.html.

21. United States General Accounting Office Information Management and Technology Division, B247094, February 4, 1992.

22. J. Fox, *Software and Its Development* (Englewood Cliffs, NJ: Prentice-Hall, 1982): 187–188.

23. D. Isbell and D. Savage, "Mars Polar Lander," 1999, http://mars.jpl.nasa.gov/msp98/news/mco991110.html.

24. Email received by N. Dale on 9/27/2011.

25. P. Gray, "Computer Scientist Alan Turing," *Time*, http://www.time.com/time/time100/scientist/profile/turing.html.

26. Ibid.

27. N. G. Leveson and C. S. Turner, "An Investigation of the Therac25 Accidents," *IEEE Computer* 26, no. 7 (July 1993): 1841.

索 引

索引中的页码为英文原书页码，与书中页边标注的页码一致。传记、图和表分别在页码后面加上b、f、t。